VOYAGE
DANS LES DÉPARTEMENS
DE LA FRANCE,

Enrichi de Tableaux Géographiques
et d'Estampes ;

Par les Citoyens J. la VALLÉE, ancien capitaine au 46ᵉ. régiment, pour la partie du Texte ; LOUIS BRION, pour la partie du Dessin ; et LOUIS BRION, père, auteur de la Carte raisonnée de la France, pour la partie Géographique.

L'aspect d'un peuple libre est fait pour l'univers.
J. LA VALLÉE. *Centenaire de la Liberté.* Acte Iᵉʳ.

A PARIS,

Chez Brion, dessinateur, rue de Vaugirard, Nº. 98, près le Théâtre François.
Chez Buisson, libraire, rue Hautefeuille, Nº. 20.
Chez Desenne, libraire, galeries du Palais-Royal, numéros 1 et 2.
Chez les Directeurs de l'Imprimerie du Cercle Social, rue du Théâtre-François, Nº. 4.

1792.
L'AN PREMIER DE LA RÉPUBLIQUE FRANÇAISE.

Nota. Depuis l'origine de l'ouvrage, les auteurs et artistes nommés au frontispice l'ont toujours dirigé et exécuté.

Ouvrages du Citoyen JOSEPH LA VALLÉE.

Le Nègre comme il y a peu de Blancs.	3 vol.
Cecile, fille d'Achmet III.	2 vol.
Tableau philosophique du règne de Louis XIV.	1 vol.
Vérité rendue aux Lettres.	1 vol.
Serment civique, comédie en 1 acte.	1 br.
La Gageure du Pélerin, en deux actes.	
Départ des volontaires villageois, comédie en 1 acte.	
Voyage dans les 83 Départemens.	15 n°s.

Long. de Paris
DÉPARTEMENT
DU HAUT RHIN
ci-devant
partie de l'Alsace
Remarque
Il se divise en 3 districts, comprenant
25 cantons et 468 municipalités.
D. DU BAS RHIN
Montagne des Vosges
D. DE LA HAUTE SAÔNE
COLMAR
Neuf Brisach
Fribourg
Vieux Brisach
Thann
Cernay
Mulhausen
Belfort
Altkirch
Huningue
Bâle
Delle
Porentrui
S. Hypolite
Florimont
Ferrete
Dannemarie
Landser
Ensisheim
Rouffach
Pfaffenheim
Guebwiller
Neubourg
RHIN F.
ALLEMAGNE
SOUABE
SUISSE
D. DU DOUBS
Signes.
Chef lieu de Département
Chef lieu de District
Canton
Tribunal Criminel
Tribunal de District
Place forte
Long. de l'Ile de Fer.

VOYAGE
DANS LES DÉPARTEMENS
DE LA FRANCE,

Enrichi de Tableaux Géographiques et d'Estampes.

DÉPARTEMENT DU HAUT-RHIN.

Si la voix du peuple est celle de Dieu, la malédiction du peuple est également celle de l'Eternel. Depuis mille ans, la vallée d'*Ochsenfeld*, que nous venons de parcourir, offre un exemple terrible de cette vérité. Le peuple, que dans tous les tems indignent le parjure et la trahison, semble avoir, comme un Dieu vengeur, frappé de stérilité cette terre, et le nom de *Champ du Mensonge*, qu'il en a reçu, demande encore, au bout de dix siècles, vengeance de l'affreuse perfidie des grands et des prêtres. Peuple généreux! Quel étoit l'homme dont le sort déplorable t'arrachoit ainsi les larmes de l'indignation? un imbécille couronné, dont les jours, inutiles à ton bonheur, s'écouloient dans les obscures cérémonies des cathédrales. Ce *Louis*, dit le *Débonnaire*, parce que des historiens, qui n'avoient dans les veines que du suif, n'ont pas osé l'appeller Louis le Stupide; ce

Louis, fils d'un brigand, l'assassin à diadême de quelques millions d'hommes, et dont la superstition promène encore tous les ans l'effigie dans les rues d'Aix-la-Chapelle (1) ; ce Louis, père sans vigueur d'enfans parricides qu'il avoit mis au jour pour te gouverner ; par où donc méritoit-il que le sceau de ta malédiction s'imprimât par commisération pour lui sur le sol qu'il avoit touché ? O peuple ! faut-il le demander ? parce que ton premier sentiment est la pitié, parce que le malheur trouve toujours grace devant tes yeux, et que ton cœur compatissant prend presque toujours l'infortune pour la vertu.

Il fut malheureux ! quel roi le fut sans l'avoir mérité ! Quel étonnant rapport entre Louis le premier et Louis le dernier ! quelle connexité de foiblesses ! quel égal asservissement sous leurs épouses impies ! quelle ressemblance entre Louis le premier, détrôné par ses fils perfides, et Louis le dernier, renversé du trône par l'insolence de ses frères parjures ! Enfin, quelle analogie entre deux rois, que le parjure et le massacre plongent dans l'abyme. Un mot encore pour le parallèle.

Louis le premier fut l'esclave de sa femme, *Judith de Bavière*, dont l'adultère amour pour le *comte* de Barcelone fit rougir tous les gens de bien, dont la honteuse préférence pour son fils Charles, le fruit de ses débauches, irrita les autres enfans de son époux, dont l'ambition aigrit toutes les puissances voisines de la France, dont l'avarice vendit toutes les charges au plus offrant, dont les profusions épuisèrent les fonds de l'état, et dont la lubricité insultoit à l'impuissance de son époux.

Louis le dernier ne rampoit-il pas sous le génie sinistre d'Antoinette d'Autriche? Ne caressoit-il pas dans ses bras les rejetons de ses amours impudiques? Ne souffroit-il pas sous ses yeux les dégoûtantes lascivetés de cette femme déhontée? Ne voyoit-il pas les fleuves d'or s'ensevelir dans le sein de cette reine immonde, comme, après les orages, les ruisseaux des rues fondent dans les cloaques altérés d'immondices? Ne souffroit-il pas que ses mains polluées versassent les emplois sur la tête des intrigans, et les trésors de la Nation dans la gueule affamée des reptiles de l'humanité.

Louis le premier fut le timide ennemi de ses trois fils. Poursuivi, persécuté par eux, il cherchoit, par des traités honteux, à transiger avec ses oppresseurs. Il vouloit ménager des enfans ingrats, et la Nation, qui gémissoit de sa foiblesse: il juroit hautement de les punir, et secrètement leur promettoit sa bienveillance.

Louis le dernier, aussi foible, mais plus effrontément parjure, n'a-t-il pas indignement ménagé des frères ingrats, dont le cœur avoit soif de son sang, après avoir juré de poursuivre tous les ennemis de la Nation? N'a-t-il pas acheté leur sanglante pitié avec les richesses que le peuple lui prodiguoit pour se garantir de leurs projets fratricides? N'a-t-il pas fui des bras de ses protecteurs pour voler aux pieds de ses assassins?

Louis le premier prépara sa chûte par le massacre des peuples d'Italie, qui se confioient à sa foi, qui se reposoient sur le droit des gens de la sûreté de leur vie, et de la conservation de leurs propriétés.

Louis le dernier n'a-t-il pas consommé sa perte par le massacre des Français ? Les ruisseaux de sang qu'il a fait couler aux Tuileries n'ont-ils pas fait ébouler ce trône d'argile que sa tyrannie vouloit recrépir.

Nulle différence donc entre le premier et le dernier des Louis. Mais qu'elle est grande entre ceux que les crimes de ces deux rois avoient outragés. Les prêtres et les grands n'ont rien pardonné à Louis le premier, et la punition suivit sans lacune le forfait et la vengeance. Le peuple a pardonné cent fois à Louis le dernier, et un million de perfidies oubliées ont été l'intermédiaire entre le crime commis, et la punition nécessaire.

Ce fut dans cette vallée d'Ochsenfeld que campoit l'armée de *Louis* le *Débonnaire*, quand les perfides prêtres lui persuadèrent de se rendre au concile, que ses fils avoient convoqué pour dépouiller leur père par l'opération du S. Esprit. Ce fut aux caresses de ces monstres qu'il céda, de ces monstres, qui devinrent ses juges, et le condamnèrent, pour prix de la lâcheté qu'il avoit eue, de se rendre à leurs avis. Ce fut alors que le peuple, indigné de la scélératesse de ces prêtres, donna à cette vallée le nom de *Champ du Mensonge*.

Ce département, ainsi que celui du Bas-Rhin, fait une partie de ce que l'on connoissoit sous le nom d'*Alsace*, et se trouve également placé sur la rive gauche de ce fleuve, mais en remontant vers sa source. C'est de sa situation qu'il a pris sa dénomination. Il jouit de la même fécondité que celui du Bas-Rhin. Le climat, le sol, les mœurs y sont à-peu-près semblables. On y fabrique des toiles, des indiennes d'une grande finesse, des papiers, des cuirs. Le charronnage y est parvenu à un point de perfection que l'on ne retrouve qu'à Paris et à Bruxelles. On y trouve des carrières de marbre, de jaspe et d'ardoise, ainsi que des mines de fer, de plomb, et même d'argent. On y cultive des grains de toute espèce, et plusieurs plantes inconnues ailleurs, telles que le tabac et la garance. Ses bestiaux sont nombreux, et l'on y recueille aussi des vins, que les gens du pays et les Allemands estiment, mais qui ne valent pas, à beaucoup près, ceux que fournit, de l'autre côté du Rhin, le *marquisat* de *Bade Baden*.

Comme les habitans des départemens du haut et Bas-Rhin ont, pour ainsi dire, la même éducation, les mêmes coutumes, les mêmes mœurs, nous avons attendu jusqu'ici à vous parler plus particulièrement de leur caractère. Ces Français du Rhin, que l'on nommoit sous le règne de l'inégalité *Alsaciens*, ont un peu les formes Allemandes, tant pour la constitution physique que pour la morale. En général, ils sont d'une taille avantageuse, cependant plus matérielle qu'élégante. Leurs cheveux sont communément blonds, leur teint blanc et animé; la figure plus agréable qu'expressive; la marche pesante; les mouvemens des membres plus robustes qu'agiles. Ils sont en général braves, bons, confians, hospitaliers et laborieux : peu inventeurs, ils imitent avec perfection, et naturellement réfléchis, ils saisissent avec assez de sagacité ce qu'on leur enseigne. Mais parmi ces bonnes qualités, un penchant à la crédulité les rend susceptibles de superstition. La superstition mène au fanatisme, et ils n'en ont pas toujours été exempts. Les prêtres avoient un empire profond sur leur esprit, et ce défaut, ou, pour mieux dire, ce vice, plutôt acquis que naturel, a rendu dans ces cantons les bienfaits de la liberté plus lents à se développer. S'ils ont l'amour du travail, ils n'ont pas la tempérance qui, pour l'ordinaire, l'accompagne. Ils se livrent facilement aux désordres de l'ivresse. Comme la danse est leur passion favorite, que la danse nécessairement rassemble un plus grand nombre d'individus, que les fatigues de cet exercice amènent la nécessité de boire, il est rare qu'un dimanche ou une fête se passe sans quelque rixe violente, et malheureusement suivie de quelqu'effusion de sang. Rien n'est si gai, si champêtre que ces danses pendant l'été. Le goût qu'ils ont à remporter des prix, soit de l'arquebuse, soit de la fronde, ou de la flèche, ou de la faucille, fait que dans la belle saison il est peu de villages qui n'ait son jour marqué pour cette cérémonie. Ces espèces de joûtes, unies à l'activité des danses, et à la joie bruyante des tables rustiques, répandent sur ces délassemens champêtres un air de vie que l'on retrouveroit difficilement ailleurs. Mais l'hiver, ces scènes de plaisir sont loin de ces graces de la nature, dont le charme embellit les amusemens du village. Rien de plus dégoûtant que les lieux appellés *stuben* ou *poëles*, où l'on se rassemble pour danser. En effet, au milieu d'une salle, communément sombre ou enfumée, se trouve un poële de fer fortement échauffé. C'est autour de ce poële que quarante ou cinquante paires de danseurs valsent pendant des heures entières au son d'un mauvais violon qui racle des airs d'une alégresse et d'un mouvement toutefois enchanteurs. Les spectateurs boivent et fument. Les voix des enfans, le glapissement des vieilles, l'idiôme rauque des buveurs, se mêlent à certains cris des danseurs, qui reviennent en ritournelle à certaines mesures de la danse. Ce n'est plus l'expression naïve de la joie, c'est l'étourdissant charivari d'un sabbat. Une lampe judaïque à quatre lumignons, suspendue au plancher, souvent renversée par la débauche effrontée, autant de fois rallumée par la pudeur qui dispute, verse un jour ténébreux sur ces orgies. La vapeur du poële, la fumée des pipes, la poussière que la danse élève, l'odeur infecte, la chaleur étouffante, les aigres exhalaisons de la bierre, font de ces asyles du plaisir un vrai gouffre de putréfaction. On est forcé de fuir. Il semble que la gaieté ait pris les dégoûts pour garde prétorienne.

Colmar est le chef-lieu de ce département. C'est une ville agreable, mais de peu d'étendue. Elle est joliment bâtie. Les petites rivières de *Freiche* et de *Lauck*, dont les eaux se répandent dans les rues, y entretiennent la propreté et la salubrité. Sans renfermer de ces fortunes prodigieuses, dont l'opulence fait quelquefois l'éclat et la satyre des grandes villes, Colmar ne contient que des habitans aisés. Le territoire qu'elle occupe, l'un des plus fertiles de ce département, contribue à y entretenir cette abondance des premières nécessités, infiniment préférable à ce luxe que l'on voit ailleurs froisser impudemment la misère; des fabriques de tabac, de toiles peintes et de faïance, ajoutent encore les bienfaits de l'industrie aux ressources inépuisables de la nature. Ses édifices sont rians, ses rues bien ouvertes, ses dehors enchanteurs, ses habitans affables, et la vie animale excellente et peu chère. Elle doit plaire au voyageur de toutes les classes; au riche, par ses productions; au pauvre, par son hospitalité.

Colmar marque peu dans l'histoire. Elle fut une des dix villes impériales de l'*Alsace* dont Louis XIV étouffa la liberté. Le nom d'*Argentaria*, que quelques auteurs lui donnent, feroit présumer qu'elle fut un de ces bureaux que les Romains avoient établis pour percevoir les tributs. Après la mort de ce *duc* de Weimar, dont nous avons parlé dans le précédent département, cette ville, dont il s'étoit emparé à la tête des troupes françaises, et qu'il avoit gardée pour lui, fut remise à Louis XIV par l'entremise du maréchal de Guébriant. Le traité de Westphalie confirma cette usurpation: et tels étoient tous les traités des rois, une consécration de vols réciproques que faisoient ces Messieurs. Nous vous envoyons une vue de cette ville de Colmar. Elle se vit démolie, presque abandonnée: mais insensiblement les habitans y revinrent, elle se releva, et maintenant c'est une des jolies villes, non pas des bords, mais des environs du Rhin.

C'étoit à Colmar que l'on voyoit, avant la révolution, une de ces chambres de justice, que l'on

Colmar

appelloit alors *conseils souverains*. Rivaux des parlemens, ces conseils avoient toute la morgue, toute l'iniquité, et toute l'ignorance de ces magistrats, si fiers de leur robe rouge. Cette ignorance, que je reproche à ces Messieurs, sera démentie sans doute. On dira qu'un *conseiller* au *parlement* ou au *conseil souverain* étoit un homme bien élevé, souvent instruit, quelquefois même profond. Tout cela se peut. Mais ce que j'appelle ignorance, c'est l'insolence envers le pauvre, et la prévention en faveur du puissant : c'est cet art cruel de tordre les loix et le bon droit pour favoriser l'homme injuste, mais qui paie, contre l'homme probe, mais qui ne peut engraisser un secrétaire : c'est cet esprit de chicane qui perpétuoit les difficultés entre les plaideurs pour les ruiner tour-à-tour, et s'enrichir de leurs dépouilles : c'est cette profonde bassesse, toujours agenouillée devant un roi pour écouter ses caprices, et cet incommensurable orgueil envers le peuple, dont ils se disoient le père : c'est enfin la conduite des anciens magistrats de tout rang, à mortier, à robes-rouges ou noires, à bonnets quarrés, à chaperon, à manteau long ou court, etc. etc. Voilà ce que j'appelle de l'ignorance; car il n'en est point de plus profonde que celle qui cache à l'homme le droit de ses semblables.

Ce joli conseil de Colmar, ses jolis présidens, ses jolis conseillers, ses avocats, ses procureurs, ses huissiers, un peu moins jolis que ceux de *nos seigneurs de la cour*, tout cela s'est fondu devant le foyer de la révolution : et le *caput mortuum* de cette opération chymique a été un peu d'aristocratie dont la ville de

Colmar s'est sentie. Les *Glinglin* ont été long-tems présidens de ce conseil *souverain*, et c'est de cette famille qu'étoit le *Glinglin*, commandant anti-patriote de Strasbourg.

Colmar seroit un séjour charmant pour un philosophe. La bonhommie de ses habitans et le site délicieux de ses environs rapprochent de la nature, et tels sont les charmes que le sage recherche. Le climat est à-peu-près le même qu'à Strasbourg, un peu plus froid, peut-être, mais sujet également aux brouillards que le voisinage du Rhin répand sur les campagnes. Ces brouillards sont une précaution de la nature qui, par leur moyen, fertilise les terres, un peu sablonneuses dans ces cantons. Depuis *Schelestat* jusqu'à *Huningue*, qui font précisément les deux pointes de ce département, on retrouve cette qualité de sable à la terre, et peut-être ces brouillards fréquens lui donnent-ils une fertilité qu'elle n'auroit pas sans eux.

Le règne affreux de l'aristocratie, qui n'a duré qu'un moment entre la révolution de 89 et celle de 92, a été marqué par de grands crimes dans ces cantons, où le fanatisme des prêtres avoit encore tant de prépondérance. Nécessairement un esprit de vertige avoit saisi tous les *ci-devant*, à compter depuis les *rois* jusqu'au dernier *vicaire* de village. La postérité ne croira point, et en effet l'esprit humain ne sauroit le comprendre, que, détruits au bout de quatorze cents ans par un peuple fatigué de leur insolence et de leur scélératesse, respirant un moment par la générosité de ce même peuple, n'ayant plus d'autre ressource pour se réconcilier avec lui que de lui montrer au moins quelques vertus dans la nudité où ils se trouvoient réduits, ce soit ce quart-d'heure de trêve, trêve qui les eût conduits à une éternelle paix, s'ils eussent su le mettre à profit, ce soit, dis-je, ce quart-d'heure qu'ils aient consacré à l'épouvantable excès du crime. C'est pourtant cette classe d'hommes qui se prétendoit dépositaire unique de toutes les perfections, n'avoit à la bouche que les mots honneur et délicatesse, et voilà qu'aujourd'hui si *Cartouche* et *Mandrin* ressussitoient, Cartouche et Mandrin se trouveroient honteux d'être assimilés avec tous ces hommes, que, de leur tems, on servoit à genoux. Mais le désespoir, me dira-t-on ? C'est le désespoir même qui prouve que ces *rois*, ces *nobles*, ces *prêtres*, sont des scélérats. Le désespoir dans les grandes ames enfante les grandes vertus : et si le désespoir se signale par de grands crimes, c'est que les succès étoient préparés par de grands forfaits. C'est une grande vérité que la révolution française a développée. Consultez l'histoire des *rois*, des *grands* et des *prêtres* depuis l'origine de cette révolution jusqu'à ce jour ; vous y verrez l'ignorance, l'impéritie, la sottise se heurtant, se triturant, pour ainsi dire, avec l'orgueil, la morgue et la rage : accouchant d'un million de projets sans concevoir un dessein : formant mille nœuds sans réussir à faire un lacet; et sans cesse errant dans un arsenal d'attentats, sans avoir le tact pour choisir un crime heureux. Je le répète encore : les races futures ne croiront point que, dans un million d'hommes qui, pendant trois ans, ont travaillé à la contre-révolution, il ne s'en soit pas trouvé un seul capable d'un bon conseil : et le fait est vrai cependant.

Au milieu de ce monceau de crimes, de cet atlas de forfaits, l'assassinat du maire de Colmar peut se compter. Le dernier degré de la corruption, c'est que le cours affreux de ces meurtres, dont l'aristocratie s'est rendue coupable, se formoit dans l'obscurité de la plus dégoûtante débauche. Un prêtre constitutionnel se transporte pour dire une messe dans une chapelle des environs de Schelestat. Quelques soldats l'accompagnent. Des hermites, habitant près de cette chapelle, fuient à l'aspect des prêtres constitutionnels. Les soldats parcourent leurs huttes ; que trouvent-ils ? Un prêtre réfractaire, l'abbé *Engelmann*, ci-devant curé d'*Orleisheim*, couché, non pas avec une, mais avec deux filles, avec les deux sœurs ; et couvert avec effronterie du masque de l'hypocrisie, osant dire que la situation où on le surprend est une instruction pastorale qu'il donne à ces deux *innocentes* pour les conduire dans la voie du salut.

C'est peu de leurs crimes individuels, mais ces monstres-prêtres avoient l'art des crimes collectifs. Ces brigands, tyrans des ames assez foibles pour les croire, faisoient commettre à leurs suppôts des crimes que l'enfer même n'inventeroit pas. Dans un village de ce département, une femme, près d'accoucher, envoie chercher une sage femme. Cette exécrable matrône lui refuse ses secours, à moins qu'elle ne jure, pour les obtenir, qu'elle n'assistera plus aux cérémonies religieuses des prêtres constitutionnels. Cette malheureuse et brave villageoise, plutôt que de prononcer un serment que sa conscience démentoit, congédie la sage-femme, et préfère d'attendre

Forge de fer de ce Département

de la nature un secours que le fanatisme lui refusoit. Cependant les douleurs croissent, le travail se prolonge, les symptômes deviennent alarmans, et les accidens plus graves. Ses amis la pressent, lui remontrent ses dangers, ceux qu'elle fait courir à son enfant. La sage-femme est rappellée : on cherche à surprendre son humanité, à la persuader par la raison, à lui faire entendre que son ministère et le respect qu'elle exige pour un prêtre réfractaire sont entièrement étrangers l'un à l'autre. Rien ne peut la vaincre. Que la mère et l'enfant meurent, dit-elle, ou que la malade jure de ne plus aller à la messe des prêtres constitutionnels. Il fallut racheter la vie par cette absurde condition. La malheureuse mère, plutôt pour sauver son enfant qu'elle-même, fit le serment, et la sage-femme la délivra. Que l'on juge du détestable esprit dont la majeure partie des autorités constituées étoient animées avant le 10 août. Ce fait fut dénoncé au département, et les magistrats en rirent.

Sainte-Marie-aux-Mines est le premier lieu qui mérite quelqu'attention, en entrant dans ce département par les Vosges. Cette petite ville tire son surnom des mines d'argent et de plomb que l'on y trouve. Il nous a semblé qu'elles pourroient être dans une plus grande activité; aussi la véritable richesse de Sainte-Marie est bien plutôt dans ses manufactures de toiles, de lin et de coton. A l'instar de Rouen, l'on y fabrique des moires et cotonnades. L'on rencontre aussi dans ces cantons des mines de fer et des forges. Peu d'artistes ont offert encore à la curiosité publique la vue des mécaniques dont on use dans les forges.

Nous y suppléerons ici, en vous envoyant une gravure.

En suivant la chaîne des Vosges pour nous rendre à *Munster*, nous avons vu *Turkeim*, dont les vins sont estimés. Ils flattent cependant davantage les Allemands que les Français. La qualité générale de tous les vins que l'on recueille sur les rives du Rhin est froide, et conséquemment les rend pesans, et presque tous ont un goût de soufre et une sorte d'acidité qui répugne aux Français, accoutumés à la chaleur et au parfum délicieux des vins de Bourgogne et de Bordeaux.

Munster étoit une des plus célèbres abbayes de la France, située dans la vallée de S. Grégoire. Elle fut fondée dans le septième siècle par Childéric II. Elle étoit de l'ordre de S. Benoît, et si riche, qu'elle comptoit plus de douze mille cultivateurs parmi ses vassaux. Cette opulence monacale, véritable outrage dont la nature gémissoit depuis mille ans, est enfin renversée ; et tous ces trésors, si long-tems inutiles à la société, sont enfin rentrés dans le fisc national. Cette destruction, si révoltante aux yeux des moines, est le juste résultat des vengeances éternelles que ne peuvent éviter tôt ou tard les monumens de la tyrannie. Il étoit juste que l'ouvrage d'un scélérat comme Childéric (2) fût brisé, lorsque la philosophie auroit éclairé les hommes sur la justice qu'ils doivent aux monstres qui les oppriment. Au milieu des débauches les plus honteuses et les plus sales, les mains teintes de sang des plus gens de bien, regorgeant de meurtres, de rapines et de brigandages, Childéric,

comme

comme tous les tyrans, se jugeant encore mieux lui-même que le monde, effrayé du supplice que l'éternelle justice réserve aux criminels, croit désarmer le courroux de la divinité en fondant un repaire de paresseux, et se laver de ses crimes par un crime nouveau. Plus d'une ville, en Allemagne, porte ce nom de *Munster*, et il ne faut pas confondre celle-ci avec la ville de *Munster* en Westphalie, si célèbre par le séjour qu'y fit le fameux Thomas Muncer, chef des anabaptistes. Aujourd'hui que les principes de philosophie et de liberté se répandent dans toute l'Europe, on est bien aise d'en découvrir des traces dans quelques hommes jetés comme par hasard dans les siècles d'ignorance. Cela prouve que, primitivement gravés dans le cœur de tous les hommes, ils sont descendus d'âge en âge jusqu'à nous; qu'ils n'ont été étouffés que par les tyrans de l'espèce humaine, et que le jour qui les a développés dans la Nation française, n'a fait que nous rappeller à l'institution première de l'humanité.

Ce *Muncer*, né dans la *Misnie*, doué d'une énergie peu commune, eut le courage de voir les hommes, dans le 15e. siècle, du même œil dont un Français les mesure dans le 18e. Disciple de Luther, mais également ennemi de son maître et du pape, il s'attacha plus à prouver le ridicule des deux religions, qu'à en fonder une nouvelle. « Nous sommes tous frères,
» disoit *Muncer*, et nous n'avons qu'un père commun
» dans Adam. D'où vient donc cette différence de
» biens et de rangs que la tyrannie a introduite entre
» nous et les grands du monde? Pourquoi gémissons-

« nous dans la pauvreté, tandis qu'ils nagent dans les
« délices? N'avons-nous pas droit à l'égalité des biens
« qui, de leur nature, sont faits pour être partagés
« sans distinction entre tous les hommes ? Rendez-
« nous, riches du siècle, avares usurpateurs, rendez-
« nous les biens que vous retenez dans l'injustice.
« Et toi, infortuné troupeau de Jesus Christ ! ajou-
« toit-il, en haranguant les peuples, gémiras-tu tou-
« jours sous l'oppression des puissances ecclésiasti-
« ques? Le Tout-Puissant attend de tous les peuples
« qu'ils détruisent la tyrannie des magistrats, qu'ils
« redemandent leur liberté les armes à la main, etc. »

Telle étoit la doctrine de *Muncer*. Il y a donc eu dans tous les tems des hommes de 89 et 92. Il écrivit aux villes et aux rois que la fin de l'oppression des peuples et du despotisme des forts étoit arrivée, que Dieu lui avoit commandé d'exterminer tous les tyrans, et d'établir dans les emplois des gens de bien. La vérité, cette clef du cœur humain, lui fit de nombreux prosélytes, et l'on vit bientôt plus de quarante mille hommes armés pour la cause de l'égalité. Les vils esclaves, en possession jusqu'à ce jour des burins de l'histoire, ont traité cette armée de héros de *horde de brigands*. Nous, plus justes que ces hommes criminels, dont la plume, aussi lâche que mercenaire (3), a plus servi les *rois* que les cachots et les canons, nous dirons que *Muncer* étoit un grand-homme, et que son unique tort fut d'être né dans un siècle trop au-dessus de lui. Une circonstance, digne de remarque, c'est que ce fut un Landgrave de Hesse-Cassel dont les armes écrasèrent *Muncer* et son parti. Il faut que cette maison de Hesse ait une furieuse antipathie contre la liberté. Quand les petits *fantocchinis* de cette principauté ne peuvent pas combattre eux-mêmes contre les peuples qui brisent leurs fers, ils vendent des hommes pour les attaquer. Le malheureux *Muncer*, défait et prisonnier, paya sur un échafaud le funeste droit d'avoir prêché des vérités éternelles aux hommes. C'est ainsi que les scélérats couronnés disputent. Ils répondent par des crimes aux développemens des principes de justice éternelle. Tous les hommes aujourd'hui sont des *Muncer*, et vingt rois voudroient traiter l'univers comme un brigand a traité un philosophe. La malheureuse ignorance de son âge fut cause que *Muncer* ne forma que des fous, quand il travailloit à n'enfanter que des sages. Une des plus baroques folies des anabaptistes, fut la scène qu'ils donnèrent à Amsterdam dans le 16°. siècle. En 1555, sept hommes et cinq femmes se rassemblent dans une maison. Un d'entre eux, nommé *Theodoret Sartor*, s'endort, et rêve qu'il voit Dieu, et que la fin du monde approche. A son réveil, il communique son rêve à l'assemblée, et convaincu qu'il n'a plus besoin de rien, il se dépouille de ses habits, et les jette au feu; les onze autres en font autant, et voici que mes douze nuds sortent dans la rue, et parcourent Amsterdam, en criant: malheur! malheur! la fin du monde arrive. Cependant tant d'habits en brûlant mettent le feu à la maison que ces fous avoient quittée. L'incendie, les hurlemens de nos écervelés répandent l'alarme dans la ville; le peuple se figure que quelque ennemi a surpris la cité : on court aux armes, mais bientôt détrompés, les Hollandais tombent sur l'immodeste procession (4), on la garotte, on la traîne devant le juge, et ce juge les envoie au supplice. C'étoit un imbécille qui jugeoit des fous, un mois de petites-maisons et de douches, voilà ce qu'il leur falloit.

Si le *Munster* de ce département, dont les moines insolens croyoient faire toute la splendeur, n'est pas celui qu'honora le sage *Muncer*, Belfort, capitale jadis du ci-devant Sungaw, peut se vanter d'avoir été gouvernée par le plus odieux des tyrans subalternes, le détestable Hagembach, ministre d'un autre tyran de haut parage, *Charles de Bourgogne*. Il falloit que ce fût un *Néron* de trempe supérieure, puisqu'il indigna assez les *Nérons* de son siècle, *Sigismond* d'Autriche et Louis XI, pour qu'ils lui déclarassent la guerre. Les délassemens de ce monsieur étoient d'éventrer les femmes après en avoir abusé, de faire écorcher les paysans que la misère empêchoit de lui donner l'argent qu'il demandoit, de faire égorger quelques douzaines d'enfans pour se désennuyer en sortant de table. C'étoient là les passe-tems de sa bonne-humeur. Que faisoit-il quand il étoit en colère! Sigismond et Louis XI l'attaquèrent et le prirent, et le firent conduire à l'échafaud. Par malheur c'étoit un tyran valet que ces Messieurs punissoient, et le maître tyran s'avisa de le trouver mauvais, et de vouloir venger son mignon. Ce fut l'origine de cette guerre si longue entre le Bourguignon et le tartuffe de Blois. Et voilà, peuples de la terre, quand vous êtes assez imbécilles pour avoir des rois, les dignes sujets de leurs disputes, et les nobles causes pour lesquelles vous prodiguez votre sang.

Celles de la liberté sont plus gaies, plus légitimes et moins sanglantes. La mode des principautés en avoit fondé une par hasard dans ce département : c'est Montbéliard. Cette principauté, dans la France, est à peu-près comme l'oiseau-mouche sur les branches d'un chêne. Quoi qu'il en soit, le prince de Montbéliard se croit bien plus, à lui seul, que toute une Nation. Un jeune-homme, du département de Saône et Loire, a trouvé plaisant, depuis la révolution, de faire, sans sabre, ni pistolet, ni fusil, une guerre à outrance à ce prince redoutable. Mailli-Châteaurenaud, secrétaire d'un directoire de département, dont son père, aujourd'hui membre de la convention nationale, étoit président, se met en tête de faire une compagnie de volontaires. Connu et aimé dans sa ville, bientôt 50 à 60 guerriers, dont le plus vieux avoit seize ans, se rassemblent autour du conquérant de dix-huit ans : on le passe au scrutin, et mon Mailli est colonel par l'absolue majorité. C'est peu que d'être colonel aujourd'hui, il faut se battre. Autrefois c'étoit peu que de se battre, c'étoit beaucoup que d'être colonel. Les choses sont bien changées. Mais comment se battre ? point de fusils, et la commune n'en peut fournir. Nos guerriers se ressouviennent qu'à vingt lieues de là existe un prince de Montbéliard, dont l'armée peut bien, sur le pied de guerre, se monter à vingt hommes. Vingt hommes ! c'est toujours vingt fusils, si par hasard les arsenaux ont été bien fournis. On demande une commission secrète, on l'obtient, les sacs se fon , l'ont part, et graces à une marche forcée, l'on arrive aux pieds de Montbéliard. On ne s'amuse pas à ouvrir la tranchée, ce n'est pas comme cela que les soldats de la liberté se battent à quinze ans ; leurs pères, dans les armées de Custine, de Montesquiou et de Dumouriez, ne leur en ont pas donné cet exemple. Quoi qu'il en soit, voilà nos jeunes conquérans devant Montbéliard, sans munitions, sans équipages, sans tentes, sans armes : qu'importe ? ils avoient leur courage, et pour des Français, c'est tout avoir. Siége formé, trompette envoyé, sommation faite, tout ce qu'une armée commune met quinze jours à faire, nos jeunes héros le font en quinze minutes. Le gouverneur, étonné, demande à capituler : on lui accorde les honneurs de la guerre. Nos braves entrent, ils étoient venus sans armes, ils s'en retournent chacun avec un fusil, et un poste vraiment important, une citadelle faite pour soutenir ce qui s'appelle un siége dans les formes, s'humilie devant des enfans : mais ces enfans sont des Français, et la liberté planoit sur leurs têtes. Château-renaud revient avec son bataillon dans ses foyers, où les palmes l'attendoient avec ses camarades. Rien n'est étonnant dans tout cela que le silence que l'on a gardé jusqu'ici sur ce fait héroïque. Il y a eu tant d'historiographes de Rois ! Quand donc y aura-t-il des historiographes du peuple ! (5)

Mulhausen est le pendant de Montbéliard. C'est encore un petit peuple étranger, enclavé dans la France. Ces petits états, dans la république française, sont à-peu près comparables à ces petits trous que font sur un superbe tapis les bluettes que le bois enflammé d'un foyer fait pétiller. Mulhausen, alliée des Suisses, ou, pour mieux dire, Suisse elle-même, est une jolie ville, bien bâtie, assise dans une campagne fertile. Elle doit son origine aux premiers empereurs d'Allemagne, et son nom aux nombreux moulins que l'on y voyoit jadis. Elle se vit long-tems en butte à la tyrannie des landgraves, des avoués et des préfets d'Alsace. Les atteintes que l'on portoit à sa liberté, la décidèrent enfin, en 1466, à s'allier avec *Berne* et *Soleure*, et en 1506, avec *Bâle*. Cette incorporation avec la Suisse l'a fait jouir de la paix; et depuis, elle a vu sans alarmes les orages de la guerre gronder autour de ses murs, et n'oser en approcher. Elle fut, pour ainsi dire, témoin d'un triomphe de Turenne, et l'avantage qu'il remporta dans ses environs sur un corps de cavalerie Autrichienne, prépara la bataille d'*Enshem*, dont le succès délivra l'Alsace de l'armée des alliés. Peu de villes ont plus souffert que Mulhausen des longues querelles des empereurs et des papes. Et quel fut le principe de ces querelles! mânes de nos ancêtres! que ne pouvez-vous sortir de vos tombeaux, pour apprendre de vos fils le mépris que vous deviez à ces scélérats orgueilleux pour qui vous vous égorgiez.

Adrien IV, né anglais, fils d'un mauvais sujet, d'abord mendiant et vagabond, puis valet d'un chanoine de Valence en Dauphiné, devient prêtre, ensuite intrigant, bientôt cardinal, enfin pape, et se met dans la tête le projet extravagant de se faire tenir l'étrier par l'empereur *Frédéric Barberousse* dans une entrevue. Les cardinaux, effrayés des suites de cette prétention ridicule, se sauvèrent. Barberousse, loin de se fâcher de cette insulte, en fit une plaisanterie, et tint le mauvais étrier, sous prétexte qu'il étoit novice dans cet emploi. Le superbe Adrien, mécontent de son palfrenier, refusa de lui donner la couronne impériale, s'il ne lui tenoit le bon étrier. Ces *bonnes* gens se piquèrent, leur ressentiment éclata, et tel fut le *noble* motif d'une guerre dont l'Europe fut désolée pendant près de deux siècles; et d'après cela, les lévites ultramontains prêcheront que les Français méritent les foudres célestes, parce que le nom de pape les fait sourire.

Hélas! Monsieur, si toute la surface de la terre est imbibée du sang que l'orgueilleuse folie de quelques hommes fit couler, combien l'ame jouit, quand au milieu de ces débris de carnage, dont le monde s'est couvert depuis que le Tartare vomit les rois pour le malheur des hommes, on trouve un point où les passions douces ont fixé, pendant quelques jours, le fantôme du bonheur. *Ribeauvillers*, séjour délicieux, oublié par les poëtes, que Pétrarque n'a pas connu, car Pétrarque t'auroit chanté, Ribeauvillers! que l'on célèbre ailleurs les fêtes des tyrans, qu'ailleurs l'on encense les autels de quelques hommes stupides, que le fanatisme et l'avarice décorèrent du nom de Saints, Ribeauvillers! c'est dans tes murs que chaque année ramène l'unique fête aimable pour les ames honnêtes et sensibles : le jour de l'amitié est la pâque de cette ville. Au dixième siècle, deux jeunes-gens, *Christian* et *Williams*, se virent dès le berceau, et leurs cœurs, semblables au lierre, s'unirent pour croître, s'aimer et mourir ensemble. L'aurore les réveilloit, ils se trouvoient, et tous les jours étoient sereins : le soir les ramenoit au village, et toutes les nuits étoient paisibles. Christian soupiroit-il quelque romance sur son chalumeau? le chalumeau, humide encore, répétoit sous les lèvres de Williams le refrain que cherchoit Christian. Si l'infortune les imploroit, Williams donnoit l'argent qu'avoit touché Christian, Christian recevoit les bénédictions que le malheureux donnoit à Williams. Le soleil les éclairoit-il ? chacun le remercioit d'éclairer son ami. Si l'un d'eux se miroit dans le crystal de l'onde, l'autre s'y désaltéroit aussitôt, et la fontaine lui sembloit plus pure. Ils étoient plus que frères. Ils étoient amis enfin. La vieillesse arriva sans qu'ils la vissent, parce qu'ils ne voyoient que l'amitié. Un jour naît : ce fut leur dernier! Courbés sur leur bâton, il montent lentement sur le côteau, témoin jadis de leur jeunesse : elle avoit fui sur les ailes du tems. Vois-tu ces fleurs, dit Williams à son ami, je ne peux plus me baisser pour les cueillir. L'automne les flétrira, répond Christian, mais l'hiver de notre vie a respecté celles que nous portons dans notre sein. Tout meurt dans la nature, excepté les vertus : tout meurt, excepté l'amitié : tout meurt.... A ces mots, leurs yeux se fixent, leurs bras s'étendent : tout meurt, excepté l'amitié! Ils le répètent encore, s'embrassent, se taisent, tombent, ils ne sont plus : et leur bouche inanimée sembloit dire encore : tout meurt, excepté l'amitié. Depuis, Ribeauvillers voit tous les ans dans ses remparts célébrer la fête de l'amitié. Les musiciens des environs s'y rassemblent, et l'on y chante, sur la tombe de Williams et de Christian : tout meurt, excepté l'amitié.

Belfort est une des villes importantes de ce département. Elle étoit, comme nous l'avons dit, la capitale d'un petit pays appelé le *Sundgaw*. Ce fut long-tems une des clefs du comté de Bourgogne. Elle eut d'abord des *souverains* particuliers, ensuite elle appartint à l'Autriche, et en 1648, elle passa à la France par le traité de Westhpalie. Elle est divisée en deux, ville haute et ville basse. Cette distinction est moderne. Quoique Louis XIV l'eût fait extrêmement fortifier, M. de Vauban s'apperçut qu'elle étoit commandée par des hauteurs. Pour y remédier, il fit donc construire de nouvelles fortifications avec des tours bastionnées, ensorte que l'enceinte se trouvant accrue par-là, on bâtit une seconde ville, dont les rues sont tirées au cordeau. Le château que ce même Vauban a fait réparer est un ouvrage plus ancien, placé sur des montagnes escarpées, et dont les murailles sont d'une élévation prodigieuse.

Les environs de Belfort sont peu fertiles, mais l'on y trouve des mines de fer très-abondantes, et par conséquent des forges considérables, et dont l'activité forme la principale branche de son commerce. Nous y avons vu aussi des moulins à poudre, que Louis le dernier avoit paralysés autant qu'il avoit pu. Sans doute la situation de Belfort avoit paru intéressante à l'aristocratie, car c'est une des villes de la république que

Bouillé et ses complices ont le plus travaillé. Au commencement de l'hiver de 1790, sa garnison, abusée par ce général perfide, et de lâches officiers, fut, pendant quelques minutes, en état de contre-révolution ouverte : l'odieuse cocarde blanche y fut arborée, et les cris détestés de *vivent le roi, la reine*, etc. s'y firent entendre. Mais ce triomphe dura peu. Le courage des municipaux, le bon esprit du peuple, étouffa bientôt le coupable espoir des lâches satellites de la tyrannie, et là, comme ailleurs, les ennemis du peuple se virent réduits au silence.

Ce département présente souvent des paysages piquans. Celui de *Zellenberg*, que nous vous envoyons, nous a paru mériter la préférence que nous lui donnons. L'œil est plus flatté de ces jeux de la nature que de la sombre monotonie des remparts des villes de guerre. L'art est par-tout le même ; la riche nature par-tout nouvelle : et l'aspect de ce Zellenberg et de *Richenberg*, vous délasseront plus que le plan, par exemple, d'*Huningue* et de *Neubrisac*. L'homme qui lit est un voyageur. Il a besoin de repos, et dans l'auteur, c'est un sentiment d'humanité de lui fournir dans son livre des hôtelleries agréables.

Ce Neubrisack et cet Huningue sont de véritables citadelles, et non des villes. Une poignée d'habitans et de nombreux bataillons, voilà communément la composition de ces sortes de corps-de-garde des grands états. Eh bien ! malgré le despotisme militaire qui, pour ainsi dire, mastiquoit toutes les facultés de ces cités de casernes, l'amour de la liberté y a pénétré comme ailleurs, et peut-être plus qu'ailleurs, parce que les outrages de la tyrannie y étoient plus sentis. Rien de plus triste que ces prisons guerrières, Neubrisac et Huningue. Le dernier sur-tout réunit, à l'ennui qui règne en souverain dans ses murailles, l'insalubrité de l'air, qui les meuble de funérailles. Des fièvres éternelles sont le commun partage des soldats de cette garnison, et la population de l'hôpital est souvent plus forte que celle de la ville.

A un quart de lieue d'Huningue, Bâle élevoit avec orgueil jadis ses tours libres et opulentes. Aujourd'hui, plus libres qu'elle, nous regardons en pitié ce gouvernement Helvétique, où l'aristocratie souille de son pouvoir ces Suisses, dont un paysan n'avoit pas brisé les fers pour les enchaîner à de *magnifiques* magistrats. Non loin de là sont ces gorges fameuses de Porentrui, plus utiles que les palais de l'évêque de ce nom, puisqu'elles protègent la terre de la liberté contre la rage impuissante de ces princes des prêtres. Il sembleroit que le Créateur prévit qu'il y auroit des tyrans, il fit des montagnes pour le salut de la liberté. Les montagnes sont le livre de la nature. L'homme, en les parcourant, voit ce qu'il peut, et ce que les hommes ne peuvent pas.

Cet évêque de Porentrui ou de Bâle croyoit sans doute que la France n'étoit pas plus grande qu'un carré de ses jardins, puisqu'il s'étoit mis dans la tête qu'un évêque pouvoit lui résister. Pauvre bonhomme ! il a pu le croire de bonne-foi. Ces grands seigneurs étoient si ignorans. Un grand d'Espagne, chargé de la censure des ouvrages géographiques de son pays, refusa bien de permettre l'impression d'une carte de la Castille, parce que les Pays-Bas, qu'il disoit appartenir à son maître, ne s'y trouvoient pas. Quand les îles fortunées, connues aujourd'hui sous le nom de Canaries, furent découvertes, et données à Louis *de la Cerda* par le pape *Clément VI*, l'ambassadeur d'Angleterre quitta sans congé la cour du S. *Père*, et retourna à Londres annoncer à son maître que le pape avoit donné à un autre les trois royaumes. Il les prenoit pour les îles fortunées, et voila les hommes qui gouvernoient le monde.

Ce département nous a paru devoir compter au nombre de ses richesses, les superbes sapins dont s'y couronnent les montagnes. Nous allons dans le Nord chercher à grands frais des bois de construction, tandis que ceux-ci ne leur cèdent en rien peut-être pour la qualité. Il ne s'agiroit donc, pour les exploiter, que d'ouvrir ou de perfectionner les communications. Il sera peut-être digne un jour de la grandeur, comme de la générosité de la république, d'avoir une administration distincte d'ouvriers pour toute la France, où l'on pût occuper à la confection de ces monumens d'utilité publique tous ces hommes qui demandent de l'ouvrage. La Nation pourroit les payer, puisqu'elle devroit profiter de leurs travaux, et il n'est point de département où l'oisiveté de l'ancien régime n'en ait laissé d'importans à faire.

NOTES.

(1) Rien de si plaisant que de voir, tous les ans, à Aix-la-Chapelle, la procession où l'on promène l'effigie de ce *Charlemagne*. Cette effigie est un grand mannequin d'osier de vingt-cinq à trente pieds de haut, recouvert d'une robe de chambre de damas jaune. La couleur est bien choisie pour le personnage. La tête est affublée d'une grande perruque à trois circonstances poudrée à blanc. Le perruquier chargé du soin de cette perruque, a quarante-huit francs de rente pour la peigner cette seule fois dans l'année. Le *Charlemagne*, ainsi poudré, peigné et vêtu, est porté par quatre ou cinq hommes cachés sous le mannequin, et ressemble assez au *Geronte* du *légataire*. Il porte dans ses mains un relief de la maison-de-ville d'Aix-la-Chapelle. Et sans doute qu'on lui suppose un grand respect pour cette maison-de-ville, car lorsque cette procession passe sur la place, on lui fait faire trois révérences de femme à la façade.. Le *bon dieu* porté bien humblement après le *Charlemagne*, suit entouré de quelques prêtres enroués à force de crier du latin que personne ne devine. Le peuple s'agenouille devant le mannequin Charlemagne, en disant, Saint-Charlemagne, priez pour nous. Mais le mannequin est aussi sourd que son modèle, lorsqu'il faisoit pourfendre et rôtir les pauvres saxons, *ad majorem gloriam dei*.

Il n'y a que les rois qui aient le droit, à Aix, de se faire ouvrir le tombeau de Charlemagne. Cela n'est pas si mal. Si l'on montroit ses os aux hommes, il y a long-tems que l'indignation les eût réduits en canelle.

Richenveir.

(2) J'avois envie de faire une longue note sur ce Childéric. L'énumération de ses crimes m'auroit mené loin, et j'ai réfléchi qu'en disant, ce fut un roi, c'étoit en dire assez à nos lecteurs.

(3) Quand refera-t-on les dictionnaires ? Il en est un que l'on peut appeller les fastes de la flatterie et de la bassesse. C'est celui des grands-hommes, imprimé à Caen, et composé, soi-disant, par une société de gens de lettres. Grand-dieu ! quelles gens de lettres, que des hommes à genoux devant les tyrans, saints, papes, cardinaux, princes, conquérans, théologiens, etc. A peine dans dix mille articles se trouve-t-il vingt hommes vertueux : et ce sont ceux-là que ces messieurs traitent de brigands et de scélérats. Pourquoi ? parce qu'ils ont dit des vérités aux hommes et qu'ils ont repoussé l'oppression des rois qui ont fini par les faire brûler. Et ces auteurs ont pris pour épigraphe : *mihi Galba, Otho, Vitellius, nec beneficio, nec injuriâ cogniti.* Tacite ne se doutoit guère qu'il fourniroit des textes à des esclaves. Voilà pourtant les livres qu'on laisse circuler encore dans les écoles d'un peuple républicain. On n'y pense pas. L'on a tort.

(4) Ces processions d'hommes nuds étoient à la mode du tems de la ligue. Le 30 janvier 1589, il s'en fit une où les filles, femmes, hommes et enfans étoient tous nuds : *oncques ne se vit si belle chose*, dit le journaliste du tems.

Le 14 février de la même année, il s'en fit une pareille à Saint-Nicolas-des-Champs, où plus de mille personnes étoient nues, entr'autres le curé, nommé M. François Pigenat. Le tems, qui étoit froid alors, rendoit la procession un peu plus décente. On s'ennuya de les faire le jour, on les fit la nuit : et la population s'en trouva mieux.

(5) Si nos jeunes gardes nationaux se battent bien, ils écrivent bien aussi. Voici un modèle du style épistolaire dans le siècle de la Liberté.

« Et moi aussi ; d'hier enregistré, demain je pars.
» A dix-sept ans, avec moins de force et d'expérience
» que mes frères à dix-neuf et à vingt-deux, je me sens
» néanmoins autant de courage. Tous trois nous cou-
» rons au rassemblement opposer à l'ennemi une ligne
» impénétrable et répressive. Cher papa, chère maman,
» aimable sœur, pauvres petits frères, je le sais, le
» succès de nos armes est certain. Mais si, en dépit du
» sort, nous éprouvons quelques revers et que vous
» soyez investis, mourez, et mourez sans regret ;
» alors nous ne serons déjà plus, et les scélérats, pour
» vous atteindre, auront, je vous jure, marché sur
» nos cadavres ».

Signé, J. B. BRISSEBARRE.

Du camp de Maulde, etc.

Ce jeune homme est de Paris. Son père demeure rue de la Jussienne.

A PARIS, de l'Imprimerie du Cercle Social, rue du Théâtre-Français, N°. 4.

VOYAGE

DANS LES DÉPARTEMENS

DE LA FRANCE,

Enrichi de Tableaux Géographiques et d'Estampes;

Par les Citoyens J. LA VALLÉE, ancien capitaine au 46e. régiment, pour la partie du Texte; LOUIS BRION, pour la partie du Dessin; et LOUIS BRION, père, auteur de la Carte raisonnée de la France, pour la partie Géographique.

L'aspect d'un peuple libre est fait pour l'univers.
J. LA VALLÉE. *Centenaire de la Liberté*. Acte Ier.

A PARIS,

Chez Brion, dessinateur, rue de Vaugirard, N°. 98, près le Théâtre François.
Chez Buisson, libraire, rue Hautefeuille, N°. 20.
Chez Desenne, libraire, galeries du Palais-Royal, numéros 1 et 2.
Chez les Directeurs de l'Imprimerie du Cercle Social, rue du Théâtre-François, N°. 4.

1792.
L'AN PREMIER DE LA RÉPUBLIQUE FRANÇAISE.

Nota. Depuis l'origine de l'ouvrage, les auteurs et artistes nommés au frontispice l'ont toujours dirigé et exécuté.

Ouvrages du Citoyen JOSEPH LA VALLÉE.

Le Nègre comme il y a peu de Blancs.	3 vol.
Cecile, fille d'Achmet III.	2 vol.
Tableau philosophique du règne de Louis XIV.	1 vol.
Vérité rendue aux Lettres.	1 vol.
Serment civique, comédie en 1 acte.	1 br.
Le Roi et le Pélerin, en deux actes.	
Voyage dans les 83 Départemens.	14 n^{os}.

VOYAGE
DANS LES DÉPARTEMENS
DE LA FRANCE,

Enrichi de Tableaux Géographiques et d'Estampes.

DÉPARTEMENT DU BAS-RHIN.

Je te salue, ô génie des Républiques ! Qu'as-tu fait depuis Pharsale ? caché dans la tombe de Brute et de Cassie, as-tu médité sur tes fautes antiques ? te souviens-tu de ce sénat de Rome, et de la fuite du peuple sur le mont sacré ? Te souviens tu de ces Dictateurs, de ces Consuls, de ces Questeurs, de ces Chevaliers ? Te souviens-tu de l'ambition de Marius et des crimes de Sylla ? Si tu t'en souviens, tu vois tes erreurs : Rome vivroit encore, si tu l'avois voulu. Que te manquoit-il donc ? l'égalité, sans laquelle toutes les républiques périssent. La France vient de te réveiller. Apprends à tes dépens à devenir immortel pour elle. Si tu veux vivre, nivelle tout. Une république doit ressembler à la surface des mers. Un flot veut-il s'élever, il s'en soulève des millions, et les orages grondent. Rien dans une république que la loi. La loi est le jour serein, tous les flots s'applanissent devant lui.

Pour affermir cette égalité, nous commencerons ce cahier, le premier que nous écrivions depuis la naissance de la république par le crime d'un roi. Tant que la France connut des rois, nous les dénoncions pour qu'elle les chassât. Elle n'en a plus ; notre mission a changé. Désormais elle est de les poursuivre si loin, qu'elle ne soit pas tentée de les rappeler.

Croiriez-vous, Monsieur, que le nom de Strasbourg, chef-lieu de ce département, soit le monument du brigandage affreux de l'un de ces scélérats couronnés si fameux dans l'antiquité. Du tems des Romains, cette ville se nommoit *Silberstadt*, ou *Argentine*. Elle étoit le bureau général des tributs qu'ils tiroient de la Germanie. Attila, ce monstre du Nord, cet homme qui tiroit gloire de s'appeler le fléau de Dieu, moins scélérat encore que les rois hypocrites, parce qu'il commettoit ses crimes à découvert, ce brigand réduit en cendres *Argentine*, et pour imprimer un éternel souvenir de ses fureurs sur la place où la Germanie l'avoit vomi dans les Gaules, il lui donne le nom de *Strasbourg*, ou *Bourg de la Rue*.

Louis XIV ! quand tu fis mettre des portes de fer à cette rue d'Attila, ton modèle, pour les fermer sur toi, quand tu reviendrois chargé des dépouilles des Nations ; quand les conquérans d'Autriche ont voulu les enfoncer pour boire le sang des Français dans le crâne de leurs enfans égorgés ; quand enfin l'imberbe Césarion de Vienne fait actuellement roder les flasques cohortes de ses esclaves autour de ses remparts : mince César ! gigantesque Louis XIV ! et vous tous conquérans, écume de l'univers ! Avez-vous oublié que c'est la rue qui conduisit Attila dans les plaines de Châlons.

Les plaines de Châlons ! c'est donc là le tombeau des tyrans, comme celles de Philippe furent le cercueil de la liberté. Qu'en reviendra-t-il à Frédéric de *Prusse* pour avoir combattu sur les os d'Attila ? Le supplice de la vie, peut-être, car Attila y trouva la mort : c'est un bienfait dont peu de despotes sont dignes.

Pourquoi un bienfait ? Antigone, l'un des généraux d'Alexandre, ravageoit le monde. Un philosophe lui présente un traité sur la justice. Il le reçoit en riant ; cela vient fort à propos, dit-il, pendant que je prends le bien d'autrui. Autant il avoit été cruel dans sa jeunesse, autant il devint doux dans sa vieillesse. On lui en demandoit la raison ? C'est que j'ai besoin de la douceur pour conserver ce que j'ai acquis par la force, répondit-il ; la mort n'est-elle pas un bienfait pour l'homme qui se voit contraint à faire le bien par le souvenir de ses crimes.

Il n'y a point de transition, Monsieur, entre le département des Vosges et celui du Bas-Rhin. C'est passer de la Tauride dans les champs de l'Indus. L'imagination ne se peint pas la vue dont on est frappé en arrivant sur les montagnes de Saverne. Derrière vous, autour de vous, des forêts ténébreuses : des chênes antiques tapissés d'une mousse blanchâtre, gresillés par le souffle des hivers : des pins mornes et silencieux, dont le front, couvert d'un voile de deuil, s'est courbé sous le vent d'Orion : des rochers suspendus sur leurs bases inégales, ombrageant de leurs masses effrayantes les abîmes, où les torrens roulent.

à travers les grès épars, leurs ondes écumeuses. A droite, à gauche, s'élèvent sur la cîme des montagnes quelques tours, quelques pans de murailles, monumens dégradés de la férocité féodale, dont les injures du tems, vengeresses de l'humanité flétrie, effacent lentement l'orgueil dévastateur, et dont les ruines associent sans pudeur le souvenir des crimes des tyrans, à la simplicité terrible de la nature sauvage. Là, dans ce calme imposant, où l'ame du spectateur, planant sur le cahos auguste dont elle est entourée, se reporte aux premiers jours du monde, quelquefois un frémissement soudain du feuillage éveille la terreur, dont le frisson léger glisse comme un éclair sur les membres de l'observateur : c'est le daim sauvage qui s'élance à travers les buissons : il vous a vu, vous fuit, et son innocente timidité atteste que ce fut sur les animaux que l'homme fit l'apprentissage de l'art affreux de détruire. Le daim est loin, le silence est revenu : mais bientôt le zéphir nonchalant apporte à votre oreille les plaintes amoureuses du chalumeau lointain : la mélancolique solitude semble sourire à ces sons consolateurs, et l'on se dit : l'homme est donc deux quelquefois. Enfin, l'on avance : et tout-à-coup vos yeux s'égarent dans un horizon immense; vous n'avez fait qu'un pas, ils ont déja décrit un cercle de cent lieues. Toutes les richesses de la nature et de l'art se sont déroulées comme par explosion sous vos regards. Vous jouissez d'abord de l'immensité du cadre : par degrés, les détails du tableau vont rappeller votre curiosité stupéfaite. Ici, et presque sous vos pieds, Saverne se dessine ; les toits fastueux d'un prêtre insolent, les jardins de sa volupté se tracent pour vous sur la terre, indignée de les porter. Naguère, du haut de la montagne, vous eussiez distingué les flatteurs s'agiter à la porte de ses palais, les chars dorés silloner les routes pour apporter la bassesse aux pieds du *monseigneur*. Naguère, votre odorat révolté eût respiré la fumée de ses festins, que le vague des airs auroit fait ascender jusqu'à vous. Les cris des chiens et des chasseurs, ravageant les guérets pour les plaisirs d'un homme, eussent insulté votre oreille. Naguère vous auriez vu l'innocence fuir les désirs impudiques des valets d'un pontife corrompu. Maintenant tout a changé. Les rues de Saverne sont sous vos pieds, et ces hommes qui les parcourent sont des républicains, dont l'œil mesure avec mépris ces temples de la débauche, et dont les mains en briseroient le marbre avec indignation, s'il ne devoit enfler les trésors de la république. Hors des murs de Saverne, les champs, empreints de l'industrie de l'homme, étendent leurs tapis émaillés, et fondent insensiblement l'éclat de leurs couleurs dans l'opale vapeur dont se charge l'horizon : les villages, les bourgs, les hameaux rapprochés entr'eux par l'optique, s'amoncèlent, et semblent se confondre. Le Rhin, ce fleuve républicain, dont la tombe de *Tell* est l'urne sacrée, descendant avec fracas du S. Bernard altier, arrive avec majesté, serpente avec orgueil dans ce bassin immense, et fuyant à regret ses rives enchantées, sembloit, par la lenteur de son cours, y attendre, depuis la création du monde, le réveil de la liberté ; il l'y voit maintenant, et gémissant de la quitter, il se précipite avec

A 4

fureur à travers les champs flétris des prêtres de Mayence et de Cologne, et vole mourir dans les bras de son amie, qu'il retrouve chancelante sur les bords du Batave. Strasbourg enfin, dont la flèche téméraire semble défier les orages, termine ce tableau, et la richesse de son commerce, la multitude de ses habitans, se peignent sur la poussière et la fumée, dont les nuages épais enveloppent ses tours.

De l'opulence de cette vue nâquit le desir d'en toucher les objets, et la science des communications y déploya tout son art. Le chemin qui descend des Vosges dans Saverne, est l'un des chefs-d'œuvres de l'homme. Vingt fois s'avançant, vingt fois revenant sur lui-même, serpentant avec adresse sur l'escarpe des abimes, sa pente insensible et douce semble se jouer de la roideur des rochers, et consoler le voyageur des obstacles que la nature prétendit mettre à ses jouissances.

Ce département, l'un des plus riches de la république, produit des grains de toutes les espèces, des vins, du tabac, de la graine de moutarde, des chanvres, des bois, du gibier de tout genre, du poisson excellent, et des bestiaux en abondance. Dépôt du commerce de l'Allemagne et du Nord, l'industrie s'y est élevée au plus haut degré de splendeur. Rien de plus actif que ses manufactures d'armes blanches, d'orfévrerie, de draperies et de toiles, sur-tout de toiles à voiles. Les pelleteries qu'il tire du Nord, et dont il fournit ensuite presque toute la république, accroissent encore son opulence.

Il fait une partie de ce que l'on appelloit autrefois

Vue de Strasbourg du côté de la porte de Saverne

l'*Alsace*. C'étoit le pays des anciens *Tribocces*, qui retinrent leur nom jusqu'à Charlemagne. Les Romains le possédèrent cinq cents ans. Les Rois français en furent maîtres ensuite, jusqu'à Othon Ier, qui s'en empara. Othon III l'érigea en *Landgraviat*; la maison d'Autriche l'a possédé long-tems. Enfin, il rentra à la France, mais peu s'en fallut qu'il ne fût le siége d'un nouvel empire, et que l'ambition d'un homme n'en fît le noyau d'un nouveau trône. Le *duc de Saxe Weimar* (1), étranger que l'imprudent *Louis XIII* avoit mis à la tête de ses armées, aidé du *cardinal* la *Vallette* et du comte de Guebriant, fit la conquête de l'Alsace, d'une partie de la Franche-Comté, et de quelques villes de Lorraine. Louis XIII s'apperçut trop tard combien il est impolitique de confier des forces à un étranger. Il manda Weimar à la cour. On cesse d'obéir aux rois, quand on cesse de les craindre. Weimar refusa de s'y rendre, et peut-être eût-il poussé ses projets plus loin, si la mort ne l'eût surpris à Neubourg. Elle délivra Louis XIII d'un rival qui pouvoit devenir redoutable. Le maréchal de Guebriant acheva la conquête de l'Alsace, mais ce ne fut que longtems après que, par le traité de *Riswich*, elle se vit pour jamais attachée à la France.

Strasbourg, chef-lieu de ce département, dont nous vous envoyons une vue, est l'une des plus belles villes de la France. Les fortifications, cette *titre* (2) funèbre dont les villes de guerre reçoivent communément cet air morne que leurs environs respirent, ne diminue rien de la gaieté des alentours de Strasbourg. Le voisinage du Rhin, les arbustes amphibies dont ses rives sont couvertes : la multitude de canaux qui se remplissent des eaux de l'Ill : une sorte d'esprit Hollandais, répandu sur les maisons de plaisance et les jardins dont elles sont ornées: la quantité de guinguettes où le peuple va se délasser des travaux de la semaine : les promenades publiques enfin, que l'orgueil des gouverneurs a fait planter aux dépens de l'agriculture exilée; tout s'unit pour enrichir la ceinture de Strasbourg. L'intérieur de la ville ne répond pas également à l'élégance de ses dehors. Quoique les places y soient grandes, les rues communément vastes, la bâtisse des maisons, dans le genre Allemand, ne flatte pas l'œil du Français, accoutumé à la noblesse de l'architecture. Rarement les maisons ont la façade sur la rue. Elles ne s'y présentent que par le pignon, et la vue est désagréablement frappée par ces toits pointus qui déparent l'alignement des corniches. Certains quartiers reçoivent leur luxe des boutiques. D'autres sont plus déserts, et c'est dans ceux-là qu'une foule de rues étroites et tortueuses présentent à l'étranger un dédale inextricable.

La trop fameuse cathédrale n'a pas pour le connoisseur ces charmes qu'on lui suppose devoir attacher les regards des voyageurs. Combien de gens à qui l'on dit telle chose est belle, et qui le croient. Un portail immense, surchargé jusqu'au dégoût de tous ces colifichets que l'architecture gothique amonceloit, énorme par sa masse, pauvre par ses détails, composé de petits Saints, de petites colonnes, de petits chapiteaux, tel est le sombre parvis par où l'on pénètre dans ce temple, que ferment des portes de

Eglise Episcopale de Strasbourg.

cuivre, que l'on annonce comme des chefs-d'œuvres. Ce temple n'a rien de surprenant que son immensité. Mais ce qui mérite en effet l'étonnement du voyageur, c'est la flèche qui s'élève au-dessus d'une tour, déja prodigieuse elle-même par sa hauteur: jadis cette flèche avoit sa pareille sur la même tour, mais la foudre l'a renversée. Cette flèche est sculptée de manière que tous les fleurons en sont percés à jour; ensorte que la hardiesse et la délicatesse sont d'accord pour frapper l'imagination. L'escalier, qui parvient à la pointe, tourne spiralement en dehors, depuis la plate-forme, qui lui sert de base, jusqu'à la boule qui supporte la croix; ensorte que cet escalier se rétrécit, à mesure qu'il approche de l'extrémité; et que, n'ayant qu'une rampe soutenue d'espace en espace par des barreaux de fer, il offre, si ce n'est le danger, au-moins la terreur à vaincre à l'homme intrépide qui se hasarde à l'escalader. De cette élévation formidable, le plan de Strasbourg se découvre en entier, et l'on plane non-seulement sur la ville, mais encore sur un pays de plus de trente lieues de diamètre peut-être. Vous jugerez de la hauteur de cette flèche par la gravure.

Avant le décret bienfaiteur de la liberté des cultes, les religions catholiques et luthériennes étoient également dominantes à Strasbourg. Elles avoient chacune leur temple. Les femmes seules, toujours plus minutieuses en pratiques de religion, se distinguoient entr'elles par le costume. Celui des luthériennes mariées étoit noir. Celui des catholiques étoit plus riche. Il semble que le luxe ait été dans tous les tems un attribut de la religion catholique ; aussi n'en est-il point où l'insensibilité pour les misères humaines ait été poussée à un plus haut degré de férocité. *Tout pour l'orgueil*, paroît avoir été la devise des prêtres de cette religion : des milliers de monumens sont élevés dans leurs églises à des hommes. Qui sont ces hommes par-tout ? Des cardinaux, des pontifes, des grands, des princes, des rois, des imbécilles. Cherchez dans ces épitaphes de vingt pieds de haut une seule vertu, vous ne la trouverez pas. Cent lignes de titres, cinquante de *superlatifs*, ces interprètes du mensonge, six pieds de marbre noir pour les écussons, un mausolée de jaspe et de porphyre, et les os d'un brigand, voilà le faste des églises catholiques. Que l'orgueil est bête ! il ne s'apperçoit pas que ces figures en pierres, de *chasteté*, de *bienfaisance*, de *clémence*, de *charité*, qu'il met aux quatre coins des tombeaux, sont une épigramme sanglante contre le mort. La dureté, l'immobilité et la froideur de la pierre sont l'histoire de sa vie. Les autres sectes, plus modestes, n'ont dans leurs temples que la nudité des murs. On ne voit dans celui des luthériens de Strasbourg que le mausolée de *Saxe*. Au-moins est-ce un grand homme qu'ils ont honoré de cette distinction. Un grand homme ! c'est donner une terrible extension à ce mot. Peut-on l'être quand on fit son métier de la guerre.

Ce mausolée est du célèbre Pigalle (3). Nous l'avons trouvé placé avec mal-adresse. Il ne fait pas un effet aussi magique là, que lorsqu'il étoit dans l'atelier du statuaire. Et si l'expression étoit permise, on pourroit dire qu'il n'est pas dans son jour.

Les villes sont comme les hommes, elles ont leur ridicule. La révolution en a corrigé quelques-uns. Le grand ridicule de Strasbourg, étoit le *grand* chapitre des *grands* prêtres, tirés des *grandes* maisons de la *grande* noblesse. Rome, si fertile en faux dieux, n'eut jamais d'autels à l'insolence. Strasbourg avoit les siens. Je serois curieux de savoir ce que Dieu devoit dire, en se voyant servi par les valets des *très-hauts* et *très-puissans* chanoines de Strasbourg ? s'il trouvoit très-bon de n'avoir, pour chanter ses louanges, que quelques musiciens à voix torses, tandis que M. le chanoine avoit des concerts à *toutes parties* pour célébrer sa courtisanne ? comment il s'accommodoit de la mauvaise raisine dont on l'encensoit, tandis que tous les parfums de l'Arabie couloient à grands flots dans la baignoire de M. le chanoine. Hélas! dans les familles de grands, tous les individus n'ont pas pu avoir le même emploi. Les uns ont dit, insultons aux hommes, et ce sont ceux qui ont régné. Les autres, insultons à Dieu, et ce sont ceux qui ont pris l'encensoir. Voilà l'origine du chapitre de Strasbourg.

Par-tout les grands seigneurs ont agi avec le ciel de pair à compagnon. Quand je vois un chanoine de Strasbourg envoyer un prêtre subalterne prier Dieu pour lui, je crois être dans le royaume de *Bénin*, où un *grand* appelle un esclave, et lui dit : porte ce présent à Dieu, tu le salueras de ma part. N'est-ce pas comme cela qu'on rendoit le *pain béni* à la manière des *grands seigneurs*.

Ces chanoines étoient surchargés de titres et de dignités. Jadis les Germains, les Gaulois, les Francs, ne connoissoient point ces épithètes d'illustrissime, d'éminentissime, etc. qui semblent enfler l'idée que l'on veut vous donner d'un homme. Ils ne les apprirent qu'en fréquentant les Romains, et les adoptèrent à leur imitation. Mais ces titres mêmes étoient le symptôme de la corruption de Rome. Ainsi, pendant douze cents ans, nous avons honoré, admiré, respecté dans quelques familles de *singes*, le motif de l'anéantissement d'un grand peuple.

Suivant le système physique de Didérot, l'univers est un *grand animal*. Il se trompe. C'est non un grand, mais un petit animal. C'est une chenille qui gouverne tout, et cette chenille est l'orgueil des grands. Bête à mille pattes, ses jambes jadis servoient de rames au vaisseau du monde, et le faisoient flotter au gré de son caprice. Nous autres, peuple, nous étions forcés, jusques dans nos plaisirs, de nous souvenir qu'il y avoit des grands. Deux promenades de Strasbourg ne portoient-elles pas le nom de *Contades* et de *Broglie* ? Extrême tyrannie ! si j'allois me promener avec mon épouse et mes enfans sur ces places, et qu'ils m'interrogeassent sur le nom bizarre de ces promenades, je ne pouvois leur répondre sans corrompre leur innocence ou leur candeur. Est ce à mon fils que j'aurois cité le nom de *Broglie* pour lui donner des leçons de perfidie ? Est-ce à ma femme que j'aurois parlé de *Contades* pour alarmer sa pudeur ? Par-tout le souvenir des grands ; nulle part l'image du peuple. En deux mots, voilà l'ancien régime. Et les scélérats se plaignent qu'au bout de douze cents ans ce peuple leur ait rappellé qu'il existoit. Malheureux ! dans sa lutte avec vous, il n'apporta pour armes que la bonté et la vérité : vous lui répondites par des poignards, et vous vous plaignez qu'il vous ait écrasés. Vous nâquites reptiles, vous vous battites en reptiles, vous périssez en reptiles. Qu'avez-vous à vous plaindre ? vous subissez votre destinée.

On montroit à Strasbourg une horloge, que l'on disoit admirable, parce que quelques ressorts faisoient paroître un *Père Eternel*, une *douzaine d'apôtres*, un *coq*, que sais-je ? tous les brimborions de l'ignorance et de la superstition. On disoit avec une admiration qui tenoit de l'épouvante : cette horloge a une roue qui n'achève son mouvement que dans la révolution de cent ans, comme si cela étoit plus étonnant que d'en voir une tourner dans une minute. Une erreur populaire, qui donne pour auteur à cette horloge le même à qui l'on doit celle de S. Jean de *Lyon*, prétend qu'on lui fit crever les yeux pour l'empêcher de faire jouir les Anglais de ses talens. Au reste, la réputation de ces méchaniques gigantesques ne s'est soutenue, que parce qu'elle nâquit dans les siècles d'ignorance, où la moindre découverte des arts passoit pour un miracle, et que, pour bien des gens, il est de tradition de dire : telle chose est belle, parce qu'on l'a dit avant eux.

Cette église de Strasbourg est, après celle de Paris, la plus belle dans les gothiques, si l'on peut appeller beau ce qui est souverainement ridicule, et n'a d'autre mérite que des pierres les unes sur les autres. Croiroit-on que la basse adulation ait fait illuminer jusqu'à sa cîme cette fameuse flèche, lorsque Louis XV, après sa maladie de Metz, fit son entrée dans Strasbourg. L'on a fait graver à grands frais le dessin des fêtes que cette entrée d'un tyran nécessitèrent. L'on ne retrouve plus l'édition de ces gravures magnifiques, elle est tombée dans l'oubli, comme le sentiment méprisable qui les inspira. O Strasbourg! lave-toi maintenant de ces fêtes impures. L'heure en est venue. Illumine-toi. Les prisonniers de Worms, courbés sous le joug des défenseurs de la liberté, vont entrer dans tes murs. Dore le front des nuages de l'éclat de tes flambeaux, et garantis de la foudre des Dieux cette flèche superbe dont tu t'énorgueillis, en l'ombrageant des lauriers de la république.

Strasbourg dispute, un peu légèrement toutefois, à d'autres villes, deux inventions bien opposées dans leurs effets; l'imprimerie, qui terrasse les despotes; et la poudre à canon, qui les perpétue. Le dernier roi de Prusse, qui n'étoit philosophe que l'hiver, parce qu'il passoit les étés à conquérir, et qu'il faut bien qu'un roi soit toujours *roi* par quelque chose, faisoit exercer son artillerie devant un Français. Croyez-vous, lui disoit-il, qu'il soit aisé de tenir contre un feu si prompt et si vif? Sire, lui répondit le Français, on est incertain aujourd'hui en France si l'on ne supprimera pas la poudre. Si son successeur eût livré bataille aux Français dans les plaines de Châlons, il auroit éprouvé, je crois, que les soldats de l'égalité avoient sanctionné l'opinion que ce Français avoit sur la poudre.

Il faudroit plaindre Strasbourg, si la poudre à canon étoit née dans ses remparts, ce qui n'est pas.

Un

Costume de ce Département
Passans sur la place du vieux marché au vin de Strasbourg

Un jour viendra, et peut-être n'est-il pas loin, où toute invention meurtrière passera pour un crime. Hommes de toutes les Nations ! Plus de guerre dès que vous aurez brisé vos fers. Que ne faites-vous souvent cette réflexion, il n'y auroit bientôt plus de rois. Allemands, Espagnols, Prussiens, Italiens, Russes, combien de tems souffrirez-vous encore que l'on vous dise, en parlant de la liberté, ce que le Lacédémonien Lysandre disoit à un député de Mégare qui parloit avec hardiesse : *que ses paroles avoient besoin d'une autre ville.*

Le costume des femmes Strasbourgeoises est singulier ! la gravure vous en donnera quelque idée. D'abord il paroît ridicule, mais bientôt l'œil s'y fait, et croit y trouver quelque grace. La propreté en fait les premiers charmes. Les filles seules y portent les tresses. Une fois mariées, elles n'en ont plus le droit. Je ne sais par qu'elle raison ces tresses sont un emblème de la virginité, mais il n'est pas sans exemple que les filles en corps aient coupé les tresses de quelques-unes de leurs camarades convaincues de foiblesses. Les femmes luthériennes semblent avoir adopté le noir pour leur couleur favorite.

La révolution a fait fourmiller par toute la France un petit troupeau de Cromwels. Strasbourg a eu le sien, le *fameux* Diétrich, maire de cette ville. Ce fut le véritable tartuffe de la liberté. Il fut un tems où son nom même étoit sacré, et la lanterne eût été le partage de l'homme qui l'eût prononcé sans enthousiasme. Secrétaire de d'*Artois*, comment pouvoit-on croire que cet homme eût le germe des vertus civiques ? dans les orages qui grondent autour du berceau des républiques, il semble que le peuple n'arrache le bandeau dont il s'étoit couvert les yeux pour se garantir de l'éclat des foudres du despotisme, que pour en prendre un plus épais qui le garantisse des éclairs des intrigans. Quand viendra donc le siècle où nous entendrons les hommes, éloignés des charges, dire, comme ce citoyen de Sparte qui n'avoit pas été nommé sénateur, tant mieux, je me réjouis que la république ait trois cents hommes plus gens de bien que moi.

Diétrich avoit l'art de feindre les vertus; c'est le dernier période de la scélératesse. Nul ne sut mieux caresser, serrer le peuple dans ses bras, et le trahir avec un front plus patriote. Il le conduisoit dans l'abîme avec des guirlandes de fleurs. Maître des évènemens, calculant les époques, le monstre avoit su se ménager encore le faste de l'innocence, et le criminel plaisir de dire au peuple, quand il auroit été écrasé: hélas! je serois mort pour vous, si vous n'étiez mort avant moi. Spirituel, actif, fertile en ressources, habile en piéges, astucieux, faux, perfide, mais insinuant, doucereux, aimable, c'étoit un serpent couvert d'une couronne civique. Vingt communes le dénonçoient, celle d'Haguenau (4), entr'autres, faisoit retentir la France des gémissemens que lui arrachoit l'oppression de ce maire, le Tibère du Bas-Rhin; la voix des patriotes se brisoit contre le colosse de la réputation de ce tyran. Le 10 août l'a démasqué, il a fui; il avoit acheté l'opprobre, il est allé s'en repaître, en attendant la justice éternelle qui poursuit les traîtres à leur patrie.

Nulle ville ne fut peut-être plus travaillée que Strasbourg. Le fanatisme des prêtres y avoit plus beau jeu qu'ailleurs. Moitié catholique, moitié luthérienne, il est rare que là où deux religions se froissent journellement, les prêtres des deux partis n'exaltent leurs disciples pour l'intérêt de leur rivalité. Il devoit donc y avoir à Strasbourg et dans tout le département du Bas-Rhin plus de têtes foibles qu'ailleurs. Il devoit aussi s'y trouver moins de lumières, par la localité de sa langue. L'allemande est la plus générale, dans le peuple sur tout. Nos ouvrages y sont donc moins connus qu'ailleurs par le défaut de traductions. Quelle circonstance heureuse pour les prêtres, les aristocrates et les malveillans ! et comme ils en ont profité ! c'est vraiment ici qu'on reconnoît l'incommensurable avantage des sociétés patriotiques.

Les menées sourdes des prêtres fanatiques, et les intrigues des *nobles* n'étoient pas ici, comme ailleurs, les seuls complots qu'elles eussent à déjouer : les ridicules prétentions des *princes* possessionnés en Alsace ajoutoient encore à leur travail pour le salut de la chose publique, et elles ont triomphé de la multitude des obstacles. C'est vraiment ici la place de remarquer que les *princes* sont par-tout des hommes sans pudeur. Comment ces Allemands pouvoient-ils réclamer des titres, monumens de leur honte, et dont le souvenir retraçoit l'humiliation où l'orgueil d'un homme les avoit réduits. On croiroit en honneur que cette classe de gens tire vanité des mépris dont un roi les accable (5). Qu'on se reporte à la paix de Nimègue. Que l'on songe à Louis XIV, établissant à

Metz et à *Brisac* des jurisdictions pour réunir à la couronne les propriétés de ces princes qui, de nos jours, se sont cru permis de prendre un ton si superbe avec un peuple souverain. Que l'on se rappelle quelques souverains de l'empire, l'électeur Palatin, le roi d'Espagne, le roi de Suède, cités à ces tribunaux pour rendre *foi* et *hommage* au roi de France, ou subir la confiscation de leurs biens : que l'on pense aux électeurs de *Trèves* et de *Manheim*, dépouillés des seigneuries de *Falkembourg*, de *Gemersheim*, de *Veldentz*, etc. et nous leur demanderons, à tous ces gens à *pourpre*, s'ils avoient plus à se louer des ménagemens de ce roi que de la modération du peuple Français. Ils se plaignirent à la diète de Ratisbonne, et n'en obtinrent rien contre les vexations d'un roi. Une Nation auguste, loin de les dépouiller, les indemnise ; ils se plaignent encore à cette diète, et ils en obtiennent la guerre contre une Nation généreuse. Raisonnez donc, gens qui n'avez que des titres, et nulle logique. Qui vous faisoit trembler devant ce Louis XIV ? vous n'aviez pas peur d'un homme, sans doute ? ce n'étoit donc pas lui que vous craigniez, mais la Nation qu'il *commandoit*. Votre terreur venoit, non pas de l'homme, mais de la Nation qu'il faisoit mouvoir. Il est mort lui, mais non pas elle. Pigmées ! esclave, elle vous faisoit trembler ; libre, que fera-t-elle ? De quel limon sont donc les princes ! s'honorer des flétrissures de la verge d'un roi, et repousser les bienfaits d'un peuple ! Acheter par des bassesses l'oppression d'un monarque, et se venger par des forfaits de la générosité d'une Nation. O Dieu ! je te rends grace de m'avoir donné le cœur d'un homme, et non celui d'un prince.

Strasbourg fut presque la dernière ville de l'Alsace qui passa au pouvoir de Louis XIV. Elle étoit du nombre de ces cités qui jouissoient d'une ombre de liberté sous la protection de l'empereur. Cette ombre est chère au peuple quand il a perdu la réalité : c'est un amant que l'insensible portrait de sa maîtresse console encore de son absence. Ce ne fut pas sans indignation que les Strabourgeois virent le joug que Louis XIV plantoit sur leurs remparts, mais Louis XIV avoit dans les mains cette arme odieuse, qui n'est qu'à l'usage des despotes, parce que les vertus la repoussent; je veux dire l'or qu'ils arrachent à une partie du monde pour corrompre l'autre : appauvrir les uns pour enrichir les autres; voilà comme se sont forgés les fers des Nations. Les magistrats vendirent Strasbourg à Louis XIV, comme Diétrich l'auroit vendu à *François* ou à d'*Artois*. Les cris, le désespoir des habitans, leur courage, leurs larmes, leurs ressources de défense, rien ne fut écouté. Louvois étoit à leurs portes avec vingt mille hommes, ce n'étoit rien : mais l'argent de Louis XIV étoit dans la poche des magistrats; c'étoit tout! et dans le même jour la ville fut investie, insultée, rendue et esclave, cent ans justes avant la révolution. Le jour de l'énergie n'étoit donc pas encore venu. Les Strabourgeois n'avoient qu'à mettre leurs magistrats aux fers, se défendre, et Louis XIV eût été confondu. Les rois sont si petits devant les hommes qui leur résistent. En Allemagne, *Charles-Quint* avoit un corps de douze mille Espagnols, commandés par le *duc d'Albe*. Tous les jours un Allemand, d'une taille gigantesque, venoit à la tête du camp insulter et défier les Espagnols. Charles-Quint défendit, sous peine de mort, d'accepter le défi de cet homme. Un petit Espagnol, bravant la défense, attaqua cet insolent, le tua, et en rapporta la tête dans le camp. Charles-Quint voulut trancher du Torquatus (6), et ordonna la mort du vainqueur; il ignoroit qu'un roi et un homme libre n'ont pas la même autorité. Les Espagnols déclarèrent qu'ils ne le souffriroient pas. Douze mille hommes firent trembler le potentat pusillanime, dont un regard faisoit trembler l'Europe. Charles-Quint s'en tira par une gasconnade : « il dit aux Espagnols, qu'en effet il avoit tort, qu'il » n'étoit pas leur commandant, que c'étoit au *duc* » *d'Albe* à prononcer sur le sort du coupable. » Le *duc d'Albe* ne manqua pas de faire grace, et la sédition fut appaisée. Que d'exemples ont prouvé aux hommes que leur volonté étoit toute puissante, et que celle des rois n'étoit que factice ! Comment tardent ils si long-tems à en profiter ?

L'*Alsace* avoit marqué les derniers exploits *de Condé*, et Saverne, assiégée par *Montecuculli*, que la mort de *Turenne* avoit enhardi, dut sa délivrance aux manœuvres savantes de ce *Condé*, dont le nom, depuis, s'est vu flétrir sans retour. Le Condé d'alors fit devant Montecuculli la même campagne que Dumouriez vient de faire contre le *Condé* d'aujourd'hui. Saverne est une ville ouverte, et les talens de Vauban, que l'on voit prodigués dans ce département, n'ont rien fait pour cette ville. En revanche, Strasbourg, le Fort-Louis du Rhin, Landau, etc. ont épuisé toutes les ressources du génie de cet ingénieur; Landau, sur-tout, ville infortunée, victime déplorable de l'ambition des rois, que l'on a vue, dans l'espace de dix ans, soutenir quatre siéges, et en supporter les horreurs pour des hommes dont les querelles lui étoient bien étrangères, et dont elle ne pouvoit attendre que l'esclavage, quel que fût le vainqueur. Peu s'en est fallu que la plus noire trahison ne l'eût remise, de nos jours, au pouvoir des brigands de l'Autriche, si *Custine* n'eût veillé sur elle.

C'est des lignes fameuses qui joignent *Lauterbourg* à *Weissembourg*, que ce citoyen s'est élancé sur *Spire* et sur *Worms*, et que les prêtres insolens de ces deux villes ont appris que leur règne étoit passé, en voyant des Français pour la première fois. Comment l'histoire peindra-t-elle cette époque de la gloire française? Ses burins saisiront-ils la rapidité de cette gloire. C'est le 10 octobre, Monsieur, que je vous fais le récit de notre voyage dans le département du Bas-Rhin. Il y a aujourd'hui deux mois que la France étoit perdue: que son imbécille tyran méditoit de l'égorger: que cent mille scélérats déchiroient son sein : que la Prusse, l'Empire, la Savoie étoient liguées contre elle : que ses forteresses étoient vendues ; qu'un général parjure ouvroit ses portes, et faisoit assassiner ses défenseurs : en deux mots, il n'y a que deux mois que la France n'étoit plus, et la France aujourd'hui est le premier empire de l'univers. La royauté anéantie : les malveillans écrasés : la trahison réduite au silence : une armée de cent mille hommes chassée de son territoire : la Savoie conquise : le Palatinat réduit : Lille et Thionville délivrés : l'édifice de ses loix s'élevant avec majesté au milieu des orages de la guerre. Voilà, dans deux minutes, l'ouvrage d'un peuple libre ; car deux mois sont deux minutes dans les jours des Nations. O postérité, c'est à vous à y croire, c'est à nous à en douter : pourquoi ? parce que nous n'avons eu que le tems de faire, et non celui de voir.

Molsheim, dont nous vous faisons passer une vue, est l'une des plus jolies villes de ce département, par la gaieté de sa situation. Elle fut long-tems le séjour des *chanoines* si vantés de *Strasbourg*, mais Molsheim est plus intéressant par les boules d'acier (7) que l'on y compose, et que, mal-à-propos, on nomme boules de Nancy, parce que les chartreux de Nancy en avoient le dépôt.

Haguenau est dans un territoire moins fertile, et dans un site moins agréable. C'est une des villes du royaume que la journée du 10 août a le mieux servi. Nulle peut-être ne fut plus opprimée par l'aristocratie. La contre-révolution y a eu plusieurs éditions. Jamais l'assemblée constituante n'a voulu prêter l'oreille aux réclamations de sa commune : l'effort de dix aristocrates l'a emporté sur les signatures répétées de mille patriotes. *Victor Broglie* et *Diétrich* travailloient si bien, que la voix du peuple étoit sans cesse étouffée. Ainsi, graces à leurs soins, Haguenau a vu sa municipalité dans les fers, ses greffes violés, sa garde nationale dissoute, son peuple opprimé, la banqueroute presque effectuée, et dix brigands triom-

phans aux cris de *vive le roi* ! Il sembloit que la providence avoit mis cette ville en tableau sous les yeux de la France, afin qu'elle pût y lire ses malheurs, si son courage venoit à sommeiller.

Haguenau étoit une de ces villes, dites Impériales, dont Louis XIV abolit la préfecture. L'empereur *Frédéric Barberousse* y fit construire un palais en 1164. Depuis le traité de Munster, les Autrichiens l'ont assiégée deux fois. Le dernier siège qu'ils en firent, en 1705, fut marqué par un évènement aussi hardi que bizarre. Au bout de neuf jours de tranchée ouverte, le gouverneur de cette ville trouva le secret de s'évader avec sa garnison : les ennemis, après sa fuite, entrèrent sans obstacle ; mais, peu de jours après, l'habile gouverneur, revenant lui-même sur ses pas avec sa garnison renforcée, les assiégea à son tour, et força près de trois mille hommes qui s'y trouvoient à se rendre prisonniers de guerre.

La majeure partie des villes de ce département s'est vue depuis la révolution fanatisée par les prêtres réfractaires, dont l'ame intéressée combattoit, au nom de Dieu, contre la liberté qui portoit le flambeau sur leur odieuse opulence. Eternels hypocrites ! ils mettoient dans la bouche d'autrui les regrets que leur dépouillement leur faisoit éprouver, comme ils mirent jadis dans celle des ignorans le désir qu'ils ressentoient de s'enrichir. Astucieuse adresse, par laquelle, soit qu'ils persécutassent le monde en acquérant les richesses ou en les perdant, ils conservoient toujours le droit de dire : ce n'est pas notre faute, c'est le peuple qui le veut ainsi. *Schelestat* a vivement ressenti les effets désastreux des menées criminelles de ces gens qui n'avoient de l'homme que la figure, encore la cachoient-ils sous un costume attristant et ridicule. Le costume eut toujours une sorte d'analogie avec les sentimens de l'ame. Tous les peuples esclaves furent habillés à la *longue*. Les cérémonies de cour, sur-tout, où la bassesse se déploie dans tout son lustre, furent marquées par-tout par des manteaux à longue queue. Les Grecs, les Romains, les Français, ont toujours été jaloux de montrer les formes : les Persans, les Turcs, les Mogols, les Indiens, antiques ou modernes, les prêtres, les grands et les rois, ont toujours été envieux de les cacher. Il semble que tous ces esclaves cherchent à se dérober à eux-mêmes la boue dont ils sont pétris.

Villers, *Oberenheim*, *Rosheim*, n'ont rien offert de piquant à notre curiosité, que quelques manufactures d'armes blanches. Leur territoire nous a paru riche et fertile en pâturages, où de nombreux bestiaux s'élèvent.

Le climat n'est pas également sain dans ce département. Le *Fort-Louis* est sujet à des vapeurs fébrifères qui rendent cette garnison funeste aux troupes. Les eaux minérales de *Soultz* ont quelque réputation. Ce petit bourg possède une mine de bitume extrêmement féconde, dont on dut la découverte à l'intelligence d'un naturaliste. La blancheur des eaux d'une fontaine de ces cantons le frappa. Il en soupçonna la cause, et fit creuser aux environs ; le succès récompensa ses soins, et la mine fut trouvée.

Des forêts superbes ajoutent encore aux richesses que la nature a prodiguées à ce département, et dans quelques montagnes qu'il a dérobées aux *Vosges*, l'on trouve des mines de fer, de plomb, d'argent même, dont les filons sont opulens. Nul département de la France n'est situé plus avantageusement pour le commerce. Un grand fleuve, beaucoup de rivières, une population nombreuse, la clef des portes du Nord, que de ressources que les immenses possessions du clergé avoient étouffées, ou du moins encombrées, pendant tant de siècles. Horreur des préjugés de la religion catholique, croiroit-on qu'il existoit des hommes ici qui ne pouvoient fréquenter avec des hommes! qu'il y avoit, comme dans l'Inde, une caste de *Parias*, que les *Bramines* du Christ avoient banni des villes, et réduits à l'odieuse nécessité de payer aux portes comme de vils troupeaux. Ces hommes étoient les juifs. O honte de l'esprit humain! Depuis dix-huit cents ans des hommes étoient rayés de la liste des Nations. Liberté! quand tu n'aurois fait que ce bien à ma patrie : quand tu ne lui aurois procuré que cette gloire, de rendre à la terre des malheureux que l'erreur en avoit retranchés, tu serois encore la première divinité qu'elle devroit encenser.

Ce département est un de ceux où les sociétés patriotiques étoient les plus nécessaires, et où elles ont rendu le plus de services; il avoit un genre d'aristocratie de plus qu'ailleurs. On ne s'imagine pas la nombreuse fourmillière d'êtres serviles que la gent sacerdotale faisoit vivre. Les prêtres étrangers grands propriétaires y avoient des résidens, des baillis, des receveurs, des concierges, des fermiers; une hiérarchie d'intérêts réciproques faisoient de tous ces gens autant d'anneaux accrochés l'un dans l'autre, et cette chaine touchoit d'un bout aux pieds de l'idole, et de l'autre au cou du malheureux peuple, qui suoit sang et eau, pour engraisser tous ces brigands. Il y avoit donc ici une colonie aristocratique que l'on ne connoissoit point dans le reste de la France. Ajoutez à cet inconvénient une certaine connexité entre le caractère de ses habitans et le caractère Allemand, qui, plus réfléchi, plus froid, plus empâté, n'a pas ce bithume nécessaire pour concevoir, entreprendre, exécuter, et calculer les résultats des grandes secousses politiques : ensuite la superstition, la crédulité, caustiques toujours mordans sur l'homme plus fort en matière qu'en esprit; un certain goût même pour la vertu, inné dans ces cantons, toujours si facile à dévier, quand les prêtres s'en emparent; et vous verrez, Monsieur, que si les sociétés patriotiques n'avoient dans d'autres lieux que la peine de convertir, elles joignoient ici la nécessité et le danger de combattre. Mais, disons de même, que le génie républicain, une fois ancré dans ce département, son règne sera indestructible. Ce sont encore ces mêmes Germains, ces descendans d'*Arminius*, si terribles aux Romains, et dont le bras disputa quatre cents ans leur liberté contre les vainqueurs de l'univers. C'est encore le sang de ces hommes dont le courage écrasa les légions de Varus, et fit saigner l'orgueil du premier despote du monde, que la fortune et la bassesse proclamèrent *Auguste*. Que la république compte donc sur cette partie de ses enfans. Une fois le voile sombre que la religion avoit étendu sur ces climats entièrement en lambeaux, l'homme tout entier reparoîtra, et la liberté n'aura point de plus fiers défenseurs. Les lumières et la philosophie acheveront l'ouvrage ici, comme ailleurs elles l'ont commencé. Placés entre les Français libres, et les tyrans de l'Allemagne, si leur trône chancelant ne s'écroule pas dans quelques minutes, les habitans du Bas-Rhin auront sous les yeux la comparaison, et la vérité se chargera de les conduire à la félicité, que l'homme ne peut trouver, si cette liberté n'en fait les frais.

NOTES.

(1) *Weimar, duc de Saxe*, étoit élève du fameux Gustave-Adolphe. C'est le plus grand ennemi qu'ait eu la maison d'Autriche. La perte de la bataille de Nordlingue ne le découragea point. Il passa au service de Louis XIII., et ce fut en commandant les armées françaises qu'il fit la conquête de l'*Alsace* entière. Il songea vraiment à s'y rendre souverain. Il falloit que cet homme fût estimable, car il ne voulut jamais flatter le cardinal de Richelieu, quoiqu'il se trouvât quelquefois dans le cas d'en avoir besoin. Une de ses réponses prouve combien il est ridicule de raisonner sur ce que l'on n'entend pas. Un capucin s'avisoit de lui montrer sur la carte les villes qu'il lui conseilloit de prendre : cela seroit très-bien, révérend père, lui répondit-il, si l'on prenoit les villes avec le bout du doigt.

(2) *Litre* étoit le nom d'une ceinture noire surchargée d'*écussons* que les seigneurs faisoient peindre autour des églises. Je ne crois pas que l'imbécillité de l'orgueil puisse aller plus loin, car cet usage ne vouloit pas dire simplement que telle église appartenoit à tel *seigneur*, mais que tel seigneur étoit enterré dans telle église. Que lisoit l'homme sensé sur cette litre ? sinon : *ci gît un homme qui n'a plus le droit de faire du mal à ses semblables.*

(3) *Pigalle*, ce fameux sculpteur, étoit fils d'un menuisier. Une anecdote de sa vie fait honneur à *Frédéric de Prusse*. Par un mal-entendu, on l'annonça à ce prince comme l'auteur du *Mercure de France*, et il refusa de

le voir. Pigalle, ignorant le qui-pro-quo, partit de Postdam très-piqué. Il eût été plus sage d'attacher moins d'importance aux regards d'un roi. Frédéric, instruit de la méprise, fit courir après lui pour le combler d'honneur. Nous citons ce trait, parce qu'un roi qui fait son devoir est un phénomène.

Pigalle prétendoit que tous ceux qui avoient peint ou sculpté *Frédéric* lui avoient donné l'air d'un coupe-jarret. Il avoit raison. Je ne sais pas si les peintres avoient tort.

(4) Quand on voit avec quelle facilité, sous l'ancien régime, on élevoit des monumens aux hommes, on peut croire que *Diétrich* en auroit eu un, si la contre-révolution s'étoit faite. Le 10 août a rendu aux églises le plus grand service. Combien de brigands à épithaphes auroient tapissé leurs murailles !

(5) Un petit-maître, sous l'ancien régime, étoit un homme *délicieux*. Cette classe n'a pas été la moins aristocrate de toutes. La nullité étoit sa propriété, et elle l'a perdue. Il est dur d'être forcé à devenir utile, quand on trouvoit de la gloire à n'être bon à rien. Une chenille que l'on voudroit forcer à devenir un éléphant seroit fort attrapée. Liberté, égalité, patrie, sont des mots vides de sens pour un petit-maître. Pour un petit-maître, liberté est le droit d'être insolent : égalité, l'habitude de se mettre au-dessus de ceux qui le regardent au-dessous : patrie, la fréquentation d'une maison de jeu, de l'alcove de sa maîtresse et de l'écurie de ses chevaux. Sortez-le de là, il est dépaysé. J'ai remarqué que, plus les têtes sont vides, plus il est difficile d'y faire entrer quelque chose.

(6) *Manlius Torcatus Imperiosus* fit mourir son fils pour avoir désobéi à la discipline. On devroit lire l'histoire romaine aux soldats français, depuis le consulat de Brutus jusqu'à la prise de Syracuse.

A PARIS, de l'Imprimerie du Cercle Social, rue du Théâtre-Français, N°. 4.

VOYAGE

DANS LES DÉPARTEMENS

DE LA FRANCE,

Enrichi de Tableaux géographiques et d'Estampes.

Par J. B. J. BRETON, pour la partie du Texte ;
Louis BRION, pour la partie du Dessin ; et Louis
BRION père, pour la partie Géographique.

.... Curvatâ resurgit.

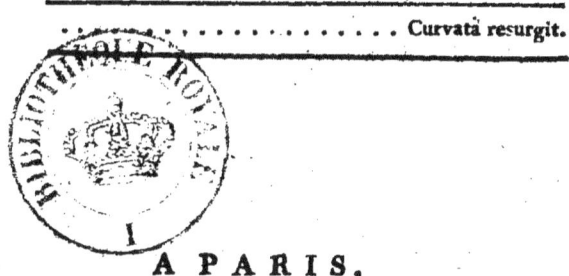

A PARIS,

Chez
- BRION, rue de Vaugirard, n°. 98., près l'Odéon,
- DÉTERVILLE, Libraire, rue du Battoir.
- DEBRAY, Libraire, Palais Égalité, Galeries de bois, n°. 236.
- GUEFFIER, au Cabinet litt., boulevard Cérutty.

AN X — 1802.

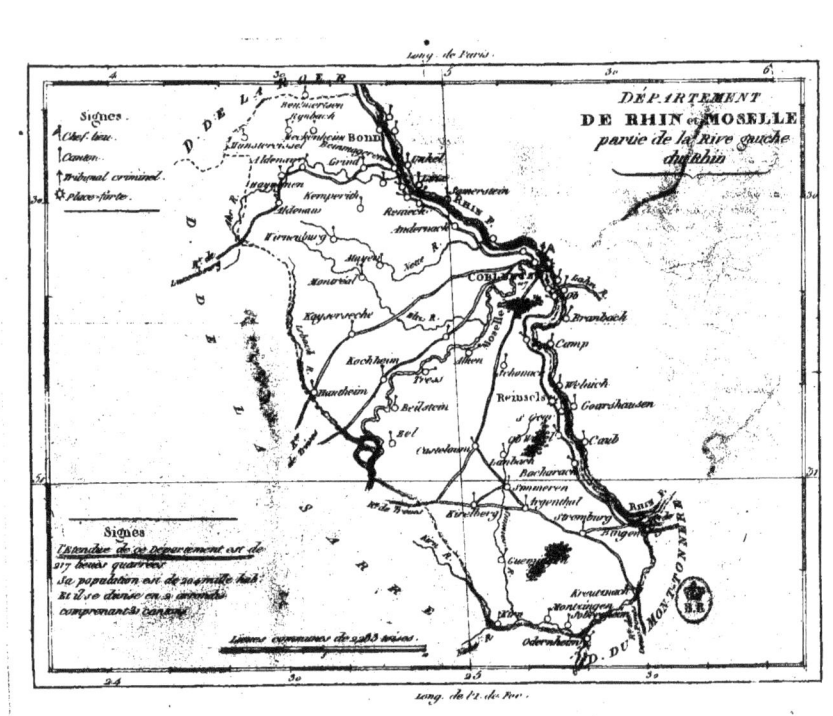

VOYAGE
DANS LES DÉPARTEMENS
DE LA FRANCE.

DEPARTEMENT DE RHIN ET MOSELLE.

Bingen est la dernière ville du département du Mont-Tonnerre en suivant le cours du Rhin : son territoire se prolonge jusque dans celui de Rhin et Moselle. Sa banlieue s'étendoit non seulement sur la rive gauche, mais encore sur la rive droite. Le château d'Ehrenfels, bâti sur la montagne de Rüdesheim, étoit le lieu où se percevoit le droit de péage, où il se perçoit encore pour la navigation qui appartient aux sujets de l'Empire.

Nous n'avons point compris cette cité au nombre de celles dont nous avons rendu compte en parcourant le dernier département que nous avons visité, parce qu'elle est peu intéressante dans son intérieur, si ce n'est par quelques vestiges d'antiquités romaines, entr'autres par le *Drusithor*, porte de Drusus; mais lorsqu'on la contemple de loin, ses murailles noircies (1), les ruines de son château, forment une harmonie parfaite avec le site sauvage et aride qui l'environne.

Le Rhin, dont la pente adoucie de la côte avoit élargi le lit, se resserre brusquement, et mugit entre des roches sombres et escarpées, faites pour inspirer l'épouvante à ceux qui ne s'attendent pas, sur les ondes ordinairement paisibles des rivières, à rencontrer les obstacles et les périls d'une navigation maritime.

C'est en effet, dans les environs de Bingen, au confluent de la Nahe, que commence la chaîne étroite et non interrompue de roches de schiste et de matières volcaniques dont il est, en quelque sorte, encaissé, jusqu'aux environs de Coblentz. C'est-là que se trouve le fameux écueil, connu sous le nom de *Bingerloch*, c'est-à-dire, gouffre de Bingen. Les eaux tranquilles de la Nahe viennent, après une course sinueuse dans les gorges des montagnes, se jeter dans le Rhin, par une pente douce et à peine sensible. Mais une chaîne étroite de rochers s'oppose au passage des ondes paisibles; elle tend à les repousser, à les empêcher de se confondre avec celles du Rhin; mais la petite rivière s'irrite contre ces entraves; la fureur succède au calme de son cours : elle s'élance en bouillonnant par dessus les pointes menaçantes des rocs, et creuse un abîme aux barques, aux navires que le malheur ou une mauvaise manœuvre amène dans cet endroit.

Parmi les gouffres tournoyans que forme l'inégalité du fond, il en est de si considérables, que plusieurs auteurs allemands n'ont pas balancé à croire et à assurer que le Rhin s'engouffre en effet dans un canal souterrein, et qu'il n'en sort que vingt milles plus loin, auprès de Saint-Goar. Nous n'entreprendrons pas de discuter jusqu'à quel point cette opinion peut être fondée, nous croyons même difficile de l'établir ou de la démentir d'une manière certaine.

Des rochers perpendiculaires creusés et minés, comme s'ils étoient sans cesse battus par les vagues; des montagnes arides, dont la côte se termine brusquement en dangereux précipices; dont la cime, pour toute végétation, ne présente que le feuillage repoussant, la fleur sèche et ingrate de la bruyère (2), voilà toute perspective qui borne l'horizon, qui fait germer dans l'ame des pensées fortes et mélancoliques.

Toute cette partie du cours du Rhin forme un tableau romanesque, auquel la fable et l'histoire des temps héroïques prêtent d'autres illusions. Les îles qui s'élèvent au-dessus du fleuve, sont célèbres par les châteaux qu'on prétend y avoir été bâtis par des preux depuis le huitième jusque vers le douzième siècle. Celle, entr'autres, sur laquelle étoit située la tour des Souris (*Mausethurms*), n'intéresse pas seulement par son site pittoresque, par le rocher qui la domine et semble prêt à écraser les habitations; mais par les histoires fabuleuses qui ont été répandues dans toutes les anciennes chroniques, et que l'on trouve rappelées dans les écrits modernes, dans les romans publiés en Allemagne. Parmi les contes ridicules qu'on débite sur cette tour, une tradition du dixième siècle rapporte que l'archevêque Statton, dur et inhumain envers les pauvres auxquels il donnoit l'épithète de *rats* qui mangent le pain des riches, y fut un beau jour dévoré par une myriade de souris ; c'est-là l'origine du nom qui est resté au château dans lequel il faisoit sa résidence, et dont on ne voit plus que les ruines. La tour unique qui subsistoit, a elle-même disparu dans les dernières années de la guerre, pour faire place à quelques fortifications.

Dans tout le pays où nous nous trouvons, les terres propres à la culture sont exploitées en vignobles. Les difficultés qu'oppose la nature inféconde du sol, nécessitent des travaux infatigables ; et il rapporte conséquemment peu de bénéfice aux pauvres vignerons qui se ruinent dans les mauvaises années, et parviennent rarement dans les bonnes à payer leurs dettes. On cultive généralement dans le *Rheingau* (nom que porte le pays) deux sortes de vins, l'un qu'on appelle Baues et en allemand *Reistiage*. C'est l'espèce la plus commune, et qui parvient le plus promptement à maturité; la seconde nommée *Klebroth* ou Bourgogne rouge, est semblable au gros noir qu'on cultive dans l'Orléanois. Le vin qu'on tire de cette dernière est fortement coloré et tirant sur le pourpre. Enfin, les propriétaires des maisons cultivent des chasselas étayés par une haute treille ou contournés en berceaux. Les deux premières qualités sont les plus propres à faire le vin : ce n'est pas qu'on n'en fasse également avec la dernière, mais la liqueur qu'on en extrait est mal-saine, et a de plus le défaut de ne pas se conserver longtemps.

Les vins sont une des productions dont les Allemands sont le plus jaloux; ils se font une étude d'en discerner les variétés et les nuances les plus foibles. Ils distinguent entre tel et tel canton ; entre les vignes qui croissent à la cime des montagnes, à mi-côte, ou à la base, plus près des eaux. Les vendangeurs font leur récolte avec des précautions qui vont jusqu'au scrupule. Ils se gardent bien d'arracher les grappes, comme on fait quelquefois chez nous; ils les coupent proprement avec des serpettes, et prennent surtout grand soin de ne pas les égrener. Ils les écrasent avec des masses de bois, et en font fermenter le *moût* dans des foudres pratiqués dans les caves. Le produit de la première serre passe pour le plus délicat et le plus agréable par sa saveur sucrée, mais le moins fort ; celui de la deuxième est plus aigre et plus séveux; le troisième est âcre, mais le mélange des trois compose une excellente liqueur. On tire quelquefois d'une quatrième serre un jus dont on fabrique une eau-de-vie de mauvaise qualité. Enfin, pour suppléer à la disette des pâturages, on en donne le résidu aux bestiaux, avec l'attention d'empêcher les vaches d'en manger, parce que cet aliment les échaufferoit et détruiroit leur lait.

Si les vignerons du Rheingau déployent une activité, une industrie infatigables dans le temps où la nécessité de répandre des engrais, de façonner, de provigner les ceps, et enfin de faire la vendange, exige des travaux continus, il n'en est pas de même lorsque, pouvant s'en rapporter au seul travail de la nature, à la seule force de la végétation, aucun devoir ne les appelle dans leurs champs. Alors ils se livrent à une oisiveté stupide, ils semblent ne pas soupçonner que l'exercice de quelque métier, de quelque industrie paisible et sédentaire seroit pour eux un supplément de richesse dans les bonnes années, une indemnité, une consolation, une ressource dans les mauvaises; aussi, ne sont-ils pas, à beaucoup près, dans l'aisance. Comme les produits sont inégaux et intermittens, que les récoltes abondantes laissent, pour l'ordinaire, s'écouler entre elles, un intervalle de sept ou huit années, ils ne peuvent réellement jouir de la richesse qui vient subitement les éblouir, après une longue et infructueuse attente. Quant aux propriétaires des terreins, on calcule que leur bénéfice annuel peut être de sept ou huit pour cent; revenu assez considérable pour encourager la culture. En conséquence, on ne néglige aucun intervalle, aucune parcelle de terre, susceptible d'exploitation. Les vignerons franchissent les crevasses des rocs, portent du terreau végétal partout où l'obliquité du sol, aidée de quelques travaux de l'art peut le retenir, et y plantent des ceps.

Les vins du Rhin ont une propriété qui leur est particulière, et qui les fait reconnoître aisément. A peine en a-t-on versé dans un verre, qu'il se forme sur les bords une petite fermentation. On y voit une espèce de cordon qui est bientôt absorbé, et disparoît. Plus il met de promptitude à paroître et à s'évanouir, plus le vin a de pureté et de séve : lorsqu'au contraire, il se forme lentement et demeure longtemps visible, c'est une preuve que le vin est mélangé ou même frelaté.

Bacherach où les navires expédiés, tant du côté droit que du côté gauche, étoient autrefois obligés de s'arrêter, pour acquitter le droit de péage, au profit des électeurs palatins, étoit une des résidences de ces princes; leur principal séjour étoit à Manheim. Dans le temps où chacun des princes, maîtres d'un point sur la rive du fleuve, s'attribuoit le droit de mettre les navigateurs à contribution, ils étoient le plus souvent obligés de soutenir leurs prétentions par la force. Telle est l'origine de la plupart des forteresses, dont les débris jonchent ces parages; telle est particulièrement la cause qui rendit nécessaire la construction du château de Stahlecken, qui servoit tout à-la-fois à protéger la ville, et à dominer cette partie du fleuve.

Il s'y fait au reste un commerce considérable de vins du Rhin, de la Moselle, de l'Ahr, de la Nahe, non seulement de ceux qui y arrivent par *transit*, mais encore de ceux qu'on y voiture de l'intérieur des terres.

Les montagnes qui avoisinent cette ville fournissent elles-mêmes d'excellens vins. Il est un crû dont la liqueur est si forte, est douée d'un tel montant, qu'elle a le goût du vin muscat. On attribue cette qualité aux bancs d'argile ou de craie qui succèdent immédiatement à la couche végétale. En plusieurs endroits, il se trouve des mines plus ou moins riches de charbon de terre, et cette circonstance contribue beaucoup à échauffer le sol, ou plutôt à y retenir, à y concentrer la chaleur. Le *carbone* étant, de toutes les substances connues, le plus mauvais conducteur du calorique, les rayons du soleil qui frappent perpendiculairement la surface oblique des côteaux, sont arrêtés et absorbés, sans être disséminés, ni réfléchis. La lumière pénètre le tissu spongieux de la pulpe du fruit, en dilate les pores, y attire la séve, et par un mécanisme admirable, que soupçonnent les chimistes, mais dont ils n'ont point encore pénétré le secret dans tous ses détails, elle y opère cette fermentation sucrée, qui produit la maturité du raisin.

Certains gourmets rejettent le vin muscat de Bacherach; d'autres y attachent un prix fou. Un empereur qui régnoit dans le quatorzième siècle, en étoit engoué au point de demander seulement quatre tonnes de ce vin, pour compensation de 10,000 fl. que devoit la ville de Nuremberg (3).

Si Bacherach trouve, de nos jours, une certaine

réputation dans le produit de ses vignobles, il paroît que, du temps des Romains, le vin de son crû n'étoit pas moins en crédit. Le nom même de *Bacchi ara*, qu'ils lui ont donné, et dont, par corruption, on a fait Bacherach ou Bacharach en est une preuve. Il y avoit anciennement un autel, en l'honneur du dieu des vendanges, élevé au milieu même du fleuve. C'étoit un rocher énorme qui s'y trouvoit naturellement, ou qu'on y avoit roulé du haut des montagnes. Cette pierre existe encore, dit-on, en face de l'île de Worth, mais elle est cachée par les eaux : on la nomme dans le pays *Alsterstein*, (la pierre de l'autel); on assure que pendant les étés de 1654, 1695, 1715 et 1719, où les eaux furent très-basses, on l'aperçut distinctement. Depuis, sans doute, il a existé des années aussi sèches, et pendant lesquelles le Rhin a dû avoir tout aussi peu de profondeur; cependant il n'est pas à notre connoissance qu'on l'ait découverte depuis quatre-vingts ans, ce qui seroit très-capable de faire révoquer en doute son existence. Quoi qu'il en soit, les hommes du pays sont très-avides de voir l'*Alsterstein*, non pas seulement par un motif de frivole curiosité, mais parce que les années les plus chaudes, les plus sèches étant en général les plus favorables à la vigne, l'apparition de l'autel de Bacchus, seroit un pronostic certain, un gage assuré des bienfaits de ce dieu, l'un de ceux du paganisme qui ait conservé le plus de sectateurs, à qui on fasse plus joyeusement des libations.

La petite île de Pfaltz-Grasenstein étoit, dans l'origine, d'une extrême importance aux princes palatins, par la mê... ~aison que nous venons de donner. Sa forteresse réellement inaccessible, et dépourvue d'entrée, où l'on ne pouvoit s'introduire qu'au moyen d'une échelle, en rendoit la possession infiniment précieuse. Aussi cette île a-t-elle donné son nom à toute une principauté de l'Allemagne, au Palatinat qui, en langue allemande, s'appelle *Pfaltz*. Il étoit même un temps où l'on exigeoit, comme condition indispensable, que l'héritier présomptif de cette principauté, fût né dans le château qu'on y entretenoit en bon état : mais en raison du traité de Lunéville, cette île n'appartient pas à la France.

Ici le fleuve est extrêmement large : il forme un bassin immense, fermé d'un vaste enclos de montagnes, couronnées pour la plupart de masses de granit, de basalte, ou de blocs de grès quartzeux dispersés comme au hasard, et qui menacent sans cesse de se détacher et d'écraser les passans. On se croiroit plutôt au milieu d'un lac que sur un fleuve. L'œil n'aperçoit aucune issue pour sortir de cette enceinte. On ne reconnoît plus la route par laquelle on est venu, on conjecture difficilement celle par laquelle on sortira. Enfin tout-à-coup le Rhin se rétrécit et vous montre un passage, dans l'endroit où vous le soupçonniez quelquefois le moins.

Oberwesel est, comme toutes les cités de ces cantons, un entrepôt favorable au commerce des vins.

Ober-Wesel.

De tous côtés, on jouit à-la-fois du triste, mais sublime spectacle des ruines de la nature et du temps. Les ruines de la nature sont ces roches volcaniques, obélisques éternels qui attestent l'existence des feux souterrains; les ruines du temps sont ces débris antiques de forteresses, qui se marient, par un singulier contraste, aux travaux modernes, élevés pour défendre le passage du fleuve, lorsqu'il servoit de barrière aux cohortes armées qui méditoient respectivement l'invasion et la conquête du territoire ennemi.

Les premières font naître dans notre ame l'idée de l'éternité, et de l'immensité des siècles qui se sont révolus depuis la création; les secondes au contraire, nous retracent le néant et la vanité des efforts humains. Que sont devenus ces inquiets et orgueilleux Paladins, qui, du haut de leurs remparts, de leurs donjons, dictoient des lois à toute la contrée et se faisoient les uns aux autres une guerre continuelle, sous les prétextes les plus frivoles; et très-souvent, sans avoir à espérer du résultat de leurs querelles aucun avantage solide? Tyrans de leurs vassaux, la vue de ces citadelles remplissoit ceux-ci d'effroi, les faisoit obéir sans résistance aux lois arbitraires de leurs suzerains. Aujourd'hui ces creneaux, ces machicoulis qui servoient de retraite à des machines meurtrières, sont couronnés de fleurs et d'arbustes. De foibles plantes séparent, détruisent sans peine, avec leurs racines déliées, ces massifs, que les fureurs de tant de siéges rigoureux n'avoient pu seulement ébranler. Ces lieux qui ont tant de fois retenti du choc des armes ou des cris des guerriers, reposent dans un morne silence. Les cris sinistres des orfraies, des autres oiseaux nocturnes, viennent seuls ajouter par intervalle à leur horreur, lorsque les rayons de l'astre du jour, éclairent un autre hémisphère.

Saint-Goar, dont les édifices se cachent au milieu des rochers, offre des sites non moins imposans, de quelque côté qu'on le considère. L'œil se porte avec une respectueuse admiration sur les rives escarpées et sauvages du Rhin. Il embrasse à-la-fois six villes, dont la position élevée sembleroit en rendre l'accès impossible.

La forteresse de Rheinfels qui protège la ville, est fameuse dans l'histoire par les quarante assauts, qu'elle soutint, en 1255, contre l'armée combinée de soixante villes du Rhin, et par le siége qu'en fit infructueusement, en 1692, le général françois Tallard, et qu'il fut obligé de lever après avoir perdu plus de quatre mille hommes. Cependant dans la campagne de 1758, le maréchal de Castries, général de nos troupes dans cette partie du théâtre de la guerre, s'en empara par surprise, et si heureusement, qu'il n'eut pas à regretter la vie d'un seul homme, de part, ni d'autre.

C'est au landgrave de Hesse-Cassel qu'appartenoient, avant les événemens de la dernière guerre, l'une et l'autre de ces places.

Il paroît que Saint-Goar est une ville très-ancienne; mais l'étymologie de son nom, quand même elle seroit mieux connue, ne seroit guère propre à répandre du jour sur son origine, car il n'existe pas dans le calendrier, de Saint qui porte ce nom; quoique l'on prétende qu'on ait trouvé dans la grande église, fondée en 1440, une image de saint, avec cette inscription :

Sanctus Goar, monachus Gallus, obiit anno DCXI.
Saint Goar, moine françois, décéda l'année 611.

Mais quelques personnes assurent que l'existence de ce saint est une fable, une erreur qui provient de la corruption de l'ancien nom de la ville. Elles tirent sa première appellation de *Gewert*, nom d'une chute que le Rhin fait à quelque distance de là, dans un lieu où il y a beaucoup de sable; circonstances qui l'avoient fait nommer *Sand-Gewert*. Les partisans de cette version se fondent sur le nom même de l'île de *Sand* ou de sable qu'on voit en cet endroit du Rhin.

Nous ajouterons en passant que cette chute du Rhin, ce nouveau gouffre dont nous venons de parler, a tant d'analogie avec les tournans du Bingerloch, que c'est ce qui a fait croire à l'existence d'une branche souterraine du fleuve, qui parcourroit ainsi, d'une manière invisible, un espace de terrein assez considérable.

Mais l'existence de ce conduit n'est pas plus prouvée que la communication du Rhône avec le lac de Genève, ou de la mer Caspienne avec la mer Baltique, malgré les recherches qu'ont fait les savans pour appuyer leurs hypothèses par des probabilités, à défaut de démonstrations complètes, et qui puissent trancher la question, d'une manière incontestable.

Cette ville, au surplus, ne laisse pas d'être grande et de jouir de quelque activité dans son trafic. L'opulence qu'ont dû en chasser momentanément les divers événemens militaires, commence à s'y reproduire.

Nous avons rapidement visité Boppart et les autres petites villes qui côtoyent le Rhin jusqu'à Coblentz, chef-lieu du département. Nous avons vu diminuer peu-à-peu la hauteur prodigieuse des montagnes qui s'avançant à pic jusqu'aux bords du fleuve, laissoient à peine un passage étroit. Des collines d'une forme plus élégante, couvertes de massifs de peupliers, qu'embellissent encore des maisons de plaisance, les ont remplacées sur la rive gauche. Mais la rive orientale du fleuve demeuroit toujours également escarpée, elle n'avoit rien perdu de sa physionomie sauvage. Des précipices au-dessus desquels sont perchés des bâtimens antiques, préparent à l'aspect effrayant de cette agglomération de rochers sur lesquels est assise la forteresse d'Ehrenbreistein, aujourd'hui démolie, en exécution des traités.

Pour éviter des répétitions que leur importance ou leur nécessité ne justifieroit pas, nous ne donnerons

Boppart.

nerons pas de description particulière des petites villes dont nous venons de parler. Nous ne passerons cependant pas sous silence, un monument célèbre que l'on voyoit à Rees, et que l'on nommoit le *Kœnigstuhl*, trône royal. C'étoit plutôt une espèce d'amphithéâtre où s'assembloient, en certaines occasions importantes, les électeurs qui avoient des possessions dans le voisinage du Rhin. Ce lieu avoit été choisi de préférence, parce qu'il étoit à portée des quatre électeurs qui étoient plus spécialement maîtres du territoire. Le motif principal de leur réunion étoit de prendre en corps des délibérations préliminaires sur l'élection des empereurs ou des rois des Romains. Les empereurs venoient aussi prononcer sur ce trône la confirmation solemnelle des priviléges et immunités des électeurs.

Ce monument étoit en forme de temple de dix-sept pieds de hauteur sur quatre-vingts de circuit, et plus de vingt cinq de diamètre : huit colonnes en soutenoient la voûte ceintrée ; une neuvième étoit placée au milieu. On y montoit par un escalier de vingt-cinq marches, construit en pierres, comme tout le reste de l'édifice. L'intérieur étoit garni d'un nombre de siéges proportionné à celui des électeurs qui devoient deliberer.

Le spectacle du pont de pierres qui traverse la Moselle, du pont volant qui établit la communication sur le Rhin, de Coblentz à Ehrenbreistein ; celui d'une multitude de navires et de bateaux, destinés au transport des voyageurs et des marchandises de toute espèce, et la vue d'un quai spacieux, bordé de maisons aussi commodes qu'élégantes, sont des plus agréables.

Cette ville fameuse par le séjour qu'y firent les émigrés et les princes françois, au commencement de la guerre, a été fondée par les Romains. Ce peuple conquérant regarda le confluent du Rhin et de la Moselle comme un poste militaire de la plus haute importance. Le nom de Coblentz paroit véritablement une dégénération de celui de *Confluentia*, qui, d'abord, lui avoit été donné et qui, par des altérations successives, fut changé en *Cophelenci*, *Cobolence* et enfin *Coblentz*. L'empereur, Henri II en fit, dans l'année 1048, la donation à l'archevêque, et ce fut Arnoul II, l'un des successeurs de ce prince ecclésiastique, qui en 1248 fit enfermer la ville de murailles. Il n'y avoit auparavant d'autre fortification qu'un château élevé par les Romains. Les ingénieurs modernes ont depuis fortifié la place sur un plan régulier, mais sa principale, sa plus sûre protection étoit dans la forteresse d'Ehrenbreistein, bâtie au milieu des rochers, avec les matériaux même qu'ont fourni des roches détachées. Comme le territoire où exista ce château imprenable, que la famine seule mit en notre pouvoir pendant le cours des négociations de Radstadt, est rendu à l'empereur, nous ne devons pas nous en occuper. Cependant la curiosité de nos lecteurs sera peut-être satisfaite de quelques détails que nous allons succinctement leur offrir.

Coblentz.

La forteresse n'avoit que très-peu d'issues ; encore étoient-elles taillées dans le roc vif et si roides qu'il étoit difficile, aux soldats même de la garnison, de s'y introduire ou d'en sortir. Partout où les saillies du rocher ont permis d'asseoir des ouvrages de maçonnerie, on a construit des murailles basses. Ces fortifications ne sont, en quelque sorte, que les avant-postes, car l'accès de la citadelle élevée sur le sommet de cette masse est beaucoup plus difficile. Les murailles en sont plus hautes et plus régulièrement construites.

Comme cette place redoutoit beaucoup moins un siége en règle qu'un blocus, la seule difficulté étoit de la fournir d'une quantité suffisante de munitions et de provisions de bouche. Dans le quinzième siècle on eut la patience d'y creuser un puits, au milieu du roc vif, à la profondeur de deux cent quatre-vingts pieds ; cette opération, qui eut le succès désiré, coûta trois années de travail et de fatigues à toute épreuve, qui eussent rebuté sans doute un projet moins nécessaire que celui de procurer à une place de guerre, la plus utile, la plus indispensable des provisions, celle qui se consomme en plus grande quantité, une eau potable et salubre.

Si la protection d'Ehrenbreistein, ses batteries qui commandoient au Rhin et au pays environnant, étoient pour Coblentz une défense respectable, il faut avouer aussi que la possession de Coblentz, séparée de sa citadelle, étoit peu utile, sous les rapports militaires. Car du haut des parapets et

B 2

des revêtemens qui s'élèvent par étages, on jouit d'un horizon qui embrasse une grande partie du cours du Rhin et de la Moselle : on y découvre distinctement toutes les parties de la ville ; on y voit tout ce qui s'y passe avec autant de facilité et de netteté, que lorsqu'on examine un plan en relief exposé sur une table. On auroit donc les plus grandes facilités pour détruire Coblentz, pour en prendre à revers les fortifications et détruire les édifices.

La plupart des canons en quoi consistoient les batteries, étoient de gros calibre ; il y avoit même une pièce de cent soixante livres de balles qui pouvoit, disoit-on, porter jusqu'à Andernach.

Avant la guerre, cette forteresse renfermoit des prisonniers d'état envers lesquels on usoit, suivant ce qu'en assurent plusieurs écrivains, des traitemens les plus rigoureux. Une chétive ration de pain d'avoine et de l'eau, étoit toute leur nourriture.

Quoique leurs cachots eussent pour murailles, les parois même de la pierre où ils étoient taillés, cependant l'humidité que laissoient passer les crevasses, jointe à un air méphitique, à des miasmes fétides et empestés, en rendoient le séjour on ne peut plus mal-sain.

Cette punition, qui étoit le plus souvent une commutation de la peine de mort, étoit assurément mille fois plus cruelle que le supplice le plus affreux, dont la fin seroit le terme de l'existence. La privation de la liberté, du bien le plus précieux que nous ait donné la nature, est-elle donc un châtiment si doux, si léger, qu'il faille l'aggraver encore par des tourmens qui font frémir l'humanité ? Malheureusement une détention pure et simple, dont l'idée seule fait saigner le cœur de l'honnête homme, du père tendre, de l'époux fidèle, n'est qu'un jeu pour l'ame endurcie des scélérats. Il est tant d'occasions dans la vie, où librement, volontairement, nous nous imposons nous-mêmes une réclusion de plusieurs mois ! Le passager qui s'embarque sur un frêle bâtiment, avec la triste certitude de n'avoir pendant longtemps d'autre spectacle que celui du ciel et des eaux, d'autres compagnons que des matelots grossiers, d'autre promenade qu'un plancher mobile, sans cesse menacé par les vagues; le militaire qui s'enferme dans une place assiégée; l'homme d'affaires ou le littérateur qui se confinent dans leur cabinet, qui se condamnent à une longue solitude, qui oublient presque tous leurs besoins physiques, ceux-là, dis-je, sont bien réellement emprisonnés. Il est vrai que l'idée seule qu'ils sont libres, qu'il n'auroit tenu qu'à eux de s'épargner cet esclavage, ou même qu'ils sont maîtres d'en sortir quand bon leur semblera, les soutient, les console. Une incarcération forcée les porteroit peut-être au désespoir, eussent-ils même la certitude d'en voir abréger la durée, de la voir très-prochainement finir. Mais le malfaiteur, dont la moitié de la vie se consume dans les geoles, qui sort d'une prison pour aller dans une autre, en prend peu-à-peu l'habitude, et finit par n'y trouver rien de cette horreur que nous inspire le premier sentiment de la nature.

Il faut donc (et c'est un mal nécessaire) que la détention soit aggravée par l'infamie ou par des travaux pénibles qui, tout en brisant l'ame du coupable, tournent au profit de l'État, ou enfin par des rigueurs que l'humanité semble désavouer. Et encore ce supplice n'est-il rien auprès des peines capitales qui font seules l'effroi des criminels. C'est une vérité que démontre l'expérience de tous les temps, de tous les Etats policés. En Angleterre, où l'on ne connoît d'autre supplice que l'emprisonnement dans des maisons de travail, ou la *transportation* à Botany-Bay, pour le vol à force ouverte, parce que la peine de mort est presque toujours commuée, le brigandage est devenu une chose si ordinaire, et en quelque sorte si naturelle, que les voyageurs préparent toujours d'avance la bourse du voleur. En France, on avoit parlé d'abolir le spectacle d'hommes immolés publiquement à l'intérêt de la société, mais on s'est bientôt vu forcé d'infliger pendant deux années le dernier supplice à des crimes, pour la répression desquels on ne l'avoit pas cru nécessaire. La même chose vient d'avoir lieu dans les États héréditaires de l'Autriche; on vient d'y rétablir la peine capitale, abrogée depuis longtemps.

Un pont volant, composé d'un train de deux

bateaux, sur lequel est construit une plate-forme, établit, comme nous l'avons dit, la communication entre le Thal d'Ehrenbreistein et Coblentz. On a été contraint d'adopter cet expédient, parce que le courant pressé par l'affluence des eaux de la Moselle, est d'une telle rapidité, qu'il seroit presque impossible d'y former une rangée fixe de gros bateaux, et que les avaries, les dégâts causés par la crue des eaux, rendroient les réparations difficiles et fort coûteuses. La construction de ce pont volant ressemble, mais en grand, aux bacs de la Seine, à l'exception que la vélocité du fleuve nécessite plus de précautions et de solidité. Le gros cable fixé transversalement d'un rivage à l'autre, est supporté dans toute sa longueur par une file de petits bateaux.

Le pont volant est muni de deux petits mâts, dont un sur chaque bateau. L'un et l'autre de ces mâts sont engagés par le haut dans une poutre sur laquelle le cable est maintenu par des poulies.

Lorsque le pont est démarré, le premier effet de la force du courant est de l'entraîner aussi loin que l'élasticité du cable peut le permettre ; alors il ne lui est plus possible de dériver, et le timonnier, à l'aide d'un double gouvernail et de l'impulsion naturelle des eaux, le dirige facilement au bord opposé.

Le passage se fait très-promptement, c'est-à-dire, en dix minutes environ, et le pont volant est dans une activité continuelle. Des balustrades placées au pourtour de la plate forme, préviennent les accidens que pourroit occasionner l'imprudence des voyageurs. Une sentinelle placée sur le pont, durant le passage, empêche qu'il ne s'y commette des désordres.

Nous avons ici retrouvé la Moselle que nous avions perdue de vue depuis notre sortie du département de la Sarre. Plus grande, plus majestueuse, grossie des petites rivières, des torrens qui viennent de toutes parts se jeter dans son bassin, elle semble se montrer rivale du fleuve dans lequel elle vient terminer sa course. Le vieux pont de pierre jeté sur cette rivière, établit la communication de Coblentz avec la terre ferme, du côté du nord. Ce quartier de la ville est décoré de plusieurs beaux bâtimens, que l'on seroit tenté de regarder plutôt comme des châteaux que comme des maisons bourgeoises, et qui jouissent de la vue des deux rivières. Coblentz forme en effet un triangle entre elles, et n'est découvert que d'un seul côté.

Parmi les rues, il s'en trouve quelques-unes de larges et de propres, mais elles sont presque toutes tortueuses. Les maisons, pour la plupart, sont hautes et d'une architecture antique. Il s'y trouve une grande quantité d'églises, de monastères, comme dans toutes les villes que nous avons parcourues. Ces édifices diffèrent et par leur forme, et par les matériaux employés à leur construction, quelques-uns, comme le collége des ci-devant Jésuites, sont revêtus à l'extérieur, de basalte que l'on trouve en abondance au-delà d'Andernach.

Le port qui sert d'intermédiaire à la navigation de Mayence et de Cologne, est riant et animé; un vaste quai construit au-dessus, n'est pas seulement destiné à recevoir plus commodément les balots que l'on charge ou décharge; c'est encore une promenade très-agréable. A peu de distance de cette espèce de terrasse, on voit le palais de l'électeur. L'architecture en est simple et noble; la façade du côté du Rhin est d'un bon style. Le nombre et les dimensions des ornemens sont proportionnés à son étendue. L'entablement, chargé de bas-reliefs allégoriques, est soutenu par six colonnes doriques, lesquelles ajoutent beaucoup à la majestueuse simplicité de l'édifice. Il y a environ seize ou dix-huit ans que le dernier électeur a fondé ce monument de sa magnificence et de son goût.

L'ancien palais des électeurs étoit situé de l'autre côté, en face du point de jonction des deux rivières, et dans un site plus pittoresque que le nouveau; mais on l'avoit abandonné, tant à cause de son humidité, que par rapport au voisinage trop dangereux des roches d'Ehrenbreistein, dont il se détache souvent des éclats qui menacent d'écraser tout ce qui se trouve sous leur passage.

Le nouveau palais est aujourd'hui *bien national*, et sert de local à diverses autorités constituées.

Lutze, petite ville assez commerçante, pourroit

être regardée comme un faubourg de Coblentz: elle n'en est que peu éloignée. Le pont de la Moselle forme une communication entre ces villes.

Une route spacieuse et commode conduit de Coblentz à Andernach. Les montagnes perdent de plus en plus de leur roideur : on ne voit plus ces rochers, tristes indices de la stérilité; le grand chemin peut enfin s'éloigner des bords du fleuve que l'on n'aperçoit plus que de distance en distance, et par échappées. On traverse une plaine féconde où différentes sortes de bleds et des vergers florissans ont remplacé les vignes.

La rive droite cependant vous prépare au changement de scène que vous devez éprouver près d'Andernach. Des forêts touffues ombragent les hauteurs qui dominent Neuwied; on aperçoit dans le lointain le sommet des monts escarpés de la Vétéravie; on voit se développer lentement les sept montagnes fameuses dans l'Histoire héroïque de l'Allemagne.

Pour ne nous occuper en ce moment que de la ville même d'Andernach, nous allons entrer dans quelques détails sur ce qui la concerne. C'est une cité fort ancienne, ainsi que le démontrent les noms d'*Antoniccum*, d'*Antunnacum*, ou d'*Antoniacense Castellum* que lui ont donné les auteurs, et les véstiges qu'on y trouve des travaux des Romains. Une tour isolée, dont la base subsiste encore à l'extrémité des murailles, a été, dit-on, bâtie par Drusus, qui eut la gloire de réparer et de construire un nombre considérable de routes et de forteresses dans les diverses provinces romaines dont le département lui fut confié. Toute l'activité de la ville est concentrée dans le port où l'on voit exposées les diverses marchandises qu'on y embarque sur le Rhin. Ce sont des tuiles, des bois de construction et de chauffage, de la poterie, de la verrerie, des meules de moulin, et autres articles que l'on transporte soit en Hollande, soit dans le Haut-Rhin.

Les eaux minérales y font encore un objet de trafic important. Il se trouve dans le voisinage, des sources qui le disputent à celles de Spa. La source de Nieder-Selters, qui est à la vérité sur la rive droite, hors du territoire de la république, fournit les eaux célèbres connues sous le nom d'eaux de Seltz. On en exporte une quantité incroyable tant par terre que par eau. On en expédie jusque dans les Indes, sans qu'elles essuyent la moindre altération. On a même porté plus loin l'épreuve, car on en a rapporté des Indes en Europe, et on n'y a reconnu aucun changement. Cela n'est point étonnant, car le sulfate de magnésie que ces eaux tiennent presque exclusivement en dissolution, est extrêmement soluble dans l'eau, et ne peut être décomposé que par des alcalis, ou par un acide qui seroit plus fort que l'acide sulfurique.

Lorsque d'Andernach on s'avance sur le territoire qui fit jadis partie de l'électorat de Cologne, et que l'on suit la route de Bonn, on voit changer tout à coup la perspective. Des côteaux fertiles sont interrompus par des montagnes pelées, hérissées de fragmens. Ici, le passage seroit absolument impraticable, si la patiente industrie des Romains n'avoit frayé une route à travers le roc vif. Ce sentier est borné d'un côté par les rochers qui s'élèvent perpendiculairement, et du côté du fleuve, par une sorte de muraille roide et verticale que forme la partie qui n'a point été entamée. Une inscription qui s'est conservée atteste que ces travaux ont été achevés en 162, sous le règne de Marc-Aurèle et de Lucius Verus; et comme l'avènement de Marc-Aurèle date de 161, il en résulte qu'ils ont été exécutés dans l'intervalle d'une année. Les électeurs palatins ayant négligé ce chemin public, il s'étoit dégradé d'une manière inconcevable; l'électeur de Cologne l'a fait réparer, et a voulu consacrer la mémoire de ce bienfait par un obélisque, où une inscription fastueuse accole son nom à celui des empereurs romains.

En voici le texte :

Viam sub M. Aurelio et L. Vero, G. M. P. E., anno chr. CLXII munitam, Carolus Theodorus, Elect. Pal., Dux Bav., Jul. Cl. M. refecit et amplicavit, anno M. DCC. LXVIII, curante Jo. Lud. Comite de Goldstein, pro Principe.

Le massif continu de rochers qui domine cette route, est presque partout à nud jusqu'à la cime, où l'on a déposé une couche de terre peu profonde.

Mais, dans quelques endroits, la pente se rapproche assez de l'horizon, pour que la terre s'y maintienne. On n'a pas d'idée des efforts et de la persévérance nécessaires, pour arracher à la nature cette fécondité factice. Les plants sont portés à une hauteur où l'on ne peut gravir qu'à l'aide de marches péniblement creusées dans le roc. On transporte le terreau, parcelle par parcelle, dans des paniers, et on le dépose dans les crevasses, dans les fentes, où l'on ménage de petites fosses qui contiennent vingt ou trente ceps au plus. Mais ces travaux seroient bientôt détruits, toutes les peines seroient inutiles, si l'on ne prenoit des mesures pour prévenir l'éboulement du sol, ou son délayement par les eaux pluviales. Il faut donc construire, de distance en distance, des murailles de pierre sèche pour contenir les terres.

C'est à ce genre d'industrie qu'une multitude de villages doivent leurs subsistances ; mais l'avidité des propriétaires, leur empressement mal entendu, à augmenter le prix du fermage, lorsque le produit des terrains est amélioré, réduisent à la mendicité le malheureux journalier qui ne profite pas de son travail, qui ne boit que de l'eau, ou tout au plus cette liqueur insipide, extraite du marc de la vendange. On peut appliquer à ces pauvres vignerons, ce que disoit un voyageur, homme d'esprit, qui passoit à Manchester, ville renommée en Angleterre, par ses manufactures d'étoffes. Voilà, disoit-on avec ostentation à cet étranger, des étoffes pour la Russie, pour le Portugal, pour la France : voici des commandes pour telle province, pour telle ville. Fort bien, répondit-il, mais je ne vois pas l'attelier où l'on fabrique des étoffes pour habiller les ouvriers de Manchester.

La correspondance exacte que l'on reconnoît entre les angles saillans d'un bord du fleuve avec les angles rentrans de l'autre, quoique ces variations soient quelquefois très-brusques, et que l'ouverture de l'angle approche beaucoup de quatre-vingt-dix degrés, prouve la vérité du Système du monde exposé par Buffon : il démontre, si j'ose m'exprimer ainsi, le mécanisme de la formation des rivières et des montagnes, par les courans et contre-courans des mers qui ont inondé le globe, soit en totalité, soit partiellement.

Il paroît que tout ce pays a été le foyer d'un volcan, qui l'a embrâsé à une époque inconnue, et que ce vaste incendie a fait place à un cataclysme, à une inondation subite et instantanée. Cette hypothèse sembleroit confirmée par la qualité minéralogique du sol. On voit des couches de matières dont l'origine appartient évidemment au déplacement des eaux, déposées près d'autres bancs de matières volcanisées. Ici c'est un grès quartzeux, des carrières d'un marbre grossier, ou de cette pierre calcaire si commune dans les environs de Mayence, et formée d'une seule espèce de petites coquilles microscopiques liées par un gluten. Là ce sont des couches de bismuth, où l'on trouve encore des fragmens de charbon, indice incontestable que c'est à l'action du feu qu'il faut attribuer la formation de ce minéral.

Les partisans de l'école de Werner, les géologues allemands qui ne sont point d'accord avec les *Neptunistes*, avec les savans de France, d'Angleterre et d'Italie, sur l'origine des basaltes, révoquent en doute, l'existence ancienne de volcans, sur les rives escarpées du Rhin. Ils ne peuvent croire que ces prismes basaltiques, ces aggrégations étonnantes de colonnes, soient des laves compactes, mises en fusion par les admirables fourneaux de la nature; ils citent à nos naturalistes l'exemple des roches de *Trapp*, qui évidemment ont été créées par les eaux. Mais nous avons déjà fait observer, qu'une confusion de mots a longtemps empêché les deux parties de s'entendre, et que cette erreur étoit encore entretenue par une sorte de ressemblance du Trapp avec le basalte. En effet si la première de ces substances n'offre pas dans ses articulations des phénomènes exactement semblables à ceux que présente la dernière, elles se trouvent disposées par couches étroites assez ressemblantes à des marches de degrés. Leur nom vient du mot suédois *trappa*, qui signifie escalier.

Mais, outre que les basaltes sont presque toujours accompagnés de laves poreuses, d'autres matières qui y décèlent les ravages des feux souterrains, des expériences réitérées, les décompositions qu'on en a faites, prouvent maintenant sans réplique leur identité parfaite avec les laves.

La disposition des basaltes, particulièrement dans le voisinage d'Andernach, est vraiment extraordinaire, c'est surtout aux environs d'Unkel que l'on voit ces groupes de colonnes tronquées.

Au reste la régularité des basaltes n'est qu'apparente: elle n'a aucun rapport avec la cristallisation. Les cristaux affectent invariablement les mêmes formes. Non seulement les angles, les côtés sont mathématiquement identiques dans le même individu, mais le compas du géomètre retrouve les mêmes proportions, les ouvertures des angles absolument les mêmes, dans des individus appartenant à la même espèce. Il n'en est pas ainsi des basaltes. On en voit de toutes les formes, de triangulaires, de quadrangulaires, de pentagones, de sexagones, d'Eptagones, d'octogones. Enfin on en voit à neuf côtés, mais cette sorte est la plus rare : les sortes les plus communes, sont celles qui ont cinq ou six côtés.

Pour détacher ces masses, on se sert d'un levier de bois armé d'un fer aigu. L'ouvrier enfonce cette extrémité entre les fissures des colonnes, les ébranle et en fait tomber à-la-fois une énorme quantité.

Les basaltes ne sont pas des objets de pure curiosité, destinés à orner les cabinets des curieux, on les emploie, comme pierres de taille, à la construction des édifices et à la réparation des chemins.

Le citoyen Chaptal, aujourd'hui ministre de l'intérieur, connoissant la facilité avec laquelle on peut vitrifier le basalte, a imaginé d'en faire des bouteilles.

bouteilles. Il seroit à desirer qu'on vît s'établir en grand des verreries, où l'on emploieroit ces laves compactes avec une grande économie : on épargneroit ainsi les alcalis et les autres sels qu'on ne mêle avec les cailloux, que pour servir de fondans, et que réclament tant d'autres usages. Nous ne passerons point sous silence une singulière propriété qu'offre le basalte, lorsqu'on le convertit en verre; propriété qui renverse sans retour la doctrine des Stahl, des Becker sur la vitrification, et qui, en même temps, contrarie un peu les idées reçues par les chimistes modernes.

Une foule d'essais multipliés et d'expériences successives, a fait reconnoître dans cette opération, les gradations suivantes. Chauffé dans un creuset, à un grand feu, le basalte entre en fusion et se vitrifie. Poussez le feu du fourneau, et vous le voyez reprendre son état naturel de basalte. La matière liquide dont l'accumulation du calorique devroit favoriser, de plus en plus, l'expansion, se condense tout-à-coup, et se change en pierre au milieu des charbons ardens; un degré de chaleur de plus, met de nouveau la matière en fusion et la vitrifie : et en prolongeant ainsi l'expérience à l'infini, on obtient alternativement du verre et du basalte.

M. Wall, savant professeur à Edimbourg, a porté au dernier degré de certitude la théorie des Neptunistes, en laissant refroidir lentement et à couvert le basalte liquéfié. Cette substance a éprouvé un retrait qui l'a divisée en prismes. M. Wall a aussi

C

imité en petit la chaussée des géans d'Antrim (4), cet amas merveilleux de colonnes basaltiques de toutes les formes, de toutes les dimensions, qu'on voit dans cette partie de l'Irlande.

On a souvent trouvé dans différentes carrières de Basalte, et dans celle d'Unkel en particulier, des articulations de prismes qui étoient sphériques ; les boules sont creuses et quelquefois remplies d'eau, comme certains échantillons d'agathes et d'autres pierres précieuses.

Parmi les laves poreuses qu'on trouve en abondance à Niedermisch et en divers lieux de cette partie du département, on en remarque dont les pores plus rapprochés sont d'une grandeur à-peu-près égale, et dont la substance est d'une consistance dure. Il s'en fait un débit considérable : cette pierre est bien autrement favorable pour moudre le grain que la pierre tendre et friable qu'on extrait des carrières de Fontainebleau, dans l'île de France, et dont on est obligé de se contenter, à cause des frais énormes de transport que coûteroient des meules volcaniques.

Le trass ou pouzzolane qu'on retire des mêmes endroits, est un amas de débris de laves. On le nomme encore pierre de *Tufa*. La Hollande en consomme environ dix ou douze mille mesures par année, ce qui forme un objet de plus de 100,000 écus. Il est dans ce pays, dont le sol est au-dessous de la surface de la mer, d'un usage indispensable pour la construction des digues, et les fondations des édifices. Le ciment fait avec de la pouzzolane pulvérisée a l'avantage de ne pas se dissoudre dans l'eau, et au contraire de s'affermir et de s'endurcir avec le temps.

Mais ce n'est pas simplement en qualité de ciment qu'on l'emploie; on l'enferme dans de grandes caisses, revêtues sur toutes les faces, de plateaux de faïence, afin d'interdire tout passage à l'eau; on en forme ainsi des murailles imperméables à l'humidité, et qui rendent les appartemens très-sains.

Cette matière est également recherchée en Angleterre pour les constructions hydrauliques et marines. On en connoît aussi l'usage dans l'ancienne France; mais l'espèce dont on s'y sert est de plus mauvaise qualité. Il est vrai qu'elle coûte moins cher.

On réduit ces pierres en poudre, à l'aide de moulins. Les Hollandois se chargeoient d'abord de cette manutention, et y occupoient utilement beaucoup de bras; mais d'industrieux propriétaires de la rive du Rhin imaginèrent de faire payer à leurs voisins les frais de cette main-d'œuvre, et établirent des moulins où l'on pulvérisoit la pierre de tufa.

Le gouvernement des Provinces-Unies, jaloux de cet effort de l'industrie, mit de gros impôts sur les pierres de tufa moulues, et en exempta celles que l'on importoit dans leur état naturel. Les électeurs de Trèves, de Cologne et du Palatinat, se liguèrent pour se venger de cette mesure, et grevèrent, à leur tour, les pierres non moulues, d'un droit considérable, qui existe encore, et qui se monte à six écus d'Allemagne par mesure, de sorte que le gouvernement hollandois a eu tout lieu de se repentir de son avidité, et de sa mauvaise spéculation (5).

En s'approchant de Bonn, on voit distinctement les sept fameuses montagnes dont nous avons déjà parlé, et où l'on a placé le théâtre de tant de romans. Les trois plus hautes sont celles connues sous le nom de Drakenfels, Wolkenbourg et Lowembourg.

Elles étoient autrefois surmontées de châteaux, qui en rendoient la position redoutable : mais aujourd'hui leur cime sauvage ne présente plus, parmi quelques habitations isolées, que des masses de granit et de porphyre, recouvertes d'une couche de terre, où les fouilles des lythologistes trouvent de quoi s'exercer. On y rencontre des bancs de bitume, d'argile, de pyrite, des groupes de basalte, et la pyrite ardoisée, dont la cassure chatoyante décèle la nature de ses molécules primitives. Ces monts superbes ne sont point isolés au milieu d'un pays plat : ils ne font point exception à cette règle si générale de la nature, que ces énormes verrues de la terre, s'il est permis d'employer cette expression, soient alignées par chaînes non interrompues. En effet, les montagnes de la Hesse se prolongent vers le sud, et vont se réunir à la chaîne des Vosges. Toutes les hauteurs que nous avons franchies depuis Bingen jusqu'à Bonn, se rat-

Bonn.

tachent à la même série; mais toutes diffèrent par la forme, la densité des matières qui les constituent, et la couleur.

Bonn est une petite ville qui contient environ 10,000 ames, et qui a acquis plus de réputation par son université, et ses établissemens d'instruction, que par son commerce. En effet le voisinage de Cologne et de Coblentz, par leur trop dangereuse concurrence, tarit toutes les sources d'industrie que pourroient faire valoir ses habitans.

Ce n'est pas qu'il n'existe des exemples de cités florissantes, extrêmement rapprochées, et qui se touchent pour ainsi dire les unes les autres. Nous avons déjà vu dans les Pays-Bas catholiques, aujourd'hui réunis à la France, les principales villes, telles que Liége, Bruxelles, Malines, Anvers, Gand, extrèmement rapprochées les unes des autres, mais se faire respectivement peu de tort, parce que leur genre de commerce n'est pas précisément le même.

En Hollande, on voit la ville de Leyde former le centre d'un cercle très-borné, qui comprend Delft, la Haye, Harlem, Tergow, Utrecht et Amsterdam, sans qu'aucune d'elles soit appauvrie par la prospérité des autres. Mais sur le Rhin, où tout le commerce, toute l'activité se portent le long de la rive, les cités intermédiaires voyent leurs moyens absorbés par d'autres places qui jouissent d'une position plus avantageuse. Peut-être l'opposion d'intérêts entre les cités riveraines du fleuve, nécessitoit-elle réellement le partage du territoire entre quatre électeurs différens? Chacun d'eux avoit alors été mû par son intérêt, à faire tout son possible pour s'attribuer son contingent de la navigation. Depuis la réunion, les Strasbourgeois ont le droit de suivre le cours du fleuve, et d'aller porter leurs marchandises jusqu'en Hollande, sans que les Mayençois, les Colonois, ni les autres, profitent du *transit* qui leur étoit autrefois attribué; il devient indispensable de compenser ce désavantage qu'éprouvent les villes intermédiaires, en leur facilitant tous les moyens de s'ouvrir une communication avec l'intérieur.

Ce n'est donc que la position enchanteresse de cette ville, la beauté de quelques édifices, entre autres, du palais de *Buen-Retiro* qui appartenoit à l'électeur, qui y donnoit une certaine importance (6). Le cabinet d'histoire naturelle, les salles de physique étoient superbes; on y voyoit, entr'autres, une collection complète et méthodiquement classée, des laves du Vésuve. La plupart des objets précieux ont été enlevés, mais il seroit facile de remplacer au moins les objets les plus essentiels à l'instruction. Le jardin botanique, quoique l'entretien en ait été assez longtemps négligé, est considérable et fort riche en espèces : l'amphithéâtre d'anatomie et de dissection, des fondations considérables attachées aux anciennes écoles, et beaucoup d'autres ressources pour l'institution de la jeunesse, y appellent l'établissement d'une école

supérieure, laquelle y attirera, comme par le passé, la jeunesse d'une partie de l'Allemagne.

Une route superbe, ou plutôt une allée bordée de tilleuls, conduit de cette ville à Cologne; mais avant de nous rendre dans cette cité qui fait partie du département de la Roër. nous avons voulu parcourir l'intérieur de celui de Rhin et Moselle, et en donner à nos lecteurs une idée suffisante. On sent bien que dans ces départemens où les bords du Rhin présentent seuls une superbe perspective, l'intérieur ne peut offrir que les travaux monotones, mais utiles de l'agriculture.

La population totale du département, est de 260,000 âmes, réparties sur les trois arrondissemens communaux, de Coblentz, Bonn et Simmeren, et sur trente-un cantons dont les plus remarquables sont, outre les villes que nous avons nommées dans le cours de notre relation, Heymertsen, Rynbach, Aldenaw, Munster, Cocheim, Zell, Kirchberg, Stromberg, Creuznach et autres. Nous avons déjà dit quelques mots sur les salines de Creuznach; mais c'est plus particulièrement dans la dépendance du territoire de ce département qu'elles se trouvent. Leur produit est, année moyenne, de cinquante mille quintaux de sel. Elles appartiennent au gouvernement qui en retire 221,000 francs de revenu.

Dans le canton de Stromberg, on trouve des mines de fer, des usines pour diverses manufactures, des carrières de marbre, de pierre à chaux et à plâtre, des tanneries, des papeteries, et des fabriques d'étoffes, mais en petit nombre.

Dans d'autres endroits, existent des mines abondantes de houille, des carrières de terre à pipe, d'argille à potier et de pierre à bâtir. On tire des forêts, d'excellens bois de constructions. Quoiqu'il s'y trouve beaucoup de bois et de montagnes incultes, ou seulement propres à la culture des vignes, cependant, il est reconnu qu'il produit un excédant considérable sur la consommation.

NOTES.

NOTES.

(1) BIEN entendu que nous ne parlons ici que des massifs de maçonnerie respectés par les flammes ; car Louis XIV ayant donné l'ordre, en 1689, d'en faire sauter les fortifications, la plus grande partie des maisons subit le sort des remparts : on a reconstruit à la hâte cette malheureuse ville ; aussi est-elle loin d'avoir l'élégance de ces cités formées d'un seul jet, et dont les architectes calculent et règlent la distribution intérieure. Cette ville est célèbre par le séjour de Drusus, qui y termina sa carrière.

(2) La main de la nature a imprimé à la plupart de ses productions des caractères qui en indiquent les propriétés à l'œil le moins exercé dans la botanique. La vénéneuse euphorbe est repoussante à l'œil ; les feuilles des arbres fruitiers sont toutes lisses et d'un verd gai : la bruyère, si nous ne considérons que la forme agréable de ses fleurs qui ressemblent à des grelots, paroîtroit plutôt digne d'embellir nos parterres que de pulluler sur les terres stériles. Mais ces mêmes fleurs sont inodores ; elles sont sèches ; elles n'ont point cette douceur, cette élasticité qu'on aime à palper dans la rose ou la violette. Cette qualité doit les reléguer dans les déserts.

(3) Le florin d'Empire vaut un peu plus de deux francs de notre monnoie. Ainsi, l'empereur dont il est ques-

tion, estimoit un peu plus de 5,000 francs la tonne de vin de Bacherach. Quelle que fût la capacité de cette mesure, le prix n'en est pas moins exorbitant, surtout si l'on songe que c'étoit vers l'an 1300 de l'ère vulgaire, et que l'argent monnoyé avoit alors une valeur bien plus considérable que de nos jours.

(4) La multitude ignorante, frappée de la régularité de la chaussée énorme de prismes basaltiques qu'on voit en Irlande, dans le comté d'Antrim, a cru qu'elle étoit l'ouvrage d'une race particulière d'hommes, d'une taille gigantesque et doués d'une force extraordinaire. Le même préjugé est attaché à la grotte de Fingal, l'île de *Staffa*, l'une des Hébrides : c'est une caverne formée de prismes basaltiques si régulièrement disposés, que de loin on les prendroit pour un buffet d'orgues. Dans le Vivarais, la caverne du *Pont de la Beaume* présente la même illusion. L'effet de ces merveilles est si grand, que les gens instruits eux-mêmes, qui en sont pour la première fois les témoins, ont peine à croire que ce ne soient pas réellement des ouvrages de l'art.

(5) L'électeur palatin n'étant point possesseur par lui-même des carrières de *Tufa*, ne jouissoit que du tiers de l'impôt. M. Eichhoff assure, dans l'ouvrage dont nous avons fait mention, que ce prince, bien qu'il ait perdu toute espèce de souveraineté sur la rive gauche, continue à en percevoir le montant. Mais les deux autres tiers sont versés dans les caisses de la république. Est-ce par oubli, est-ce par une convention particulière que se fait cette distraction ? C'est ce qu'il ne nous est pas permis de chercher à pénétrer.

(6) Ce palais, commencé en 1718, n'a pas été achevé. Le corps du bâtiment et l'aîle droite sont terminés, mais l'aîle gauche est restée imparfaite. Tel qu'il est, il se trouve, par sa magnificence, supérieur à ceux de plusieurs souverains, plus puissans que ne le fut l'électeur de Cologne.

La perspective dont on y jouit est ravissante : les jardins sont à la vérité plantés en avenues droites ; mais le paysage des environs, qui semble en faire partie, procure cette aimable variété qu'on cherche en vain à contrefaire dans les jardins anglois.

VOYAGE
DANS LES DÉPARTEMENS
DE LA FRANCE,

Enrichi de Tableaux Géographiques et d'Estampes;

Par les Citoyens J. LAVALLEE, ancien Capitaine au 46e. Régiment, pour la partie du Texte ; Louis BRION, pour la partie du Dessin; et Louis BRION, père, auteur de la Carte raisonnée de la France, pour la partie Géographique.

L'aspect d'un Peuple libre est fait pour l'Univers.
J. La Vallée, *Centenaire de la Liberté.* Acte Ier.

A PARIS,

Chez
- Brion, Dessinateur, rue de Vaugirard, n°. 98, près le Théâtre-Français.
- Debray, Libraire, au grand Buffon, maison Égalité, galeries de Bois, n°. 235.
- Langlois, Imprimeur-Libraire, rue de Thionville, ci-devant Dauphine, n°. 1840.
- Regnier, Imprimeur-Libraire, rue du Théâtre-Français, n°. 4.

L'AN QUATRIÈME DE LA RÉPUBLIQUE.

PRIX.

Chaque Cahier de Département est de 50 liv. pour Paris, et de 60 liv. pour les Départemens, franc de port.

Les Citoyens qui ont payé plusieurs Cahiers d'avance, ne recevront qu'en raison de la somme qu'ils ont donnée.

DÉPARTEMENT DU RHÔNE
ci-devant le Lyonnois et le Beaujolois

Signes
- Chef-lieu de Département.
- Chef-lieu de District.
- Canton.
- Tribunal Criminel.
- Tribunal de District.

Remarque

VOYAGE

DANS LES DÉPARTEMENS

DE LA FRANCE,

PAR UNE SOCIÉTÉ D'ARTISTES,

ET DE GENS DE LETTRES.

DÉPARTEMENT DU RHONE.

EN sortant de *Roanne* pour nous rendre à *Lyon*, un objet vraiment digne de la curiosité et de l'admiration des hommes de tous les temps est la fameuse montagne de *Tarare*, ou, pour mieux me faire entendre, le chemin pratiqué dans la montagne de Tarare. On doit cette merveille aux talens et aux soins d'un ingénieur nommé Deville. Il n'a manqué à cet homme de génie que d'être né ou grec ou romain pour avoir des statues. Français, il est oublié. Reconnoissans dans nos plaisirs, notre gratitude prodigue des bustes, des palmes, des couronnes à nos Batilde, à nos Roscius, et l'on cherche en vain le médaillon de *Riquet*, dont la main savante ouvrit le canal du Languedoc; de *Rennequin*, dont la superbe hydraulique de Marly tourne encore sous nos yeux; de ce Deville enfin, dont l'art me fait commodément franchir une barrière que la nature elle-même destinoit à rester insurmontable. Le temps n'est-il pas venu de réparer ce vice de nos mœurs politiques? Ce n'est pas une mode, ce n'est pas une plaisanterie qu'un gouvernement républicain. Si nous voulons donner naissance aux vertus, honorons la mémoire des hommes utiles. Il est parmi les tombeaux un peuple à part. Il n'appartient point à tel ou tel régime, à telle ou telle époque ; il appartient à l'univers. Ce sont les hommes de génie que la prospérité publique occupa dans leurs travaux. Voilà les aïeux d'un peuple neuf en liberté. Nous n'avons ni Fabricius ni Cincinnatus à citer à nos enfans ; suppléons-les par les bienfaiteurs de l'humanité. Ils étoient déjà libres ceux-là quoiqu'ils vécussent sous des rois.

Vous connoissez la montagne du *Saverne ?* eh bien, celle de Tarare est plus étonnante encore. Des obstacles cent fois plus difficiles devoient faire regarder l'entreprise comme impossible. L'ingénieur a tout bravé et tout s'est courbé sous son génie. Les rochers ont été brisés, les précipices comblés et franchis, les rampes les plus douces tracées, exécutées et consolidées à travers les rocs escarpés et sourcilleux : enfin pour le dire en deux mots, quand la montagne est toute entière encore pour le naturaliste, elle est disparue pour le voyageur.

La petite ville de Tarare, que nous n'avons fait que traverser, est très-maussade, mal située, sujette à des inondations fréquentes et dangereuses : mais dans les cantons où le commerce attire l'industrie, il n'est aucun séjour dont elle puisse être alarmée, et plusieurs manufactures d'indienne, de mousseline, de toile de coton et de chanvre, des tanneries, des chamoiseries et des blanchisseries considérables répandoient l'opulence dans ce point de la France caché par les monts qui séparent la Loire et la Saône.

Trois lieues plus loin, on trouve l'*Arbrêle* plus pittoresque, plus gaie, moins commerçante, mais également en butte aux débordemens désastreux de deux petites rivières, la *Brevanne* et la *Turdine*. Au commencement du siècle elle fut totalement ensevelie sous les eaux et détruite de fond en comble. Une quantité prodigieuse de décombres des villages supérieurs entraînés par les eaux, et les troncs nombreux des arbres arrachés par elles s'encombrèrent dessous et contre le pont de pierre de l'Arbrêle, et ces eaux ne trouvant plus d'écoulement s'étendirent avec une impétuosité terrible dans la ville. C'étoit la nuit : presque tous les habitans étoient endormis, et la majeure partie passa du sommeil à la mort. La plupart des maisons furent emportées, le pont fût détruit jusqu'en ses fondemens, et les édifices les plus solides éprouvèrent plus ou moins les outrages de ce fléau terrible.

En un mot, le paysage est piquant. Quelques ruines d'un vieux château, l'aspect du pont rebâti depuis cette inondation, traversant aujourd'hui les deux rivières, et participant davantage des isles agrestes qui l'avoisinent que de la ville dont il dépend, les eaux limpides de ces deux mêmes rivières s'échappant à travers les saules dont leurs rives sont ombragées, et glissant pour ainsi dire sur les glayeuls élancés et mobiles dont les lames couchées sous le poids des flots serpentent agitées par le courant rapide, les arbres nombreusement épars aux environs, les côteaux voisins où la vue se repose de la fatigue des détails : tous ces objets unis, mais sans contrainte, entre-mêlés sans confusion, parfaitement ensemble quoique sans appareil, tout à la fois harmonieux et poétiques par la seule inspiration de la nature réclament les pinceaux de *Berghem* et la lyre de *Gesner*. Un charme doux nous y retenoit : mais l'impérieuse curiosité nous entrainoit vers Lyon. Empressement ridicule ! bien ridicule en effet ! A quoi bon nous presser d'aller gémir sur la perversité des hommes à côté des immortelles conceptions de leur génie ?

Tandis que les ignorans, ou les gens de mauvaise-foi, ou les Pessimistes si nombreux aujourd'hui demandent à la liberté ce que Lyon est devenue, je crains qu'avec bien plus de raison la liberté ne nous demande, qu'avez-vous fait de Lyon ? Quand nous avons fait un dieu de cette liberté, nous lui avons donné le droit de nous dire : « Caïn ! qu'as-tu fait de ton
» frère ? Je vous avois adoptés, nous dira-t-elle un jour,
» pour vous aimer, vous défendre, vous soutenir,
» vous serrer les uns contre les autres ; j'avois terrassé
» les tyrans dont le bras vous écrasoit, dont la
» pourpre vous humilioit ; j'avois ouvert tous les
» canaux aux arts, au commerce, à l'industrie, à la
» prospérité publique ; j'avois déroulé pour vous l'an-
» tique livre où les loix de la nature sont écrites,
» maîtres du plus bel empire, éclairés par le plus
» beau ciel, portés par la terre la plus fertile, vous
» n'aviez qu'à le vouloir et vos richesses étoient

» triplées; votre génie dégagé de ses entraves n'avoit
» plus de limites dans sa course; avec de la concorde
» l'univers devenoit votre tributaire; point d'ennemis à
» craindre au-dehors : je vous avois donné la force;
» point de traitres dans l'intérieur : je vous avois
» enseigné les vertus; hommes cruels! hommes bar-
» bares! que vous demandois-je? d'être humains!
» l'effort n'étoit pas pénible. Qu'avez-vous semé dans
» ce champ que j'avois préparé? quelle moisson en
» avez-vous recueilli? des cercueils! Ainsi sur les bords
» de l'Euphrate se promenent le léopard et le tigre
» dans les jardins délicieux que le Créateur avoit
» plantés à l'homme pour y promener son immor-
» talité. O Caïn! Caïn! qu'as-tu fait de ton frère? »
O Liberté! lui répondrons nous, quelques hommes
ne sont pas la nation. Se contentera-t-elle de cette
excuse?

Du moins sais-je qu'à l'aspect de Lyon cette excuse
pourroit lui paroître futile. Hélas! tout meurt, et les
victimes et les oppresseurs. Le silence des tombeaux
ensévelit à la longue et la rage des uns et les gémissemens des autres; mais l'éloquence reste aux monu-
ments. Quand la hache des barbares ose les frapper,
elle écrit sur leurs marbres brisés leur acte d'accu-
sation, et s'il étoit possible qu'il ne restât qu'une seule
pierre d'une cité fameuse, cette orpheline désolée seroit
encore l'autel de la vengeance.

Les villes célèbres ont le destin des *grands*; des
généalogistes adulateurs leur décernent de chimériques
aïeux. Lyon depuis dix-huit siècles étonne l'Europe
par sa magnificence, et les fables de son berceau ont

été les nombreux enfans de sa splendeur. Cette manie de chercher des fondateurs illustres aux villes que l'on veut honorer est une grande ingratitude des historiens; ils ne veulent pas voir qu'elles doivent tout aux habitans et rien à celui qui les a bâties. Les vrais fondateurs des villes sont les hommes qui la remplissent de leur industrie, car ils bâtissent sans songer à détruire : et non le monarque orgueilleux qui par caprice souvent, bien plus que par raison, dit, je veux qu'une ville soit là, comme l'instant d'après il peut dire, je veux qu'elle ne soit plus. Voici donc les aïeux de Lyon. D'abord selon les uns c'est d'un *roi Celte* ou *Gaulois* nommé *Lugdus* qu'elle tient son origine et dont elle reçut son nom de *Lugdunum*. Selon d'autres, deux princes Grecs, *Momerus* et *Atepomarus*, en jetèrent les fondemens. Mais par quel hasard des princes Grecs au sein des Gaules? et quelle disgrace ou quel destin les avoit jetés si loin de chez eux? Quelques-uns prétendent qu'elle n'a porté le nom de *Lugdunum* que bien long-temps après sa fondation, et que jusques-là elle s'appela l'*Isle*, et dans leur opinion ils s'appuient sur deux passages de *Tite-Live* et de *Plutarque*, qui rendant compte du passage d'Annibal en Italie lui font faire quelques journées de marche en remontant le Rhône et arriver dans un lieu appelé l'*Isle*, au confluent de la Saône et du Rhône. S'ils entendent parler de cette langue de terre allongée, formée par la fourche de ces deux fleuves, il me semble que le nom de presqu'isle eût été plus exact; mais comme ces deux textes ne fournissoient pas aux inventeurs de cette étymologie une autorité assez grave pour asseoir que cette isle fût habitée, ils ont cru trouver que *Polibe*, plus ancien que ces deux auteurs, affirmoit qu'elle renfermoit de nombreux habitans. Il en est qui veulent que *Lugdunum* lui vienne de *Lucis dunum*, montagne de lumière, parce qu'elle étoit bâtie sur une montagne éclairée par les premiers rayons du soleil, et d'autres du prénom de *Lucius* que portoit *Munatius-Plancus*; comme qui diroit *Lucii dunum* montagne de Lucius, et les partisans de ces deux derniers avis écrivent en conséquence *Lucdunum*. Enfin il s'en trouve qui, réunissant les souvenirs des divers événemens malheureux dont Lyon s'est vue le théâtre, avancent que *Lugdunum* signifie montagne de deuil, *quasi lugubre dunum*, et ce sont à coup sûr les moins raisonnables de tous, car il est certain que Lyon portoit le nom de *Lugdunum* avant les catastrophes dont ils entendent parler. Il est aujourd'hui constant que Lyon n'existoit point lors des conquêtes de César. Il n'auroit pas négligé d'en parler. Conséquemment Annibal n'en a point eu connoissance, et les fables du *roi Celte*, des *princes Grecs* et de l'*isle célèbre* tombent d'elles mêmes.

Tout le monde est d'accord aujourd'hui que Lucius-Munatius-Plancus, consul avec Æmilius-Lepidus, et l'un des lieutenans de César, fut le fondateur de Lyon l'an de Rome 712, quarante ans à peu près avant l'ère chrétienne; ainsi cette ville auroit aujourd'hui dix-huit cent trente ans d'ancienneté. Il paroît vraisemblable que les premiers édifices furent bâtis sur la montagne de Fourvières ; ce nom de Fourvières venant par corruption de *forum vetus*, l'ancien forum ou place, que depuis la fondation de cette ville on construisit sur cette montagne, et que l'on abandonna lors de l'incendie dont nous parlerons tout à l'heure.

L'heureuse situation de Lyon fit d'abord son premier mérite : mais bientôt la politique d'Auguste attacha à ses destinées une considération que Jules-César n'avoit fait que pressentir. Agrippa, le plus grand et le plus digne homme que la terre ait connu, vraiment le dernier des romains, plus républicain que Brutus et Cassius, puisque sans la flatterie de Mécène il eût rendu Rome à la liberté sans lui coûter une goûte de sang : Agrippa, dont l'amitié fut pour Octave une conquête plus honorable que celle du monde : Agrippa, dis-je, vainqueur des Germains et des Cantabres, sentit à son passage dans les Gaules l'importance dont Lyon pouvoit être à l'empire, et qu'en élevant cette forteresse au plus haut point de splendeur, c'étoit en quelque sorte rapprocher Rome des provinces nombreuses qu'elle possédoit au-delà des Alpes, et que pour l'intérêt de cette reine de l'univers il falloit pour ainsi dire donner à Lyon la vice-royauté des Gaules. La Celtique fût donc divisée en quatre provinces sous les dénominations de première, seconde, troisième et quatrième Lyonnaises, et Lyon en fût érigée la capitale. Le triumvir Antoine avoit concouru à son Embelissement par des monumens (1) ; mais Agrippa lui donna le véritable, c'est-à-dire le commerce sans lequel les palais ne sont que de fastueux déserts. Il la considéra comme le centre des Gaules et la prit pour le point de départ des divers chemins militaires qu'il prétendoit ouvrir des bords de l'Océan aux Alpes, et des Pyrénées au Rhin. Lyon ainsi caressée par les demi-dieux du Tibre, vit bientôt les nations affluer dans ses murs ; et l'histoire de ses prospérités s'ouvrit à côté du livre funèbre où ses nombreuses désolations devoient s'inscrire.

Auguste vint lui-même consacrer par sa présence la gloire naissante de Lyon. C'étoit alors le temps où cet Auguste heureux et tout puissant succédoit à Octave inquiet et ambitieux. Les crimes utiles à son élévation avoient fait place à des vertus nécessaires à sa politique ; enfin Auguste étoit en-deçà du rideau que les flatteurs, les poëtes et le peuple, dont la mémoire vénale vendoit aux bienfaits du jour l'oubli des maux soufferts, avoient tiré sur les forfaits de sa jeunesse. Il vint à Lyon et y passa trois ans. L'extravagant amour que la terre lui portoit en conclut que tout devoit se réunir pour illustrer une ville que le *maître du monde* n'avoit pas dédaigné d'habiter. Les étrangers y accoururent de toutes parts. Le Rhône et la Saône se couvrirent de bateaux. Les richesses de l'Afrique y pénétrerent par Marseille. Les Iberes franchirent leurs montagnes pour y porter leurs huiles, leurs laines, et leurs fruits. Les Germains, les Helvétiens, les Gaulois, les Bataves y vinrent échanger les tributs de leurs arts sauvages contre un regard d'Auguste ; tandis que de son côté Rome se désertoit elle-même pour venir dans Lyon se reproduire aux yeux de son idole.

Ce fut alors que l'on vit soixante nations se disputer l'honneur d'ériger un temple à Auguste encore vivant, et que nulle ne voulant à cet égard céder aux autres la primauté de la bassesse, s'entendirent enfin entre elles pour le bâtir à frais commun. La magnificence de cet édifice, où soixante statues attesterent la servile concurrence de soixante cités, construit au confluent des deux fleuves fut un spectacle que la terre n'avoit point encore vu, et dont la nouveauté ne fit qu'accroître l'affluence des étrangers dans les murs de Lyon. *Drusus* fils de *Tiberius Nero*, et de cette fameuse *Livie* qu'Auguste épousa après l'avoir arrachée à son premier époux, vint en sa qualité de César et de fils adoptif de l'empereur faire la dédicace du temple de ce dieu, que les infirmités de la vieillesse et des débauches entraînoient vers le tombeau : et comme si l'indignation du ciel eut alors mesuré sur l'imbécillité des peuples l'imbécillité des *souverains* qu'ils méritoient d'avoir, il permit qu'à l'heure même de cette dédicace *Antonia* femme de Drusus mit au jour à Lyon ce *Claude*, dont l'infâme abrutissement devoit un jour souiller bien moins la pourpre Césarienne que la terre soumise à son obéissance.

Il manquoit à la honteuse gloire de ce monument impie de recevoir un nouveau lustre du féroce *Caligula*. Il se trouvoit à Lyon lorsqu'il reçut l'honneur de son troisième consulat. Ce fut parmi les empereurs romains, et principalement parmi les douze Césars, plutôt une affaire de mode d'honorer Auguste qu'un desir sincère d'imiter ce que le cours de son règne présentoit d'estimable. Tous le citoient comme exemple lorsque ses vertus apparentes offroient à leur tyrannie un prétexte d'excuse. Tibère entr'autres avoit toujours son nom à la bouche; et Titus seul sembla l'oublier. Caligula assez fou pour que la vue du temple dont nous parlions tout à l'heure, et du culte insensé que l'on y célébroit, lui inspirassent une folie, prétendit instituer des jeux en mémoire de ce dieu qu'il comptoit au nombre de ses aïeux. Je ne sais pas trop comment, se prétendant lui-même *Jupiter*, il accordoit dans sa tête cette descendance d'un dieu indécemment mort comme un homme: mais les fous et les empereurs n'y regardent pas de si près.

Il paroit que les Romains avoient puisé dans la Grèce l'usage de ces jeux publics. A Rome, comme chez les Grecs, ils avoient presque toujours la religion pour objet. Les Grecs les divisoient en jeux *Gymniques* et en jeux *Scéniques*. Les espèces en étoient plus nombreuses chez les Romains. Ils avoient les jeux *Circenses* et les jeux *Scéniques*. Ceux plus particulièrement consacrés aux dieux s'appeloient jeux *sacrés*, jeux *votifs*, jeux *funèbres*, etc. Ces différens jeux avoient entre eux une sorte de hyérarchie de majesté, et des magistrats plus ou moins importans les présidoient selon qu'ils étoient plus ou moins augustes. Ainsi par exemple les consuls et les prêteurs présidoient les jeux *Circenses*, *Apollinaires* et *Séculaires*: un prêteur seulement et les Ediles Curules, les jeux consacrés aux grands dieux tels que Jupiter, Cibelle, ect. et les Ediles Plébéïens aux jeux qui n'avoient que le peuple pour objet (*a*). Ce fut à l'imitation de ces jeux que Caligula en institua dans Lyon à la mémoire d'Auguste, sous le nom d'*Athænæum*. Cette espèce d'académie devoit à certaines époques s'assembler devant l'autel d'Auguste. On devoit y disputer des prix d'éloquence grecque et latine ; et cette société littéraire avoit pour fondateur l'insensé dont la main barbare avoit brisé dans le muséum de Rome les bustes d'Homère, de Sophocle et de Virgile. Il étoit bien juste que les statuts de cette société se ressentissent de la démence de Caligula. C'étoit

---

(*a*) On n'étoit pas à Rome aussi indifférent que nous sur les jeux de l'enfance. Les enfans romains dans leurs amusemens préludoient à la carrière fameuse qu'ils étoient appelés à parcourir. Des simulacres de batailles, de triomphes, de campemens d'armée, de joutes, d'actes juridiques occupoient leurs récréations : et dans leurs loisirs ils puisoient les premières teintures de l'art de la guerre et de la science, plus difficile encore, de rendre la justice aux hommes et de les gouverner. Ils s'accoutumoient aussi de bonne heure à sentir le prix de la gloire et de la vertu, à connoître le mérite de la justice et de la liberté, et pour ainsi dire à devenir parmi eux les grands-hommes futurs. *Caton* enfant étoit déjà Caton pour ses petits compagnons. Un jour que des enfans romains s'abandonnoient à ce jeu qu'ils appeloient *Judicia ludere*, où ils se partageoient les rôles de licteurs, d'accusateurs, d'accusés, de défenseurs et de juges, un enfant condamné par ce petit tribunal est conduit dans la prison enfantine. Il crie à la tyrannie,

peu qu'il eut assujetti les vaincus à fournir à leurs dépens les prix aux vainqueurs : ils étoient encore tenus à effacer leurs propres ouvrages avec une éponge, d'autres disent avec leur langue ; et s'ils s'y refusoient on devoit les battre de verges et les précipiter dans le Rhône.

Un siècle à peine s'étoit écoulé sur la splendeur de Lyon, que dans une seule nuit cette moderne rivale de Rome se vit effacer de la terre ; un incendie, l'un des plus vastes dont l'histoire ait conservé le souvenir, la consuma jusqu'en ses fondemens, et le soleil

---

au viol de la liberté, et c'est à *Caton* qu'il en appelle. Ce romain de huit ans fomente une insurrection. Son éloquence échauffe les esprits : Rome est déjà toute entière dans ce petit peuple. Les conjurés adolescens, volent à la prison : elle est enfoncée, et l'innocence est promenée en triomphe aux cris de la liberté. C'est ainsi qu'ils se livroient dès leur aurore à l'influence que la magnanimité et la sagesse doivent avoir sur les hommes, et qu'ils cédoient sans peine au respect qu'elles doivent inspirer. Un jour le jeune *Sextus*, neveu du grand Pompée, avoit été nommé pour chef des enfans dans une course qu'ils devoient faire. Les enfans déclarerent qu'ils ne marcheroient que sous Caton. Le jeune Sextus lui céda sans peine cet honneur. Cependant Sextus étoit le neveu d'un homme *maître* du monde alors, et Caton n'avoit pour lui que les vertus de son enfance. Je vois souvent des pères mesurer avec une toise la croissance de leurs enfans : quand donc en auront-ils une pour mesurer la croissance de leur ame ?

à son retour ne trouva que des monceaux de cendres aux lieux où ses derniers rayons avoient doré les toits nombreux des palais magnifiques. Il faut laisser à Sénéque l'originalité de ce tableau terrible : une copie ne feroit que l'affoiblir; mais il faut plaindre Lyon dont les destins heureux ou malheureux ont été dans tous les siècles l'ouvrage des tyrans. On voit que jusqu'ici elle avoit dû la majeure partie de sa gloire à Octave et à Caligula. Une nuit la renverse, et c'est Néron qui va la rebâtir. Néron ! dont l'embrâsement de Rome avoit récréé la vue !

A la sollicitation de Sénéque, il donna quatre mille sesterces, à peu près cinq cents mille livres, pour reconstruire Lyon (*a*). Malgré la foiblesse de ce secours, l'heureuse situation de cette ville, l'industrie de ses habitans et l'habitude que les étrangers avoient contractée de la fréquenter, l'eurent bientôt rendue à son précédent éclat. Cela paroîtra d'autant moins étonnant, si l'on considére d'après le rapport de Strabon, que les Lyonnois jouissoient de tous les mêmes priviléges, droits, prérogatives que s'ils eussent reçu le jour dans Rome même; que leurs voix et leurs suffrages étoient comptés comme ceux du peuple Romain dans les élections pour les magistratures et les grandes charges de l'empire; que les Césars leur avoient accordé le pouvoir de frapper de la monnoie d'or et d'argent; qu'ils y

---

(*a*) Quelques auteurs disent que Néron donna un million d'or. *Vid. Antiq. de la France*, 1629. L'Encyclopédie ne porte ce don qu'à cent mille écus. Nous avons suivi l'autorité de Tacite.

avoient

avoient attiré toutes les faires publiques de l'europe, et conséquemment tout le commerce de ce temps-là ; qu'enfin ils y avoient établi des écoles publiques, devenues si célèbres à la longue, que, suivant Saint-Jérôme, on y envoyoit de son temps les jeunes hommes des trois parties du monde pour s'instruire dans l'art de bien parler.

Le temple d'Auguste et le lycée de Caligula n'avoient point souffert de l'incendie. Cette académie, renfermée dans des murs rebâtis par Néron, méritoit d'avoir pour disciple un monstre comme Domitien. Mais que dis-je ? honorons assez les lettres pour ne pas soupçonner Domitien de les avoir cultivées. Son séjour à Lyon ne fut qu'un prétexte pour cacher la basse jalousie que lui causoient les vertus de son frère. C'étoit sa haine pour *Titus* qu'il venoit mourir en silence dans le séjour paisible de la philosophie.

Si les noms des plus grands scélérats de Rome sont invinciblement liés aux premières annales de Lyon, il n'est pas étonnant que la première de ses guerres soit un monument de la corruption Romaine. Soit vengeance de quelques outrages reçus, soit emportement de quelques rivalités irréfléchies, Lyon portoit une haine envenimée à Vienne sa voisine. Mais déjà superbe, et raisonnant en puissance marchande, sans profiter de l'exemple de Carthage qu'une semblable politique avoit perdue, elle se crut assez riche pour se dispenser de combattre elle-même. Sa vanité naissante trouva des charmes à stipendier les légions des maîtres de l'univers, et le Preteur *Valens* ne rougit pas de recevoir une somme considérable pour marcher aux ordres des Lyonnois contre Vienne. Il partit en effet : mais quand il fut sous les remparts de celle-ci, les Viennois à leur tour lui présentèrent une somme plus considérable encore pour les épargner. Il l'accepta et fit sa retraite, et les Lyonnois ne retirèrent de leur argent que la honte de se trouver la dupe d'un homme corrompu : juste châtiment d'un orgueil ridicule et d'une entreprise injuste.

Au reste, ce n'étoit pas le premier exemple que ces contrées eussent fourni de cette insatiable et monstrueuse avarice, que l'énormité du luxe et de la puissance avoit introduit parmi les Romains. Un misérable affranchi de Jules-César, né près de Lyon, et nommé *Licinius*, avoit été élevé par Auguste à la dignité de Questeur (2) des Gaules ; et l'on reconnoit bien à ce choix l'insolent mépris des Romains pour les nations vaincues. On ne se fait point d'idée des exactions énormes et jusqu'alors inouies, que le génie de cet homme fertile en cruautés fiscales inventa pour s'enrichir. Enfin après avoir essayé de tous les genres d'impôt que l'on supposoit possibles, on se flattoit que fatigué lui-même d'inventions extraordinaires, son esprit épuisé n'offriroit plus de ressources à sa rapacité, lorsqu'un nouveau trait par sa bisarre extravagance vint surpasser tout ce qu'il avoit osé jusqu'alors. Il ordonna tout à coup qu'au lieu de douze mois on en compteroit quatorze dans l'année : et pour forcer les peuples au silence sur cette création onéreuse et insensée, il donna à ces deux mois nouveaux le nom redouté d'Auguste, attachant ainsi d'avance à la plainte le crime de lèze-majesté (3). Par cette division nouvelle il versoit toujours la somme accoutumée dans le trésor de l'Etat, et trouvoit le moyen de s'approprier le sixième de toutes les impositions de la Gaule, sans craindre les reproches du gouvernement. Il ne manquoit à la perfectibilité de ce voleur que la présence d'esprit pour échapper au supplice : et il l'eut. Auguste, comme nous l'avons dit plus haut, vint à Lyon, et la voix publique lui dénonça Licinius. Ce courtisan habile feignant de l'ignorer attira l'empereur dans une maison superbe qu'il avoit fait bâtir à quelques lieues de Lyon ; et lui montrant tous ses trésors : « Voilà, lui dit-il, les garans de ma fidélité César! » tout cet or est à vous : j'en ai dépouillé les Gaulois » pour les empêcher d'attenter à votre sûreté ». Auguste supprima les impôts, mais Licinius garda l'argent.

En poursuivant le précis rapide de l'histoire de Lyon que nous avons encore à parcourir avant d'arriver à la description de cette ville, reposons-nous un moment sur un nom plus cher à l'humanité. Quand on a vu Octave, Caligula, Néron et Domitien concourir à sa splendeur, on sent qu'on a besoin pour lui pardonner la gloire de ses monumens d'apprendre que Trajan en a fondé quelques-uns. On reconnoît à l'utilité de ceux-ci le génie du philosophe. Il ne s'agit plus d'un temple ridicule en l'honneur du lâche vainqueur d'Actium, ni de cette folle lutte d'éloquence inventée par l'incestueux amant de *Drusille* (4). Non, lorsque Trajan bâtit, la félicité publique préside au plan de l'édifice. Ce fut d'après ses dessins et ses ordres que Lyon vit s'élever ce bâtiment magnifique que l'on admiroit encore au neuvième siècle, et qui retint de son auteur le nom

B 2

de *Forum Traiani*, qu'il partageoit avec celui de même nom à Rome. Il réunissoit dans sa vaste enceinte les tribunaux, les foires et les marchés publics. De superbes portiques, des statues, des colonnades, des obélisques décoroient ce chef-d'œuvre des meilleurs architectes de ce temps, où sous l'influence d'un grand homme les arts et le goût refleurirent dans l'empire. L'ignorance, résultat inévitable de l'anarchie, du despotisme et de la guerre coalisés, dont le premier soin est de mépriser les objets de commodité publique : l'ignorance déjà si profonde dès le septième et huitième siècle, amenée par le débordement de tous les peuples sauvages, l'ignorance, dis-je, avoit négligé de réparer ce bâtiment, et de prolonger sa majestueuse existence. Il s'écroula sur lui-même vers l'an 840. Alors il n'étoit plus désigné que par le titre de *forum vetus*, par corruption de langue *Forviel*, d'où s'est à la longue formé le nom de *Fourvières* que porte encore le quartier de Lyon où se trouvoit ce Forum.

Un désastre bien plus épouvantable, en ce qu'il tient aux excès des passions humaines, avoit devancé de quelques siècles la chûte du forum. Deux hommes avoient apporté le catholicisme à Lyon. Ils se nommoient *Photin* et *Irénée*. Ils furent honorés de la sainteté. La conversion des Lyonnois ne fut pas générale, et les chrétiens ici se virent également en butte à cette animadversion que les payens leur portoient ailleurs. Elle n'attendoit qu'une occasion pour éclater, et elle ne se présenta que trop tôt. Auguste dans sa politique adroite et profonde, convaincu que l'appareil des fêtes publiques en occupant les yeux du peuple distrait son attention, et lui cache sous l'apparence de l'amusement l'esclavage réel dont on l'accable, avoit institué les Décennales. Ce nom seul indique assez qu'elles se célébroient tous les dix ans. Ces jours étoient un vain simulachre du retour de la liberté. L'empereur à cette époque feignoit de se dépouiller de l'autorité; mais il en exerçoit une cruelle sur l'esprit d'un peuple amoureux de spectacles frivoles : il se contentoit du rôle séducteur d'ordonnateur de tous les plaisirs. C'étoit à ses dépens que se prodiguoient les jeux publics. Ses largesses nombreuses alloient chercher le citoyen le plus obscur. Pontife suprême, les sacrifices les plus pompeux appeloient la foule dans les temples, tandis que les cirques et les théâtres varioient à l'infini les amusemens et les spectacles. On sent à merveille que la multitude amoureuse de la main qui lui dispensoit ces biens passagers, s'empressoit de rappeler à l'empire le tyran dont l'adresse flattoit avec tant d'art ses goûts insensés ; et la répétition heureuse du succès de ces moyens, avoit consacré les Décennales aux yeux des successeurs de cet Octave qui s'en étoit si bien trouvé. La pourpre appartenoit à Septime-Sévère, lorsqu'une révolution de dix ans ramena, suivant l'usage, la célébration des Décennales dans l'empire. Les nouveaux chrétiens virent avec horreur les cérémonies payennes où cette solemnité alloit les appeler comme sujets de Rome, et leurs refus de s'y soumettre se prononcèrent avec opiniâtreté. La majorité du peuple qui n'avoit point encore embrassé le christianisme, crut voir dans ce refus le plus funeste augure : et redoutant et la foudre des dieux, et celle du trône bien plus inévitable, elle s'abandonna à tous les excès que la crainte, le fanatisme, et l'enthousiasme théocratique peuvent inspirer. Lyon se partagea tout à coup en assassins et en victimes. Chaque maison vomit un bourreau ; chaque rue se joncha de cadavres. O fureur inconcevable des hommes ! Tout a sa fin dans l'univers : les fléaux mêmes à la longue périssent de vétusté. La férocité des hommes seule ne vieillit point. Vingt mille malheureux furent massacrés, déchirés, tenaillés, brûlés. Les vieillards, les femmes, les enfans, rien ne fut épargné. La gloire du ciel étoit le mot de ralliement des égorgeurs et des égorgés. De quoi s'agissoit-il ? d'un grain d'encens. O jour vraiment fameux parmi les jours fréquens de l'infortune de Lyon ! Tu vis périr trente mille personnes et naître Caracalla dans ses remparts.

Le père de ce scélérat renommé, ce Septime-Sévère que nous avons cité tout à l'heure, renouvella bientôt dans Lyon ces scènes de sang et d'horreur ; mais pour une autre cause. Africain de naissance, doué de tous les talens compagnons d'un vaste génie, par son seul mérite monté à toutes les grandes charges de l'empire, successivement Questeur, Tribun, Proconsul et Consul, il ne lui manquoit plus que le diadême des Césars pour couronner sa fortune ; et il faut avouer que s'il avoit les qualités nécessaires pour y parvenir, il avoit également toute la perversité commune aux empereurs Romains. Depuis long-temps le choix du sénat, encore moins le vœu du peuple, n'appeloient à l'empire. La pourpre insolemment vendue par la soldatesque étoit le prix de l'intrigue ; et quelques milliers de sesterces prodigués par un brigand donnoient un maître à la terre. Il arrivoit aussi que cette manière de trafiquer du trône mettoit plusieurs acquéreurs en concurrence, et le sort des combats prononçoit entre des rivaux que la justice auroit également répudiés. *Pertinax* étoit mort : et son successeur *Didier Julien*, vieillard imbécille, avoit acheté des Prétoriens l'honneur d'être massacré sous la pourpre. Alors deux hommes également célébres par leurs talens militaires commandoient les armées Romaines : *Sevère* dans l'Illirie, et *Albin* dans la Grande-Bretagne. L'élection de Didier irrita leur orgueil, et l'un et l'autre ambitieux, l'un et l'autre chers aux légions accoutumées à vaincre sous leurs ordres, l'un et l'autre d'une famille illustrée n'eurent pas de peine à décider leurs soldats : et le nord et le midi de l'empire virent en même temps ces deux hommes salués empereurs par leurs armées. La nouvelle de l'élévation de Sevère arriva la première à Rome, et le sénat aussi fécond en bassesse que les soldats étoient fertiles en arrogance, s'empressa de poignarder Didier pour se rendre le plus fort favorable. Sevère se disposoit à combattre les Parthes et les Arabes, lorsqu'il apprit les prétentions d'Albin. Son ennemi personnel lui parut plus important à détruire que les ennemis de la patrie. Le sénat l'avoit délivré de Didier. Un troisième concurrent nommé *Niger*, dont il méprisoit la foiblesse, n'étoit point fait pour l'arrêter. Il part du fond de l'Orient avec la rapidité de l'éclair ; ravage et détruit dans sa course Bisance et quelques autres villes qui tenoient pour Niger ; arrive à Rome ; proscrit tous les amis de Didier et ceux des sénateurs qui l'avoient protégé ; traverse les Alpes, et touche aux bords du

Rhône. Là sous les murs de Lyon se trouve Albin, dont la marche rapide étoit un autre orage que l'ambition faisoit rouler contre l'Italie. Il s'agissoit du sceptre du monde, et le soleil de Pharsale vint éclairer les Gaules. Mêmes talens pour la guerre, mêmes desirs de grandeur, même nécessité de vaincre firent naître même journée et mêmes horreurs. Jamais Romains contre Romains ne déployerent un courage mieux exercé, une opiniâtreté plus indomptable. Enfin après un combat de neuf heures la victoire, souvent aveugle, se décida pour le moins digne des deux; et Sévère triompha. L'armée d'Albin réduite à fuir se jette en désordre dans Lyon, où le vainqueur furieux entre pêle-mêle avec elle. Cette ville est bientôt un champ de bataille et de carnage. Les malheureux habitans, dont la neutralité ne méritoit ni la haine d'Albin, ni les ressentimens de Sévère, se virent moissonnés par le fer. L'incendie poursuivit dans leurs asyles ceux que le glaive ne pouvoit atteindre: et l'une des plus superbes villes de l'empire eut le sort de l'herbe que le pied sanglant des chevaux foule dans les batailles avec indifférence.

La férocité de Sévère fut égale à sa gloire. Il accourut vers le corps d'Albin, qu'un poignard favorable avoit délivré de la honte de sa défaite. Sans respect pour la préférence que l'adversité avoit donnée à son rival, ce barbare fit passer son cheval sur ce cadavre inanimé. Il voulut qu'il restât exposé dans la rue jusqu'à ce que les chiens en eussent disputé les lambeaux à la putréfaction. Quelques jours après il fit jeter dans le Rhône ces déplorables dépouilles d'un rival, que quelques vertus rendoient plus cher aux Romains, et en envoya la tête, qu'il avoit conservée, au sénat, avec ces mots : « elle vous apprendra jusqu'où » peut aller ma colère ».

Quand l'histoire ne nous auroit pas transmis les immenses détails de la chûte de l'empire Romain, il suffiroit de savoir que de tels monstres l'ont gouverné pour être convaincu que la vengeance des hommes et des dieux dut s'unir pour le renverser. Dans cette grande révolution, qui ne devoit appartenir qu'à des sages et qu'on ne dut qu'à des brigands, Lyon devint le partage des Bourguignons, et l'empereur (5) *Anthemius*, l'un des derniers témoins couronnés de l'agonie de l'empire d'Occident, ne pouvant la conserver, la leur céda. Elle devint ainsi la capitale de ce nouvel empire jusqu'à Thierri, dernier roi de Bourgogne. Lors du partage de l'empire de Charlemagne par les enfans de Louis-le-Débonnaire, elle tomba dans la part de Lothaire empereur d'Allemagne. Elle resta sous la domination de ses successeurs jusqu'à Philippe-le-Hardi, et ce ne fut pas le temps où elle fut le moins déchirée. Trop éloignée de la cour qui la gouvernoit, et plus en butte qu'une autre par ses richesses à l'avidité de l'église Romaine, dont l'ambition aspiroit dès lors à la monarchie universelle, ses archevêques la gouvernoient avec un sceptre de fer, et elle se voyoit en proie à cette fièvre intermittente des séditions et de l'esclavage, symptôme certain de la mort politique des états les plus robustes. Dans cet intervalle Lyon avoit fait momentanément partie du royaume d'Arles, fondé par *Boson*, gendre de l'empereur *Louis II*, et presque aussitôt détruit par les deux frères *Louis III* et *Carloman*. Le Lyonnois devint ensuite une des provinces du second royaume de Bourgogne, jusqu'au onzième siècle que *Rodolphe III* étant mort en 1033 sans enfans, institua son héritier l'empereur *Conrad-le-Salique*. Cependant les archevêques de Lyon profitoient adroitement de l'occupation que ces guerres diverses donnoient aux *souverains* pour accroître leur puissance. Non-seulement ils s'étoient rendus de véritables despotes dans leur diocèse, mais encore ils prétendoient à une prééminence formelle sur les autres églises de France. Leurs démêlés avec les prélats de Vienne et de Sens furent plus d'une fois marqués par des hostilités, jusqu'à ce qu'en 1092, pendant le concile de Clermont, l'archevêque *Hugues* obtint définitivement du pape Urbain II la confirmation de ce titre de primat, dont ses prédécesseurs et lui s'étoient montrés si envieux. Enfin l'insolence de ces archevêques étant montée au dernier degré, et le despotisme de Pierre de *Savoie*, l'un d'eux, ayant excité la plus violente insurrection, *Louis* fils aîné de *Philippe-le-Bel*, marcha contre cette ville, s'en empara, y rétablit l'ordre, et ne laissant à Pierre de Savoie que son titre et la direction du chapitre de sa cathédrale, réunit le Lyonnois à la *couronne*.

A ces nombreuses calamités personnelles à Lyon, tour-à-tour enfantées par l'ambition des princes payens, par le fanatisme des premiers chrétiens, et par les usurpations des prélats, calamités qu'aggravèrent souvent les fléaux de la nature et les fréquentes inondations de la Saône et du Rhône, on peut ajouter quelques grandes époques de l'histoire où le nom de cette ville se trouve inséparablement uni aux calamités générales de l'europe. On peut placer sans doute au premier rang les déplorables démêlés de l'empereur Frédéric II avec la cour de Rome, de ce malheureux prince en butte aux odieuses persécutions de quatre papes insensés et furieux, dont la noire politique et l'indigne avarice brûloient de s'enrichir de ses dépouilles.

Frédéric II étoit au berceau, lorsque l'empereur Henri VI son père mourut. *Philippe* son oncle et son tuteur, au lieu de travailler à lui conserver le trône, ne s'occupa que de lui-même, et parvint à se faire élire à Erfort. La cour de Rome trouvant toujours son intérêt à s'immiscer dans les affaires d'autrui, au lieu de réclamer le diadême en faveur de l'orphelin trahi puisqu'elle vouloit être pour quelque chose dans cette avanture, fut au contraire chercher dans une maison étrangère un concurrent à Philippe, et multiplia de la sorte les obstacles propres à éloigner du trône le légitime héritier, que son enfance rendoit alors insensible à toutes ces intrigues. *Othon*, duc de Saxe, fut donc l'empereur du choix des papes, tandis que Philippe l'étoit du choix des électeurs. Dès lors l'Allemagne se divisa en deux partis. Leur acharnement fut extrême, et grace à la frénétique ambition des papes le sang coula de tous côtés. Cependant Othon plus foible parla d'accommodement. Il épousa la fille de Philippe et consentit à être, sinon son collègue, au moins son successeur. Il le fût en effet. Philippe mourut, Othon regna; mais soudain les disgraces tombèrent sur sa tête, et la perte de la fameuse bataille de Bouvines y mit le comble. Ce fut alors que le jeune Frédéric, jusqu'à cette époque oublié de tout le monde, parut et recouvra le trône que pendant sa minorité tant de gens avoient usurpé. Né avec une belle ame, un grand courage, un vaste génie et des vertus naturelles, il s'annonça trop comme un grand'homme pour n'être pas l'objet de la haine et de la jalousie des papes. Honorius III, Grégoire IX, Innocent IV, mirent à le tourmenter leur joie, leur esprit, leurs ressources, avec un acharnement dont l'homme le plus méchant ne paroît pas à peine susceptible. Depuis Charlemagne aucun prince n'avoit possédé tant d'Etats en Europe. Outre l'Allemagne et une grande partie de l'Italie, il devoit à ses armes l'Autriche qu'il avoit conquise sur le *duc* de ce nom, et la Sardaigne dont il avoit chassé les Sarrazins. Il tenoit de Constance sa mère le royaume de Naples et de Sicile ; et enfin par sa femme Yoland il étoit roi de Jérusalem. Une aussi grande puissance soutenue par de grands talens n'en imposa point aux papes, et le sentiment de leur propre foiblesse ne les découragea point. Pour parvenir à l'entamer il falloit un prétexte pour l'éloigner de l'Europe. Ils le trouvèrent : une promesse inconsidérée que, lors de son mariage avec Yoland, Frédéric avoit faite de passer en Palestine pour recouvrer le royaume de sa femme sur les Sarrazins, fut le texte sur lequel ils bâtirent leurs premières persécutions.

Honorius tenta le premier de presser le départ de Frédéric pour la Terre-Sainte, mais sans succès. Il existoit une trève de neuf ans entre les croisés et le soudan d'Egypte. L'empereur invoqua le droit des gens et le pape n'osa pas publiquement lui ordonner de le violer. Grégoire IX eut moins de pudeur : sur le refus de Frédéric il l'excommunia. Il fallut partir. Les hommes n'étoient pas assez éclairés pour soupçonner qu'un empereur excommunié pouvoit l'être injustement, et tous l'eussent abandonné s'il n'eut pas obéi. Il partit donc, mais sans avoir la précaution de faire lever l'excommunication avant son départ. Le perfide pontife profita de cet oubli pour mander aux chevaliers, moines, prêtres, patriarches, templiers, hospitaliers, de lui refuser tout secours comme ennemi de l'église, et tandis qu'il le faisoit traiter avec cette rigueur odieuse dans des climats où il l'avoit contraint le poignard sous la gorge à se rendre, il s'emparoit en Italie de la Pouille et de la Sicile.

Frédéric furieux revint bientôt sur ses pas. Grégoire IX effrayé par sa présence leva l'excommunication. Mais Innocent IV son successeur, plus audacieux encore, prétend la restitution de Naples et de Sicile, comme si Frédéric en eut dépouillé l'église, tandis qu'il n'avoit fait réellement que rentrer dans ses possessions que Grégoire IX avoit usurpées. Ce fut alors que s'ouvrit ce fameux concile de Lyon, où Innocent IV vint présider en personne.

Ce concile est le troisième de ceux qu'en style ecclésiastique on appele généraux. Outre le pape, il s'y trouva les patriarches d'Antioche, d'Aquilée et de Constantinople, cent quarante évêques, trois cents abbés ou moines, Baudouin empereur de Constantinople, une foule prodigieuse de prêtres, de curieux, d'oisifs et le Saint-Esprit, dit-on. Un luxe énorme, des profusions extravagantes, et si on en croit quelques chroniques plus d'une avanture scandaleuse marquèrent cette assemblée, où la moitié des habitans de Lyon s'enrichit des prodigalités de l'autre.

Innocent IV, le persécuteur de l'Europe, y joua le rôle de persécuté. Cet hypocrite y compara ses souffrances aux cinq plaies de Jésus-Christ. Les courses des Tartares, le schisme des Grecs, la fureur de l'hérésie nouvelle, la perte de la Terre-Sainte, et la conduite de Frédéric : telles furent les cinq douleurs dont il osa se plaindre dans un discours préparé ; mais la seule qu'il ressentit vraiment étoit sa haine contre l'empereur, et cette *sainte* assemblée n'avoit pour véritable objet que sa ruine. La partialité de tant de *pieux* personnages fut telle que *Tadée* ayant proposé que l'on attendît au moins Frédéric avant que de le condamner, on s'y opposa avec acharnement. En vain Frédéric par ses ambassadeurs demanda-t-il du temps pour se rendre au concile ; on ne lui accorda que huit jours, intervalle qui ne suffisoit pas seulement à ses ministres pour lui reporter la réponse. En vain eut-il la foiblesse d'offrir de retourner dans la Palestine et de n'en jamais revenir, pourvu qu'on le reconciliât avec l'église ; on se moqua de cette offre. En vain les rois de France et d'Angleterre descendirent-ils jusqu'à intercéder en sa faveur et à se porter caution pour lui ; Innocent IV, avec une insolence dont l'exemple ne s'étoit pas encore offert, repondit : « Je ne veux » point de ces rois pour caution, car si Frédéric venoit » à manquer, il me les faudroit châtier comme lui ». Enfin au jour indiqué, en présence de tout le peuple et des nombreux étrangers alors à Lyon, entouré de cette foule de prélats, avec une solemnité qui tenoit plutôt de la magie que des majestueuses cérémonies du culte, tous les cierges éteints, toutes les torches renversées, ce prêtre si puissant par l'impuissance de la raison prononça l'excommunication et la déposition de l'un des premiers potentats de la terre. Cet acte du concile fut à l'instant porté par des couriers extraordinaires à toutes les églises de l'Europe, avec ordre d'en répéter la formule par-tout (6). Du sein de Lyon, le pape envoya la sédition, la guerre, le carnage et le meurtre dans toute l'Allemagne. Henri landgrave de Thuringe et de Hesse, nommé par lui au trône impérial, paya bientôt par sa mort ce dangereux honneur. Le pape le remplaça par le jeune *comte* de Holland. Par-tout Frédéric et son fils *Conrad* couroient à la vengeance : par-tout le sang couloit, et Dieu plus juste que les prêtres ne couronnoit pas par le succès les fureurs du pape. Il ne lui resta plus que la ressource du crime, il en essaya. Il fut parmi les domestiques mêmes de l'empereur lui chercher des assassins. Il corrompit Thibaut *Francisque*, Jacques *de Mora*, Pandolphe *de Phasanellis* et Guillaume *de Saint-Severin* pour le poignarder. Ils furent découverts. La rage d'Innocent IV s'en irrita. Il crut que le poison lui seroit plus propice ; et ce fut avec des monceaux d'or et d'indulgences, avec des promesses de toutes les béatitudes du paradis et le langage plus éloquent encore de toutes les jouissances terrestres, qu'il séduisit le crédule et fanatique chancelier *Pierre des Vignes*, et l'arma d'un poison contre Frédéric son bienfaiteur depuis son enfance. Dieu pour cette fois donna encore un démenti au vicaire de Jésus-Christ. Frédéric échappa à ce dernier forfait. Mais échappe-t-on au chagrin? Il le conduisit au tombeau. Son fils Conrad, dont l'unique crime étoit sa piété filiale, ne put lui succéder. L'excommunication des papes le poursuivit. Le plus sanglant interregne pesa pendant seize ans sur l'Allemagne ; et ce cahos, ouvrage des pontifes Romains, où les crimes se heurtoient contre les crimes et entassoient les générations dans le cercueil, étoit loin encore de se débrouiller, lorsqu'un nouveau concile s'ouvrit à Lyon pour enfanter de nouveaux forfaits, et fut placé comme le précédent au nombre des conciles généraux. Ce fut le quatorzième.

Celui-ci tenu par Grégoire X eut pour prétexte de réunir les églises grecque et romaine, et de terminer la fameuse procession du Saint-Esprit : *qui ex patre Filioque procedit*. L'ambition de trois prêtres avoit été cause de ce schisme des grecs. Nous allons simplement en rappeler l'origine, pour donner une idée de cette puérilité, déplorable objet de tant et de si longues dissensions.

Le christianisme avoit suivi la division de l'empire Romain. Rome et Bisance avoient chacun leur empereur et leur évêque. Le voisinage des Cours rendoit les deux pontifes égaux en orgueil comme en prétentions. La suprématie n'étoit pas distincte : il ne regnoit entre eux que des relations purement d'étiquette et nullement de soumission ou de supériorité. A Constantinople la régence de l'impératrice *Théodore* finissoit, et *Michel* son fils, qu'elle avoit cru gouverner éternellement,

venoit

venoit de secouer son joug. Pour fortifier son autorité il s'étoit associé *Bardas* son oncle maternel. Dans cette discorde intestine du palais impérial tous les grands avoient pris parti suivant leurs divers intérêts; et *Ignace*, patriarche d'Orient, s'étoit déclaré pour Théodore. Vil courtisan, mais mauvais politique, ce prêtre pour flatter l'impératrice refuse la communion à Bardas. Les deux empereurs le déposent et nomment patriarche à sa place *Photius*, l'un des hommes les plus célèbres de son temps par son génie et ses vastes connoissances, et aussi cher au peuple qu'estimé du clergé.

Ignace déposé en appelle au pape *Nicolas I*. Cette démarche d'Ignace supposoit au pape une prééminence avouée sur l'église de Constantinople. Elle fut saisie avec avidité. Nicolas assemble un concile. Photius et tous les évêques de son parti y sont excommuniés. De son côté Photius convoqua un concile, et par représailles excommunia le pape et les évêques d'Occident. Jusques-là rien que de risible. Mais un scélérat nommé *Basile* prétend à l'empire; il assassine Bardas et peu de temps après Michel. Il regne enfin. Photius lui refuse l'absolution. Il s'adresse à l'évêque de Rome, lui propose de le reconnoître pour chef suprême de l'église, pourvu qu'il l'absolve. Le pape y souscrit avec transport. Deux assassinats deviennent le premier hommage consécrateur de la suprématie papale. Un concile s'assemble à Constantinople au nom du pape. Le vertueux Photius est excommunié, chassé, banni; le scélérat Basile est exalté, blanchi, presque sanctifié; et l'adulateur Ignace est remis dans sa chaire. La reconnoissance n'est pas la vertu des assassins ni des

C

tyrans. Quand Basile n'eut plus besoin du pape, il se moqua de lui. Tous les évêques d'Orient que l'on avoit tyrannisés au concile de Constantinople lui firent ouvrir les yeux sur les usurpations de la cour de Rome. Les légats Romains furent chassés. Ignace meurt. Photius est rappelé. Les excommunications recommencent, et la division entre les églises d'Orient et d'Occident est pour jamais prononcée.

L'histoire sanglante de ces longues et scandaleuses divisions n'est pas de mon sujet. Il me suffira de dire ici que par les deux mêmes causes, mais entièrement suivies de résultats différens, si la foiblesse des princes en Europe contribua à l'accroissement de la puissance des papes, la foiblesse des princes de l'Asie amena l'abaissement de l'église d'Orient, et que cette reconciliation des deux églises, qui sembla le motif du second concile de Lyon, étoit le moindre intérêt qui touchât le cœur de Grégoire X. L'église grecque n'avoit plus le pouvoir de nuire à l'autorité papale, et il importoit peu à la thiare qu'elle fut ou non son ennemie.

L'orgueil : tel fut le véritable motif de cette assemblée. Le superbe Grégoire X fut bien aise de se montrer au milieu de ses séances, tenant à ses pieds *Philippe-le-Hardi* qu'il menaçoit, l'empereur *Rodolphe*, dont l'élection s'étoit faite par son ordre, l'empereur grec *Michel Paléologue* à qui il faisoit l'aumône, *Jacques* roi d'Arragon qu'il abreuvoit de mépris, et enfin un *Abahga* roi des Tartares qu'il étonnoit par son luxe.

Il fut encore question à ce concile des croisades;

mais la fureur commençoit à s'en passer, et l'on n'en parloit plus que par habitude. On y traita aussi de la réforme des mœurs pour le clergé et de réglemens à ce sujet : mais c'étoit un article dérisoire, remis sans cesse sur le tapis à tous les conciles, dont on n'avoit l'air de s'occuper que pour facciner les yeux du peuple, et toujours oublié par les prêtres jusqu'à ce qu'un nouveau concile ramenât l'occasion d'en reparler. Mais le véritable but de celui-ci, le motif que l'on cachoit avec le plus d'art, parce qu'il intéressoit le plus la politique de la cour de Rome, c'étoit de circonscrire dans un plus petit nombre d'électeurs le choix des papes à l'avenir, de le rendre plus indépendant non-seulement des puissances temporelles, mais même encore de l'église Romaine elle-même, et de le concentrer enfin dans une classe peu nombreuse de personnages intéressés à ne pas se dessaisir de ce droit par l'espoir de parvenir un jour eux-mêmes au trône pontifical. Ce fut donc à ce concile que l'élection des papes fut désormais concédée aux seuls cardinaux : que la convocation, la forme, l'ordre et la tenue des conclaves furent arrêtés, et que, sous la présidence de l'ambitieux Grégoire X, dont la main superbe affectoit le glaive à deux tranchans de la puissance spirituelle et de l'autorité temporelle, une assemblée de prélats aussi aveugles sur leurs propres droits, que spoliateurs des droits des nations, affranchit les papes à venir de la nécessité d'avoir et leur propre suffrage et celui des peuples et des rois. On sait ce que depuis ces conclaves ont coûté à l'humanité ; quelle porte nouvelle ils ont ouverte dans le monde à l'intrigue ; quelle immense quantité d'or les trésors des rois ont vomi pour faire nommer tel sujet à leur dévotion ; et quelle facilité ce mode d'élection a su fournir aux plus méchans pour arriver à la puissance, parce que les plus méchans sont toujours les plus adroits (7).

C'est bien assez d'avoir indiqué ces deux grandes époques où Lyon tient une place si majeure dans l'histoire ecclésiastique sans descendre à nous occuper des conciles secondaires dont on porte le nombre de treize à quatorze. Qu'offrent-ils en effet ? des rassemblemens de prêtres dont la jalousie et les vengeances personnelles poursuivoient d'autres prêtres dont le mérite ou le talent les offusquoient ; punissant dans quelques-uns les penchans, ou si on le veut, les foiblesses de la nature ; persécutant dans quelques autres des opinions contraires aux leurs, et rendant tous enfin des décrets immortels selon eux, et qu'à peine on connoît aujourd'hui. Le seul de ces conciles obscurs, digne peut-être de quelqu'attention, le seul au moins dont on se souvienne un peu, est celui tenu par Charles VII pour terminer le schisme de Felix V. Il prouve au moins que ces prêtres dont l'insolence se plaça si souvent au-dessus des trônes ont eu besoin quelquefois qu'un roi attachât son nom à leurs opérations pour les sauver de l'oubli.

A mesure que les fastes de Lyon s'accumulent, les événemens deviennent moins majeurs, du moins depuis la fin du treizième siècle jusqu'au seizième, si l'on en excepte toutes fois la tyrannie que le baron des Adrets y exerça pendant dix-huit mois qu'il en fut gouverneur. Cet homme fut tel à Lyon que nous l'avons peint à

Montbrisson, dans le département de la Loire ; et nous éviterons une répétition dégoutante en revenant sur les forfaits de ce monstre. Ils se ressemblent tous. Ce fut pendant ces années de calme qu'insensiblement le commerce de Lyon s'éleva au degré de splendeur dont il jouissoit encore de nos jours. Louis XI, Charles VIII, Louis XII, François Ier, Henri II l'habitèrent successivement; et la présence fréquente des cours tourna toute l'industrie des habitans vers les objets de luxe. Tout ce que le faste des grands empires de l'antiquité, tout ce que les voyageurs rapportent de la magnificence des *souverains* et *des grands* de l'Asie, n'approche point des chef-d'œuvres que l'on a vu sortir des atteliers de Lyon Tours longtemps en possession des manufactures de soieries, connues en France, fut enfin obligée de céder sinon au génie des Lyonnois, sinon à la situation plus heureuse de leur ville, ou au climat même plus propice à la culture de l'insecte possesseur de la soie, mais à coup sûr aux privilèges dont les rois se plurent à les accabler en reconnoissance de l'amour qu'ils sembloient leur porter. Aussi graces à ces faveurs, destructives de l'industrie de tous pour soutenir l'industrie d'un seul, le commerce de Lyon devint-il un véritable tyran parmi les autres commerces de la France. Les paiemens n'avoient que quatre époques dans l'année ; et ce qu'on appeloit la *Conservation* de Lyon étoit bien l'institution la plus despotique que l'on rencontre dans les annales du négoce de toutes les nations du monde. Sous prétexte qu'un débiteur pouvoit être de mauvaise-foi, nul asyle ne pouvoit dérober un débiteur malheureux au ressentiment d'un lyonnois. Un étranger même dont les engagemens n'eussent pas été échus, mais qu'un soupçon ou bien ou mal fondé pouvoit atteindre, étoit arrêté en vertu de cette *Conservation* de Lyon, quoiqu'il eut encore par-devers lui quelques semaines, quelques mois peut-être, pour satisfaire à ses traites. On sent assez combien un semblable privilège ouvroit de portes à l'arbitraire, aux vexations, aux vengeances personnelles; et l'on peut juger de l'empire extrême que le luxe exerça toujours sur les hommes, puisque cette inquisition commerciale ne dégoûta point les habitans des autres pays de traiter avec les Lyonnois. Indépendamment de la beauté des étoffes ordinaires en soie, de l'excellence de leur tissu, de l'élégance et de l'inconcevable variété de leurs dessins, l'esprit ne se fait point d'idée, si l'œil curieux ne s'en est convaincu, de la magnificence, de la richesse et du goût exquis des étoffes d'or et d'argent, des broderies, des galons de toute espèce que les fabriques de Lyon enfantoient chaque jour. Certes, les ambassadeurs de Tipo-Saïb apportèrent en présent à Louis XVI ce que l'Inde offroit de plus rare en vêtemens superbes (8); une seule aune d'une étoffe riche de Lyon mise en parallèle avec ces présens somptueux suffiroit pour en ternir l'éclat.

En réfléchissant bien à ce genre d'industrie, on s'étonnera moins alors que l'orgueilleuse pompe des autels eut crû pour ainsi dire à l'ombre des atteliers où des mains savantes perfectionnoient de jour en jour ces ornemens si nécessaires à la représentation du culte catholique. En effet, le faste des *comtes* de Lyon l'emportoit sur celui des chapitres de Strasbourg et de Liége. Ces titres arrogans, si peu convenables à des professeurs de la morale du Christ, tiroient leur origine des calamités du peuple de Lyon. Il avoit fallu que *Philippe-le-Bel* arrachât ce peuple malheureux à la verge de ses archevêques. Pour adoucir en eux le chagrin de la perte de l'autorité, il leur laissa le titre de comte, et bientôt après la guerre la plus scandaleuse s'ouvrit entre les chanoines et le prélat pour le partage de ce titre. Ils y parvinrent enfin, et dans la suite on vit un mélange incroyable d'orgueil et de petitesse. Les maisons de l'Europe les plus jalouses de leur extraction aspirèrent à l'honneur de placer leurs enfans dans ce chapitre. Un canonicat de Lyon devint l'infaillible degré de toutes les dignités suprêmes du sacerdoce, et pour être admis dans cette altière congrégation de Lévites *souverains* il fallut prouver tout ce que l'humilité chrétienne réprouve. Ceux dont les yeux jouissent des spectacles puériles de l'arrogance humaine, sans bénéfice pour leur esprit, devoient goûter les pompes de ces chanoines. Mais ceux dont l'œil mesure la petitesse de la créature à côté de la majesté du créateur gémissoient. Jamais les papillons, dont le corsage étincelle dans l'obscurité des nuits, n'eurent la prétention de conserver leur éclat au retour du soleil. Les *comtes* de Lyon étoient plus insensés. Non contens d'accabler le reste des hommes du poids de leur insolence, ils affectoient l'égalité avec le dieu qu'ils disoient honorer. Les chanoines de Lyon étoient les seuls parmi les prêtres et les catholiques dont le genou ne fléchit point en présence de l'*hostie*. Cette morgue parut si condamnable à la Sorbonne qu'elle la déclara blasphematoire, impie, attentatoire à la majesté divine. Les *comtes* se plaignirent de cette audace : et les cardinaux de Lorraine et de Tournon furent nommés pour connoitre de cette rixe bisarre. Ces cardinaux trouverent Dieu trop heureux sans doute de la manière dont les *comtes* agissoient avec lui. Ils anathématiserent à son tour la censure de la Sorbonne. On dit que Louis XIV, conservateur de l'étiquette même avec la divinité, trouva mauvaise cette irrévérence des chanoines de Lyon, et qu'assistant à l'office dans l'église de Saint-Jean il s'en plaignit hautement. Pour faire la cour au monarque, ils daignèrent se prosterner devant Dieu : admirable effet de l'influence d'un roi !

Le hasard, plus mauvais courtisan que les hommes, n'a pas toujours respecté ces cérémonies extérieures, dont l'église amusoit politiquement les yeux du peuple. Clément V, monté de l'archiépiscopat de Bordeaux au pontificat de Rome, avoit choisi Lyon pour son couronnement. La nouveauté de ce spectacle avoit attiré une foule prodigieuse d'étrangers. Philippe-le-Bel s'y trouvoit en personne ; et le trône et l'église s'étoient réunis pour donner à ce jour solemnel tout le brillant dont il étoit susceptible. Les *comtes* d'Evreux et de Valois, le *duc* de Bretagne, tous les *princes* du sang, tous les *grands vassaux* de la couronne, une partie des cardinaux Romains, les ambassadeurs étrangers, tout le chapitre de Lyon formoient le cortège. Les rues étoient sablées, les maisons tapissées de velours et de brocard, quand tout à coup la malicieuse mort vint mêler sa morale à cette scène de l'orgueil. Clément V avoit reçu la thiarre dans l'église de Saint-Just des mains du cardinal des *Ursins*. Il retournoit processionnellement à Saint-Jean. Le *roi de France* à pied tenoit la bride de la haquenée; le dais étoit porté par les grands officiers de la couronne. Les chanoines de Lyon, les prélats de la France, le sacré collège des cardinaux tous resplendissans d'or et de pierreries entouroient de leurs doubles rangs le vicaire du Christ, tandis que le Christ lui-même qu'on traitoit sans façon étoit porté par quelque capucin. A l'instant où cette procession défiloit dans la rue du *Gourguillon* une muraille s'écroule et ensévelit sous ses débris une partie de ce grouppe sacré. La haquenée est renversée : le pape roule dans la poussière : son frère *Gaillard de Got* est tué sur la place. Le *duc* de Bretagne quelques heures après meurt de ses blessures; le *duc* de Valois et une infinité d'autres sont dangereusement blessés ; des chants de deuil succèdent aux hymnes de l'allégresse, et ce furent sous ces lugubres auspices que s'ouvrit le pontificat d'un homme dont l'avarice devoit engloutir dans les flâmes les innocens et malheureux Templiers. Depuis, en pareille occasion, le pape Clément XIV fit une semblable chûte. Mais la sienne ne fut que ridicule, et il n'en coûta la vie à personne. Quand le pontife nouvellement élu fait son entrée dans Rome, on sable communément la rampe qui conduit du château Saint-Ange au *Campo Vaccino*. Les haquenées, que dans ces jours de parade montent les successeurs de Saint-Pierre, sont des invalides d'écurie, dont l'unique exercice fut d'apprendre sous la chambrière de l'écuyer à lever le pied avec grace et à balancer méthodiquement la tête à la faveur d'un petit aiguillon artistement caché dans leur gournette. Clément XIV ainsi chevauchant se rendoit à Ste. Marie-Majeure, et descendoit la rampe. Le cortège marchoit, le peuple prioit, la haquenée piaffoit : un malheureux faux-pas vint déranger un si bel ordre. La haquenée bronche et le pape est à terre : la gravité fut un peu compromise. Si comme à Clément V l'accident fut d'un mauvais augure pour quelqu'ordre religieux, les jésuites en ont su quelque chose.

Par quelle fatalité s'est-il donc fait que dans tous les siècles l'esprit du monde se soit glissé dans tous les ordres religieux, et que l'exemple des jésuites ne soit que la répétition des scènes scandaleuses, que tant d'autres corps monastiques ont données avant eux ? On est encore aujourd'hui frappé d'étonnement quand on lit le détail de la licence et du désordre dans lesquels vécurent les dames de Saint-Pierre de Lyon. Mais l'on ne sait à qui l'on doit le plus d'indignation aux méchantes mœurs de ces religieuses ou à l'abus que les moines firent de leurs déréglemens pour en imposer à la crédulité du peuple. La dépravation de ces femmes étoit devenue si révoltante qu'elle attira les yeux du gouvernement et que l'on se décida à y porter la réforme. Elles se déterminèrent à piller elles-mêmes leur propre maison. Les unes emportèrent les croix d'argent, les autres les chappes, celles-ci les reliquaires, celles-là des paremens d'autel : et chargées de ces dépouilles elles se sauvèrent de leur couvent.

Une de celles dont la rapacité se distingua le plus dans ce pillage fut la sœur *Alix de Tellieux*. Elle avoit la sacristie sous sa direction, et conséquemment plus de facilité pour s'approprier un butin immense. L'histoire prétend que bientôt elle eût dissipé tous ces trésors, et qu'au bout de deux ans une maladie cruelle, juste fruit de ses mauvaises mœurs, la conduisit au tombeau.

Ces évènemens, dont la honte ne retomboit que sur ces filles mal inspirées, et qui chez d'autres peuples n'eussent été rien en eux-mêmes, fournirent aux prêtres catholiques un commencement de persécution contre les protestans, dont les erreurs commençoient à se répandre. De nouvelles religieuses avoient succédé dans la maison de S. Pierre aux religieuses fugitives. Soit égarement d'esprit, soit foiblesse pour quelque subjection particulière, une jeune religieuse nommée sœur *Grolée* déclare que le phantôme d'Alix de Tellieux lui apparoit tous les nuits; et bientôt il passe pour constant dans Lyon que sœur Grolée est possédée du démon. Cette maladie gagne et successivement quelques autres religieuses affirment qu'elles sont également tourmentées par un esprit. L'archevêque prend l'alarme; tous les moines sont convoqués : les plus fameux exorcistes sont requis d'aller conjurer ces esprits ; le peuple accourt en foule : et des scènes pareilles à celles de Loudun s'ouvrent à Lyon. Les préjugés de ce siècle voilèrent long-temps aux yeux des plus clairvoyans le but de ces exorcismes scandaleux. Mais enfin le rideau se déchira, et il ne fut plus possible aux gens sages de douter du motif caché pour lequel on donnoit tant d'importance à ces visions ridicules. Au bout de vingt interrogatoires publics, dont le diable se tira de son mieux, un des exorcistes s'avisa de lui demander s'il étoit vrai que dans l'autre monde il existât un purgatoire? L'esprit répondit oui avec assurance : « en » faut-il davantage? s'écria l'exorciste. Cette réponse » condamne formellement la damnable assertion des » méchans hérétiques Luthériens. » Ce fut alors que les gens sensés rappelans dans leur esprit l'éclat que l'on avoit donné à ces folies et le soin que l'on avoit eu d'y appeler le peuple, touchèrent du doigt et de l'œil l'exécrable ruse dont on prétendoit user pour armer contre les luthériens l'aveugle crédulité de la multitude.

Personne n'ignore l'abominable catastrophe de cette tragédie fanatique jouée par Charles IX et ses pervers conseillers. Lyon tient, et nous le disons avec douleur, un des premiers rangs dans les coupables excès de la Saint-Barthélemi. Les circonstances de la guerre civile l'avoient laissée pendant seize mois au pouvoir des protestans. Des moines ridiculisés, des statues de saints brisées, quelques reliques pillées avoient marqué le laps de leur domination; mais le sang n'avoit point coulé. Les catholiques se montrèrent moins modérés. Le traité de pacification remit cette ville sous l'obéissance du roi. Le gouverneur la *Vieileville*, dont la modération ne convenoit pas sans doute aux factieux, fut remplacé au bout de quelque temps par un nommé *Mandelot*, homme artificieux, fourbe et cruel, plus convenable aux attentats que l'on méditoit.

On ignoroit encore à Lyon la journée de la Saint-Barthélemi, et déjà des scélérats que la cour avoit fait mettre dans le secret y préludoient par des assassinats au massacre général dont on attendoit le signal de Paris. Mandelot, sous prétexte de mettre les protestans à couvert de la fureur du peuple, que selon l'usage on mettoit en avant pour abuser de son nom, fit fermer les portes de la ville, arrêter et conduire en prison tous ceux que l'on savoit professer la religion réformée, et par cette protection perfide les livra plus sûrement à leurs bourreaux. Un scélérat nommé *Boidon*, qui depuis fut pendu à Clermont en Auvergne, chargé par Mandelot de les conduire, commença par en faire égorger plusieurs dans des rues détournées, et le Rhone reçut leurs cadavres.

C'étoit peu. Quatre jours après le massacre de Paris, le 29 août 1572, arrive un certain *du Peyrat*, fils du lieutenant pour le roi dans les *provinces* du Lyonnois, Forez et Beaujolois, porteur de lettres de créance de Catherine de Médicis. Elles contenoient l'ordre à la ville de Lyon d'imiter l'exemple de la capitale. Ce monstre étoit digne d'une telle ambassade : il avoit eu la bassesse d'en solliciter la faveur. Mandelot le reçoit : fidèle à sa duplicité, il feint d'avoir besoin d'un ordre plus formel émané du *roi* même ; mais ce délai qu'il reclame est un moyen plus sûr dont il use pour envelopper tous les proscrits dans ses filets. Ceux qu'il avoit précédemment envoyés en prison ne formoient que la moindre partie des protestans que Lyon renfermoit, et il prétendoit les atteindre tous. Il fait en conconséquence proclamer à son de trompe qu'ils aient à se rendre à la maison du gouverneur pour y recevoir les ordres du *roi*. Déçus par ce nom qui sembloit offrir à leur ame confiante une apparence de protection, ils sortent de leur retraite, et s'abandonnant à ce qu'un ordre semblable leur présente de sacré, ils obéissent. Soudain ils sont arrêtés et distribués dans les différentes prisons.

Sur ces entrefaites arrive en poste le procureur du roi. C'est *Pierre d'Auxerre*. Cet ambassadeur nouveau n'a pas daigné, comme le premier, prendre de lettres de créance; il est fait, dit-il, pour en être cru sur sa parole. Il annonce dans toutes les rues qu'il est chargé de l'honneur du masssacre, et les acclamations l'accueillent. Il paroît enfin devant Mandelot : une populace altérée de sang, et non pas le peuple, l'accompagne. « Gouverneur, dit-il, il faut céder à l'ordre » du roi, à la voix du peuple ». Mandelot n'attendoit que l'occasion d'avoir l'air de céder à la contrainte, et parodiant avec hypocrisie les paroles de l'écriture : « Pierre, lui dit-il, ce que tu lieras sur la terre » sera lié dans le ciel, et ce que tu déliras sera » délié ».

Ce fut le signal. Les assassins étoient prêts. *Boidon*, *Mornieu*, *Leclou*, horrible triumvirat, se partagent les postes. Dans cet instant d'horreur il ne resta plus à la vertu qu'une seule voix : et ces hommes barbares n'en rougirent pas. Ce fut celle du bourreau. Ces trois monstres le pressoient de les suivre. « Mon » malheureux état, leur dit-il, me condamne à être » l'instrument de la justice, mais non pas celui des » assassins ». Mais que dis-je? Rendons plus de justice à Lyon : l'humanité y parla par des organes plus dignes d'elle. Les troupes de la citadelle, le peuple presqu'en entier repoussent avec indignation l'horrible complicité qu'on leur propose, et sans quelques bandits achetés au poids de l'or, un bataillon des gardes de la ville composé de trois cents hommes dont les mains avilies se vendirent au meurtre, les protestans étoient sauvés.

Faute de prisons suffisantes on les avoit renfermés aux cordeliers, aux célestins et à l'archevêché. Les assassins y volèrent. On ne se donna pas la peine de les massacrer en détail. On les réunit par troupe dans les cours ; et là le même coup de massue moissonna souvent et l'époux et la femme et l'enfant embrassés pour attendre la mort Les têtes rouloient ensemble sous le glaive : le fils et le vieillard tomboient sous le même poignard : à chaque instant les morts et les mourans s'accumuloient : les égorgeurs escaladoient les cadavres pour joindre de nouvelles victimes : et le plomb docile à leur rage alloit atteindre au loin celles que leurs bras ne pouvoient joindre.

Les prisons n'étoient pas l'unique théâtre de ces horreurs. D'autres monstres répandus dans la ville forçoient les maisons de ces malheureux. Leur argent, leurs meubles, leurs marchandises étoient pillés, déchirés, trainés dans la fange ou livrés aux flammes. Surprenoit-on quelques-uns de ces infortunés cachés ou dans les caves ou dans les greniers ? on les arrachoit meurtris, déchirés par les soupiraux, ou bien on les précipitoit par les fenêtres. Les cris des blessés ; le farouche aspect des bourreaux ; le sang dont toutes les rues regorgeoient ; les vengeances particulières que l'on exerçoit dans le tumulte ; l'incendie déclaré dans plusieurs quartiers et dont les ravages menaçoient la ville entière ; la nuit apportant ses horreurs aux horreurs de la journée, rendirent enfin l'effroi général. Il fallut dérober ce spectacle aux regards d'un peuple que sa terreur même commençoit à rendre redoutable. Mandelot fit charger tous les massacrés au nombre de plus de deux mille sur des bateaux, avec ordre de les transporter au cimetière de l'abbaye d'Ainai. Qui le croiroit? Les moines leur refusèrent la sépulture, sous prétexte qu'ils prophaneroient la terre-sainte, et le fanatisme leur ravit jusqu'à l'hospitalité du tombeau. Cependant les égorgeurs eux-mêmes, dont l'atroce joie s'étoit refroidie, propriétaires inquiets de tant de cadavres dont ils se trouvoient entourés, insensiblement épouvantés de cette singlante opulence, aveuglés par ce désordre de l'esprit inévitable successeur des grands forfaits, ne sachant à qui confier ces monumens de leurs crimes, osèrent charger la rapidité du Rhône d'en débarrasser leurs regards. Le fleuve dont les flots grondèrent sous le poids de tant de corps mutilés, courut les déposer au loin et provoquer par ce spectacle affreux la vengeance de la terre et du ciel. Les quais de Tournon, de Vienne, du Saint-Esprit, de Valence, d'Avignon, se trouvèrent tout à coup inondés de ces cadavres ; la terreur et la peste voyagèrent avec eux. Les eaux du fleuve en devinrent empoisonnées ; Arles, dont elles sont l'unique boisson, se vit réduit à l'extrêmité, et les poissons comme l'eau furent interdits au peuple ; enfin des sables de la méditerranée jusqu'au confluent de la Saône, il ne s'éleva qu'un cri de malédiction contre les Lyonnois.

Arrêtons-nous au bout de ce rapide apperçu de dix-huit siècles de gloire et d'infortunes accumulées

sur

sur Lyon pour entrer enfin dans cette ville célèbre. Mais, ô douleur! deux cents ans se sont écoulés sur les scènes atroces que nous venons de peindre, et l'on diroit que c'est hier que ces massacres se sont passés : le sang fume encore. Les édifices, les monumens sont brisés, dispersés ou détruits ; un morne silence a succédé au fracas du commerce ; la tristesse est empreinte sur tous les fronts ; par-tout les vestiges de la guerre ; par-tout les barbares hyérogliphes des vengeances humaines ont affligé nos regards. Helas ! il n'est que trop vrai : de nouvelles fureurs ont désolé cette cité superbe. Le fanatisme des factions a dépassé peut-être le fanatisme religieux. Il est enfin terminé, cet horrible pendant du tableau de la Saint-Barthélemi : et Lyon en deuil la vu suspendre dans l'indestructible galerie des atrocités humaines.

Quelles intrigues ont tissu cette trame de calamités modernes? Historiens encore cachés dans les flancs de l'avenir, je vous laisse le fil de ce labirinthe où je frémirois d'entrer. Ce ne sont pas à des hommes de nos jours qu'il appartient de le parcourir. On peut bien recevoir des puissances de la terre le titre pompeux d'historiographe d'un empire. Ce n'est que du ciel qu'on en tient le génie : ce n'est que du temps qu'on en reçoit l'impartialité. Tacite n'avoit pas vu les Césars.

Où chercher en effet la vérité? Comment à l'aspect de cette joie fraternelle, de cette universelle hilarité, de ces fêtes magnifiques dont les remparts de Lyon eurent la liberté pour témoin en 1790, reconnoître des regrets pour le règne du despotisme. Comment

D

un siège meurtrier succéda-t-il aux cris si souvent répétés d'amour pour la république et de respect pour les loix ? Comment l'inclémence des vainqueurs l'emporta-t-elle par ses excès sur le couroux des conquérans les plus barbares ? Comment les ennemis de la patrie, les véritables assiégés de Lyon trouvèrent-ils leur salut dans la fuite, et la foiblesse et l'innocence succombèrent elles sous le glaive des bourreaux ? Comment le légitime ressentiment des maux soufferts ne fit-il pas envisager aux sages la fermentation des vengeances ? Comment abandonna-t-on au temps le soin de les punir ? Et comment attendit-on la nécessité de les punir pour s'occuper de l'horreur qu'elles inspiroient ? Comment le juge révolutionnaire ne paya-t-il pas de sa tête le premier jugement inique que sa bouche rendit ? Comment le premier assassin vengeur d'un innocent au tombeau ne fut-il pas soudain frappé par le glaive de la justice ? Quel écrivain du temps a le mot de ces énigmes ? A quelle page placera-t-il le viol des loix ? A quelle autre leur silence ? Dans la vaste obscurité de ce dédale où se cachent les criminels ? Où se cachent les vertueux ? Et comment reconnoître les coupables, quand les torches des furies sont confondues avec les flambeaux de la raison ? Voilà cependant en quatre mots l'analyse de l'histoire de Lyon depuis la révolution, et c'est dans ces diverses questions que réside le problême qu'il faudra résoudre aux yeux de la postérité. Certes le philosophe dont l'esprit s'est accoutumé à recueillir quelque fruit de ses méditations a du acquérir une assez grande connoissance du cœur humain pour soulever s'il le vouloit le voile sous lequel se cachent les ressorts de cette grande machine historique : mais que de passions encore vivantes ! Que de démentis en reserve pour étouffer les premiers accens de la vérité ! Que d'intérêts divers ! Que de liaisons inconnues, imperceptibles, mais étroites ! Que d'anneaux peut-être en apparence rompus, mais fortement enchainés l'un à l'autre ! Est-il aujourd'hui un écrivain assez solitaire au milieu de la chose publique, un homme assez étranger à toutes les opinions, dont la fortune, ou la réputation, ou l'amour-propre, ne soit pas en contact avec telle circonstance ou tel souvenir pour que la série des événemens repasse sous ses yeux sans attaquer quelqu'une de ses passions individuelles ? Et cependant, si l'histoire de la révolution, où les infortunes de Lyon tiennent un si douloureux chapitre, est écrite par un homme dont la réputation s'est elle-même composée des chocs de la révolution, quelque talent qu'il ait ou qu'il s'arroge, quelque célèbre qu'on le proclame, la vérité s'ajourne et l'on double les labeurs de la postérité pour la connoître. Il en est de l'histoire comme des autres monumens ; il faut laisser vieillir les matériaux avant d'en faire usage si l'on veut que l'édifice soit solide. Et moi aussi j'ai la volonté de laisser à nos neveux quelques grands lambeaux, quelques grandes études du tableau révolutionnaire. Je n'en tiendrai pas la mission des hommes, mais de la nature, mais de mon génie. Toutefois je le sens ; je serai encore obligé de dire à la postérité, défiez-vous de ma

D 2

véracité, car ma haine pour les méchans étoit forte.

Ce dut être une belle ville que Lyon à en juger par ce qui nous en reste. Nous ajouterons, ce sera une superbe ville que Lyon quand la liberté le voudra. Comme dans toutes les villes anciennes une multitude de petites rues étroites et tortueuses nuit à la beauté de l'ensemble, mais elle atteste la grande population. Ce rétrécissement des voyes publiques dans les cités populeuses et commerçantes n'est autre chose qu'un encombrement de l'industrie; en pareil cas les vilaines rues sont les atteliers où se dessinent les palais.

Le voyageur est bien dédommagé du désagrément de quelques quartiers, par la magnificence de plusieurs autres. Le Quai du Rhône, la Maison commune, la place des Terraux, le Change, ce qui reste de l'ancienne place Belle-cour, la salle de spectacle, celle du concert, les travaux de Pérache, entreprise digne d'un vaste génie et presque terminée, par laquelle un homme donnoit à Lyon ce que la nature lui avoit refusé en reculant de onze cents toises le confluent des deux fleuves, l'Hôtel-Dieu, le plus superbe établissement en ce genre que la France possède, l'agréable promenade des Brottaux, plusieurs temples, les uns curieux par leur gothicité, tel que celui de Saint-Jean, les autres par leur élégance moderne, tels que les ci-devant Chartreux et l'Oratoire ou Chapelle dite des Gonfalons, la salle de la Bibliothèque publique, le palais qu'habitoit autrefois l'archevêque, le pont Morand (9) dont l'architecture en

Porte de Vaize à Lyon

bois est aussi solide que surprenante par sa hardiesse, et une infinité d'édifices particuliers réunissent tout ce que l'art, le bon goût et l'opulence peuvent produire à la fois de somptueux, d'étonnant et d'agréable.

Au milieu de ces monumens du goût français et moderne, de nombreuses antiquités viennent mêler la majesté de leurs débris et critiquer peut-être par la solidité qu'elles conservent encore la frêle composition des édifices du jour. Il faut le dire : les romains bâtissoient pour la gloire et les français pour leurs plaisirs. Chez toutes les nations les bâtimens sont un chapitre de l'esprit public. Des morceaux d'amphithéâtre, de théâtres, d'aquéducs et de portiques, des colonnades entières du temple d'Auguste dont s'honore encore aujourd'hui l'église de la ci-devant abbaye d'Ainai, les tables de bronze où l'on conserve le discours que Claude encore simple consul prononça dans le temps pour obtenir aux Lyonnois le droit de citoyens romains, des tombeaux, des bas-reliefs, des statues, des inscriptions font voir encore Lyon antique au sein de Lyon moderne.

La plus curieuse comme la plus rare de ces antiquités est l'autel destiné au sacrifice du *Taurobole* découvert au commencement du siècle sur la montagne de Fourvières. Il paroîtroit que celui-ci a spécialement servi à quelque cérémonie expiatoire pour la conservation des jours de l'empereur *Antonin* et de sa famille, ou peut-être pour purifier la ville de Lyon elle-même après quelque calamité ou quelque fléau, comme sembleroit l'indiquer l'inscription que l'on lit sur l'une des faces de cet autel : à moins qu'il ne soit simplement question ici que du Taurobole que l'on célébroit chaque vingtième année, car au bout de ce laps de temps tous les mérites de ce sacrifice cessoient pour celui qui l'avoit, ou pour qui on l'avoit offert, si on ne le renouvelloit pas. Les cérémonies de ce sacrifice étoient bisarres. Celui qui en étoit l'objet, lit-on dans *Prudence*, le front ceint de bandelettes, descendoit dans une fosse, assez profonde pour le contenir tout entier, et que l'on scelloit d'un couvercle de bois percé d'une infinité de petits trous. On amenoit alors le taureau destiné au sacrifice : sa tête étoit couronnée de fleurs, son front et ses cornes étoient revêtues de lames d'or. Après l'exoration accoutumée on l'égorgeoit avec le couteau sacré au-dessus de la fosse, et son sang en coulant à travers les trous du couvercle alloit inonder l'homme qu'elle renfermoit. S'il vouloit que la cérémonie fut totalement agréable aux dieux, il falloit que toutes les parties de son corps, sa tête, ses épaules, ses bras, ses jambes fussent couverts de ce sang. Quand il sortoit de la fosse son aspect étoit hideux ; mais suivant ses préjugés il en sortoit pur. Il est assez plaisant que dans toutes les religions l'homme ait cru blanchir l'ame en salissant le corps.

L'espoir d'obtenir quelques lumières sur un monument d'un autre genre a fait détruire indiscrétement un tombeau antique vulgairement connu sous le nom de tombeau des *deux amans*. L'opinion que les savans ont admise, et la plus problable puisqu'elle semble confirmée par une inscription découverte auprès de ce tombeau, c'est qu'il renfermoit les cendres d'un frère et d'une sœur nommées *Amand* et que la ressemblance des deux mots *amand* et *amans* a entraîné vers le dernier l'idée du peuple toujours amoureux des opinions romanesques. Mais une chose non moins ridicule, c'est que j'ai remarqué qu'à cet égard deux erreurs s'enchaînent l'une à l'autre, et que, tandis que le peuple de Lyon apperçoit dans ce tombeau deux amans de l'antiquité, le peuple d'ailleurs se figure qu'il est question de celui de ce maître d'armes qui se tua il y a quelques années dans une chapelle de Lyon avec sa maîtresse. Ainsi, si par une sorte de barbarie savante on n'eut pas détruit ce tombeau dans l'espoir de trouver quelques éclaircissemens dans ses fondemens, le temps à la longue eût doublé l'erreur première d'une erreur seconde plus triviale encore.

Le pont du Rhône plus communément appelé le pont de la Guillotière est un ouvrage du treizième siècle. Il se ressentoit de la barbarie et de l'ignorance de cet âge. Il n'y avoit à cette place qu'un pont de bois sur lequel *Philippe-Auguste* et *Richard-Cœur-de Lion* d'Angleterre partant pour la croisade firent défiler leurs armées. Lors de ce passage ce pont de bois s'écroula et cet accident coûta la vie à beaucoup de monde. Ce fut alors qu'on se décida à en construire un en pierre, et c'est celui que l'on voit aujourd'hui; mais on l'exécuta d'une manière si ridicule que non-seulement il forme un coude dans le milieu, mais encore qu'il étoit si étroit qu'une seule voiture pouvoit y passer de front. Depuis pour parer à ce dernier inconvénient on l'a doublé dans toute sa longueur d'un nouveau pont, et on les a pour ainsi dire enchaînés l'un à l'autre par des liens de fer. Ce n'est pas la seule fois que ce pont a exercé le génie des architectes et nécessité des miracles pour le rendre praticable. Les arches en étoient si étroites qu'il s'y formoit des attérissemens, ensorte qu'à la longue le cours du fleuve s'en seroit trouvé encombré et que la navigation en seroit devenue impossible. A la fin du dernier siècle un architecte parvint sans compromettre la solidité à enlever une pile, et à ne faire qu'une arche de deux.

Lyon avoit aussi sa bastille. On devoit ce présent exécrable à un archevêque nommé Humbert. C'étoit le fameux château de *Pierre-cise*; ses successeurs y demeurerent tant qu'ils furent tyrans de Lyon. Insensiblement ce séjour féodal leur déplut, et le goût de l'élégance et des agrémens l'emporta sur la morgue de la souveraineté; ils s'y firent bâtir un palais proche de leur cathédrale et délaisserent leur orgueilleuse prison. Enfin, le frère du cardinal de Richelieu archevêque de Lyon vendit Pierre-en-Cise à Louis XIII et devenu la propriété d'un roi il devint un séjour de larmes.

Deux illustres prisonniers, deux intéressantes victimes de la tyrannie d'un ministre et de la foiblesse d'un monarque honorerent cette prison. *Cinq-Mars* et de *Thou*! Noms sacrés pour les ames sensibles! On les prononce et l'on pleure! O Lyon! Quelle fatalité! Que d'innocens dans tous les siècles ont péri

Pierre-en-Cise.

dans tes murailles. Cinq-Mars à la fleur de l'âge dont le crime étoit son amitié pour Louis XIII : de Thou dans la force des ans, dont le crime étoit son amitié pour Cinq-Mars, marchèrent ensemble au supplice. Le premier n'avoit que vingt-deux ans. Il falloit qu'il eut un vaste génie puisque Richelieu le jalousa. La haine de ce cardinal étoit un arrêt de mort ; et sous ce despote la faveur de Louis XIII conduisoit à l'échafaud. Gaston d'Orléans, frère du *roi*, et le *duc* de Bouillon avoient intrigué auprès de la cour d'Espagne. Ce traité fut découvert et le lâche prince pour acheter sa grace vendit au cardinal l'innocence de Cinq-Mars. Il fut accusé, arrêté, condamné, et la France eut un grand-homme de moins. Louis XIII quoiqu'éloigné de Lyon savoit à-peu-près l'heure du supplice de Cinq-Mars : il étoit à la chasse ; il tira sa montre et dit froidement, ,, dans ,, une heure d'ici M. le grand écuyer passera mal ,, son temps ,,. Et cet homme dont la mort le touchoit si peu, quelques jours auparavant il ne pouvoit s'arracher de ses bras ! c'étoit son ami, c'étoit son enfant ! ,, Je veux, disoit-il dans sa tendresse, je ,, veux que mon enfant s'instruise de bonne-heure ,, des affaires de mon conseil afin qu'il se rende ca- ,, pable de me rendre service ,,. Quel homme vertueux en lisant cette histoire n'aimeroit pas mieux être de Thou que ce Louis XIII. Mais de Thou ! qu'avoit-il donc fait ? Son père dans son histoire avoit lancé sur le cardinal de Richelieu un rayon de vérité. Le cardinal dit, ,, le père m'a mis dans son histoire, je met- ,, trai le fils dans la mienne ,,. Il y est en effet à son éternelle honte. Ami de Cinq-Mars, on supposa qu'il avoit du avoir connoissance de la conspiration, et au nom de la justice les juges l'assassinèrent. Les deux amis moururent ensemble, mais comme ils avoient vécu, mais comme ils s'étoient aimés, en grands-hommes. Le cardinal fut exécré. Que lui importoit? Il étoit puissant. O sujet vraiment tragique que pour l'essai de ses talens un jeune poëte a saisi! Au nom de leurs ombres sacrées, je te remercie ô Corbigni de ton premier ouvrage. Quand l'âge de sa main expérimentée aura donné à ton génie sa robusticité dernière, alors avec les larmes du sentiment tu reverras ce premier fruit de tes veilles ; tu te sauras bon gré de les avoir chantés. Il est bien à l'homme de lettres de donner une belle idée de son ame quand il entre dans la carrière.

C'est ainsi que dans des vers jeunes encor, *Thomas* célébrant *Jumonville* s'annonçoit à la gloire; Thomas! le plus grand de nos écrivains dont Lyon a reçu les derniers soupirs. Un philosophe mourant dans les bras d'un archevêque! C'est une époque importante dans l'histoire des progrès de l'esprit humain. Il y a loin entre le cardinal *Belarmin* défendant de par le Saint-Office à Galilée de penser, et l'archevêque *Montaset* recueillant dans son sein les dernières pensées du panégiriste de Marc-Aurelle.

Au bout d'une carrière marquée par les vertus autant que par les succès, carrière dont le ciel auroit dû confier la mesure à la nature généreuse plutôt qu'à la nature avare, ce grand-homme loin encore de la vieillesse par les années, mais rapproché d'elle par les travaux revenoit de Nice, où les bienfaits d'un climat plus doux avoient semblé lui promettre quelqu'adoucissement à ses souffrances. Elles n'étoient qu'assoupies : leur reveil l'attendoit à Lyon, et cette ville où les belles lettres honorées l'avoient plus d'une fois couronné n'eut plus qu'un cyprès à lui consacrer. Ce moment fut douloureux pour l'archevêque de Lyon : une constante amitié les avoit unis, et c'est un rôle difficile que d'être spectateur de la mort d'un sage.

C'est dans l'*église d'Oullins*, village à la porte de Lyon où se trouvoit la campagne de l'archevêque, que l'on voit le mausolée que l'estime et l'amitié de Montazet ont érigé à ce célèbre écrivain. Il étoit difficile de faire d'une manière plus noble l'éloge des vertus de celui dont les talens se consacrèrent à faire l'éloge des vertus des autres.

Les sciences n'étoient point alarmées du tumulte commerçant de Lyon. Je n'aime point les académies : je les trouve contraires au progrès des connoissances humaines : je crois que ces espèces de priviléges étouffent l'émulation parmi ceux qui ne les partagent pas et assoupissent les talens de ceux qui les possèdent. Les premiers se défient trop du public toujours enclin à distribuer la renommée sur les titres, et les seconds ne s'en défient plus assez, assurés que leur nom suffit pour donner de l'importance même à des bagatelles ; mais il faut rendre justice à la vérité : l'académie des sciences, belles lettres et arts de Lyon a fourni de grands-hommes, et il en est sorti des écrits et des découvertes utiles.

Elle avoit la pudeur d'être scrupuleuse sur le choix de ses associés étrangers. La liste n'en présentoit que des noms avoués ; différente en cela de quelques autres *académies* de *province* où le premier intrigant se faisoit admettre à l'aide de quelques méchans vers qu'il avoit ou payés ou volés, et recevoit le droit de traîner dans la poussière de l'ignorance le titre fastueux de membre de telle académie.

Plusieurs bibliothèques publiques, différens cabinets de physique, d'antiquités, d'histoire naturelle entretiennent à Lyon le goût de la littérature et des sciences. Parmi les nombreuses raretés en tout genre que différentes collections y présentent à l'homme instruit et curieux est un livre unique en Europe. C'est une histoire de la Chine, en trente volumes grand *in*-4°; mais beaucoup plus étroit que les ouvrages européens de ce format. Elle a été imprimée à Pekin. Le papier en est magnifique pour la finesse, mais d'un blanc un peu jaune : les caractères chinois en paroissent d'une grande netteté. Cet ouvrage est d'un ministre de l'empereur *Kin-Tson*. On dit que cette histoire remonte à la fondation de l'empire Chinois, c'est-à-dire, à une époque d'environ six mille ans. Si cela est, ce livre doit être un étrange recueil de fables et d'erreurs.

Il faudroit des volumes pour décrire la quantité et l'espèce de manuscrits précieux, de figures, de marbres, de statues, de médailles antiques que l'on conserve dans les cabinets et dans les bibliothèques. Tous ces objets sont dignes d'admiration, plusieurs nous ont frappés d'étonnement ; mais il est entr'autres une médaille sur laquelle nous appelons l'attention de la philosophie pour veiller à sa conservation, parce que la cour de Rome autant qu'elle le peut, surtout depuis un siècle, fait disparoître toutes celles de la même espèce. Cette médaille porte d'un côté l'effigie de Grégoire XIII, et de l'autre le massacre de la Saint-Barthélemy. On sent assez que c'est pour l'histoire une pièce instructive, trop importante pour n'en pas craindre la soustraction. C'est vainement que les papes ont désavoué cette médaille, elle est authentique. Non seulement Grégoire XIII la fit frapper; mais il existoit au Vatican, et peut-être l'y voit-on encore, un tableau qu'il avoit fait faire où il étoit représenté recevant la tête de l'amiral Coligny que Catherine de Médicis lui envoya.

Je ne ferai que vous citer cet horloge de Saint-Jean de Lyon dont tant de voyageurs ont parlé. Ce n'est plus au peuple qui possède les chefs-d'œuvres des *Lepaute*, des *Robin*, des *Berthoud*, des *Janvier*, qu'il est permis de s'extasier sur les puérilités méchaniques du quinzième siècle. Un coq artificiel qui chante et bat des aîles, un suisse qui frappe l'heure, et d'autres savantes miévretés doivent être ce me semble repoussées à l'admiration des âges qui les virent éclore. Cependant cet ouvrage souvent maltraité par les guerres, réparé tant de fois, n'appartient presque plus à son premier auteur : et ce qu'elle tient aujourd'hui des talens de *Charmy* célèbre horloger de Lyon la rendent recommandable. Elle n'est point comme quelques-uns le prétendent d'un jeune mathématicien de Basle nommé *Lippius*, elle lui est antérieure ; il la répara seulement à la fin du seizième siècle après le passage des calvinistes.

Ce n'est qu'à regret que nous sortons de Lyon. Il en est de certaines villes comme des amis : leurs infortunes attachent. Celle-ci a beaucoup souffert. Une opinion assez généralement répandues, c'est que l'on y avoit du penchant au royalisme ; mais est-ce bien véritablement les *rois* que l'on aimoit à Lyon ? Ne seroit-ce pas plutôt l'habit qu'ils portent ? Son genre de commerce fixoit toutes les attentions et tous les desirs sur les lieux où ce commerce trouvoit son débit. Les Lyonnois aimoient les cours où l'on portoit des broderies, comme les Hollandois aiment ceux qui achetent leurs toiles. Mais ce n'est point ce là : on a beaucoup parlé de Lyon ; si cette ville a commis des fautes en révolution, elles ont également été ou trop exagérées ou trop atténuées. Mais jusqu'ici personne n'en a parlé en observateur. Ce n'est point dans l'amour pour les *rois*, dans l'attachement ou la condescendance pour les émigrés, dans l'orgueil même de ses riches habitans qu'il faut chercher son penchant vers l'aristocratie s'il est vrai qu'elle en ait eu. Non c'est dans une maladie vraiement chronique qui se glisse dans les corps sociaux, maladie dont la cure n'appartiendroit qu'à la philosophie ; mais que les gouvernemens monarchiques ont intérêt à rendre incurables, parce que leur autorité s'en accroît. Les villes sont une réunion d'hommes, ainsi chaque ville présente dans son ensemble tout le caractère d'un homme. Il est donc des villes qui se mesurent, s'observent, se rivalisent, et finissent par se détester. Chaque état a plus ou moins de ces grands athlètes toujours en mesure pour se provoquer. Paris et Lyon, voilà ceux de la France. Il s'établit à travers les siècles une conversation tacite entre les grandes cités des empires, il est rare que cette conversation ne soit pas une dispute. Si Paris eût été aristocrate, Lyon eût été démagogue : voilà le dialogue. Qu'au lieu de s'arrêter sur les événemens, qu'au lieu de vouloir que les causes en soient prochaines, le philosophe se rappelle que les grandes villes ne sont que des géants vigoureux : que ce n'est pas à la pierre qui roule sous leurs pieds qu'il faut demander compte des pas qu'ils font, mais aux mouvemens de leurs adversaires, et entre villes et villes c'est un geste de cent ans, de trois cents ans peut-être qui détermine le mouvement que l'on voit faire à un autre. Sous les rois, et sur-tout depuis Louis XI, l'ambition de Lyon s'est irritée de la suprématie de Paris. L'ambition ne raisonne pas; l'ambition fait toujours dire le contraire de ce que l'on pense, et Lyon fut bien moins antirévolutionnaire qu'antiparisienne. Depuis la révolution on ne s'est pas assez aperçu qu'il existoit un tiraillement entre les principes et les effets. On a voulu l'égalité parmi les hommes, on a laissé l'aristocratie entre les villes. On n'a pas réfléchi que ce qui constitue la démarcation des nations ce ne sont pas les nations en elles-mêmes, mais les villes de ces nations; que c'est Londres et Paris qui sont ennemies bien plus que l'Angleterre et la France; que c'est Pétersbourg et non pas la Russie qui dévore Constantinople; que Rome n'en vouloit pas à l'Afrique mais à Carthage ; que les gouvernemens enfin ne sont pas nuancés entre tels peuples ou tels peuples puisqu'enfin ce sont tous des hommes; mais par telle ou telle ville que son intérêt portoit à la rivalité ; et si vous laissez ce même germe s'implanter et fermenter dans les villes d'un même empire, doit-on s'étonner d'en recueillir les mêmes fruits. A proprement parler, il n'existe point de guerre civile, ce n'est qu'une guerre entre gens qui veulent gouverner, et alors ce que nous sommes habitués à nommer nations diverses se prononce bien distinctement dans la même nation ; car où il y a ennemis il y a deux nations. Qu'importoit aux rois ces divisions sourdes ? Elles assuroient leur trône ; devenoient-elles inquiétantes ? Leur despotisme les comprimoit et s'en enrichissoit. Ce n'est pas sur une semblable politique que les républiques démocratiques doivent se modeler ? Il leur faut des villes heureuses, des villes florissantes, mais non pas des villes *reines*, sans quoi l'égalité n'est que chimère, sans quoi des hommes croient encore avoir tout dit en disant je suis de telle ville, et prendront leur domicile pour une raison ou pour un titre.

Nous devons à la vérité de dire que les Lyonnois ont ce défaut. Pour eux, Lyon est tout, et l'Univers n'est rien ; caressés et fondés par les romains ils en ont les puérilités. Ils en ont aussi l'énergie, ils en ont encore l'urbanité, disons plus, ils en ont même la politique complexe. Ils seroient assez près de la république pour estimer Lucullus, et trop loin pour chérir Fabricius ; ce sont des Périclés qu'il leur faut mais non pas des Miltiade. C'est un peuple
plus

l'Isle Barbe.

l'Isle Barbe du côté de Ramber

plus usé par l'industrie que par les mœurs. Si un état résidoit seul dans Lyon ce seroit un état puissant, mais partie d'un grand état il est comme un anneau d'or dans une grande chaîne d'airain, il la rend plus foible, il faut la resouder souvent. Il y a une grande différence dans l'esprit des villes du commerce maritime et celles du commerce de l'intérieur. C'est que dans les premières l'orgueil du commerçant se complait dans ses vaisseaux, et dans les secondes il s'accroit du nombre d'hommes qu'il employe. Celui-ci est plus voisin de la tyrannie, et l'autre plus près du génie. La liberté trouve donc plus d'obstacles dans l'une que dans l'autre ; car le peuple est plus dépendant dans celle-là des volontés d'un seul, et dans celle-ci, il commande du moins aux élémens. Delà, moins d'orages à Bordeaux qu'à Lyon. Dans un vaisseau chef-d'œuvre de Grogniard, le matelot Bordelais avoit la rudesse de la liberté ; à Lyon dans la célèbre méchanique de Vocanson, le Lyonnois avoit l'obéissance de l'esclavage. A Lyon, le négociant avoit la marche des rois ; à Bordeaux, il avoit l'œil du conquérant : et pour l'établissement de la république cette nuance n'est pas la même.

Les environs de Lyon sont aimables. Rien d'aussi riant, d'aussi pittoresque que les bords de la Saône. C'est-là que se trouve entr'autres lieux de plaisance *l'isle Barbe* dont le site a mérité les honneurs de la gravure, autrefois consacrée à un monastère, aujourd'hui entiérement destinée aux plaisirs. Les montagnes à droite du Rhône sont chargées de vignobles excellens. Les vins de *Condrieux* et de *Saint-Michel* sont

E

renommés parmi les plus délicats, et ne le cèdent peut-être en France qu'à ceux de la *Côte-Rôtie* qui n'en sont séparés que par le fleuve. Un peu plus loin se trouve un bourg charmant nommé *Givors* et que le passage continuel des fers et des charbons de terre de Saint-Etienne à Lyon, ainsi que sa verrerie, rendent aussi riche que vivant.

C'est sur cette route et près du village de *Brignais* que les brigands, dont la France fut la proie sous Charles V, gagnèrent une célèbre bataille contre *Jacques de Bourbon*, au mois d'Avril 1361. Son armée fut totalement mise en déroute et lui-même y périt avec son fils. Les brigands étoient commandés par un certain *Jean Gouge* : il fut tellement enflé de sa victoire qu'il se fit proclamer *roi de France*. Il n'osa pas cependant la pousser plus loin. Il marcha vers Avignon où le pape lui donna passage pour se retirer en Italie.

Près de Brignais nous avons retrouvé la trace de ce fameux aquéduc construit par les romains. Il alloit des environs de Saint-Etienne à Lyon et parcouroit un espace d'environ sept lieues. De distance en distance, on en retrouve des arcades, telles qu'à *Champonost* près Brignais, à *Francheville*, et enfin aux portes mêmes de Lyon.

La culture des Sciences et des Arts a valu plusieurs grands-hommes à cette ville, et il n'en est point qui ait fourni autant de femmes célèbres dans les lettres ; mais quelle littérature que celle des quinzième et seizième siècles, époques de la splendeur de ces savantes! Quoiqu'il en soit, *Clémence de Bourges* surnommée *la Perle* de Lyon, morte de douleur de la perte d'un amant, la *belle cordière* autrement *Louise l'Albé* moins chaste mais plus spirituelle, l'épouse du savant *Josse Badius* et une foule d'autres ont laissé leurs noms à la postérité.

Des noms d'hommes plus justement fameux s'y présentent à la vénération, et les premiers sont *Saint Ambroise* et *Appollinaire*. L'un tient à juste titre le premier rang parmi les écrivains nommés par excellence *les Pères de l'église*. Un amour infatigable du travail, une hardiesse de caractère dont l'empereur Théodose ressentit les effets, de nombreux écrits où malgré le génie on s'apperçoit de la décadence du goût à Rome, et la vénération que l'on portoit aux premiers évêques du christianisme qu'une pureté de mœurs, un désintéressement, une humilité profonde rendoient bien différens de ceux que le voisinage des trônes et l'ambition de les dominer ont depuis si cruellement énorgueilli, ont laissé de lui un souvenir profond qui ne s'effaceroit pas quand bien même les opinions religieuses changeroient tout-à-fait. L'autre est Sidonius Appollinaris, moins fécond en écrits, mais qui avoit peut-être plus de ce que l'on appelle esprit. Ce fut un de ces hommes rares que l'humanité réclame tout entier. Nommé malgré lui *évêque* de Clermont, la famine marqua les premières années de son pontificat. Il vendit tout ce qu'il possédoit pour nourrir le peuple de l'Auvergne et y réussit. Sa sœur racheta ses biens, et les lui rendit, il les revendit une seconde fois

E 2

pour nourrir les infortunés. Autant la sévère vérité nous défend d'épargner les prêtres qui ont désolé le monde, autant nous aimons à célébrer ceux dont les vertus l'ont vraiment honoré. On le place parmi les orateurs que Lyon a vu naître pour avoir prononcé à Rome le panégyrique de l'empereur *Avitus* son beau-père. Parmi les orateurs nés à Lyon on compte encore *Julius Florus*, et *Julius Secundinus*; mais quant à Florus connu par une histoire romaine, qui de la famille des *Annœus* étoit conséquemment un des arrieres neveux de Sénèque et de Lucain je ne sais pas s'il n'y auroit pas erreur, et si en le faisant naître à Lyon on ne le confondroit pas avec *Drepanius Florus* diacre de cette église dont quelques ouvrages mistiques ont établi la réputation dans le neuvième siècle.

Dans des temps modernes, des hommes plus justement célèbres ont illustré cette ville. Le père *Ménétrier* historien recommandable; les quatre frères *Terrasson*, distingués, l'un par ses ouvrages de jurisprudence, les deux autres par leurs talens pour la chaire, et le quatrième enfin plus connu que les trois autres par son excellente traduction de Diodore de Sicile; *Boze* et *Spon* antiquaires profonds; le père *Sébastien* l'un des plus grands méchaniciens que la France ait possédés; *Pouteau* chirurgien du premier ordre réunissant au mérite si rare d'observateur judicieux le génie des découvertes et l'élégance de l'écrivain; et beaucoup d'autres, ou vivans encore, ou dont l'énumération des ouvrages seroit trop longue pour trouver place ici ; telle est la riche colonie que la république des lettres et des sciences avoit à Lyon.

Les arts n'y comptent pas des noms moins chers aux muses. *Stella*, l'ami et l'elève du *Poussin*, mais non pas son rival, s'est cependant placé parmi les peintres du premier rang ; mais ce sont sur-tout la sculpture et la gravure que des artistes étonnans ont élevé à Lyon au plus grand degré de gloire. Les chefs-d'œuvres des *Coysevox* et des deux *Coustou* étincellent encore de beautés sous nos yeux, tandis que les inimitables gravures des *Audran* font encore aujourd'hui un des principaux ornemens des cabinets des gens du goût.

Malgré cette foule de noms célèbres, peut-être sans la tendance générale des esprits vers le commerce, en compteroit-on davantage à Lyon ; mais ce n'est pas un reproche à lui faire. Ce sont aussi de grands-hommes, ce sont aussi des artistes célèbres, ceux-là dont le génie accroît la prospérité publique par des spéculations profondes ou par l'activité de manufactures intéressantes. L'histoire de cette ville que nous n'avons fait que parcourir en est la preuve. Constance de gloire, constance de splendeur, constance de richesses, tel est le caractère de Lyon depuis dix-huit cents ans : que ne pouvons-nous de même ajouter, constance de bonheur !

NOTES.

(1) Marc-Antoine fit deux séjours dans les Gaules : le premier, lorsque n'étant que simple tribun du peuple, il embrassa la défense de César avec assez de force pour déplaire au sénat, et que pour se soustraire à son ressentiment il fut obligé de fuir déguisé en esclave pour rejoindre son ami ; le second long-temps après, c'est-à-dire lorsque le parti d'Octave étant devenu puissant à Rome, il fût déclaré ennemi de la patrie, et que pour se procurer le temps de grossir son armée, il passa au-delà des Alpes l'année qui précéda la bataille de Modène, où il fut battu par les consuls *Hirtius* et *Pansa*. Il est assez difficile d'indiquer à laquelle de ces deux époques il concourut à l'embellissement et à la commodité de Lyon par cet aquéduc qu'on lui attribue généralement. Il est plus possible que ce fût à son premier voyage, parce que César vivoit encore lorsque son lieutenant *Munatius Plancus* bâtit cette ville, et qu'il est assez naturel de penser qu'il voulut être pour quelque chose dans un ouvrage, entrepris sous les auspices, pour ainsi dire, d'un homme dont il étoit le courtisan.

(2) Les Questeurs se multiplièrent à mesure que la république s'accrut. D'abord cette charge créée par *Tullus Hostilius* n'eût pour objet que la garde du trésor public et des archives, c'est-à-dire le dépôt des loix et des sénatus-consultes. Il n'y eut pendant long-temps à Rome que deux Questeurs. Ils ne pouvoient payer aucune somme sans un décret du sénat, excepté aux consuls. Ils leur

remettoient avant leur départ pour l'armée les enseignes que l'on gardoit dans le trésor; à leur retour ils recevoient le butin fait sur l'ennemi, ainsi que les confiscations. C'étoit aussi entre leurs mains que les généraux, avant de recevoir les honneurs du triomphe, juroient qu'ils n'avoient rien mandé que de vrai au sénat. Ils étoient également chargés de la réception et de l'introduction des ambassadeurs étrangers. Néron supprima ces charges, et créa pour les remplacer celle de Préfet du trésor public.

Les fonctions des Questeurs de provinces étoient purement fiscales. Ils percevoient les impôts de toute espéce; ils étoient chargés des approvisionnemens des armées; ils en étoient encore les caissiers, et c'étoient eux qui payoient la solde aux soldats.

(3) Le crime de lèze-majesté est un crime de convention; c'est-à-dire un mot vague inventé par la tyrannie; un prétexte chimérique pour persécuter les citoyens. L'avarice et la cruauté des Césars, et l'exécrable cupidité des délateurs centuplerent les crimes de lèze-majesté à Rome. L'action la plus indifférente étoit transformée en attentat. L'homme de bien, sur-tout s'il étoit riche, évitoit rarement d'en être taxé; on le condamnoit à la mort, et l'empereur et le délateur se partageoient ses dépouilles.

(4) *Drusille* (Livie) fille de Germanicus et d'Agrippine, arrière-petite-fille d'Auguste et sœur de Caligula. L'incestueux amour de son frère l'a rendu célèbre. Il l'aima avec tant d'extravagance, qu'étant tombé malade il l'institua héritière de l'empire. La mort la lui ravit. Il la fit mettre au rang des dieux, lui érigea un temple,

lui créa des prêtres et se nomma lui-même souverain pontife de ce culte insensé. Ce fut un crime de lèze-majesté de pleurer ou de ne pas pleurer Drusille. Ceux qui ne la pleuroient pas étoient sensés se rejouir de sa mort; ceux qui la pleuroient étoient réputés s'affliger de sa divinité. Caligula aimoit beaucoup ces espèces de *dilêmes* en fait de crimes de lèze-majesté. L'anniversaire d'Auguste approchoit-il par exemple? Il disoit : « Si les » consuls la célébrent je les punirai; s'ils ne la célébrent » pas je les punirai encore : car s'ils ne la célébrent pas » ils offenseront la mémoire de mon aïeul Auguste, et » s'ils la célébrent ils outrageront les mânes d'Antoine » son ennemi qui est aussi mon aïeul. » Voilà l'explication du mot *lèze-majesté*, dont nous avons parlé dans la note précédente.

(5) *Procopius Anthemius*, gendre de l'empereur *Marcius*, batit les Huns et les Goths, et fut proclamé Auguste à Rome. *Riccimer* faisoit alors trembler l'Italie. Anthemius crut se l'attacher en lui donnant sa fille en mariage. Mais ce fut un vain obstacle à la fureur de ce barbare. Il vint mettre le siége devant Rome, s'en rendit maitre, la livra au pillage et le fit poignader. C'étoit alors l'agonie de l'empire d'Occident.

(6) Un curé en recevant et en lisant au peuple la bulle d'Innocent IV, dit : « Comme je ne connois ni le » pape ni l'empereur, j'excommunie celui des deux » qui a tort. »

(7) Il s'est tenu à Lyon un de ces conclaves, mais par un tour d'adresse de *Philippe-le-Long*, qui n'étoit alors que *comte* de Poitiers. Depuis plus de deux ans les cardinaux rassemblés à Avignon ne pouvoient donner

(73)

un successeur au pape dernier mort, Clément V, et las de ne pas s'entendre, ils finirent par mettre le feu au conclave. Philippe les décida à se rassembler à Lyon pour donner enfin un chef à l'église, en leur promettant protection et liberté entière. Ils s'y rendirent en effet, et choisirent pour lieu du conclave le couvent des Jacobins ou Dominicains; mais ils n'y furent pas plus tôt entrés que Philippe en fit murer les portes en leur déclarant qu'ils n'en sortiroient que lorsqu'ils auroient fait un pape. Pour se tirer de ce mauvais pas, ils convinrent de s'en rapporter au choix du cardinal d'Ossa de Cahors. On lui attribue le mot *Ego sum papa*, que l'on a également donné à Sixte V. Il prit le nom de Jean XXII. D'autres papes sont encore venus à Lyon, entr'autres Paschal II, qui fit la consécration de l'église de l'abbaye d'Ainay. Ce fut ce pape qui ordonna au fils de l'empereur Henri IV de déterrer le corps de son père, et de le jeter dans les champs, pour qu'il restât cinq ans sans sépulture. Qu'un pape ait ordonné ce crime, ce n'est pas là ce qui m'étonne; mais que le fils ait obéi ! ! ! !

(8) Ces présens étoient plus curieux que véritablement riches. Le procédé que l'on emploie à Lyon pour amalgamer l'or à l'argent, les passer ensemble à la filière et en faire un fil de vermeil, dont on recouvre un fil de soie pour donner au métal la flexibilité nécessaire pour la broderie où le tissu est une chose admirable. Dans l'Inde on ne connoît point cette manière. Le trait est or pur ou argent pur; il n'est pas rond, mais plat ou en lame. Mais la façon dont il est employé dans la trame avec des fils de soie ou de coton d'une extrême ténuité, sans procurer aucun déchirement aux uns ou aux autres,

n'est pas une chose moins étonnante. Il y avoit dans ces présens des pièces pour plusieurs habits. Chaque pièce ne dépasse pas ce qu'il en faut pour la partie de l'habillement à laquelle elle est destinée. Une pièce pour la chemise, une pour les caleçons, une pour le voile, une pour le caftan, etc. Les couleurs en général sont le blanc et le cramoisi. Ces habits parfumés dans l'Inde conservoient encore en France au bout de plusieurs années une odeur d'essence de roses assez forte pour être difficile à supporter.

(9) Le pont Morand, malgré son apparente légèreté, est d'une solidité à l'épreuve. Dans le grand hiver de 1789, le Rhône, malgré sa rapidité, géla. La débacle présenta un spectacle effrayant. Le choc redoublé des glaçons énormes fit trembler pour le pont. Il y résista sans éprouver même la plus légère avarie. Cela fut le motif d'une fête pour les Lyonnois reconnoissans. Ils couronnèrent de lauriers ce pont *intrépide*. Il porte le nom de son auteur, et cet ouvrage est un monument de son génie.

VOYAGE

DANS LES DÉPARTEMENS

DE LA FRANCE,

Enrichi de Tableaux géographiques et d'Estampes.

Par J. B. J. BRETON, pour la partie du Texte; Louis BRION, pour la partie du Dessin; et Louis BRION père, pour la partie Géographique.

.... Curvata resurgit.

A PARIS,

Chez
- BRION, rue de Vaugirard, n°. 98, près l'Odéon.
- DÉTERVILLE, Libraire, rue du Battoir.
- DEBRAY, Libraire, Palais Égalité, Galeries de bois, n°. 236.
- GUEFFIER, au Cabinet litt., boulevard Cérutty.

AN X — 1802.

DÉPARTEMENT DE LA ROER,
partie de la Rive gauche du Rhin.

Remarque

L'étendue de ce Département est de 184 lieues quarrées. Sa population est de 751 mille habitans. Et il se divise en 2 arrondissem.ts comprenant 42 cantons.

Signes

Chef lieu ....
Canton ....
Tribunal criminel
Place forte

VOYAGE
DANS LES DÉPARTEMENS
DE LA FRANCE

DÉPARTEMENT DE LA ROËR.

L'AGRICULTURE et la force des armes faisoient autrefois éminemment la puissance des États. Quoique l'art de cultiver la terre pour nourrir les hommes, et celui de porter chez ses voisins la terreur et la dépopulation, ne paroissent pas compatibles, cependant, nous voyons que les anciens peuples dont l'histoire nous a transmis les brillantes actions guerrières, les réunissoient à un degré de perfection étonnant. Les Grecs, dont les dissentions intérieures firent tant de fois couler le sang, qui eurent tant de guerres à soutenir contre leurs ambitieux voisins, étoient agriculteurs : les Romains savoient également bien manier le fer de la charrue et le glaive des combats : ce fut au moment où il labouroit son champ, que Cincinnatus reçut les députés du peuple romain qui lui annonçoient sa promotion à la magistrature. Les nations commerçantes étoient considérées de mauvais œil. Tyr et Sydon sont chargées d'imprécations dans l'Écriture sainte (1).

Il n'en est pas de même, aujourd'hui que le système politique et économique de l'Europe, et même du monde entier, est changé sous tant de rapports différens. Ce n'est plus seulement la valeur qui entreprend des guerres, qui les soutient, qui les termine avec gloire. Les finances sont le ressort qui met à exécution les grandes conceptions. Le chef-d'œuvre du génie est de savoir maîtriser les difficultés, d'imaginer des ressources, de faire face, comme par miracle, à tous les besoins qui se pressent, qui s'amoncèlent continuellement; mais toujours est-il, que sans argent, sans crédit pour s'en procurer, un peuple deviendroit bientôt la proie du premier qui voudroit l'attaquer.

D'un autre côté, les richesses que procure un trafic immense aux nations qui se sont établies intermédiaires entre des pays situés aux extrémités opposées du monde, les mettent en état de suppléer au petit nombre d'hommes capables de porter les armes. Elles recrutent chez leurs voisins, ou même acquièrent à grands frais de puissans alliés, et l'équilibre se maintient ainsi entre ces puissances et celles dont la vaste population peut mettre sur pied des armées formidables.

C'est ainsi que l'on a vu la Hollande, ce pays resserré, qui ne présente qu'une petite superficie de terre, entrecoupée de beaucoup d'eau, résister victorieusement aux forces de Louis XIV, couvrir la mer de flottes nombreuses, soudoyer des armées de terre, et maintenir son indépendance : c'est avec son or que le gouvernement de la Grande-Bretagne, a soutenu si longtemps, pendant la dernière guerre, ses alliés qui n'avoient que des hommes à sacrifier.

Qui procuroit à la Hollande, à l'Angleterre, ces ressources immenses ? Étoit-ce l'agriculture ? Dans le premier de ces pays elle est presque nulle : dans le second elle est florissante, elle a fait de grands progrès; mais l'étendue du sol suffit à peine aux besoins de ses habitans. C'est donc le commerce, ce sont donc les manufactures, c'est-à-dire, d'une part, l'emploi avantageux des divers produits du territoire, de l'autre, le perfectionnement, la mise en œuvre des productions étrangères, qui ont suppléé aux richesses que ne peut fournir le sol.

Plus heureuse que toutes les nations qui l'environnent, la France peut tirer de son propre fonds, tout ce qui est nécessaire aux premiers besoins de ses habitans, et en même temps le commerce lui offre un vaste supplément de richesses.

Il s'y trouve même des départemens assez favorablement situés, pour que le génie commercial, et le génie agricole s'y prêtent un mutuel secours, sans jamais se nuire en aucune manière. Tel est celui de la Roër.

Nous avons dit que dans le département de Rhin et Moselle, le produit de la culture des terres étoit assez avantageux pour que la récolte excédât la consommation.

Celui de la Roër est bien plus favorisé encore de la nature, puisque l'on recueille environ les deux tiers de grains au-delà de la quantité nécessaire à la subsistance de ses habitans.

Cette surabondance donnoit lieu autrefois à des exportations considérables de bled en Hollande, et sur la rive droite du Rhin, notamment dans la partie du pays de Clèves, demeurée attachée à la domination de l'Empire, dans le duché de Berg et dans le comté de la Mark. Depuis que les pays qui constituent ce département sont devenus partie intégrante du sol françois, ce genre de commerce est prohibé. Les cultivateurs sont obligés de faire refluer les grains dans l'intérieur; et comme on n'a pas encore établi de routes de communication assez favorables, qu'on n'a pas creusé de canaux, que la fosse Eugénienne entreprise par les Espagnols, et dont nous avons déjà parlé, n'est point achevée, il en résulte un désavantage réel pour les propriétaires de cette partie de la France. Aussi dans les marchés qui viennent de se tenir, au commencement de l'an X, le prix du froment a-t-il été fort inférieur à celui qui existe dans les autres départemens de la république.

La portion qui provient du démembrement du pays de Clèves, est riche en belles cultures de lin; c'est-là qu'on fabrique ces toiles brutes qui, transportées en Batavie, et soumises au blanchiment, reçoivent un accroissement de valeur, et prennent le nom usurpé de *toiles de Hollande*. Le genre d'industrie, par lequel on donne aux toiles cette précieuse qualité, est si connu, si pratiqué parmi nous, que nous devrions rougir de la vieille routine qui nous a rendus tributaires de l'astuce mercantile des Bataves.

Les pâturages de toute cette contrée sont des plus propres à élever des bestiaux. Les bêtes à corne et à laine, dont on y nourrit de nombreux troupeaux, ne servent pas seulement à fournir les boucheries du pays : on en exporte encore au dehors; les cuirs et les toisons des animaux tués, font de plus un article important de commerce.

Nous ne compterons pas les forêts au nombre des richesses de ce département; cependant, il se fait à Cologne, par le Rhin, un trafic considérable de bois de construction : mais ces arbres ne proviennent pas tous du département, ils sont tirés des autres pays, soit de la rive droite, soit de la rive gauche. Les écueils de Bingerloch et de Saint-Goar, les rochers qui, comme nous l'avons dit, embarrassent en plusieurs endroits le cours du fleuve, ne permettent pas de confier à ses ondes des trains considérables de bois flottés. On assemble les pièces par très-petits radeaux, et lorsqu'elles ont franchi les passages dangereux, on les forme au-dessous d'Andernach, et principalement à Cologne, en trains immenses qui ont de huit cents à mille pieds de longueur, sur soixante à quatre-vingt-dix de largeur. Leur épaisseur n'est presque jamais moindre de six à sept pieds. Nos lecteurs seront peut-être curieux de connoître la manière dont on construit ces radeaux.

On fait d'abord un premier lit de sapins ou de chênes solidement attachés par les deux bouts, et croisés de distance en distance par d'autres poutres qui y sont fixées avec de grands clous. Ces arbres ont ordinairement une longueur de soixante-dix pieds. Au-dessus de cette première couche, on en attache une seconde, construite avec les mêmes soins, puis on en ajoute une troisième, puis une quatrième, suivant les dimensions qu'on veut donner au train. Le radeau principal est *toué*, en quelque sorte, par d'autres plus petits et plus étroits qui sont amarrés à une certaine distance, et qui, étant dirigés par les mariniers qui les montent, donnent le mouvement à l'ensemble.

L'arrière de la flotte est escorté d'un grand nombre de batelets. Une vingtaine de ces esquifs, conduits chacun par sept hommes, sont chargés de cables, d'ancres et d'autres agrès nécessaires à la navigation. Les autres servent aux commisions de la flotte dans les villes par où elle passe. Les cables ou les chaînes de fer qu'on emploie, ont quatre cents verges de longueur et onze pouces de diamètre.

Sur cette espèce d'île flottante, on embarque cinq à six cents ouvriers. Ils y sont occupés, logés et nourris pendant tout le trajet. Les baraques de sapin destinées au logement de tous ces hommes, sont disposées en forme de rues aliguées au cordeau. Celle du chef de l'expédition, et celle où l'on fait la cuisine, sont remarquables par une construction plus élégante et plus recherchée qu'elle ne l'est dans les autres.

Les personnes employées dans ces voyages, consomment à chaque trajet, environ quinze ou vingt mille livres de viande fraîche, de quarante à cinquante mille livres de pain, de dix à quinze mille livres de fromage, douze à quinze cents livres de beurre, huit cents ou mille livres de viande fumée, et cinq à six cents tonnes de bière forte.

Le pilote, les maîtres de flotte, d'autres employés qu'on appelle maîtres-valets, sous-valets, et enfin les *tyrolois*, qui sont les ouvriers de la dernière classe, ont sur la flotte leurs quartiers distincts et séparés. Ceux-ci couchent sur la paille, au nombre d'une centaine dans chaque baraque. Enfin, il y a une chambre commune où la majeure partie de l'équipage dîne en communauté. Avant le départ, les propriétaires de la flotte rassemblent leurs employés et ouvriers, leur donnent un grand dîner à bord, et ne conviennent de leur salaire, que lorsqu'on a sondé et mesuré les radeaux.

Dans la matinée du départ, chaque employé se place à son poste, les rameurs à leurs bancs, les guides des radeaux qui forment l'avant-garde, à la place qui leur est assignée, et les autres dans les batelets qu'ils sont chargés de conduire.

Le doyen d'âge des maîtres-valets fait aussitôt sa ronde, passe en revue tous les employés, et renvoie ceux qui ne lui conviennent pas. Ensuite, il recommande aux premiers, par une courte harangue, exactitude et célérité; il leur rappelle les conditions de leur engagement.

Le salaire de ces hommes est pour un voyage ordinaire, outre leur nourriture, de 53 francs de notre monnoie. Dans le cas d'un retard occasionné par un accident, comme cet événement peut être imputé à leur faute, ils sont obligés de travailler trois jours *gratis*, passé lequel temps, leur salaire est de douze creutzers, environ huit sols par jour.

Après l'inspection, les employés prennent un repas, et chacun étant retourné à son poste, le pilote, tenant la barre du gouvernail, ôte son chapeau et s'écrie : *Faisons tous la prière*. Au même instant, tous tombent à genoux, et demandent à Dieu le succès de leur entreprise; aussitôt on lève les ancres, le pilote donne le signal, toute la flotte s'ébranle aux coups redoublés des rames, tant de ceux qui sont sur la flotte, que de ceux qui sont dans les batelets. La destination de ces flottes est pour *Dort* en Hollande. La vente de chacune exige un laps de plusieurs mois. Leur produit moyen est d'environ 700,000 francs.

Il est fâcheux que l'intérieur de Cologne ne réponde pas exactement à l'idée qu'on se fait de cette ville, lorsqu'on la contemple de loin, lorsqu'on admire sa position en amphithéâtre sur les bords du Rhin. On ne tarde pas à reconnoître que ses hautes murailles, ses remparts étendus (2), défendent moins des habitations riches et florissantes, que le passage du fleuve lui-même. Dans tous ces parages, le Rhin est pour ainsi dire une forteresse, dont les places de guerre qui en suivent la direction, sont les redoutables citadelles. De nombreux clochers, le dôme imposant de la cathédrale qui s'élève majestueusement au-dessus des autres monumens, des maisons entassées les unes sur les autres, sont des indices trompeurs de population et d'opulence. Ses manufactures de draps, de rubans, de tabac et d'autres objets, ont à lutter contre la concurrence dangereuse des pays voisins.

Cette ville a dû sa fondation aux Romains; c'étoit dans le principe une colonie romaine, ainsi que l'atteste son nom de *Colonia Agrippina*, que les Allemands ont défiguré, en le réduisant au monosyllabe Cöln; mais la prononciation françoise quoique rude et bizarre, en a moins voilé l'étymologie.

Nous ne donnerons pas une description détaillée de l'intérieur de Cologne. Non seulement il ne faut pas, comme l'a dit judicieusement un auteur anglois, qu'un écrivain voyageur paroisse de mauvaise humeur, qu'il critique sans cesse et à tout propos, quelque bien fondé qu'il puisse être dans ses reproches, mais encore il faut qu'il offre à ses lecteurs des détails piquans et nouveaux pour eux. Il est donc inutile de fixer l'attention des nôtres sur des rues, ou plutôt des ruelles étroites, tortueuses, obscures par le trop grand rapprochement des habitations; car c'est à-peu-près là ce qu'on peut observer dans cette cité, si l'on en excepte un petit nombre de rues habitées par des citoyens plus opulens, entr'autres la partie voisine du port. Celui-ci, quoiqu'il y règne assez d'activité, est moins considérable qu'une infinité de petits ports épars dans la Hollande, et dont on chercheroit en vain les noms sur la carte.

Quelques édifices publics dédommagent, à la vérité, du peu d'apparence des maisons particulières; mais les églises y sont trop multipliées, pour qu'on ait pu leur donner à toutes cette majesté, cette noblesse, cette élégance d'architecture qu'on aime à reconnoître dans les temples consacrés à la Divinité. La plupart sont des édifices mesquins auxquels on a eu bien peu de changemens à faire pour les convertir en auberges, en magasins, et en autres établissemens destinés aux emplois les plus communs. La cathédrale seule se distingue par tout le luxe de l'architecture gothique. Elle n'est cependant pas achevée, quoiqu'elle ait été commencée dès 1248, par l'électeur Conrad; et probablement elle ne le sera jamais. Quelques parties détachées donnent une idée du plan superbe qu'on avoit adopté. Des deux tours destinées à surpasser le vaisseau, de cinq cent quatre-vingts pieds, l'une ne s'élève qu'à cent cinquante, et l'autre à vingt-un seulement. De sorte que ce monument auquel on travailla pendant deux cents ans, et que l'on abandonna depuis, ressemble plutôt à des ruines, qu'à un commencement de bâtisse. L'inégalité de ces tours produit de loin un effet frappant et extraordinaire : qu'eût-ce été si le plan adopté avoit reçu son entière exécution. Il n'y eût point eu en Europe de Basilique qui pût être comparée à cette cathédrale, pour la hardiesse de sa construction, et son élévation prodigieuse.

Les personnes versées dans la connoissance de l'architecture, peuvent seules se rendre raison de l'effet qu'eût produit un pareil spectacle; car les adeptes des arts libéraux ont cet heureux privilége, que pour admirer, ils n'ont pas besoin d'avoir sous les yeux un ensemble complet. L'émule des Raphaël, des Rubens, des Michel-Ange, juge de la composition d'un grand tableau, lorsqu'il n'existe encore que quelques traits sur la toile. Le savant antiquaire qui parcourt les contrées fertiles en monumens, de l'ancienne Grèce, de l'ancienne Rome, n'a besoin que de mesurer quelques fûts de colonnes, d'examiner des traces à peine reconnoissables, pour se peindre un édifice somptueux, pour admirer le luxe et la sage combinaison des trois ordres d'architecture, dans ces mêmes lieux où le vulgaire ne voit que quelques pierres, que quelques débris informes.

Quoique la plus grande des tours ne s'élève pas

a plus de deux cent cinquante-un pieds de terre, et que cette hauteur ne soit point extraordinaire, puisque la tour de Malines est plus considérable de moitié, on y jouit cependant d'un coup d'œil agréable et étendu. On plonge avec ravissement sur toute la ville et sur les belles campagnes qui l'environnent. Dans cette position, il semble que l'ame de l'observateur se soit élevée avec lui-même : ce qui se passe sous ses pieds lui paroît mesquin et ridicule. Pas un souffle du tumulte qui a lieu dans la ville, dans le port, n'arrive jusqu'à lui. Les carrosses semblent rouler en silence; les navires s'ébranlent, se meuvent, se dirigent, sans que l'on distingue les cris des mariniers, sans que l'on s'aperçoive que ce sont ces exclamations prolongées qui assurent l'uniformité et la dextérité de la manœuvre. Les objets paroissent aussi plus petits, non pas à cause de leur éloignement, mais parce qu'on les voit sous un angle plus aigu. Et cette illusion, qui est purement d'optique, contribue beaucoup à faire paroître plus grande la distance qui vous sépare de la basse terre.

La nef, le chœur de cette cathédrale, portent ce caractère de simplicité qui fait paroître plus magiques, plus sublimes les efforts de l'art; mais la première est défigurée par une charpente en bois fort basse, qui n'avoit été faite que passagèrement, et en attendant une voûte de pierre de taille, proportionnée aux belles colonnes en fascicules gothiques qui devoient lui servir de support.

Mais le chœur est parfait, il a plus de cent pieds d'élévation. Les six grandes fenêtres qui l'éclairent sont enrichies de vitraux peints, dont le coloris et le dessin sont de la plus grande beauté. Le pourtour de l'église est orné de chapelles assez vastes, comme celles qu'on voit dans nos églises de Paris.

Les tombes d'électeurs, de quantité de prélats, des trois rois de Jérusalem qu'on y transféra de Milan, en 1162, lorsque cette capitale de la Lombardie fut saccagée par l'empereur Frédéric Barberousse; les couronnes parsemées de brillans, dont les effigies de ces princes étoient ornées; les riches tapisseries; la châsse d'or et d'argent où étoient enfermées les reliques de Saint-Engelbert; cette châsse moins riche encore par les métaux précieux dont elle étoit composée, que par une ciselure délicate et recherchée, toutes ces curiosités, tous ces trésors fixoient les regards des étrangers, en attiroient même un grand nombre, mais une partie a été enlevée, à l'approche des François, par une précaution que les événemens ont prouvé être très-fondée; l'autre a été détruite par le vandalisme qui ne savoit ni respecter les admirables productions de l'art, ni comparer les avantages d'une ressource modique et momentanée, avec la perte d'une source incalculable de revenus et de richesses. Combien de fois n'avons-nous pas vu, tant dans notre patrie que dans les pays que nous asservissoit le sort des armes, se renouveler des excès semblables à l'ignorance de ces barbares qui, après le sac de

Rome, en brisèrent, en détruisirent toutes les statues, pour en faire de la chaux (3) !

La salle de spectacle est mesquine au dehors. Sa façade chargée d'ornemens de mauvais goût, se distingue à peine d'une rangée de maisons anciennes et mal bâties, au milieu desquelles elle est enclavée. Le dedans, quoiqu'il ait été restauré, n'est pas des plus élégans. Les troupes qui jouent sur ce théâtre ne manquent pas de talens; mais en général dans toute l'Allemagne, la ville de Manheim est la plus renommée par son théâtre, par les sujets qui le composent, et le choix des pièces qu'on y exécute.

Nous nous garderons d'oublier, au nombre des productions de Cologne, cette *eau* dite *admirable*, qui est en si grande vogue. On ne regarde comme bonne cette liqueur, qu'autant qu'elle est directement tirée des bords du Rhin, comme si sa composition, ainsi que celle de l'eau de Mélisse, ou des Carmes, de l'eau souveraine de la reine de Hongrie, étoit encore un secret. En général toutes les liqueurs spiritueuses tempérées par des aromates, ou des simples balsamiques, produisent absolument le même effet. Quelques procédés qu'on emploie pour les préparer, ce sera toujours en définitif de l'Ether, de l'esprit de vin ou de l'eau-de-vie : et ces trois liqueurs employées dans leur état naturel, sont tout aussi utiles, tout aussi salutaires; si toutefois autre chose que l'*imagination* peut guérir les

maux

maux d'*imagination*, connus sous le nom de vapeurs et d'affections nerveuses.

Cologne a produit deux hommes célèbres, mais d'un genre très-différent, *Barthold Schwartz* et *Rubens* (*). Le premier passe généralement pour l'inventeur de la poudre à canon ; c'est encore un problème de savoir si cette découverte a rendu les guerres plus ou moins meurtrières. On ne peut disconvenir, au moins, que les frais énormes qu'entraînent aujourd'hui les entreprises militaires, doivent les rendre plus difficiles et plus rares. D'un autre côté, il n'est pas moins certain qu'il faut, pour combattre, des troupes plus exercées, plus disciplinées, et même plus courageuses. Car il y a moins de véritable valeur à se précipiter aveuglément, tête baissée et le fer à la main, sur les rangs ennemis, que de soutenir de pied ferme les décharges réitérées de l'artillerie et de la mousqueterie, sans risposter; de se former, de manœuvrer de sang froid sous une grêle de balles et de mitraille, d'attendre en un mot, pour rendre son feu, qu'on ait pris tout son avantage. C'est véritablement à l'instant de la mêlée, au moment où le champ du carnage présenteroit au simple spectateur un tableau épouvantable, que le courage devient moins né-

---

(*) C'est par erreur qu'à l'article *Anvers*, nous avons dit que Rubens étoit originaire de cette dernière ville, il n'a fait qu'y séjourner et y mourir.

cessaire, ou plutôt que la témérité, la fureur, naissent d'elles-mêmes dans les cœurs les plus lâches. Le premier choc seul est terrible. Aussi, avant la révolution, à l'époque où la tactique étoit suivie dans toute sa rigueur, bien des batailles n'étoient que des marches et contre-marches, et en quelque sorte, des *exercices à feu*, où il y avoit quelques tués et quelques blessés. Dans la dernière guerre, les actions les plus chaudes, les plus meurtrières, ont été décidées à l'arme blanche.

Les immortels ouvrages de Rubens sont trop connus, pour que j'ose entreprendre d'en parler. Il n'a eu, pour l'expression des têtes, d'autre rival que *Van-Dyck* son élève. Cependant la calomnie n'a pas épargné ce grand maître. On a prétendu, tandis qu'il vivoit encore, que Van-Dyck peignoit la partie des têtes et des mains de ses tableaux; bruit qui obligea Rubens de prendre les précautions les plus sérieuses pour ôter tout prétexte à la malveillance, et empêcher qu'on ne l'accusât de se parer des productions d'autrui.

Ce qui pourroit avoir servi de fondement à cette injuste rumeur, c'est une anecdote qui, mieux appréciée, mieux interprétée, auroit dû donner lieu à des inductions contraires, et tourner également à la gloire et du maître et de l'élève.

Rubens avoit entrepris un tableau de la Vierge. Pendant son absence, ses écoliers ayant folâtré, en effacèrent la main droite, par étourderie. Rubens avoit donné tant de soin à cet ouvrage, qu'ils redoutèrent sa colère, et se mirent à délibérer sur le parti qu'ils prendroient pour réparer leur faute. Van-Dyck fut choisi à l'unanimité, pour refaire une autre main. Il s'y prit avec tant d'adresse, et surtout avec tant de promptitude, que tout fut arrangé avant le retour de Rubens.

Celui-ci, enthousiaste, comme tous les grands artistes, contemple son propre tableau avec une muète admiration : ses élèves tremblans croyoient déjà lire sur ses traits la découverte de leur supercherie. Ils furent bien surpris et bien joyeux, lorsque Rubens, après avoir examiné la main retouchée : s'écria : mes amis, voilà ce que j'ai fait de mieux hier.

Bien que la ville de Cologne fût le chef-lieu de l'électorat du Rhin, ses habitans avoient la prétention de la ranger au nombre des villes impériales. Aussi, sous le rapport des affaires temporelles, la juridiction de l'électeur s'y trouvoit-elle infiniment bornée. Les bourgeois nommoient eux-mêmes leurs magistrats, mais à l'électeur appartenoit la nomination de la cour d'appel, qui étoit le tribunal suprême. Ce droit lui donnoit, il faut le dire, plus de moyens d'exercer son influence, que ne lui en ôtoit la prohibition qui lui étoit faite de demeurer plus de trois jours dans la ville. Les princes se consoloient aisément de cette privation ; et s'ils n'avoient pas de palais à Cologne, ils en possédoient en revanche à Bonn, à Bruill, à Popelsdorf, à Herzogser et à Munster, dont ils étoient évêques. Depuis l'incorporation à la France, de tous les pays de la rive gauche, le siége de cet électorat est transféré dans une petite ville de la rive droite. C'est-là que le chapitre tient ses séances. On sait qu'après la mort du dernier électeur, les chanoines ont promu à l'unanimité l'archiduc Antoine, frère de l'empereur actuel, à la dignité d'électeur de Cologne et de prince évêque de Munster, qu'il ne faut pas confondre avec une petite commune du même nom, qui se trouve dans le département de Rhin et Moselle, et dont nous avons négligé de parler, vu son peu d'importance. On attend avec impatience les modifications que doivent apporter à cette nomination les négociations qui sont entamées tant à Ratisbonne, qu'au congrès d'Amiens.

Nous allons cesser de côtoyer les bords du Rhin : le sol fertile des pays de Clèves et de Juliers, leurs manufactures florissantes, appellent notre attention. D'ailleurs le changement du terrein a modifié le spectacle que présentent les deux rives du fleuve. Un pays plat, couvert de terres labourables et de pâturages, offre un coup-d'œil monotone. Le lit du fleuve plus large, plus uniforme, la côte douce et verdoyante, ont perdu cette âpreté, cet aspect sauvage qu'ils avoient au-dessus d'Andernach. Le nombre des villages est également diminué, non pas qu'il règne moins d'opulence dans ces cantons, que dans ceux du Rheingau, mais parce que la culture du froment se prête plus aisément que l'exploitation des vignobles, à l'étendue des fermes, à la réunion sous la même main, sous la même surveillance, d'une grande propriété.

Zons, Nuys, Rheinberg, et d'autres petites places, plus remarquables comme forteresses que comme villes de commerce et de fabriques, n'ont pas dû fixer longtemps nos regards. Cependant à Meurs nous avons vu des manufactures de draps, de velours, de rubans de fil et de soie, mais peu florissantes, jouissant de peu d'activité.

Plus on s'éloigne du Rhin, plus on rencontre un pays plat et uni. Cependant la partie méridionale du département contient quelques hauteurs. C'est en effet le point de démarcation entre le bassin du Rhin et celui de la Meuse. Si nous en exceptons l'Erft qui se jette à Nuys dans le premier de ces fleuves, et quelques petites rivières encore moins considérables, toutes les autres se dirigent vers le nord-ouest et vont, les unes grossir la Roër qui termine son cours à Ruremonde, après avoir baigné les murs de Juliers; les autres réunissent leurs eaux à la Niers qui passe à Gueldres, et moins pressée de finir sa course, arrose le fertile pays du duché de Clèves, pénètre dans le territoire Batave, et va se jeter dans la Meuse, vis-à-vis de Grave.

Si quelques élévations, quelques collines rompent l'uniformité de ces plaines, elles semblent avoir été placées là par la main prévoyante de la nature, comme des alambics, comme des machines hydrauliques destinées à alimenter des sources, des étangs, des ruisseaux, sans lesquels il n'y auroit point de fécondité. En effet, une contrée absolument plate, où, dans le cours d'un long trajet, on ne verroit l'horizon terminé par aucune élévation, seroit condamnée à une stérilité éternelle, et ne présenteroit bientôt plus, comme quelques endroits de l'Arabie déserte, qu'une vaste plaine de sable.

Nous donnerons cependant une idée du peu d'inégalité du sol, en disant que Juliers, toute fortifiée qu'est cette ville, pourroit être aisément bombardée par des batteries placées sur les hauteurs de Dusseldorf, de l'autre côté du Rhin : tant est prodigieuse la différence que présentent les deux rives du fleuve.

Nous ajouterons enfin, qu'il vient un terme où le terrein est si bas, que l'eau y est versée à-la-fois par toutes les collines environnantes, et qu'elle ne peut plus s'en échapper. Voilà la cause des vastes marais qui entourent la ville de Gueldres.

La richesse de la superficie extérieure n'apporte aucun préjudice aux trésors qu'on exploite dans son intérieur. Ces trésors, ce ne sont pas des mines de même nature que celles du Potose et du Pérou; mais leurs produits deviennent de l'or et de l'argent entre les mains de ceux qui les exploitent. A Stolberg particulièrement, bourg éloigné de deux lieues d'Aix-la-Chapelle, on exploite des mines abondantes de cuivre, de fer, de plomb, de calamine et de charbon de terre.

Ces productions, dans l'état brut où les livre la nature, formeroient déjà un article important de

Bedburg, près de Juliers.

commerce : mais les habitans industrieux de ce département savent eux-mêmes façonner les fruits de leur territoire, leur donner cette main-d'œuvre qui en change la nature; et l'apparence qui les rend utiles aux arts, aux besoins ou au luxe des hommes. Ainsi à Stolberg, et dans plusieurs bourgs et villages, on a établi des forges pour convertir le fer en barres, en outils de taillanderie, en instrumens de labourage; à Aix-la-Chapelle, et dans d'autres villes, on raffine le cuivre et le plomb, on transforme le premier de ces métaux en planches, en feuilles, en chaudrons; on le tréfile, on en fabrique du fil de laiton.

Les productions de l'agriculture fournissent aux fabriques, des matières premières non moins précieuses. Des tanneries de plusieurs parties du département, et notamment du pays de Clèves, sortent des cuirs d'une excellente qualité. Dans presque toutes les communes, quelle que soit leur étendue, existent des tisseranderies, des filatures de lin, de chanvre et de laine, des manufactures de draps et de toutes sortes d'étoffes, même de velours et de soie.

Parcourons en particulier chacune des villes qui méritent un examen spécial ; car nous ne voulons pas entretenir nos lecteurs des querelles sans nombre dont ces pays furent l'objet. On sait que la guerre de la succession de la principauté de Clèves et de Juliers, que réclamoit l'électeur de Brandebourg, au préjudice de l'électeur palatin, dura vingt années: encore ces débats sanglans ne furent-ils terminés à Xanten que par un traité provisionnel.

Avant la révolution, les rois de Prusse jouissoient paisiblement de la principauté de Clèves. La partie plus septentrionale du département de la Roër dépendoit de ce qu'on appeloit *la généralité de Hollande*. Par le traité de Basle, le roi de Prusse laissa ce territoire entre les mains des François, qui l'avoient conquis; et il fut stipulé que le sort en seroit définitivement réglé lors de la paix avec l'Empire. En effet, les traités de Campo-Formio et de Lunéville assurèrent à la république la possession de ces pays. Le roi de Prusse doit en être indemnisé jusqu'à concurrence de ce qu'il a perdu, par les sécularisations de tout ou partie des électorats ecclésiastiques.

Aix-la-Chapelle est le chef-lieu du département, et le siége des principales autorités. Nul doute que ce ne soit une ville très-ancienne. Jules-César et Tacite, attestent que les Romains y avoient établi une colonie et une forteresse, lors de leurs guerres contre les Germains. On assure que ce fut un sénateur romain, nommé *Sérénus Granius*, frère de Néron et d'Agrippa, qui, ayant été banni par l'empereur son frère, vint y fixer sa résidence avec toute sa famille, dans la 53°. année de l'ère vulgaire, et y fit bâtir un château.

Ce seroit ce personnage qui auroit été le véritable fondateur de la ville, et le nom latin *Acquis-*

Granum, seroit une corruption de *Acquae Granii*, (les eaux de Granius). En effet, les eaux minérales qui entourent cette ville, lui ont donné une telle célébrité que l'on ne peut contester, au moins la première partie de l'étymologie de son nom, puisqu'on l'appelle également *Urbs aquensis*, ou simplement *aquae*.

Le nom allemand, *Achen* ou *Aken*, ne fournit aucune lumière; mais le mot françois, Aix-la-Chapelle, paroît décisif. La première syllabe *Aix* est aussi le nom de deux villes situées, l'une en Provence, l'autre en Savoie, lesquelles se nomment, la première *Aquae Sextiae*, la seconde *Aquae Gratianae*.

Pour ne pas les confondre, nous y ajoutons le nom de la province dont elles dépendent.

La dernière partie du nom Aix-la-Chapelle, provient d'une chapelle que Charlemagne fit bâtir dans cette ville. Il étoit naturel que ce monument et les eaux minérales, dont nous avons parlé, eussent paru dans le temps mériter qu'on en consacrât le souvenir par cette sorte d'amalgame.

Nous observerons de plus, que la même syllabe *Aix*, qui est une corruption d'*Aigues*, se retrouve souvent comme finale, avec la même signification, dans les noms de plusieurs villes françoises, qui n'ont pas la gloire de posséder des eaux minérales, mais qui fournissent des eaux potables, pour le moins aussi utiles.

Il semble donc plus que probable que, pour cette

fois, les étymologistes n'ont pas tort. Leur assertion est de plus favorisée par le nom resté à l'une des tours attenant à l'hôtel-de-ville, et que l'on appelle encore la *tour de Granius*. On prétend aussi, mais peut-être avec moins de raison, que cette tour faisoit partie du château élevé par le sénateur romain.

Aix-la-Chapelle jouissoit des prérogatives attachées aux villes impériales : elle étoit libre, quoique son territoire fût compris dans le pays de Juliers. Son opulence, le séjour qu'y ont fait plusieurs empereurs d'Allemagne, le titre de capitale de l'Empire qu'on lui a donné pendant un certain temps, l'ont fait nommer la ville impériale par excellence. Elle est située vers le sud-ouest, près des limites du département de la Meuse inférieure, et environnée de petites montagnes d'où sortent les eaux minérales qui en ont fait la réputation et la prospérité. Ne nous occupons pour le moment que de l'intérieur de la ville. De belles rues, des édifices élégans, mais la plupart de forme antique, et des fontaines superbes qui distribuent les eaux dans les différens quartiers, en font l'ornement. Il s'y trouve, en quelque sorte, deux villes enclavées l'une dans l'autre. La plus ancienne a dix portes, flanquées chacune d'une tour, et trois quarts de lieue de circonférence. Des aggrandissemens successifs, des faubourgs qui se sont formés autour de la vieille ville, ont nécessité, en 1172, de nouvelles enceintes. La cité nouvelle a huit belles portes et près de deux lieues de tour, elle enveloppe la vieille ville de toutes parts.

Parmi les monumens les plus remarquables, nous avons distingué l'Hôtel-de-Ville, qui fut autrefois le palais de Charlemagne, et qu'on a mis, dès l'année 1353, dans l'état où il se trouve aujourd'hui, du moins pour la structure de l'ensemble ; car on a ajouté, par la suite, divers embellissemens de bronze et de sculpture.

La cathédrale a également été fondée par Charlemagne. Il la fit consacrer à la Vierge par le pape Léon III, assisté, comme nous avons déjà eu l'occasion de le dire, de trois cent soixante-cinq prélats (4). Cette église est de forme ronde et de pierres de taille, avec de superbes colonnes de marbre, de granit et de porphyre. L'empereur fit venir, à grands frais, ces dernières pierres, de Rome et de Ravenne. Une infinité d'ornemens y fut prodiguée: et les portes d'airain massif n'en étoient pas la partie la moins précieuse.

Cependant, soit que ces portes fussent mal assises, soit à raison d'un accident quelconque, il s'y forma des fentes, des lézardes. Le peuple, toujours ami du merveilleux, toujours prêt à imaginer des fables, non seulement lorsqu'il ne peut pas expliquer certains faits, mais lorsqu'entre plusieurs explications possibles, il ne sait pas discerner la véritable, raconte à ce sujet, une histoire ridicule.

On suppose que les bourgeois d'Aix-la-Chapelle, manquant de fonds pour achever leur église, s'avisèrent d'en emprunter au Diable. Celui-ci ne voulut point consentir à en prêter, qu'on ne lui abandonnât la première ame qui entreroit dans l'église, après qu'elle seroit terminée. On pense bien que personne ne voulut se dévouer pour remplir l'engagement contracté avec Satan ; et très-probablement, la cathédrale seroit restée éternellement déserte, si un prêtre n'eût trouvé un expédient qui réussit : ce fut d'y faire entrer un loup vivant. Le Diable, outré de dépit de se voir surpasser en malice par des prêtres, ferma les portes avec tant de violence, qu'elles se crevèrent.

Il seroit difficile de croire que des personnes vraiment pieuses, ou seulement éclairées par les lumières du bon sens, eussent pu ajouter foi à cette extravagance ! Cependant, on assure que les deux petites figures en bronze qu'on a placées au-devant de ces portes, et dont l'une représente le loup, et l'autre son *ame* sous la forme d'une grosse pomme de pin, sont un monument de cette aventure. La grande question de l'*ame des bêtes* seroit donc décidée pour l'affirmative (5), ou Satan auroit été un sot de se tenir pour battu.

Si la tradition n'accréditoit pas, encore plus que la presse, de pareilles inepties, il faudroit bien se garder de les consigner dans un livre, quelqu'opinion qu'on manifestât à ce sujet : mais les personnes qui propagent ces histoires ne vont pas les chercher dans les livres. C'est de nourrice en nourrice, de bonne femme en bonne femme, qu'elles se transmettent à des générations éloignées, il n'y a donc point de danger à les divulguer? Il est bon, au contraire, de les présenter comme des jalons qui indiquent les limites de l'esprit humain.

Charlemagne avoit pour cette ville une prédilection particulière; il y mourut et y fut enseveli : on y montroit autrefois son tombeau et son trône impérial. Comme plusieurs des successeurs de Charlemagne établirent aussi leur résidence à Aix-la-Chapelle, cette ville jouissoit de grands priviléges. Les empereurs étoient chanoines de la cathédrale, et faisoient remplir leurs fonctions par deux chapelains qui s'en partageoient la riche prébende. On avoit conservé avec soin, dans les archives du chapitre, des lettres où les empereurs nommoient les chanoines leurs confrères.

En vertu de la *Bulle d'or* donnée par Charles IV, en 1356, le couronnement des empereurs devoit se faire dans cette ville : Charles - Quint et son frère Ferdinand ont obéi à cette bulle en s'y faisant couronner; mais les autres empereurs, trouvant apparemment le voyage un peu trop long, ont établi à Francfort le lieu de cette cérémonie. Il est vrai, que la prétention de l'archevêque de Cologne qui disputoit à l'évêque d'Aix, qui relevoit de sa métropole, l'honneur d'y officier, a été une des principales causes à laquelle on doive attribuer ce changement.

Cependant, le chapitre et le magistrat d'Aix-la-

Chapelle avoient la garde d'une châsse de vermeil enrichie de diamans, où étoient conservés l'épée et le baudrier de Charlemagne, ainsi que le livre d'évangiles écrit en lettres d'or, dont on prétend que ce prince s'est servi. On a transporté ces objets à Nuremberg, où ils sont conservés avec les autres ornemens qui servent au couronnement des empereurs. On les appelle les *Insignia* de l'Empire.

Le temps des eaux vient deux fois par an, la première dans le commencement de l'été, depuis le mois de mai jusqu'à la mi-juin, et la troisième depuis la mi-août jusqu'à la fin du mois de septembre. Il y a deux fontaines dans le bas quartier de la ville, dont on tire l'eau par le moyen de pompes. Des galeries spacieuses servent de promenade aux personnes qui viennent prendre les eaux.

On ne se borne pas uniquement à les boire, on les prend aussi sous la forme de bains. Il y a cinq sources qui distribuent les eaux dans sept maisons contenant trente-deux chambres. Il y a de plus un lieu qu'on appelle le *Compus-Badt*, où les pauvres ont le droit d'aller se baigner gratuitement. Le prix des autres bains n'est pas bien considérable : d'ailleurs, ces sortes de voyages sont plus ruineux par les dépenses extraordinaires, et les dissipations qu'ils occasionnent, que par les frais strictement nécessaires.

On ne boit de ces eaux que depuis une centaine d'années; auparavant on ne faisoit que s'y baigner.

François Blondel, médecin à Aix, introduisit l'usage de les boire. Il le recommanda dans une dissertation où il en prouvoit l'utilité.

Ce n'est pas dans la ville seule que l'on trouve des sources minérales : il en existe un grand nombre dans les environs, principalement à Burscheid, où elles sont plus chaudes qu'à Aix : aussi sont elles également très-fréquentées. Un site enchanteur, au milieu d'un vallon étroit qu'entourent des collines boisées, des bosquets d'ormes et de tilleuls, des étangs, des sources d'eaux chaudes que l'on découvre de loin, à la vapeur qui s'en exhale, sont faits pour y attirer un grand concours de voyageurs.

Mais Burscheid n'a pas ce titre unique pour exciter l'intérêt. Ce village possède de belles fabriques de toutes sortes de draps, et surtout une manufacture d'aiguilles qui est dans une activité continuelle. A considérer le peu d'apparence de ces fragiles instrumens, on est loin de soupçonner par combien de mains, par combien d'opérations successives ils doivent passer, avant d'arriver à leur perfection. C'est dans les atteliers de Burscheid qu'on en peut acquérir une idée exacte.

Ici ce sont des ouvriers qui *recuisent*, étirent et arrondissent de grossiers cylindres de fer, puis qui les tréfilent en les passant graduellement dans les trous inégaux d'une filière.

Là, d'autres artisans coupent ce fil réduit à la grosseur qu'on veut donner aux aiguilles, en morceaux de grandeur égale. On les recuit ensuite de nouveau, et avec un poinçon on y forme le trou ou le *chas*.

Plusieurs ouvriers s'emparent encore de ces aiguilles imparfaites, jusqu'à ce que la pointe étant amincie avec une lime, elles présentent à-peu-près la forme de celles qu'on voit dans le commerce. Mais il faut encore les tremper et les polir; et la première de ces opérations est la plus délicate. C'est celle aussi où il nous est le plus difficile d'approcher des Anglois.

Le polissage est d'une exécution vraiment surprenante. On faisoit d'abord des rouleaux de quinze mille aiguilles qu'on lioit fortement par les deux bouts après les avoir enveloppées dans un treillis garni de poudre d'émeri, imbibée d'huile. On les rouloit ainsi durant vingt-quatre heures, sur une table de porphyre.

Aujourd'hui l'on se sert d'une machine qui polit à-la-fois six cent mille aiguilles. Elles sont disposées dans deux rouleaux, mêlées avec du sable très-fin, ou de la sciure de bois, lorsqu'il s'agit de donner le dernier poli, et enveloppées d'un treillis épais. Un *mouton à sonnettes* dont le moteur est une roue hydraulique, met en action deux grillages qui roulent sans cesse les aiguilles, et les pressent les unes contre les autres. Ce frottement, répété pendant plusieurs heures, finit par leur donner un poli éclatant.

C'est ainsi que les objets de l'usage le plus trivial,

ne doivent la modicité de leur prix qu'à la perfection des instrumens, des machines avec lesquels on les fabrique. La première manufacture que Pierre le Grand introduisit en Russie, ce fut une fabrique d'épingles : et ce fait ne paroît point étonnant à ceux qui réfléchissent combien d'arts il a fallu inventer, combien de procédés il a fallu créer pour parvenir à fabriquer des instrumens aussi commodes, d'une utilité aussi universelle. Lorsque Diderot et d'Alembert publièrent le prospectus de l'Encyclopédie; lorsque, dans le Mercure de France, ils présentèrent quelques fragmens de cette vaste entreprise, ils se vantèrent d'avoir pénétré dans le secret des manufactures; ils n'oublièrent pas surtout de se flatter d'avoir donné, sur la fabrication des aiguilles et des épingles, les détails les plus minutieux et les plus intéressans.

Le pays de Juliers qui confine à ce territoire, a une étendue de cent trente lieues carrées, et contient près de trois cent mille habitans. La ville de Juliers, entourée de bonnes fortifications, ne possède rien qui soit spécialement digne de notre remarque. C'est dans ses environs que se livra, en 1794, une bataille où le général autrichien Clairfayt éprouva un échec qui décida du sort de toute la rive gauche du Rhin, depuis Strasbourg jusqu'à l'embouchure du *Wahal*, l'une de ses branches; car après cette action, les troupes françoises s'emparèrent facilement de Cologne, de Bonn, de Maëstricht, de Nimègue, et bientôt de toute la

Hollande. Les François firent, le 5 décembre de cette même année, une tentative pour passer le Wahal, et furent repoussés avec perte; mais un froid extrêmement vif ayant couvert d'une glace épaisse le Wahal, la Meuse, et les autres fleuves et canaux qui traversent les Provinces - Unies, cette circonstance offrit aux conquérans une route facile : et l'armée ennemie, composée d'un mélange de toutes sortes de nations, formée de Hollandois, d'Anglois, d'Autrichiens, d'Hanovriens, de Hessois, d'émigrés et de déserteurs françois, fit de vains efforts pour empêcher l'envahissement total de ce pays. Le 10 janvier 1795, toute la Hollande étoit soumise.

Dans le traité que firent les délégués des assemblées provinciales bataves, avec les envoyés de notre république, les Hollandois cédèrent à la France, non seulement la partie de la rive gauche de l'Escaut qui leur appartenoit auparavant, mais ce qu'on appeloit la *généralité des Provinces-Unies*, et qui, outre Maëstricht, et une portion du duché de Limbourg, comprenoit la Gueldres méridionale. Il est bon de remarquer que le duché de Gueldres se trouvoit, à cette époque, partagé entre trois puissances, les États généraux des Provinces - Unies, l'Autriche et la Prusse. La fertilité et la richesse du pays, sa position avantageuse entre d'autres États, étoient plutôt le motif des prétentions respectives des copartageans, que son étendue ou sa population; car il n'a que trente-six lieues carrées environ, et l'on n'y compte guère que soixante à soixante-dix mille ames.

Parmi les villes qui contribuent à la richesse de ce département, nous citerons Crevelt. Cette cité offre un exemple frappant de l'absurdité de l'intolérance religieuse; elle démontre combien elle est impolitique et funeste dans les États. Si l'on y voit des manufactures florissantes de toiles, de basins, d'étoffes de soie, de serges, de siamoises, de draps, de velours, de rubans, de savon, de tabac et de vinaigre, il ne faut pas précisément l'attribuer à une situation favorable près du Rhin, et dans le voisinage d'autres villes opulentes, mais à l'émigration qu'en firent, vers le milieu du seizième siècle, les partisans de la secte des *Ménonites* (6), qu'on chassa de Gladbach, ainsi que de divers points du duché de Berg, sur la rive droite. Plusieurs familles, également persécutées pour leurs opinions, vinrent s'y établir et y apporter leur industrie. La manufacture de soie, fondée par *Adolphe van der Layen*, l'un des principaux parmi les Ménonites, subsiste encore et est dirigée par ses descendans. Elle occupe quatre à cinq mille personnes, tant de la ville elle-même que de ses environs.

Si l'intolérance est fatale dans les grands empires où il règne de fait une religion dominante, où il se trouve fort peu de dissidens, eu égard à la masse de la population, que l'on juge de ses effets dans les petits Etats, resserrés dans une étendue très-circonscrite de territoire, et qui suivent des dogmes différens. En effet, ce département surtout, étoit partagé entre les hérétiques et les orthodoxes. Il falloit être catholique à Aix-la-Chapelle et à Juliers, protestant à Gueldres, à Clèves et à Crevelt, et catholique à Bonn et à Cologne. Ces rapprochemens donnoient lieu à des persécutions interminables, à des représailles fréquentes. Si quelque Luthérien étoit insulté dans les pays catholiques, on chassoit aussitôt des pays protestans tous les sectateurs de la religion romaine, et principalement les moines et les prêtres. Chacun des deux partis exagéroit les torts de l'autre, et oublioit de parler des siens : parce que les hommes, à quelqu'opinion qu'ils tiennent, s'imaginent toujours avoir toute la raison de leur côté. Tout en opprimant leurs adversaires, ils ne manquent jamais de crier à la persécution.

Gueldres et Clèves jouissent, sous le rapport du commerce, de très-grands avantages. La première, si jamais on achève le canal qui fut commencé sous les auspices de l'infante Isabelle-Claire-Eugénie, aura une communication importante avec la Meuse et le Rhin. Clèves, située comme elle sur la petite rivière de Niers, possède un canal qui se rend dans ce dernier fleuve; d'un autre côté, la Niers qui se jette dans la Meuse, à peu de distance de cette ville, offre des avantages de même nature que ceux que l'on pourroit attendre de la *fosse Eugénienne*, mais cette circonstance ne dispense pas d'achever ce dernier canal, parce que Gueldres étant plus à la portée de Maëstricht, de Liége, d'Aix-la-Chapelle,

Dueren.

de Juliers, de Cologne, de Coblentz, et d'autres places de commerce, cette ressource lui seroit infiniment plus utile; et d'ailleurs, pour nous servir d'un proverbe trivial, accrédité par la naïveté souvent judicieuse du peuple, *abondance de biens ne nuit pas.*

Quelques auteurs estiment à cinq cent quatre-vingt-sept mille trois cent quarante-huit ames la population du département de la Roër; d'autres, qui paroissent avoir établi leurs calculs sur des bases plus exactes, la portent à six cent soixante-dix mille individus. Cette multitude d'habitans trouve son existence dans les travaux des champs et des manufactures. Les villes principales que nous avons citées fournissent, par leurs atteliers, à la subsistance d'un grand nombre de familles; il est encore un grand nombre de bourgs et villages précieux par les productions des arts et métiers. A Lennersdorf, existe une fonderie de canons qui, il faut en former le vœu, deviendra inutile, sans laisser oisifs les ouvriers qui y sont occupés: elle sera remplacée par des atteliers où le cuivre recevra, des mains de l'art, des formes moins redoutables, et plus utiles au bien-être de l'espèce humaine. A Borcette, existent des fabriques d'aiguilles, aussi bien qu'à Burscheid. Les unes et les autres le disputent pour la perfection aux aiguilles renommées de l'Angleterre. A Duren, on voit des moulins à papier, des forges et des *fenderies* de fer. A Vierssen, Ahlen, Bracht, Dulken et Gladbach, on fabrique des rubans de velours et des toiles superfines, des linges ouvrés et damassés.

Il semble que, dans ce département, l'industrie, comme un nouveau Protée, se soit approprié mille formes diverses, ait essayé tous les moyens de pourvoir à nos *besoins factices*, dont l'état de société a fait pour nous des nécessités indispensables. Les métaux qui sont enfouis dans les entrailles de son sol, les animaux qui paissent à sa surface, les produits bruts de l'agriculture, soumis à la puissance des arts, y reçoivent ces apprêts ingénieux qui en multiplient à l'infini et l'utilité et les ressources.

Nous nous sommes acquittés de la tâche à laquelle nous nous étions obligés; nous sommes arrivés à la partie la plus septentrionale de la France. Sans doute, cet examen différé de quelques années, eût présenté des résultats encore plus satisfaisans que ceux que nous avons été dans le cas d'observer. Mais il n'est pas inutile d'établir pour l'avenir des objets de comparaison. Il en est des corps politiques comme des corps physiques. Que la santé et la vigueur en fassent agir sans peine tous les membres, toutes les facultés, cette situation paroît toute naturelle, et ne produit aucun étonnement; mais c'est après une longue et cruelle maladie, après des agitations violentes et convulsives, lorsqu'enfin une convalescence tardive vient réparer avec lenteur le désordre des sens, l'épuisement des forces vitales, que l'on juge plus sainement, et de la cause des maux qu'on a soufferts, et des moyens de les prévenir désormais, et des expédiens les plus sûrs pour en éteindre jusqu'au souvenir.

Puissent les notions que nous avons données sur les acquisitions précieuses de notre patrie, faire naître des idées d'amélioration, d'ordre et d'économie tellement calculées, qu'elles tournent non seulement à l'avantage de la France considérée en général, mais à l'utilité particulière de ces malheureux pays qui ont d'autant plus souffert des guerres sanglantes qui ont exercé leur fureur sur leur territoire, qu'ils en étoient presque toujours l'objet ou le prétexte!

NOTES.

(1) JAMES BRUCE, dans son voyage aux sources du Nil, s'exprime en ces termes sur l'état actuel de l'emplacement où fut la ville de Tyr : « J'y fus le triste témoin de
» la vérité de la prophétie d'Ézéchiel sur cette ville :
» *Tyr, la reine des cités, sera un jour un rocher sur*
» *lequel les pêcheurs feront sécher leurs filets* (Ézé-
» chiel, Chap. XXVI. v. 5.). Deux misérables pêcheurs,
» après avoir pris un peu de poisson, venoient d'étendre
» leurs filets sur le rocher qu'elle couvroit jadis. »

Le voyageur anglois ajoute qu'il les engagea à les jeter de nouveau dans les endroits où l'on dit qu'il se trouve des coquillages. Il avoit quelqu'espoir qu'ils lui rapporteroient un de ces fameux poissons qui recéloient, dit-on, la pourpre de Tyr. Mais il fut déçu dans son attente ; et il pense, toutefois, qu'il ne fut pas, sur cet objet, moins heureux que ne l'étoient les anciens pêcheurs de cette cité célèbre. Il présume que le coquillage fabuleux des Tyriens n'étoit qu'un leurre pour cacher la connoissance qu'ils avoient de la cochenille. « Si la pourpre, dit-il,
» avoit dépendu de ce même coquillage, et que toute la
» ville se fût mise à pêcher, on n'auroit pas pris de quoi
» teindre vingt aunes d'étoffe par an. »

(2) Ces fortifications sont construites dans le systême antique, et se réduisent à-peu-près à une enceinte de murailles.

(3) Les hommes, plus stupides encore que dévastateurs, qui ont vendu pour 30 sols la première glace soufflée en France, à l'imitation de celles de Venise, que l'on conservoit précieusement à Fontainebleau, dans un des appartemens du château, ne sont - ils pas des descendans en ligne directe des Goths et des Vandales ?

(4) Lors de la relation de ce que nous avions observé à Maëstricht, nous avons parlé du miracle que l'on attribue à Saint Monulphe et à Saint Gondulphe, qui se prêtèrent complaisamment à rendre complet le nombre de trois cent soixante-cinq évêques et archevêques, dont Charlemagne n'avoit pu rassembler que trois cent soixante-trois.

(5) L'amusement philosophique sur le langage des bêtes, par le père *Bougeant*, est dans toutes les bibliothèques. Qui croiroit que ce badinage ait pu attirer à son auteur des désagrémens d'une nature fort sérieuse ? Les dévots crièrent à l'immoralité et au scandale, et prétendirent que le père Bougeant avoit fait un usage irréligieux de divers passages des livres saints et des pères de l'église. Un exil, à la vérité de peu de durée, fut le châtiment du Jésuite philosophe.

(6) Les *Ménonites* sont une secte de la religion pro-

D

testante, comme les *Hernutes*, les *Quakers* et les *Swedemborgistes*. Ces diverses sectes diffèrent moins par leurs dogmes sur les principes fondamentaux du christianisme, que par leur manière de vivre, et le but que leurs partisans se proposent dans la société.

Fin du Voyage dans les Départemens de la France.

VOYAGE
DANS LES DÉPARTEMENS
DE LA FRANCE,

Enrichi de Tableaux Géographiques et d'Estampes.

Par J. B. J. BRETON, pour la partie du Texte; Louis Brion, pour la partie du Dessin; et Louis Brion père, pour la partie Géographique.

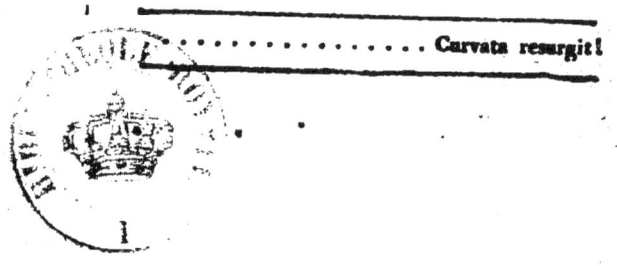

.... Curvata resurgit!

A PARIS,

Chez
- Brion, rue de Vaugirard, N.° 98, près l'Odéon.
- Déterville, Libraire, rue du Battoir.
- Debray, Libraire, Palais-Égalité, galeries de Bois, N.° 236.
- Gueffier, au Cabinet litt., boulevard Cérutty.

AN X. — 1801.

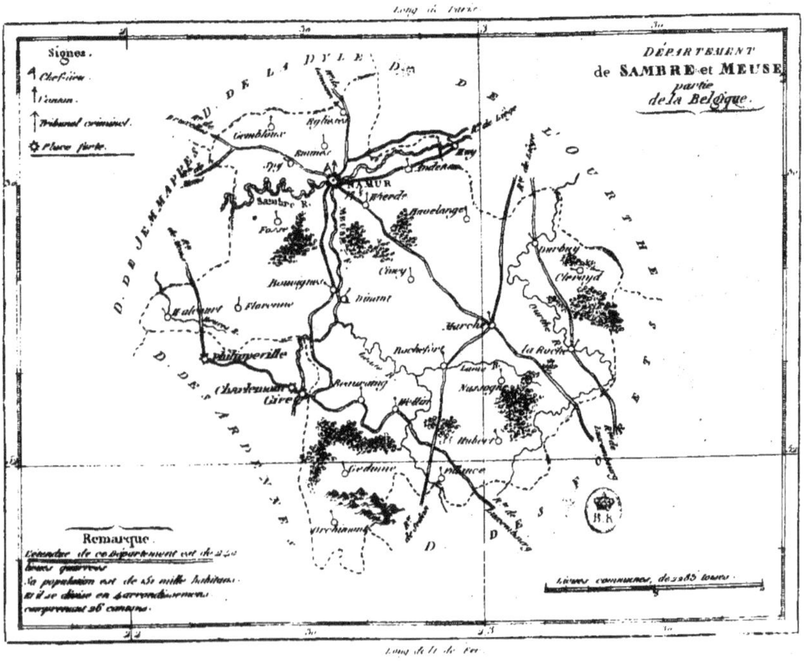
DÉPARTEMENT
de SAMBRE et MEUSE
partie
de la Belgique.
Signes.
Chef-lieu.
Canton.
Tribunal criminel.
Place forte.
D. DE LA DYLE
D. DE JEMMAPPES
D. DES ARDENNES
D. DE L'OURTHE
NAMUR
Gembloux
Sambre R.
Fosse
Bouvignes
Dinant
Florenne
Walcourt
Philippeville
Charlemont
Givet
Rochefort
Marche
Durbuy
la Roche
St. Hubert
Gedinne
Remarque.
Long. de Paris.
Long. de l'Ile de Fer.

VOYAGE
DANS LES DÉPARTEMENS
DE LA FRANCE.

DÉPARTEMENT DE SAMBRE ET MEUSE.

Les forêts dont ce département est rempli, le grand nombre de bois qui y abondent, le rendoient extrêmement riche en gibier, avant que la liberté de la chasse, quoique renfermée dans de justes limites, en eût diminué considérablement la quantité. Du tems de la conquête des Romains, l'agriculture n'avoit point encore substitué aux arbres de toute espèce qui y croissoient, des végétaux annuels non moins nécessaires aux besoins de l'homme. Aussi les Pleumosiens qui habitoient cette contrée, au rapport de cet homme illustre, littérateur non moins distingué que conquérant heureux, étoient-ils un peuple de chasseurs. La guerre continuelle qu'ils faisoient aux hôtes sauvages des forêts; l'espèce de férocité inséparable d'un pareil genre de vie, leur avoit donné cette valeur, cette audace intrépide, que les fatigues ni les dangers ne sauroient rebuter, et qui les fit résister long-tems aux entreprises du général romain.

Epars au milieu de ces forêts presque impénétrables, ne se rencontrant en quelque sorte que par hasard, ou pour combattre l'ennemi commun ; ignorant les premiers principes des sociétés, ces nations incivilisées ne bâtissoient point de villes, ne construisoient pas même de maisons. Les trous que le tems avoit formés dans les rochers, les antres qu'on disputoit aux bêtes fauves et carnassières, étoient leurs seules retraites, leur unique abri contre l'intempérie et les vicissitudes des saisons.

Avoient-ils besoin, pour repousser les forces de leurs conquérans, de construire des forts, d'ajouter aux difficultés naturelles que le sol leur opposoit partout ? César nous apprend encore comment l'instinct leur avoit suggéré des expédiens que tout l'art des Vauban, des Coëhorn, des Montalambert, n'a pu surpasser de nos jours. Ils choisissoient d'abord, ou quelques montagnes élevées, où l'on ne pouvoit gravir qu'avec peine, ou des marais inaccessibles, et ils les environnoient de palissades d'un genre tout particulier.

Leur art consistoit à couper à quelque distance de terre plusieurs rangs de jeunes troncs d'arbres ; ils les entrelaçoient les uns dans les autres, et lorsque de nouvelles branches poussoient, elles se confondoient ainsi, et s'entremêloient au point de ne plus laisser de passage praticable.

Ce n'étoit pas tout : il se trouvoit nécessairement des vuides entre les branches ; ils les combloient avec de gros quartiers de pierre, avec de la terre et d'autres matériaux ; de sorte qu'il étoit impossible de franchir ces redoutables enceintes. C'est là qu'en tems de guerre ils cherchoient un refuge pour leurs familles et leurs richesses, qui consistoient simplement en leurs troupeaux. De simples cabanes de verdure y formoient leurs maisons de luxe.

Quelques auteurs prétendent que ces peuples furent d'abord gouvernés par des rois, et que l'un d'eux, nommé Aganippe, qu'ils assurent avoir été contemporain de Salomon, fut le fondateur de Namur, et qu'il dédia cette ville à Neptune. Il employa le premier, pour bâtir les maisons, des ouvriers particuliers; il établit également une religion, s'en fit le chef, et fut imité en cela par ses successeurs.

Le pays de Namur passa de la domination de ces prétendus rois à celle des Germains. Sambron, l'un de ceux qui y régna, est, dit-on, celui qui donna son nom à la rivière de Sambre. A cette dynastie succéda celle des rois de Tongres, que l'on regarde comme des habitans de la Germanie, qui, mécontens de leur pays, vinrent s'emparer d'une partie de la Belgique, et bâtirent la ville de Tongres. Sedroch, leur quatrième roi, s'empara de Namur, malgré la vive résistance qu'il éprouva, et nomma cette forteresse *Sédrochie*, pour perpétuer le souvenir de sa conquête.

Bientôt les Advaticiens, peuple voisin des environs de Courtray, voulant aggrandir leur puissance, s'emparèrent de la forteresse de Sédrochie, et changèrent même jusqu'à son nom; ils l'appelèrent *Nemetum sur Sambre*, en mémoire de *Nemetum sur le Rhin*, aujourd'hui la ville de Spire, qu'on venoit de leur conquérir.

Cependant la succession rapide de différens maîtres n'avoit rien affoibli du caractère farouche des habitans : il étoit réservé aux Romains d'y introduire un commencement de civilisation. Ceux-ci toutefois ne laissèrent pas, en leur donnant le goût de la vie sociale, de leur inculquer en même tems leurs idées superstitieuses. En très-peu de tems les Namurois, sans renoncer tout-à-fait à leurs Dieux, adoptèrent fraternellement ceux des Romains, et leur élevèrent de tous côtés, des temples et des autels. La religion payenne y fit même de si grands progrès, qu'il en reste encore des vestiges ineffaçables. On les retrouve dans l'étymologie même du nom de certaines villes. Par exemple, Diane avoit ses autels à *Dinant*; Mercure à *Hastières*, sous le nom d'Asténeis. Apollon étoit adoré dans la forêt d'Arse, et on lui donna pour cette raison l'épithète d'*Arsius*. Le nom de *Soleilmont*, qui subsiste encore, indique que cet endroit étoit une montagne consacrée au même Dieu. *Freyr* a reçu sa dénomination de Vénus, que les Gaulois appeloient *Fry*, *Frau*, ou Fréda. (1) Hercule étoit adoré à Walcour, sous le nom de Wallus ; Mars à Marche-sur-Meuse ; Janus à Gennevau, etc.

Les noms de plusieurs autres villes suffiroient pour attester le grand nombre de forêts que l'on y a défrichées, ou, en termes de l'art, *sartées*. C'est pour cela que l'on voit tant de lieux commencer ou finir par la syllabe *sart*, entr'autres *Sart-le-Moine*, *Sart-Saint-Eustache*, *Sart-Saint-Laurent*, *Sart-Saint-Aubain*, *Lodelinsart*, etc.

A considérer le plan topographique de ce Département, à regarder son terrain montueux et inégal, on seroit porté à croire que le sol en est peu fertile. Cependant, non-seulement on y voit des plaines belles et spacieuses, des vallons d'une fécondité admirable ; mais la pente douce des collines permet encore d'y ensemencer des graines céréales qui diffèrent suivant la nature des expositions. Le froment, l'orge, l'avoine, l'épautre, le sarrasin y prospèrent et y fournissent d'excellentes récoltes, ainsi que le trèfle, la navette, le colzat et le chanvre. Le botaniste qui fait ses excursions dans les vallées délicieuses, sur les lisières des bois, ou sur la cime des collines, y trouve des échantillons précieux pour enrichir son herbier. Il voit une multitude de plantes qui diffèrent par leur forme, par leur attitude, ou par leur couleur, croître sous les haies et sous les fougères, qui, dans ce pays, viennent à une hauteur excessive.

La Sambre et la Meuse, resserrées dans leur lit pendant l'été, débordent souvent pendant l'hiver ; et, double Nil de cette contrée, elles fertilisent ainsi les prairies qui les avoisinent.

Les arbres fruitiers, les légumes qui viennent avec succès, font l'ornement et l'utilité des jardins et des vergers aux environs des villes.

A tous ces avantages, auxquels nous réunirons l'abondance inépuisable des bois, vient se joindre la richesse intérieure de la terre ; des carrières de toutes sortes de marbres ; des pierres de diverses couleurs, de différentes densités ; des grès propres à paver ; des pierres à plâtre et à chaux. Des mines de fer, de plomb, de houille, de charbon de terre, de terre à pipe, et d'argile propre à la fabrication de la faïence, y sont dans une exploitation florissante. La partie d'entre Sambre et Meuse principalement est couverte d'usines, de forges et de fourneaux à fer. La Meuse charrie les productions du sol. On y transporte sur de gros bateaux une quantité étonnante de pierres et d'autres minéraux qui manquent aux Hollandais.

Parmi les grès, nous avons remarqué une espèce si dure, qu'elle est du plus grand usage pour la construction des fourneaux destinés à fondre les mines de fer. Le grand feu que l'on entretient continuellement dans ces fourneaux, n'y cause point d'altération sensible. Ils ne s'usent et ne se détruisent qu'après avoir servi pendant plusieurs années. Le sulfate de fer, ou couperose, nommée *Kis* dans le pays, y est fort commun. Une des productions les plus précieuses est une sorte de terre nommée *derle*, dont on se sert pour construire les creusets destinés à la fonte des mines de cuivre.

A peine la fin de l'année agricole a-t-elle condamné, dans les autres pays, les journaliers cultivateurs à l'oisiveté et à la misère, que les gens de campagne trouvent ici une autre ressource. Ce n'est point, comme en Flandre et dans le Brabant, à des occupations sédentaires qu'ils se livrent ; endurcis à la fatigue, ils savent encore résister à l'intempérie de la saison. Les uns vont travailler dans les forêts, soit pour y extraire le bois de chauffage, soit pour fabriquer sur place les poutres et planches nécessaires aux constructions civiles ou maritimes. On compte que quatre-vingt mille bras sont annuellement employés à exploiter les produits du département, ou à les voiturer.

Il y a déjà fort long-tems que l'on y a découvert les mines de fer et de plomb ; mais un inconvénient inséparable de l'imperfection des machines que l'on employoit d'abord, faillit les rendre inutiles. Les eaux y filtrèrent et en remplirent les cavités : on réussit, avec beaucoup d'efforts, à les diminuer et à continuer les exploitations que l'on avoit été forcé de suspendre ; mais bientôt les eaux s'augmentèrent, et toutes les machines hydrauliques connues devinrent insuffisantes pour les épuiser. C'étoit en vain que l'on faisoit mouvoir des roues à auges et à chapelets par des ruisseaux ; c'étoit en vain que l'on employoit une grande quantité de bras, que l'on faisoit toutes sortes de sacrifices et de dépenses, on avoit été forcé d'abandonner l'entreprise.

Lorsque les Anglais, d'après les idées de notre compatriote Papin, eurent construit la pompe à feu, qu'on l'ent essayée en France avec succès, qu'on en ent établi une fort belle à Liége, on imagina d'employer le même procédé. Une première machine à feu fut établie, et permit de recommencer ces travaux ; mais comme, à mesure qu'on y creusoit, les mines se remplissoient d'eau, on fut obligé, en 1735, de faire une seconde machine, puis une troisième en 1738, puis d'autres encore il y a quelques années. Chacune de ces pompes retire à-peu-près quinze tonnes d'eau par minute, d'un fond qui n'a jamais moins de soixante toises de profondeur.

Des indices certains ont appris qu'il existoit en plusieurs endroits des mines d'argent; mais comme la richesse de la mine n'est pas toujours en raison de celle du métal ; comme il est certaines mines de plomb, et même de pierre à plâtre infiniment plus précieuses que certaines mines d'or, on n'a pas jugé à propos d'en entreprendre l'exploitation. Il seroit douteux que l'on retirât même les premiers frais nécessaires pour commencer l'entreprise.

Rien de plus enchanteur que les deux rives de la Meuse : le spectacle qu'elles offrent est une espèce de tableau mouvant, qui toujours amuse les yeux, et qui jamais ne les fatigue. Ici vous voyez ce fleuve resserré entre des montagnes escarpées et couronnées de forêts touffues; là, bientôt le terrain s'élargit, la pente devient plus rapide ; il précipite ses eaux avec fureur, comme s'il vouloit regagner le tems que l'obstacle lui a fait perdre. Tantôt avare de ses flots, quoique les rives soient unies, il les roule dans un lit étroit et profond ; puis, souriant à l'aspect d'un paysage plus varié, il se divise en plusieurs branches, embrasse des monticules, dont il forme des îles florissantes.

Si ans plusieurs endroits tout semble respirer la solitude; si la sombre teinte des montagnes hérissées de pins ou de rochers porte dans l'ame une mélancolique rêverie, l'on ne tarde pas à voir paroître une scène plus gaie, et qui produit des sensations d'une nature plus satisfaisante; on voit de nombreux ouvriers, occupés aux travaux de leur état, applanir et réparer les routes, travailler à la surface de la terre, ou creuser jusques dans ses entrailles, tandis que leurs ménagères, dans les chaumières riveraines du fleuve, leur préparent un repas frugal, qui en un instant les restaurera de leurs fatigues.

La Sambre n'offre pas un coup-d'œil moins digne d'admiration. Après avoir arrosé des prairies fertiles, après avoir baigné l'humble territoire de quelques villages, elle va se perdre dans la Meuse, près d'un lieu dit le refuge de Floreffe, vis-à-vis d'une tour appelée anciennement la tour de Saint-Gervais.

Les avantages que procurent ces deux rivières, sous les rapports du commerce et de la navigation, ne sont pas les seuls : elles fournissent au chef-lieu du département quantité d'excellens poissons. Malgré même la distance qui existe de cette partie des Pays-Bas à l'Océan germanique, il n'est pas rare de pêcher dans la Meuse des saumons de vingt à trente livres qui y viennent de la mer, en remontant le courant.

Dans les districts d'entre Sambre et d'outre Meuse, la multiplicité des hauteurs donne nécessairement lieu à beaucoup d'écoulemens d'eau, à la grande quantité de ruisseaux qui entrecoupent le sol. Outre les truites, les ombres, les écrevisses délicieuses et les poissons qu'ils nourrissent jusqu'au moment où l'hameçon, l'épervier ou la seine les livrent au pouvoir de l'homme, ils ont encore un autre objet d'utilité ; ils mettent en mouvement une infinité de moulins, tant à farine qu'à huile, papeterie, armes, etc.

Le seul objet qui manque au pays de Namur, pour

le rendre en quelque sorte indépendant de tous ceux qui l'avoisinent, c'est le vin. Ce n'est pas qu'autrefois il n'y eût beaucoup de vignobles, sur-tout depuis Namur jusqu'à Bouvigne.

Le terrain que l'on nomme aujourd'hui les Trieux de Salsinne, étoit également rempli de vignes ; mais soit qu'une culture mal dirigée ait affoibli la qualité du sol (2), soit que toute autre espèce de plantation fût plus avantageuse, on a peu-à-peu arraché les vignes : il n'en existe plus guère aujourd'hui que du côté de Namur sur les hauteurs de Buley, et ce qu'il y a de plus étonnant, c'est qu'elles y croissent presque sans terre, le sol étant crayeux et nu : aussi le liquide qu'on en retire n'est-il pas fort estimé.

Telles sont les observations que nous avons été à portée de faire en nous dirigeant sur Namur, capitale de l'ancienne province. Environnée de montagnes, elle est bâtie au confluent de la Meuse et de la Sambre ; sa figure est ovale.

Nous avons donné déjà l'une des versions les plus accréditées sur l'origine de cette ville ; mais tous les historiens ne sont pas d'accord à cet égard. Il en est qui, comparant la description donnée par Jules-César de la forteresse des Advaticiens à une montagne nommée *Hastedon*, située près de Namur, se sont persuadés que cette forteresse étoit en effet située en cet endroit, tandis que d'autres, se fondant sur des motifs différens, l'ont placée plus près de Tongres. Il est néanmoins difficile, lorsqu'on tient les commentaires de César à la main, et que l'on parcourt les environs de Namur, de ne pas reconnoître les lieux décrits par Jules-César, les mêmes précipices, la même chaîne de rochers.

La disposition du sol tend aussi à ne plus faire regarder comme étonnant que le conquérant romain ait enfermé la place dans une ligne de circonvallation de quinze mille pas de circuit. Les partisans de cette opinion citent un fait qui semble être de quelque poids en sa faveur. César rapporte qu'il ne voulut entendre à aucune proposition avec les Advaticiens renfermés dans leur forteresse, qu'ils n'eussent jeté toutes leurs armes du haut de leurs retranchemens dans les fossés. Les assiégés exécutèrent avec soumission la condition que leur prescrivoit un vainqueur irrité. Ils jetèrent une si grande quantité d'armes, qu'en quelques endroits les fossés en furent presque comblés. Or, il y a une soixantaine d'années, lorsque l'on creusa à l'endroit dit le *Beauvallon*, pour y jeter les fondemens des bâtimens servant à la papeterie qui y existe aujourd'hui, on trouva, fort avant dans la terre, un amas considérable d'armes gauloises, telles que boucliers, coutelas, épées, javelots, flèches et autres armes soit offensives, soit défensives; d'où l'on peut présumer que c'étoit une partie des armes des vaincus que les conquérans avoient négligé d'enlever, et qui s'étoient trouvées enfouies lorsqu'on avoit comblé les fossés de la place.

Toutes ces circonstances réunies, ainsi que la majorité des opinions, portent donc à croire que l'ancienne forteresse où les Advaticiens firent leur défense désespérée, étoit située sur la montagne de

Hastedon. Ajoutez à cela que ce mot de *hastedon* a une physionomie latine que l'on peut, avec beaucoup d'apparences de raison, faire venir de *hastæ donum*, et semble avoir été fait exprès pour consacrer le souvenir de la reddition des armes dont nous avons parlé.

S'il y a beaucoup d'obscurité sur l'origine de la ville de Namur, il y en a pour le moins autant sur celle de son nom. Certains auteurs l'attribuent à une idole appelée *Nam*, qui avoit son temple au haut de la montagne où l'on a bâti dans la suite le château de Namur. Ils ajoutent que *Nam* signifioit Neptune, et que la grosse pierre que l'on voit encore au milieu de la plaine de Yambes, n'étoit autre chose qu'un autel où l'on offroit des sacrifices à ce dieu de la mer. Cette pierre fort curieuse, est un quartier de rocher plat, d'un volume assez considérable, soutenu par quatre pierres grossièrement taillées, comme par autant de piliers; elle est placée obliquement à l'horison; ce que l'on juge avoir été pratiqué à dessein, afin de faire écouler plus aisément le sang des victimes que l'on y immoloit. Nos chronologistes, à la vérité, ne sont pas d'un avis unanime. Quelques-uns d'entr'eux veulent que cette pierre soit la tombe sépulcrale de Brunehaut, reine d'Austrasie; voilà pourquoi ils l'appellent *la pierre de Brunehaut*. Mais cette hypothèse qui n'est pas appuyée de preuves, est d'ailleurs destituée de vraisemblance, si, d'après le sentiment de presque tous les historiens, cette princesse a été inhumée à Autun, en Bourgogne, dans un

Namur.

monastère qu'elle y avoit fondé. Quant aux gens du peuple, ils ne vont pas chercher si loin leurs conjectures ; ils l'appellent *pierre du diable* ; et ils fondent cette dénomination sur une tradition non moins ridicule que superstitieuse.

On conçoit bien, jusqu'à présent, que *nam* ait pu entrer comme élément dans la composition de *Namurum* (Namur) : afin de compléter l'étymologie, on a prétendu qu'un certain *saint Materne* rendit cette idole muette ; et qu'en conséquence, on l'a appelée en langue romaine *nam-mutus* ; d'où, par corruption, et par la raison à-peu-près qui fait prononcer aux Arméniens *Turin*, *au lieu de Tunis* (3) on a fait *Namurum*.

D'autres disent que cette ville ayant été bâtie par les Romains, ou, selon quelques auteurs, par Auberon, fils de Clodion le chevelu, roi des Francs, ils la nommèrent *Novus murus*, d'où on a fait en français *Neamur*, et ensuite Namur. Quelque séduisante que soit cette explication au premier coup-d'œil, nous ne dissimulons pas qu'elle est contredite par l'ancienne orthographe. Placentius nous apprend qu'avant le douzième siècle on écrivoit *Namu* sans R. On voit sur différens monumens : *Namucensi stemmate nata. Namutinatum. In comitatu Namucensi. Comitissima Namucensis*, etc.

Au surplus, les faiseurs de conjectures ne s'en sont tenus ni au *nouveau mur* de Clodion, ni à la légende de saint Materne ; ils ont lu dans les chroniques qu'il avoit existé un *Naimon de Bavière*, et ils lui font l'honneur de le regarder comme ayant donné son nom à la ville. Le père *Demarne*, dans son histoire du comté de Namur, commence par établir que la ville étoit anciennement appelée *Na-men*, et partant de ce paralogisme, il n'a pas de peine à prouver que *nant* signifiant vallée dans la langue celtique, et *maën* pierre, cela veut dire tout justement la vallée des pierres; appellation que la position de Namur rendoit au reste vraisemblable.

Un moderne, M. Paquot, a trouvé une origine encore plus éloignée de la prononciation : il la tire de *na-mond* ou *na-mant*, qui, en langue franque, exprimeroit sa position à l'embouchure de la Sambre.

Il est plus facile, au surplus, de reconnoître quelle est la partie de la ville où furent bâties les premières maisons. C'est la partie d'entre Sambre et Meuse, au pied même du château, qui fut le berceau de cette place. Il paroît qu'elle ne s'aggrandit que peu-à-peu, parce qu'elle paroissoit plus propre à servir de forteresse, qu'à devenir une ville commerçante : ce ne fut donc principalement que dans le quinzième siècle qu'elle commença à prendre une certaine consistance.

Les quatre grandes portes (de *Caius*, de *Bordeleau*, de *Baley* et de *Grognon*) qui enfermoient autrefois le quartier d'entre Sambre et Meuse, n'existent plus aujourd'hui, ou du moins il n'en reste plus que des ruines méconnoissables. La première a fait place à un marché au poisson ; la seconde communiquoit avec le palais des comtes de Namur, au moyen de degrés pratiqués dans le roc vif ; la troisième est
devenue

devenue une fausse porte ; la dernière est celle qui a le moins souffert; seulement les tours en sont abattues.

Le château de Namur, aujourd'hui ruiné comme toutes les autres fortifications, a subi aussi divers changemens et agrandissemens : ce n'étoit d'abord qu'un simple donjon élevé sur un roc escarpé, et presque inaccessible ; peu-à-peu les ouvrages s'étendirent, du roc dont nous avons parlé, jusques sur les montagnes voisines ; de sorte qu'il occupoit beaucoup plus d'espace que la ville elle-même. Enfin les Hollandois, maîtres de la place, en vertu du traité d'Aix-la Chapelle, de 1748, firent de telles dépenses, firent des additions si considérables, tant autour de la ville, qu'autour du château, qu'ils rendirent la ville une des plus fortes de l'Europe, et en même tems un monument digne de la curiosité des étrangers.

Joseph II, qui avoit de fortes raisons pour suspecter la fidélité des Belges, et que la politique empêchoit néanmoins de les contenir par de trop fortes garnisons, se vit contraint, comme nous l'avons déjà dit, à faire le sacrifice de la plupart des forteresses de la Belgique : Namur ne fut pas plus épargné que les autres ; la destruction des fortifications entraîna celle des remparts de la ville, qui, avant cela, étoient extrêmement beaux, et formoient une promenade des plus agréables.

Namur, privé des ornemens dangereux qui en faisoient la magnificence, ne se distingue par aucun bâtiment qui ait mérité de nous occuper sérieusement.

B

Les personnes de la classe la plus riche parlent très-bien français ; les autres se servent du *wallon*, ou français corrompu, mélangé du flamand. Les anciens habitans étoient rudes, grossiers, et simples dans leurs habillemens comme dans leurs mœurs ; mais ils étoient francs, sincères, remplis de bonne foi ; et quoiqu'il leur soit arrivé de se soulever quelquefois contre leurs princes, on a remarqué qu'ils portoient, en général, leur joug avec docilité. Lors des troubles des Pays-bas, sous le règne de Philippe II, ils furent les seuls qui demeurèrent fidèles à leur souverain ; ce furent ceux chez lesquels la religion catholique trouva le moins d'antagonistes. Il faut dire, à la vérité, que l'importance de la place avoit nécessité qu'on y plaçât une garnison considérable ; lorsque les villes de Gand, d'Anvers et les autres étoient en proie aux dissentions les plus violentes ; qu'elles étoient tour-à-tour occupées et par les catholiques et par les hérétiques, Namur se trouva toujours entre les mains du même parti.

Nous n'avons pas besoin de dire que les Namurois modernes ont perdu la rusticité de mœurs de leurs ancêtres. Les progrès qu'y ont fait les belles-lettres, les arts libéraux et d'agrémens, la présence d'une noblesse polie, ont façonné les usages, ont poli les mœurs, ou (pour emprunter le langage de J. J. Rousseau) les ont corrompues. Il faut avouer, néanmoins, qu'il y a ici moins de luxe, et conséquemment moins de misère qu'ailleurs. Une médiocre population, qui est d'environ quinze mille ames, trouve dans les manufactures et dans le commerce des ressources pour assurer sa subsistance. Les fabriques de ce pays les plus renommées, sont celles d'armes et de coutelleries; elles fournissent à des exportations considérables.

La tannerie forme une branche de commerce non moins précieuse, ainsi que la batterie en cuivre, qui étoit encore, il y a peu d'années, la seule existante dans les Pays-bas. On en exporte, en conséquence, une grande quantité de cuivre en feuilles ou en chaudrons manufacturés. Lorsque le régime féodal embrassoit toute l'Europe, les citoyens étoient soldats en naissant, mais dans une autre acception que celle qui est employée de nos jours. Au premier signal donné par le seigneur suzerain, ses vassaux étoient obligés de se lever *en masse*, et de combattre pour sa querelle. Les princes qui n'avoient point encore le secret d'entretenir des armées en tems de paix, étoient obligés d'exercer continuellement leurs vassaux, afin de les mettre en état de marcher au premier moment. Voilà pourquoi ils avoient établi des institutions militaires, dont nous voyons encore subsister les vestiges dans la plupart des petites villes de France ou d'Allemagne. A Namur on avoit établi, sous le nom de *sermens*, des compagnies d'archers et d'arbalêtriers, exclusivement composées de l'élite des bourgeois. Ils se rendoient tous les dimanches, en armes, dans la vallée de Saint-Georges, dite aujourd'hui les *Trieux de Salsinne*, et là on les exerçoit à tirer contre un but, par pelotons. Les bourgeois s'ennuyèrent bientôt de cette corvée, et s'en dispensèrent : les *sermens* ne furent plus composés que des citoyens du second et du troisième rang, et même des étrangers qui aspiroient au droit de cité. Ils dégénérèrent encore, et se trouvèrent réduits à un petit nombre d'arquebusiers qui alloient tirer l'oiseau tous les dimanches : celui d'entr'eux qui gaguoit le prix pendant trois années consécutives le jour de Saint-Georges, étoit salué *empereur*.

Comme il se trouvoit parmi eux d'assez mauvais sujets, et que cette corporation donnoit de l'ombrage au magistrat, il trouva le moyen de les dégoûter; ce fut d'ordonner qu'ils serviroient d'escorte aux criminels que l'on conduisoit au supplice. Il n'en fallut pas davantage pour les dissoudre. Il s'en trouva cependant parmi eux d'intrépides qui ne voulurent consentir à se dégager de leur *serment*, que sous les conditions qu'on leur donneroit *gratis* le droit de bourgeoisie. On le leur accorda; et ce fait arriva en 1350.

La jeunesse de Namur avoit aussi ses exercices, auxquels elle tenoit davantage, et qui se sont abrogés plus difficilement; c'étoient des joûtes sur l'eau, le jeu de l'anguille, le combat des échasses, et la danse des sept Machabées.

Les joûtes sur l'eau ressembloient assez à celles que nous voyons encore à Paris pendant la belle saison : le jeu de l'anguille, que l'on donne quelquefois, a lieu dans le bassin de la Sambre, à l'endroit qu'on appelle la basse Sambre : on choisit pour cela le lieu le plus profond; l'on place en travers une corde, au milieu de laquelle est attachée fortement une grosse anguille : au signal donné, une grande quantité de jeunes gens, à bord de leurs nacelles, passent avec vîtesse, et à force de rames, sous la corde, s'élancent pour arracher l'anguille, et le plus souvent se laissent tomber dans l'eau, d'où ils regagnent le bord à la nage. D'autres plus adroits, s'accrochent à la corde, et quoiqu'on l'agite fortement, ils parviennent à arracher l'anguille, et à remporter ainsi le prix. Lorsque Pierre-le-Grand a passé par Namur, en 1518, il a été témoin de ces exercices.

Le combat des échasses est infiniment plus amusant : les princes et les étrangers de distinction qui séjournoient dans cette ville, ont toujours été jaloux d'en être témoins. Voici les détails que nous puisons dans une histoire du pays.

« Ils (les jeunes gens) sont divisés en deux partis :
» l'un sous le nom de *mélans*, est composé de ceux
» qui sont nés dans l'ancienne ville, c'est-à-dire
» dans l'enceinte, telle qu'elle a été poussée en 1064,
» sous le règne du comte Albert II ; et l'autre, sous
» le nom d'*avresses*, comprend tous ceux qui sont
» nés dans la nouvelle ville, c'est-à-dire entre cette
» même enceinte, et celle, telle que nous la voyons
» aujourd'hui, faite en 1414, sous le règne du comte
» Guillaume II. Chaque parti a son capitaine et
» son *alfer*, et est distingué par les couleurs des
» cocardes. Les *mélans* les portent jaunes et noires,
» qui sont les couleurs de la ville, et les *avresses*
» rouges et blanches.

» Lorsqu'il s'agit de donner ce divertissement à

» quelque souverain, ou autre grand seigneur, on
» voit alors ces jeunes gens au nombre de quinze à
» seize cents, divisés par brigades, sous des uni-
» formes différens, lestes et brillans, avec leurs
» officiers, tambours et fifres. La hauteur des échas-
» ses sur lesquelles il sont montés, facilite la vue
» du spectacle, qui se donne toujours, en pareilles
» occasions, sur la grande place.

» Quand l'heure du combat est venue, on voit
» arriver toutes les brigades les unes après les autres,
» un parti par un bout de la place, et l'autre par
» l'autre, et après la parade, ils se forment en
» bataille dans un ordre très-exact. Ils distribuent
» dans leurs lignes une partie de leurs plus forts
» combattans pour soutenir le premier choc, et
» retiennent l'autre pour le corps de réserve, afin
» d'envoyer le secours nécessaire dans les endroits
» les plus foibles durant le cours de l'action. Ces
» deux petites armées, ainsi en ordre, s'avancent
» gaiement au bruit des timballes, trompettes et
» autres instrumens de guerre, l'une contre l'autre,
» bien serrée et droite dans leurs lignes, jusqu'à
» l'endroit marqué pour commencer le combat, qui
» est le milien de la place, vis-à-vis l'hôtel-de-ville.
» On diroit que ce sont deux troupes de géans qui
» vont au combat. Là les deux armées s'entre-
» choquent, et l'action commence. Les combattans
» n'ont pour armes que leurs coudes et les coups
» de pieds qu'ils se donnent, échasses contre échas-
» ses, pour enlever et renverser leurs adversaires.

» Ils sont si adroits à cet exercice, et si fermes,

» qu'on les voit s'élancer tantôt d'un côté, tantôt
» de l'autre, se pencher et se relever dans le même
» instant. Lorsqu'un des deux partis commence
» à plier, l'autre gagne terrain, s'y range en ba-
» taille, et crie victoire. Quand ils marchent au
» combat, on voit à leur suite leurs pères, mères,
» sœurs, femmes ou proches parens, qui, durant
» l'action, les animent par les termes les plus vifs.
» Ils se tiennent derrière eux, à pied, pour leur
» prêter la main, de crainte qu'ils ne se blessent
» en tombant sur le peuple. Ce qu'il y a de comique
» dans cette sorte de divertissement, c'est de voir
» derrière ces géans des filles et des femmes se
» trémousser, gesticuler, et crier toutes à la fois
» pour animer leurs amans ou maris. Elles leur
» donnent des liqueurs pour ranimer leurs forces ;
» à ceux-là des quartiers d'oranges, des citrons
» ou des prunes pour les rafraîchir ; elles les as-
» sistent à remonter sur leurs échasses, et les ex-
» citent à retourner au combat, et à y faire leur
» devoir, pour l'honneur du parti. On a vu de ces
» combats durer près de deux heures, sans aucun
» avantage de part ni d'autre ; tantôt les uns
» gagnent du terrain, tantôt les autres le re-
» prennent, et les corps de réserve qui viennent
» au secours, rétablissent souvent leurs affaires.

» Enfin, ce jeu est la vraie représentation d'une
» bataille entre deux armées. Aussi les étrangers
» ne savent ce qu'ils doivent le plus admirer dans
» ces jeunes gens, ou leur force, leur adresse,
» leur agilité, ou l'acharnement que les deux partis

» ont l'un contre l'autre ; car la voix du sang, de
» l'amitié et du patriotisme, se tait dans ce mo-
» ment-là.

» C'est ce qui fit dire publiquement au maréchal
» de Saxe, étant spectateur en 1748, d'un de ces
» combats, que si deux armées étoient, au mo-
» ment de s'entre-choquer, animées au point qu'il
» avoit vu cette jeunesse, ce ne seroit plus une ba-
» taille, mais une boucherie affreuse. »

Les *mélans* et les *avresses* ont eu leurs *tyrtées*, et même leurs poëtes épiques. Il existe une foule de couplets, d'odes et de pièces de vers faits à l'occasion de ces fêtes : nous nous bornerons à citer le début d'un poëme intitulé *les Échasses*, qui fut composé en 1669 ; nous en avons conservé l'antique orthographe, afin de pallier, ou de faire excuser au moins l'irrégularité de la versification.

Je ne veux point ici, d'une plume sanglante,
Chanter de quelque héros la valeur triomphante :
Mille autheurs différents au travers des hazards,
Sont entrés devant moy dans ce beau champ de Mars.
Je crains de ces sujets les communes disgraces,
Et j'escris seulement un combat des échasses.
Sur des bastons ferrez, des hommes vigoureux,
Surpassent les géans des siècles fabuleux.
. . . .

Qu'on ne me vante plus la force ou la souplesse
Des spectacles anciens si fameux dans la Grèce ;
Ces jeux institués pour honorer les dieux,
Tous ces gladiateurs, ces mortels furieux,
Qui, pour charmer un peuple affamé de carnage,
Dans leur sang par le fer se cherchaient un passage.
. . . .

Des mortels élevés, quatre pieds de la terre,
Sur un bois délicat se vont porter la guerre,
Et par des coups hardis, adroits et périlleux,
Nous font voir tous les ans des combats merveilleux.

Il y a ainsi quatre chants, où l'on trouve d'assez bonnes idées et beaucoup de verve. On a dû s'apercevoir que les vers n'en étoient point sans défauts ; mais que peut-on exiger d'un poëme fait à Namur sur la fin du dix-septième siècle ? Nous ne pouvons résister au desir de transcrire ici la fin du quatrième et dernier chant. L'apostrophe s'adresse au héros de la fête : elle est fort originale.

Jadis quand un Romain, par des exploits heureux,
Rendoit à son pays un service fameux,
Aussi-tôt le sénat, honorant son courage,
Dans quelque lieu public on plaçait son image.
Ainsi, pour monument d'un triomphe si beau,
Il faudra t'ériger un *trophée* nouveau,
Rechercher avec soin les échasses brisées :
Puis lorsqu'on les auroit dans un lieu ramassées,
Je voudrois t'élever ta statue au-dessus,
Et graver à tes pieds tes ennemis vaincus.

On ignore la véritable origine de ces simulacres de combats, qui approchoient assez souvent de la réalité. L'opinion la plus accréditée est, que ces jeux d'échasses ont été inventés à raison des débordemens fréquens des eaux de la Sambre et de la Meuse : comme on n'avoit point encore perfectionné les quais, les inondations étoient plus faciles ; et les habitans, pour passer d'une rue à l'autre, étoient, dit-on, obligés de se servir d'échasses. Il est possible que ces jeux leur aient été apportés par les Romains, chez lesquels, ainsi que chez les Grecs, les échasses étoient connues. Il est vrai que dans l'antiquité, ces instrumens n'étoient pas employés pour le même usage. Voici comment s'en exprime Varron.

« Grallæ perticæ sunt ligneo : ab hominis quo-
» que vi agitantur. Romæ grallatores (græciæ ca-
» lobatas et calobatarii) dicti pantomimi, qui ut in
» saltatione imitarentur ægipanas, adjectis porticis
» furculas habentibus, atque in his superstantes, ad
» similitudinem crurum ejus generis, gradiebantur
» utique propter difficultatem consistendi. —Vin-
» ceris cursu cervum et grallatorem gradu. »

Il paroît, d'après cet auteur et beaucoup d'autres, que l'on employoit les échasses au théâtre, afin de donner aux acteurs une stature prodigieuse : cette élévation, ainsi que le renflement de la voix, que l'on se procuroit au moyen des masques, étoient nécessaires dans un spacieux amphitéâtre, où se trouvoient rassemblés des milliers de spectateurs.

La danse des sept Machabées n'est plus en usage : c'étoient sept jeunes gens, légèrement vêtus, qui, armés d'épées, les entrelaçoient sans se blesser, et en faisant les mouvemens les plus singuliers.

Ces amusemens n'avoient pas seulement l'objet de procurer aux Namurois des passe-tems agréables, de fortifier leurs tempéramens, et d'assouplir leurs membres ; ils faisoient les délices de leurs souverains, et l'on assure qu'ils n'ont pas peu contribué à donner à différens corps de métiers les priviléges dont ils jouissoient. Ce fut du moins dans un moment de bonne humeur occasionnée par un pareil spectacle, que l'archiduc Albert accorda aux brasseurs de la ville le privilége d'exercer leur profession sans payer le moindre impôt.

Le climat de tout le département est généralement plus humide que sec, et plus froid que chaud. L'air qu'on y respire est sain et vif, à cause des hauteurs : la grande quantité de montagnes et d'élévations attire cependant, sur-tout en automne, des brouillards qui, le soir et le matin, obscurcissent l'atmosphère. C'est l'effet nécessaire de la multitude d'étangs et de ruisseaux que l'on rencontre de tous côtés. Heureusement l'air qui est rarement calme, à cause de l'inégalité du sol, chasse et disperse ces émanations fétides, qui sans cela seroient du plus grand danger, et engendreroient des maladies.

Les vents dominans sont entre l'ouest et le sud-ouest : la direction des montagnes fait que, pendant plus de la moitié de l'année, le courant s'établit de ce côté.

C'est ce rhumb de vent qui est le plus humide de tous ; il en résulte que l'on a souvent de la pluie ; aussi a-t-on calculé que sur les trois cent soixante-cinq jours de l'année, il y en a ordinairement deux cents de pluvieux. La légèreté de l'air ne permet aux vapeurs et aux exhalaisons de s'élever qu'à peu de hauteur, notamment dans les environs de Namur ; à peine surpassent-elles la cîme des montagnes. Il arrive souvent que ces nuages se condensent subitement, et se résolvent en pluie d'une force étonnante, ou en grêle, lorsque le refroidissement est plus rapide. (4)

C'est entre le nord-est et l'est, précisément dans la direction opposée à celle dont nous avons parlé, que règnent les vents les plus secs, ceux qui en hiver amènent ordinairement la gelée. Les premières gelées arrivent vers le mois de novembre ou décembre, et ne durent que huit à quinze jours au plus. La glace a rarement un pied d'épaisseur; il n'est pas moins rare que la neige recouvre la terre d'une couche de deux pieds; cependant cela arrive quelquefois. On a vu des ouragans causer dans la province des dévastations considérables; on peut dire néanmoins qu'à Namur les orages ne sont ni fréquens, ni forts; cela dépend de la nature même du sol. Les nuages étant fort abaissés, comme nous l'avons déjà dit, l'électricité ne sauroit s'y accumuler qu'avec peine. Les sommets escarpés des montagnes et des rochers servent de paratonnerres, et absorbent le fluide électrique à fur et mesure de sa concentration. Il se peut, toutefois, que les nuées se trouvent plus élevées, et alors les orages sont furieux. On rapporte qu'une pareille tempête ayant éclaté le jour de la fête de *l'immaculée conception*, le peuple qui étoit à vêpres se prosterna, avec effroi, aux pieds des autels, en implorant le secours de la Vierge, patronne spéciale de la ville. On fit vœu dès-lors de célébrer la fête de *l'immaculée conception*, attaquée vivement en ce tems-là par les hérétiques; l'orage cessa, et la ville fut préservée de tout malheur. L'évêque et le magistrat de Namur ne manquèrent pas de se prêter à accomplir le vœu du peuple ; on institua tous les ans une procession solennelle, et quelques auteurs ont écrit que depuis ce tems il n'y a aucun exemple que la foudre ait causé à Namur le moindre dommage.

Il n'entre pas dans notre caractère de faire la censure des opinions religieuses : à quelque secte qu'elles appartiennent, elles n'en sont pas moins respectables.

On ne peut s'empêcher de l'avouer, l'explication physique de quelques phénomènes naturels qui, lorsque la cause en étoit inconnue, portoit dans les ames la terreur et l'épouvante, a produit des bienfaits réels.

Aujourd'hui que l'on connoît la nature de la foudre ; que l'homme a su maîtriser ce dangereux météore, le diriger à volonté, imiter en petit ses effets ; aujourd'hui que la science nous a appris que les célestes carreaux ne tombent pas seulement des nuages sur la surface de la terre, mais que celle-ci (lorsque l'électricité des nuées est *négative* (5) ou *résineuse*) renvoie à son tour la foudre contre le ciel ; la frayeur que ses éclats inspirent n'est plus si grande ; mais la morale en est-elle améliorée ? C'étoit en vain que l'expérience de tous les lieux, de tous les individus, apprenoit que les feux célestes ne choisissoient pas toujours pour but les scélérats, les hommes pervers ; que l'habitation modeste et la personne même de l'homme vertueux n'étoient pas non plus épargnées. L'idée que c'étoit un signal de la colère divine, avoit quelque chose de *poétique*, pour nous servir des expressions d'un prosateur moderne qui rivalise cependant la versification : elle contenoit les hommes dans des limites que leur audace franchit maintenant.

S'il est convenu qu'il est impossible de combattre, de déraciner tous les préjugés sans aucune exception, ce sera un grand problème à résoudre, que celui de savoir sur quelles sortes de préjugés doivent porter les coups des philosophes. Que l'on ne se fasse pas illusion : la philosophie a aussi ses préventions, ses erreurs ; l'enthousiasme de l'amour du vrai et du beau est lui-même un préjugé. C'est un inconvénient attaché à l'imperfection humaine : de quelque étendue que soit notre esprit, il y aura toujours des objets qu'il ne pourra embrasser sous toutes leurs faces. Il en est de lui comme d'un outre à moitié rempli d'air : si vous voulez en comprimer les parois, remplir le vide d'un côté, ce sera aux dépens de l'autre. Les payens immoloient à leurs faux dieux des victimes humaines ; le christianisme a aboli cet usage barbare ; mais il a aussi fait couler le sang..... Une grande secousse est arrivée ; les ministres de la religion ont été atrocement massacrés ! Ne nous parlez donc plus de votre amour exclusif pour la vérité ; prenez garde qu'en attaquant une erreur, vous ne la remplaciez par un fanatisme mille fois plus dangereux.

Il y auroit un moyen d'extirper, sinon toutes les erreurs, au moins celles qui ont rapport à la morale, à la religion et à la politique. Pour remplir cet objet, il faudroit venir à bout de persuader au peuple qu'il n'y a point d'erreurs possibles ; que toutes les opinions sont bonnes ; accréditer en un mot cette pensée du spirituel Fontenelle : *Tout le monde a raison, et tout est possible.* Il faudroit anéantir le goût des disputes métaphysiques, et faire rouler exclusivement les discussions sur les sciences physiques et sur les arts. Si les savans d'opinions différentes ne se détestent pas moins que les philosophes de sectes opposées, ils ont plus que ceux-ci le talent de la dissimulation, et ils savent respecter les convenances : les derniers ne discutent pour l'ordinaire que sur des mots, et sont d'autant plus furieux qu'ils sont plus contredits ; mais les premiers croient toujours avoir les *faits* pour eux, et rient de pitié de l'ignorance qu'ils veulent bien prêter à leurs adversaires.

En suivant le cours de la Meuse, on trouve sur la rive droite, à deux lieues au-dessous de Namur, des ruines de l'antique château de *Samson*. Il étoit bâti, comme celui de Namur, sur un rocher presque inaccessible, et passoit pour imprenable.

On prétend qu'il y avoit dans le même lieu un temple dédié à Mercure, et fort renommé dans tout le pays; l'origine du château elle-même est fort douteuse; car les uns la font remonter à une époque qui auroit précédé l'ère vulgaire ; suivant les autres, il fut construit par les Romains lors de leurs conquêtes ; il se trouve enfin des auteurs qui en attribuent la fondation à Auberon, fils de Clodion le Chevelu, roi des Francs. On a trouvé dans une église de *Namèche*, petit village vis-à-vis de Samson, une épitaphe qui prouve que la charge de châtelain ou gouverneur de ce fort avoit été héréditaire, et avoit appartenu à des personnages marquans. En voici le texte :

Icy gist ly droite cretaine (*), *châtelaine de Sampson, qui fut del lignage li roi de Jérusalem. Prié pour l'asme que Dieu console.*

Bouvigne, assez agréable ville située sur la Meuse, est célèbre par différens malheurs que la guerre lui fit éprouver, et entr'autres par l'assaut qu'elle essuya en 1554, de la part des Français, commandés par le roi Henri III en personne.

Ce monarque venoit d'emporter Mariembourg, et croyoit se rendre maître, sans coup-férir, de Bouvigne, parce que cette place n'étoit pas en état de soutenir un siége. Contre toute attente, les habitans refusèrent de se rendre, et se disposèrent à une défense désespérée : on livra le 8 juillet un assaut terrible ; les fortifications furent emportées l'épée à la main ; et les malheureux citoyens, dont la bravoure méritoit un meilleur sort, ne pouvant obtenir de quartier, furent obligés de se jeter dans le fleuve ; la plus grande partie se noya : tous ceux qui eurent le malheur de se sauver, entr'autres huit des principaux bourgeois, furent pendus sans miséricorde ; on ne fit grace à aucun.

Parmi les particularités remarquables de ce siége, on rapporte un fait intéressant qui concourt, avec

---

(*) C'est-à-dire, héritière de droit.

une infinité d'autres exemples, à démontrer que le sexe le plus doux, le plus aimable, n'est pas toujours le plus timide. Parmi les braves qui se jetèrent dans la tour dite de *Crève-Cœur*, avec la ferme résolution d'y combattre jusqu'à la dernière extrémité, se trouvoient trois chevaliers des plus distingués du pays. Leurs femmes, jeunes et belles, voulant partager le péril auquel alloient s'exposer leurs époux, entrèrent avec eux dans la place, et ne contribuèrent pas peu, tant par leur exemple que par leurs paroles, à encourager la garnison. On les voyoit, disent les annales du tems, ou combattre avec intrépidité aux côtés de leurs maris, ou livrées à des soins plus touchans et non moins utiles, prodiguer leurs secours aux blessés, ou travailler, comme les simples soldats, à réparer pendant la nuit les brèches que l'artillerie ennemie avoit ouvertes pendant le jour. A la dernière attaque, elles eurent la douleur de voir périr leurs maris; mais leur zèle ni leur activité n'en furent pas ralentis. Brûlantes de la soif de la vengeance, elles se mêlèrent à une poignée d'hommes intrépides, reste de tant de braves gens, et qui, n'espérant aucune grace d'un ennemi qui entroit en foule par la brèche, ne songeoient plus qu'à vendre chèrement leur vie. Déjà la plus grande partie d'entr'eux étoit tombée victime de son dévoûment, lorsque les trois héroïnes, s'apercevant qu'on les ménageoit, qu'on cherchoit à les prendre vivantes, craignirent de devenir les victimes de la brutalité des vainqueurs. Plus le péril est imminent, plus leur détermination est prompte : elles se retirent en conséquence sur le bord de la

C

muraille de la tour; et là, se prenant par les mains, elles se précipitent, à la face des assiégeans, et trouvent une mort prompte, infiniment préférable au sort qui leur étoit réservé. Depuis ce tems, les citoyens, reconnoissans, célèbrent tous les ans, dans l'église paroissiale de Bouvigne, l'anniversaire de ces trois femmes courageuses, sous le nom des trois dames de Crêve-Cœur.

Cette ville étoit autrefois très-grande et très-peuplée; elle avoit un commerce très-considérable de toiles, de cuirs, de pelleteries, et de tôle de cuivre. Son voisinage de Dinant lui attira, avec les habitans de cette cité, une rivalité d'intérêts qui éclata souvent en querelles sanglantes. L'une et l'autre ville en furent victimes: toutes deux furent ruinées; mais Bouvigne ne s'en releva pas. On a vu combien peu nous comptions nous-mêmes sur la vérité et même la vraisemblance de la plupart des étymologies que nous avons données. Nous nous sommes cependant fait jusqu'à présent un devoir de les rapporter, parce que les conjectures incertaines sur lesquelles on les fonde, toutes vagues qu'elles peuvent être, reposent néanmoins fort souvent sur des faits historiques ou sur des circonstances qu'il est bon de connaître, et qu'elles aident à retenir. C'est d'après ce motif que nous nous hasarderons à proposer les deux versions connues sur l'origine du mot *Bouvigne*. Certains auteurs le font venir de *bout de vignes*, parce que le pays où cette ville est placée contenoit autrefois beaucoup plus de vignobles qu'aujourd'hui. Il en est d'autres qui prétendent au contraire que l'on y élevoit autrefois une

Dinant.

grande quantité de bœufs, et qu'on l'avoit, à cause de cela, appelée *Bovinum*, comme qui diroit *Pascua-Bovis*. Comme ces deux sentimens ne sont pas très-compatibles, et qu'un pays de vignobles n'est pas des plus propres aux pâturages, ce sera au lecteur à choisir.

Nous avons annoncé que ce département contenoit une très-grande partie du comté de Namur; mais il renferme aussi une portion du pays de Liége et une petite portion du duché de Luxembourg. Dinant, ville du pays de Liége, est très-voisine de Bouvigne; elle est située sur l'autre rive de la Meuse; son commerce est actif, et consiste principalement en cuirs, en fers bruts ou manufacturés, en fonderies de cuivre, brasseries, etc. Les Dinantois se rendirent autrefois redoutables par les courses qu'ils firent contre les Namurois, et nommément contre leurs voisins de Bouvigne. Charles, duc de Bourgogne, irrité de leurs brigandages, vint les assiéger avec une nombreuse armée, et les força, après une résistance opiniâtre, de se rendre à discrétion. Huit cents des plus mutins furent liés dos à dos, et noyés dans la Meuse; pendant trois jours entiers la ville fut abandonnée au pillage; elle fut ensuite livrée aux flammes; et, par ordre du duc, on employa des ouvriers pour détruire les murailles, les portes et tous les édifices en pierres de taille que le feu avait épargnés. Dans le massacre général, on ne fit grace qu'aux ecclésiastiques, aux femmes et aux enfans, qui furent chassés sans miséricorde hors de l'enceinte de la ville.

Nous sommes sortis de ce département par Saint-

Hubert, ville dont l'origine est incontestable : elle fut bâtie, ainsi que l'abbaye qui l'avoisine, par le saint dont elle porte le nom. On sait que la raison qui détermina ce prince à se faire prêtre, c'est qu'étant à la chasse un vendredi-saint, un cerf se présenta à lui ayant un crucifix entrelacé dans son bois ; on ajoute à ce fait, très-naturel et très-possible, mais qui pouvoit avoir été préparé à dessein, qu'une voix menaçante du ciel lui ordonna de changer sa manière de vivre.

La réputation de ses miracles est trop bien accréditée pour que nous ayions besoin d'entrer dans quelques détails à ce sujet, soit pour en assurer l'authenticité, soit pour les discuter ; nous n'apprendrions rien aux dévots, et nous ne persuaderions rien aux incrédules ; mais ce qu'il y a de remarquable, c'est que les protestans eux-mêmes, voisins de l'abbaye de Saint-Hubert, quoiqu'ils ne doivent point croire aux miracles, ne laissent pas d'avoir confiance au patron du pays, et d'avoir recours à lui, soit pour eux-mêmes, soit pour leurs bestiaux. La manière de guérir de la rage par l'intercession du saint, consiste à faire une légère incision au front du malade, et y enfermer un petit morceau de l'étole de Saint-Hubert, qui ne diminuoit jamais en rien, dit-on, nonobstant le grand nombre de fils qu'on en tiroit ; mais il faut dire à l'honneur des moines de Saint-Hubert, qu'ils avoient la bonne-foi de recommander aux dévots de ne pas négliger pour cela les remèdes ordinaires : c'étoit mettre en pratique cette maxime du bon La Fontaine : *Aide-toi, et Dieu t'aidera.*

L'abbé de Saint-Hubert avoit jadis la permission de faire recueillir en France les aumônes pour son hôpital ; en retour, il envoyoit annuellement au monarque français trois couples de chiens de chasse et six faucons. Il n'est pas difficile de décider en faveur de qui la *balance* inclinoit dans cette sorte d'échange, qui bien certainement n'entroit pour rien dans les calculs statistiques.

NOTES.

(1) *Fry*, *Frau* ou *Freda*, étoit le nom que donnoient les Gaulois à la déesse qui, dans leur culte, tenoit la place de Vénus. Les idiômes du nord ont conservé les traces de cette divinité. En allemand moderne, *frau* signifie encore femme; et ce qu'il y a de plus remarquable, le vendredi (*veneris dies*), est nommé *freytag*, c'est-à-dire jour de *frau*, ou de la Vénus gauloise. *Friday* en langue anglaise exprime la même idée.

(2) Il n'y a presque plus de vignobles aujourd'hui dans le pays de Namur; c'est sans doute parce que les côteaux plus productifs du Rhin, de la Moselle, de l'Ahr et de la Nahe, ont rendu cette culture défavorable dans cette contrée. Peut-être aussi le sol a-t-il perdu de sa qualité : l'avarice des propriétaires, qui veulent jouir trop promptement, a souvent altéré la bonté du terrain, en a épuisé tous les sucs naturels que les engrais ne sauroient suppléer qu'imparfaitement. Henri IV vantoit beaucoup son *bon vin de Surennes*; et ce vin est devenu le plus mauvais, le moins généreux de tous ceux de la France.

(3) Dans l'*Etourdi*, la première pièce que Molière ait donnée à notre scène, Mascarille excuse ainsi la distraction de son maître, qui a parlé de Turin comme d'une ville de Turquie :

Vous ne l'entendez pas; il veut dire Tunis;
Et c'est là justement qu'il laissa votre fils.
Mais les Arméniens ont tous, par habitude,
Certain vice de langue à nous autres fort rude.
C'est que dans tous les mots, ils changent *nis* en *ris*;
Et pour dire Tunis, ils prononcent Turin.

(4) On a observé depuis long-tems que jamais il ne tomboit de grêle pendant la nuit. La physique expérimentale, perfectionnée par les dernières découvertes du dix-huitième siècle, a appris pourquoi il ne grêle que lorsque le soleil est sur l'horizon.

Il faut en effet que le fluide de l'atmosphère, d'abord très-dilaté, se trouve tout-à-coup surpris par une diminution considérable de chaleur, qui précipite l'eau tenue en dissolution dans l'air, et la condense au degré de la glace. Ce phénomène est singulièrement aidé par le vide. Lorsqu'après un beau soleil, on voit s'avancer un nuage orageux, que l'on entend gronder la foudre, on est certain qu'on aura de la grêle. J'ai fait plusieurs fois cette remarque, toujours avec un égal succès.

(5) Quelque séduisant que soit le système de l'électricité *positive* et *négative*, il est fâcheux que quelques expériences s'opposent à son admission. La supposition d'un seul fluide qui s'accumuleroit dans certains corps, et seroit absorbé par d'autres, n'explique pas suffisamment des faits dont l'évidence est irrécusable. On est obligé de supposer deux fluides qui cherchent perpétuellement à se combiner, à se mélanger. D'un autre côté, le fluide galvanique, qui a tant de rapports avec l'électricité, quoiqu'il paroisse en différer à certains égards, ouvre un nouveau champ aux conjectures, aux découvertes, et sur-tout aux expériences, qui toujours ont des résultats utiles ; dût-on ne pas attendre le but qu'on se propose.

FIN.

VOYAGE

DANS LES DÉPARTEMENS

DE LA FRANCE,

Enrichi de Tableaux Géographiques et d'Estampes.

Par J. B. J. BRETON, pour la partie du Texte; Louis Brion, pour la partie du Dessin; et Louis Brion père, pour la partie Géographique.

.... Curvata resurgit!

A PARIS,

Chez
- Brion, rue de Vaugirard, N.° 98, près l'Odéon.
- Déterville, Libraire, rue du Battoir.
- Debray, Libraire, Palais-Égalité, galeries de Bois, N.° 236.
- Guffier, au Cabinet litt., boulevard Cérutty.

An X. — 1801.

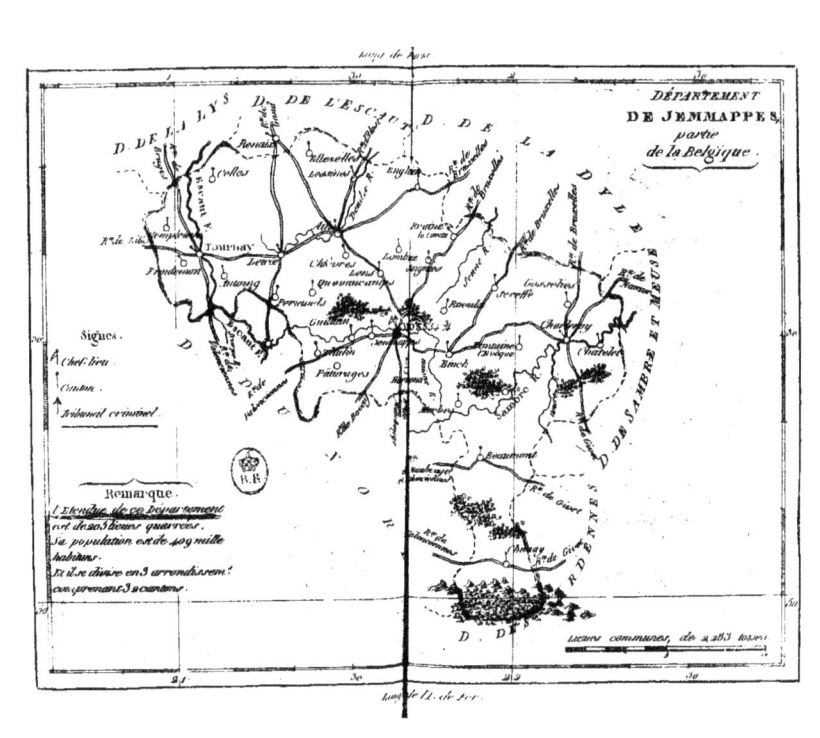

VOYAGE
DANS LES DÉPARTEMENS
DE LA FRANCE.

DÉPARTEMENT DE JEMMAPPES.

Composé d'une petite partie de l'ancien comté de Namur, et de presque tout le ci-devant Hainaut autrichien, ce département, situé sur les anciennes limites de la France, a dû être fréquemment le premier théâtre des guerres qui, depuis plusieurs siècles, n'ont, pour ainsi dire, pas cessé de désoler ces contrées.

C'est en effet par ce point que se sont presque toujours faits les envahissemens des armées impériales sur le territoire français, ou des Français sur le sol des Autrichiens. Les champs de *Fleurus*, de *Seneff*, de *Leuse*, de *Steinkerke*, de *Malplaquet*, de *St. Denis*, de *Fontenoi*, de *Jemmappes*, etc. ont été, à plusieurs reprises, témoins des efforts des armées les mieux aguerries et des plus habiles généraux.

Tous ces lieux ont été abondamment arrosés du sang de nos compatriotes, quelquefois triomphans, et d'autrefois, comme à Malplaquet, repoussés par des forces supérieures. La mémoire de ces grands événemens donne à la pluspart des villageois un esprit martial. Premières victimes de ces sanglans débats, ils goûtent cependant une sorte de plaisir et d'orgueil à montrer au voyageur des plaines illustrées par les faits d'armes des grands capitaines, mais qui en un jour, ont enseveli plusieurs milliers d'hommes. Ils vous guident sur les hauteurs où Marlborough, où le roi Guillaume, où nos généraux ont établi des camps, ont livré des combats mémorables.

Si à tous ces souvenirs on veut joindre encore ceux que l'on trouve épars dans l'histoire des conquêtes des Romains; si tenant à la main les commentaires de César, on parcourt religieusement ces régions habitées par les anciens Nerviens, qui ont opposé aux souverains du monde une longue et valeureuse résistance, on éprouve des sensations qui changent en quelque sorte la face de tout ce que vous voyez. Ce ne sont plus ces champs couverts de riches moissons, ces monts escarpés et pittoresques, ces humbles collines, ni même ces nombreuses et vastes forêts, qui captivent votre attention : vous vous plaisez à interroger tout ce qui peut vous donner l'idée de l'antiquité, ces monumens détruits et mutilés, ouvrage des infatigables Romains. Vous admirez avec enthousiasme cette chaussée, qui conduisant en droite ligne de Bavay jusqu'à Tongres, sépare le Brabant du comté de Namur; et cet aspect vous rappelle cette ville célèbre, la fameuse *Bagacum*, capitale des anciens Nerviens, de ce peuple occupant tout le Hainaut, et un pays beaucoup plus étendu, puisque Cambray était dans leur dépendance. Non-seulement vous admirez la valeur de cette nation qui aima mieux se faire hacher en pièces, et perdre 60,000 hommes dans une seule bataille, que de céder honteusement à César; mais on donne à leur politique le tribut d'éloges qu'elle mérite. Car non contens d'empêcher aux armées romaines l'accès de leur territoire, les Nerviens avoient le bon esprit de prohiber toutes les marchandises étrangères, d'interdire l'importation d'objets qui les eussent rendus tributaires de leurs plus dangereux ennemis, et eussent hâté leur asservissement. Telle est la conduite que s'étaient prescrite, mais que n'ont pas su pratiquer les nations de l'Inde. (1) Tel est le motif qui rendra toujours difficile la libre circulation des Européens dans l'empire de la Chine. Si ce peuple commet la même imprudence que les souverains du Mysore, du Bengale, leur gouvernement doit avoir à redouter les mêmes malheurs, la même chûte que Typpoo-Saïb.

Nous avons donc des éclaircissemens historiques et d'une nature indubitable sur les peuples qui, vers le commencement de l'ère vulgaire, étoient en possession du sol que nous allons parcourir; l'origine de ces peuples n'est pas à beaucoup près certaine. Du tems de César, il régnait à cet égard beaucoup de doutes. Cet illustre conquérant les croyoit Germains d'origine, tandis que l'écrivain *Appianus* les fait descendre des Cimbres et des Teutons.

La première cité que nous avons visitée, est Enghien, qui avant la révolution étoit possédée à titre de duché par les Ducs d'Aremberg et d'Arschot, ce qui la rendoit en quelque sorte dépendante du Brabant, tandis que les maisons étoient censées faire partie du Hainaut, ainsi que les habitans, et que les rues étoient réputées appartenir au territoire de la Flandres. Des environs enchanteurs et pittoresques, de grandes routes magnifiques, bordées de peupliers, des villages groupés sur l'escarpement des collines, ce spectacle imposant prépare agréablement à la vue du parc qui a appartenu au Duc d'Aremberg; la distribution élégante du jardin construit en partie dans le goût italien, en partie dans le goût anglais, a donné à Louis XIV, lors de ses campagnes en Flandres, la première idée du parc qu'il a ensuite si heureusement fait exécuter à Versailles, sur un plan vaste, et avec des embellissemens considérables. On remarque particulièrement dans ce parc, la belle porte qui donne du côté de la ville, le jardin à fleurs devant le château, la pièce d'eau au centre de laquelle est un rocher d'où s'échappent des fontaines jaillissantes, le mont Parnasse, les sept étoiles, et plusieurs autres places dans lesquelles l'art a maîtrisé ou embelli la nature.

C'est près d'Enghien qu'est situé le village de Steinkerke, fameux par la bataille que le prince d'Orange (Guillaume III, roi d'Angleterre) y donna au maréchal de Luxembourg. C'était un coup de désespoir de la part du monarque anglais. Louis XIV venait de prendre Namur en personne, malgré les efforts qu'il avait faits pour secourir cette place. Voulant en réparer la honte, le roi Guillaume parvint à surprendre le maréchal de Luxembourg, et après un combat meurtrier dans lequel nous perdî-

Parc d'Enghien.

mes tant d'officiers que presques toutes les premières maisons de France en prirent le deuil, les alliés furent contraints à céder le champ de bataille : ils reconnurent en cette occasion la supériorité de l'infanterie française. La bataille de Leuze, livrée un an auparavant, avait donné au roi Guillaume une telle idée de la supériorité de notre cavalerie, qu'on assure qu'il avoit cherché pendant toute la campagne une affaire de poste, où l'infanterie seule pût combattre.

En suivant la charmante vallée d'Enghien, nous avons cotoyé, si nous osons nous servir de ce terme, les frontières du département, afin d'arriver à Charleroi. Nous avons laissé sur notre gauche Fleurus, petit bourg du comté de Namur, si célèbre par les succès éclatans que nos armes y ont plusieurs fois remportés. Quoique nous ne nous en soyions approchés qu'à une distance peu considérable, la douceur du climat, les sites champêtres, dans le voisinage de la *Sambre,* nous ont fait juger que ce n'est pas à tort qu'on lui a donné son nom, qui paroît dériver de *Floridum rus,* (campagne fleurie.)

Sur les rives de la Sambre, dans un lieu embelli par une charmante perspective, se trouvoit en 1666, un fort village nommé *Charnoy,* situé dans un lieu où viennent confiner quatre provinces, le comté de Namur, le Brabant, le Hainaut et le pays de Liége. L'emplacement étoit on ne peut plus favorable pour établir une forteresse. Le marquis de Castel-Rodrigo à qui les Pays-bas, dont il étoit gouverneur, ont réellement des obligations essentielles, ne se borna point à y construire des fortifications; il s'occupa encore à métamorphoser ce petit bourg en une ville florissante.

Ce dessein sagement conçu fut promptement exécuté, et en l'honneur de Charles II, roi d'Espagne, on fit une légère modification au premier nom du village. La nouvelle cité fut appelée Charleroi. Le plan des fortifications étoit superbe; on devoit les faire d'une grande étendue, rien n'étoit épargné pour rendre cette place imprenable : mais l'année suivante, la guerre ayant été déclarée par la France à l'Espagne, lorsque les ouvrages n'étoient point encore entièrement achevés, les Espagnols rasèrent tout ce qu'ils avoient construit; la ville seule demeura. Les français s'en étant emparés, rétablirent les fortifications, qui furent ensuite, à diverses époques, ruinées, réparées, et enfin à peu près détruites.

Charleroi se divise en trois quartiers, la *haute et basse ville*, et le quartier d'entre *les deux villes*.

La haute ville est sur la rive gauche de la Sambre. On vient à la rivière par la porte dite de France : le chemin droit parfaitement uni, conduit à un groupe de maisons qui sont des brasseries, des moulins, des forges et des usines de diverses espèces. C'est là ce qu'on appelle le quartier d'entre les deux villes, qui étoit jadis très-bien fortifié, et qui communique par un beau pont avec la basse ville placée sur la rive droite.

Cette dernière partie de Charleroi est sur le territoire Liégeois. Afin de remplir d'eau ses fossés, on a détourné le cours de la petite rivière d'*Heure*.

La Sambre est une rivière peu considérable; elle

porte cependant facilement bateau depuis Maubeuge jusqu'à Charleroi, où elle va se jeter dans la Meuse : mais on est parvenu, au moyen des écluses, à en rendre la navigation praticable entre Landrecies et cette dernière place.

Le principal commerce de Charleroi consiste en objets de clincailleries : c'est là que se fabriquent les clous dont on se sert par tout le pays. On y fait aussi des canons de fusil, renommés par leur bonne qualité. Les toits des maisons, recouverts pour la plupart en ardoises, annoncent que dans les environs on exploite des mines abondantes de ce fossile.

Des forêts qui s'élèvent sur un terrain irrégulier, des rivières agréables qui leur doivent leur entretien, par l'absorption continuelle que fait leur feuillage des eaux de l'atmosphère, coupent en divers sens le pays qui sépare Mons de Charleroi.

Les noms flamands et latins de la capitale du Hainaut autrichien, l'aspect de l'élévation sur laquelle elle est bâtie, prouvent, à n'en pas douter, que ses premiers fondateurs, ont voulu indiquer par cette dénomination, (*montes Hannoniæ* et *Berghen in Henegounw*), que Mons est situé sur une montagne. C'est encore à Jules-César, que l'on en attribue avec fondement l'origine. Il construisit du moins, dans ce même endroit, un château pour en faire une de ses places d'armes. Ce fut dans ce fort qu'Ambiorix, roi des Eburons et allié des Nerviens, assiégea Quintus Cicéron, frère de célèbre orateur.

On a élevé sur ce terrain une haute tour qui, étant tombée en ruines vers l'an 1660, fut rebâtie l'année d'après, sur le dessin le plus élégant. Les agrandissemens que cette ville a éprouvés ont étendu jusque dans la plaine les maisons que d'abord on avoit exclusivement construites sur les hauteurs : mais la basse ville n'est pas extrêmement saine.

Le sol qui l'entoure est bas et marécageux : l'humidité n'est pas peu entretenue par deux grands étangs placés entre les ports de Nimy et d'Havré, et par les rivières de la Trouille et de Haine qui viennent se réunir dans ses fossés. La première sépare la ville en deux, la seconde divise en deux parties inégales la province du *Hainaut* ; il est facile de s'apercevoir qu'elle lui a donné son nom.

De bons remparts, un triple fosé, le voisinage du fort de Nimy et la facilité des inondations, rendoient cette place très-importante.

Nous nous sommes déjà étendus avec quelques détails sur plusieurs villes, tant de la Flandres que du Brabant : nous nous abstiendrons en conséquence de remarques superflues qui pourroient nous entraîner dans des répétitions. Il nous suffira de dire qu'à l'exception de plusieurs édifices monastiques, il se trouve en général à Mons fort peu de monumens dignes de fixer l'attention. Le naturel des habitans se rapproche un peu plus du caractère français que celui des autres Belges dont nous avons visité les villes. Un air de gaieté et de santé anime les physionomies, et les descendans des Nerviens ont hérité de la bravoure de leurs ancêtres.

Nous ne parlerons pas non plus des siéges que Mons a soutenus, des dévastations successives qu'y

Mons.

a apportées le fléau redoutable de la guerre; mais nous ne saurions nous empêcher de dire quelques mots sur les bourg de St. Denis et de Jemmappes, où se sont passées des actions à jamais célèbres dans les fastes de la France. La bataille de Jemmappes a certainement décidé du sort de toute la guerre avec l'Autriche, et même de toute la révolution. Cette bataille ouvrit à Dumouriez tous les Pays-bas, et l'on sait qu'il était sur le point de pénétrer en Hollande, lorsqu'il se retira devant l'armée victorieuse de Clairfayt après la bataille de Nerwinde.

C'est dans la plaine, vis-à-vis l'abbaye de Saint Denis, que s'est livrée, le 14 août 1678, une sanglante bataille au moment même où les deux partis venoient d'apprendre officiellement la signature de la paix, circonstance qui a droit de paroître singulière. Cette journée est le fruit d'une opiniâtreté impardonnable du Prince d'Orange. La paix venoit d'être conclue à Nimègue entre les puissances belligérantes, et les Hollandais, pour qui seuls la guerre avoit été entreprise, étoient aussi les seuls qui fussent conservés dans l'intégrité de leurs possessions. Le prince d'Orange, leur général, mécontent d'un traité qui fermoit la carrière à son ambition, résolut de tenter un coup d'éclat qui occasionnât la reprise des hostilités. A peine avoit-il reçu par un courrier extraordinaire la nouvelle de la paix, à peine le même courrier l'avoit-il également transmise au roi de France et au maréchal de Luxembourg, commandant l'armée française, qu'il fit ses dispositions pour contraindre ce dernier à lever le blocus de Mons. Il marche toute la nuit, et arrive à onze heures du matin tout près de la hauteur de St. Denis, lieu où étoit campée notre armée.

Le maréchal de Luxembourg, extrêmement surpris de se voir attaqué à l'improviste, fait à la hâte ses préparatifs de défense. Le combat commence à deux heures après midi, et il est d'autant plus meurtrier, que le prince d'Orange s'étant cru assuré du gain de la bataille, voyoit avec rage ses troupes taillées en pièces. Le carnage se prolongea fort avant dans la nuit; le théâtre de cette scène d'horreur était éclairé par l'incendie d'une grande *cense*, où étoient renfermés 800 ennemis, et que le maréchal de Luxembourg brûla avec tous ceux qui s'y trouvoient, au moyen de plusieurs flambeaux de cire allumés qu'il y fit jeter.

Cette action fut d'autant plus inutile, que les deux partis abandonnèrent le champ de bataille, le maréchal de Luxembourg ayant jugé à propos de concentrer ses forces sur Mons.

Le général ennemi, honteux de cet échec, soutint dans la suite qu'il n'étoit point instruit de la conclusion du traité; mais au moins devoit-il connoître l'état des négociations. Au moins, étoit-il impossible qu'il ne sût pas, d'une manière certaine, que la paix étoit sur le point d'être définitivement réglée. Si le fait que Gourville rapporte dans ses mémoires est vrai, il peint sous des couleurs encore plus défavorables le cœur de ce prince. Gourville prétend lui avoir demandé dans quel dessein il avoit hasardé une bataille si inutile ? Il lui répondit que, dans la persuasion où il étoit que le maréchal de Luxembourg était instruit de la signature du traité, il ne doutoit pas qu'il ne se tînt aucunement sur ses gardes : il jugeoit très-facile de le vaincre, et vouloit réparer, par ce brillant fait d'armes, la gloire des alliés, à qui toute la campagne n'avoit cessé d'être funeste.

« Au reste, ajouta-t-il, je risquois tout au plus » de perdre dix mille hommes ; or, je savois qu'à la » paix on en devoit réformer dix mille, et il im- » portoit assez peu qu'ils fussent *tués ou licenciés.* »

Voilà, en peu de mots, le code de la plupart des conquérans, de ces hommes cruels qui croyent arriver au temple de la gloire par-dessus des monceaux de cadavres, pour qui la vie des hommes est absolument indifférente. Comptant pour rien le sang des meilleurs soldats, les larmes et le deuil des citoyens, les besoins de l'agriculture; la guerre, la guerre seule a droit de contenter leur goût barbare ! Des armées nombreuses ne sont pas pour eux de plus d'importance, que les pièces d'ébène ou d'ivoire dont se servent les joueurs de dames et d'échecs.

Effaçons, s'il se peut, de notre esprit, ces images déchirantes, et allons voir sur la Dender les manufactures florissantes d'Ath. Nous sommes arrivés à cette ville par un beau chemin pavé. Les fabriques de toiles et de laines forment sa principale richesse : les plaines environnantes fournissent les matières premières, le lin, le chanvre dont on les fabrique ; de vastes prairies qui se prolongent sur des collines peu élevées, nourrissent le sbêtes à laine.

On conçoit que dans une auss imédiocre cité, presque exclusivement peuplée d'artisans, où le luxe de toute espèce est inconnu, on chercheroit vainement ces monumens de l'art, ces édifices hardis et superbes, qui dans le cours de notre voyage ont plus d'une fois charmé nos yeux.

Nous avons pourtant distingué l'hôtel de ville, l'ancien palais du gouvernement, l'arsenal et l'église paroissiale.

A deux lieues d'Ath, est situé le château de Bellœil, orné de magnifiques jardins, et où les amateurs peuvent trouver de quoi admirer et se plaire, même après avoir vu les délicieuses maisons de plaisance qui entourent l'enceinte de Paris.

La ville de Lessines, peu éloignée de celle d'où nous sortons, étoit nommée autrefois, avec son territoire, *terre de débat*, parce qu'elle a excité en effet de grandes constestations sur la question de savoir de quelle province elle faisoit partie, si elle appartenoit au Hainaut ou à la Flandres. Il paroît que malgré l'opinion des géographes, qui tous la rangent au nombre des villes du Hainaut, elle étoit administrée par le grand conseil de Flandres.

La plupart des petites villes que nous avons rencontrée sen arrivant à Tournay par un chemin tortueux, ne nous ont dû arrêter par rien de remarquable; leur nom seul rappeloit le souvenir de leur ancienne origine; et quoiqu'au fond la généalogie des villes donne lieu à un préjugé ridicule, comme la généalogie des hommes, on aime cependant à trouver, soit dans la dénomination même d'une cité, soit

Tournay.

dans ses monumens, des traces de l'ancienneté de sa fondation.

Cette observation rend plus piquant le contraste que vous remarquez entre les mœurs actuelles des peuples, et les usages de leurs ancêtres. C'est ainsi que nous avons retrouvé avec plaisir dans la ville de Soignies, (*Sonegiæ*) un témoignage qu'elle fut jadis occupée par les Sénonois.

C'est ainsi que nous avons contemplé avec un recueillement religieux, l'emplacement d'une forteresse, que Brennus, le fameux général Sénonois, avoit bâtie au tems de Jules-César. Il en subsistoit encore une grosse tour en 1677. Le duc de Villahermosa, général de l'armée espagnole, la fit sauter avec de la poudre, de peur que les Français ne s'y retranchassent.

Leuze a aussi une étymologie latine, mais elle est loin d'être glorieuse. Le mot *lutosa* exprime parfaitement bien la qualité bourbeuse du ruisseau qui la traverse ; et sous les autres rapports, jamais ville ne fut si bien nommée.

Nous avons revu avec plaisir à Tournay, l'Escaut, ce fleuve dont nous avons entretenu nos lecteurs avec quelque étendue, lorsqu'il a été question de notre séjour à Gand et à Anvers. Nous n'avons, certes, pas besoin de dire qu'ici il n'offre pas des dimensions aussi majestueuses ; cependant il est navigable et florissant.

Tournay, en Flamand *doornik*, a été fondée, dit-on, six cents ans avant l'ère vulgaire. C'étoit une des principales villes qu'occupoient les Nerviens ;

Jules-César rapporte qu'il s'en rendit le maître, après la bataille qu'il avoit gagnée sur ces peuples, près des bords de la Sambre.

Cette ville étoit, à ce qu'il paroît, originairement bâtie sur un seul côté du fleuve ; mais depuis, lorsque le commerce de la Belgique étoit dans un état florissant, elle s'agrandit considérablement, et s'étendit sur l'autre rive. Aussi se trouve-t-elle divisée par l'Escaut, en ville vieille et en ville neuve. Cette dernière moitié est ornée d'un quai spacieux et superbe, de 1300 pas de longueur, sur 80 de largeur, planté d'arbres, et qui forme une promenade des plus belles ; c'est là que, les jours de repos, on voit réunie la belle jeunesse de la ville. Les femmes les plus riches viennent y faire parade des modes les plus récentes de la capitale ; celles du commun, qui tiennent davantage à la mise antique, ne laissent pas d'y chercher l'admiration.

Les maisons sont bien bâties, les rues propres, en général assez droites ; mais la population ne répond point extrêmement à la grandeur de l'enceinte. La ville renferme présentement, environ vingt-cinq mille ames, et en contiendroit aisément le double. Cet excès de terrain contribue, à la vérité, à l'élégance de la ville. Les étages n'y sont point amoncelés les uns sur les autres, comme dans Paris. La toise parcimonieuse de l'architecte n'y calcule pas avec une exacte rigidité la grandeur des appartemens, l'étendue des jardins et des vergers. Les ateliers spacieux présentent le spectacle de l'industrie et de l'activité : les camelots, les baracans,

les

les bas de laine, la toile de Flandres, dite *toile au lait*, et une infinité d'articles de tannerie, de papeterie, etc. : tels sont les objets qui sortent des manufactures de Tournay.

Nous avons admiré la beauté de l'église cathédrale, surmontée de quatre clochers. L'intérieur en est de la plus grande richesse ; le marbre, les sculptures, les bas-reliefs sont prodigués de tous côtés, soit dans les chapelles, soit dans les tombeaux.

Il paroît assez croyable que cette église a été fondée par Childéric I, petit-fils de Clodion, roi de France. Il y mourut, et son tombeau y fut découvert, par pur hasard, le 27 mai 1655.

Lors de la démolition de quelques vieilles maisons qui entouroient l'église, on trouva d'abord, à sept pieds de profondeur, une agraffe d'or, et un sac de cuir presque pourri, où il y avoit plus de cent médailles d'or. Le cri que jeta l'ouvrier qui fit cette découverte, assembla du monde, et excita à de soigneuses recherches. On n'eut pas fouillé longtems, que l'on trouva environ deux cents médailles d'argent, deux têtes de mort, quelques os de squelette, et des ossemens de cheval ; puis ensuite, dans un espace d'environ cinq pieds en quarré, on découvrit une épée, divers morceaux d'or qui avoient servi d'ornement au fourreau ; le fer d'une hache, et celui d'un javelot ; un étui d'or, avec un stylet pour écrire ; deux petites verges d'or quarrées, émaillées de rouge, avec leurs charnières en or, et qui avoient servi à joindre ensemble deux plaques d'ivoire, pour des tablettes ; une petite *tête de bœuf*

B

d'or émaillé ; un gros anneau d'or ; quatre grosses agraffes d'or qui paroissoient avoir servi à attacher le baudrier du prince ; une petite boule de crystal ; plusieurs figures d'*abeilles* d'or et d'argent ; et enfin une anneau d'or, orné d'un cachet, sur lequel on voit la figure de Childéric, avec ces mots gravés en caractères romains : *Childerici regis.*

Ces divers monumens donnèrent lieu à des dissertations très-instructives ; ils servirent de plus à confirmer un point de l'histoire de ces tems, que la coutume étoit alors d'enterrer avec les princes leurs armes, leur cheval de bataille, et plusieurs choses précieuses. De même que dans les contrées à demi-sauvages de l'Afrique ou de l'Amérique, on suppose encore des besoins à ceux qui ont payé le dernier tribut à la nature, et qu'on jette dans leur tombe, des armes, des vêtemens, et ce qui est plus absurde, des comestibles. Une des observations les plus curieuses qui ayent suivi cette découverte, fut faite par Jacques Chifflet, premier médecin de l'archiduc Léopold ; il prétendit trouver dans les abeilles d'or l'origine des *fleurs de lys* que l'on voyoit sous la monarchie, dans les armoiries des princes de France.

Plusieurs savans antiquaires, entr'autres l'abbé Dubos, ont adopté cette opinion. Voici comme ce dernier s'en exprime :

« Childéric, dit-il, suivant toutes les apparences,
» portoit ces petites figures cousues sur son vête-
» ment, parce que la tribu des Francs, sur laquelle
» il régnoit, avoit pris les abeilles pour son symbole,
» et qu'elle en parsemoit ses enseignes. »

Il entre ensuite dans une assez longue discussion, afin de prouver que les nations germaniques, dont les Francs faisoient partie, prenoient chacune pour emblême quelque animal dont la figure étoit peinte sur ses étendards.

« D'abord, continue-t-il, elles n'auront mis dans
» ces drapeaux que les bêtes les plus courageuses ;
» mais le nombre des nations et des tribus venant à
» se multiplier, il aura fallu que les nouvelles na-
» tions et les nouvelles tribus, pour avoir un sym-
» bole particulier qui les distingue des autres,
» missent sur les enseignes des animaux de tout
» genre et de toute espèce.

» Je crois même que nos abeilles sont, par la
» faute des peintres et des sculpteurs, devenues nos
» fleurs de lys, lorsque, dans le douzième siècle,
» la France et les autres états de la chrétienté com-
» mencèrent à prendre des armes blasonnées. Quel-
» ques monumens de la première race, qui subsis-
» toient encore dans les douzième et treizième siècles,
» et sur lesquels il y avoit des abeilles mal des-
» sinées, auront même donné lieu à la fable popu-
» laire, que les fleurs de lys, que nos rois portent
» dans l'écu de leurs armes, furent originairement
» des crapauds ; fable qui a eu long-tems cours dans
» les Pays-bas, où l'on cherchoit à rendre les Fran-
» çais méprisables par toutes sortes d'endroits. »

Cette conjecture est-elle fondée ? Pourquoi les abeilles, plutôt que la petite tête de bœuf trouvée dans le même tombeau, auroient-elles été l'origine de nos antiques fleurs de lys ? Pourquoi encore cette tête de bœuf seroit-elle, suivant Jacques Chifflet, une idole, tandis que les abeilles n'auroient point eu une semblable destination? Ce monument isolé ne prouve donc pas que les armoiries de nos anciens monarques soient des abeilles dégénérées, plutôt que des lys, avec leurs feuilles recourbées, des hallebardes, des fers de lance, ou d'autres emblêmes quelconques, mal imités dans la suite. Il n'y a pas plus de raison de faire à Childéric l'honneur de ce blason, qu'à Louis XII qui, lors de la révolte de Gênes, entra dans cette ville l'épée à la main, monté sur un cheval de bataille et suivi d'un escadron nombreux, et qui, afin de témoigner aux rebelles ses intentions pacifiques, s'étoit revêtu d'une cotte d'armes où l'on voyoit des abeilles voltigeant autour d'une ruche, avec cette devise: *Non utitur aculeo rex*, (le roi ne se sert point d'aiguillon.) Et dans tous les cas, si l'on venoit, par hasard, à se fixer sur l'origine de la chose, ne se trouveroit-il pas des conjectures plus divergentes encore sur l'origine du mot? Pourquoi aura-t-on nommé *fleurs de lys* des objets qui évidemment n'ont aucun rapport à cette belle fleur? Hypothèse pour hypothèse, ne vaudroit-il pas mieux s'en tenir au dire des auteurs qui assurent avec beaucoup de vraisemblance que les premiers monarques français faisoient frapper sur les monnaies des fers de javelot, entremêlés avec de véritables lys? C'est pourquoi le vulgaire confondant ces deux images, qui peut-être n'étoient pas bien distinctes, bien nettes, les appela tout simplement des fleurs de lys.

Quant au reproche que fait l'abbé Dubos aux Flamands d'avoir long-tems vu dans nos armes des images défigurées de *crapauds*, les Belges ont pu se croire autorisés à cette opinion. En effet, on a vu pendant plusieurs siècles, dans le palais des anciens ducs de Bourgogne, à Bruxelles, des tapisseries où se trouvoient aux quatre coins les armes des rois de France, avec des crapauds si parfaitement bien dessinés, qu'il étoit impossible de s'y méprendre. Avant que la cour royale eût été brûlée, on voyoit encore une de ces tapisseries. Il n'y a pas long-tems qu'il existait à Bruxelles des vieillards qui se souvenoient de l'avoir vue dans leur jeunesse.

Mais il reste une autre question : Est-ce par maladresse que les ouvriers modernes ont dans la suite déformé ces crapauds ? ou bien ne seroit-ce point plutôt par une mal-adresse des ouvriers flamands qui auraient mal copié des fleurs de lys, imparfaitement dessinées ? . . . . Ce qu'il y a de plus certain, c'est que ce point historique, ainsi que des milliers d'autres, est enveloppé d'une obscurité fort difficile à pénétrer.

On voit encore, sur le bord supérieur de l'Escaut, quelques vestiges des anciennes fortifications, qui furent démolies par ordre de Joseph II, et que depuis on n'a pas songé à restaurer. Cette opération dispendieuse ne seroit point d'ailleurs d'une absolue nécessité, même en cas d'une nouvelle guerre. Cette place, très-éloignée du Rhin, de la république batave et de la mer, ne peut plus être considérée comme une ville frontière.

Les forêts que nous rencontrons de tous côtés, étoient autrefois remplies du meilleur gibier : les bêtes fauves étoient malheureusement funestes à ceux même qui avoient le droit exclusif de les chasser, puisqu'elles désoloient les campagnes, les riches valons qui se déploient au milieu des côteaux boisés.

On voit, de distance en distance, quelques ruines d'ouvrages construits par les Romains. Nous avons vu, pour la seconde fois, la fameuse chaussée de Bavay, dont nous avons déjà parlé, et qui traverse le département.

On pense bien qu'à force d'avoir été sans cesse reconstruite et réparée, cette chaussée, qui s'étend jusques dans le voisinage de Tongres, a changé en quelque sorte de nature ; qu'elle ressemble beaucoup plus aux ouvrages modernes en ce genre, qu'à ceux dont on voit des traces mieux conservées dans le cœur même de l'Italie. Il y a cependant des endroits où l'on est à portée d'examiner la hardiesse et la patience qui ont présidé à un pareil travail. La chaussée surmontant quelquefois un valon escarpé, domine sur un précipice qui effraye le voyageur. Ici elle est percée sur la croupe d'une montagne : la voiture s'incline sur le chemin oblique, et vous échapperiez difficilement au danger d'être versé, si les grands chemins de cette partie de la France n'étoient entretenus avec un soin qui va jusqu'au scrupule. Là, au contraire, elle descend une pente roide ; votre vue plonge presque perpendiculairement sur des hameaux, sur des censes ou métairies.

Dans certains villages, on paye des journaliers qui réparent continuellement la route, à mesure que les jantes des voitures l'ont dégradée ; tenant un *pic* d'une main, et de l'autre une corbeille, ou un morceau de toile remplie de sable, ils comblent les creux à l'instant même où ils se forment. Nous devons encore observer que l'on a, de tout tems, encouragé dans ce pays les roues à larges jantes. Un charriot garni de roues bien larges qui, au lieu de ruiner la route, produit un effet contraire, et fait disparoître les ornières, ne payoit qu'un droit très-léger et dans certaines proportions, n'en payait point du tout.

Certes, de tous les impôts indirects, celui qui méritoit le moins d'être confondu dans la proscription générale qu'en a faite la secte des *économistes*, c'est celui du droit de passe, de la taxe d'entretien des routes. Il est juste que ceux pour l'intérêt desquels les chemins publics doivent être maintenus dans un état florissant, contribuent à cette réparation. Seulement, il n'est peut-être pas équitable que cette rétribution soit uniforme, soit la même par-tout. On devroit faire, comme en Angleterre, le relevé exact du nombre et de la dimension des voitures qui passent annuellement par une route, diviser par aperçu, entre les cultivateurs, les manufacturiers, entrepreneurs de voitures publiques, etc. la somme que doivent coûter les travaux nécessaires, et autoriser ces particuliers à s'abonner. C'est un moyen infaillible d'élever la recette juste an niveau des dépenses, de diminuer sensiblement les frais de perception, et de ne mécontenter personne, puisque cette taxe n'étant point une *spéculation fiscale*, devroit être légère. (2)

La ville de *Binche*, située à peu de distance de la chaussée dont nous venons de parler, est dans une exposition pittoresque et agréable. Elle est célèbre par le grand nombre d'abbayes qui se trouvent dans les environs.

A une lieue de la ville, et sur la rivière de Haine, Marie, reine de Hongrie, sœur de l'empereur Charles-Quint, et gouvernante des Pays-bas, a fait bâtir le magnifique château de Marimont; mais cette princesse, dans une guerre contre la France, lorsque les troupes impériales avoient pénétré en Picardie, ayant fait brûler le château royal de Folembray, le monarque français, Henri II, reprit, à son tour, l'offensive en 1554, fit, par forme de représailles, incendier le château de Marimont, ainsi que la ville de Binche, où Marie avoit un superbe palais. Il fit mettre cette inscription sur les ruines : *Souviens-toi de Folembray, reine insensée !*

Le plus insensé des deux était assurément celui qui commettoit une dévastation inutile, qui incendioit des palais, et, ce qui est moins pardonnable encore, des habitations modestes, qu'avec un peu d'efforts et de courage il auroit peut-être pu garder. Le château fut cependant réédifié par Albert et Isabelle, et plusieurs autres princes se plurent à l'embellir.

Entre les limites des anciennes provinces nommées Flandres française, Hainaut français, Picardie et Champagne, s'avance une espèce de langue formée par le département de Gemmapes. Beaumont, jolie petite cité, est bâtie fort près de la Sambre, dans l'isthme, c'est-à-dire dans la partie la plus étroite de cette langue. Elle tire son nom de la montagne agréable sur laquelle elle est bâtie ; aussi la nomme-t-on en latin *Bellus Mons*, ou *Bellomontium*.

Nous ne nous sommes arrêtés dans les environs que pour considérer les charmans paysages qui l'avoisinent. L'inégalité du terrain, la variété des groupes qu'offrent à l'envi des bosquets et des hameaux, font qu'à chaque pas on change d'horison, et que l'on découvre une autre perspective.

Bientôt les obstacles se multiplient ; les routes sont moins nombreuses, moins fréquentées : nous pénétrons dans la forêt de Thieracke, qui s'étend depuis Chimay, où elle prend son origine, jusques dans le département des Forêts, après avoir traversé une petite partie de l'ancienne France.

Chimay et le territoire dépendant ne sont en quelque sorte qu'une grande lisière au milieu de cette forêt et de celle de Fagnes, quoiqu'ils ne soient pas tout-à-fait dépourvus de bois.

Nous n'avons pas voulu quitter le département de Gemmapes, sans aller voir les villages de Blangies et de Malplaquet, fameux par la déroute de l'armée française, mais dont le malheur fut si bien réparé à Fontenoy, quarante ans après.

On a beaucoup discuté pour blâmer ou justifier

Villars sur le mauvais succès de la première bataille. On a dit que, deux jours avant le 11 septembre, jour auquel eut lieu la bataille, il eût pu attaquer victorieusement le prince Eugène et le duc de Marlborough, avant qu'ils eussent reçu les renforts qu'ils attendoient. Mais on a répondu à cette objection, d'une part, que M. de Villars devoit exposer avec peine une armée qui paroissoit être la dernière ressource de la France ; de l'autre, on prétend qu'il fut arrêté par quelques négociations que les généraux entamèrent afin de temporiser.

On se battit avec un acharnement sans exemple pendant toute l'année. M. le maréchal de Villars fut blessé au fort de l'action ; le maréchal de Boufflers eut la gloire de sauver l'armée, et dirigea sa retraite sur le Quesnoy, sans abandonner ni canons, ni prisonniers.

Quant à la bataille de Fontenoy, qui fut livrée le 11 mai 1745, presque sous les murs de Tournay, elle fut donnée, à l'occasion du siége de cette dernière place, par les Français. Le duc de Cumberland n'avoit, pour sauver la ville, d'autre expédient que de livrer une bataille ; il marcha droit contre notre armée, rangée sur une éminence, ayant le village d'Antoing à droite, un bois à gauche, et en face, la ville de Fontenoy. La position avantageuse de nos gens n'effraya point le duc de Cumberland, ni le prince de Waldeck qui commandoit avec lui. Ils attaquèrent les retranchemens sur les deux heures du matin, et obtinrent d'abord des avantages. Ils furent victorieux pendant près d'une heure, et se croyoient déjà sûrs du gain de la bataille. Le maréchal comte de Saxe, attaqué de la dangereuse maladie dont il mourut dans la suite, parcourt les rangs en litière. Il rassure le soldat et par ses gestes et par ses discours. Bientôt il a le bonheur de jouir du succès de ses exhortations. Quelques phalanges ennemies plient. De toute l'armée des alliés, les Anglais seuls, aguerris par de longues campagnes, soutiennent l'effort des Français victorieux ; sans ordres, poussés par un zèle purement mécanique, ils se forment en bataillon quarré, et s'avancent avec intrépidité sur nos lignes. Notre artillerie joue de trois côtés à la fois sur ce corps. Pendant longtems rien ne peut l'enfoncer. Enfin la maison du roi brave le feu des Anglais, et renverse cette phalange que l'on croyoit inébranlable. Dans cette action chaude et meurtrière, les alliés perdirent au moins quinze mille hommes.

Telle est l'histoire de ce département, l'un des plus étendus de ceux formés dans la Belgique. Ce n'est point, à la vérité, le plus peuplé, le plus commerçant ; mais il est un des plus favorisés des dons de l'agriculture. L'air y est tempéré, quoiqu'assez ordinairement nébuleux. Les belles rivières de l'Escaut, de la Haine, de la Sambre, de la Dender et de la Trouille, et plusieurs autres petites rivières, ou gros ruisseaux, le coupent à divers sens, et en fertilisent le sol. Presque tout le pays étoit autrefois occupé par une forêt dite Charbonnière, et qui lui faisoit donner le nom de *Saltus Carbonarius*. On l'appeloit ainsi, soit par la grande abondance du fossile connu sous le nom de houille ou charbon de terre, soit parce que ses bois, convertis en charbon, servoient à alimenter de ce combustible les provinces environnantes.

Outre les richesses que l'on tire de l'exploitation des forêts et de la culture des terres labourables, on y met encore en valeur des mines de différentes natures, telles que des mines de fer et de plomb, des carrières de marbre, de pierres bleues et blanches à bâtir; enfin du charbon de terre et de la tourbe.

Les règnes animal et végétal diffèrent fort peu dans ce département de l'état où ils sont dans le reste de la Flandres. Il n'y a pas même une différence sensible, pour le nombre des espèces, avec la partie mitoyenne de l'ancienne France. On y remarque seulement une grande quantité de cigognes, qui y sont attirées et par le climat qui leur est favorable, et par les terrains bas et marécageux, où ces animaux trouvent dans les reptiles, les crapauds et les grenouilles, la nourriture qui leur convient.

On voit ces volatiles innocens se confier, eux et leurs couvées, aux domiciles des hommes, avec une sécurité qui porteroit à croire qu'ils ont quelques notions des droits de l'hospitalité, qu'ils s'imaginent que leur utilité impose aux villageois le devoir, non-seulement de ne point les troubler, mais encore de les protéger. Mais, hélas! ce n'est point à ce sentiment d'équité et de justice que les cigognes doivent la tranquillité dans laquelle on les laisse vivre; c'est à la superstition, c'est à de fausses idées qui, du moins, ne sont pas dangereuses, en cela qu'elles produisent des résultats utiles. Les gens de campagne s'imaginent bonnement que la présence d'un nid de ces oiseaux attire le bonheur sur leur petite habitation, qu'elle les préserve de plusieurs malheurs, notamment des incendies.....

Ils ont la même idée, par rapport aux hirondelles ; ils craindroient qu'il ne leur arrivât quelque malheur, s'ils venoient à tuer ou emprisonner un seul de ces oiseaux.

Quel a été le motif de pareils préjugés ? Nous croirions volontiers qu'ils sont l'effet d'une fraude méritoire de la part de quelque philosophe. Il aura pensé que les vérités simples et nues ne sont point faites pour le vulgaire ; que, suivant l'expression d'un homme d'esprit : *L'imposture est son éloquence*; et il leur aura inculqué ces opinions exagérées, dont il étoit difficile de démontrer directement la fausseté.

On sait au reste que les cigognes sont très-communes dans les Pays-bas. On en observa un jour à Paris plusieurs qui s'étoient placées sur le dôme de l'école militaire ; plusieurs vieux soldats qui les aperçurent en conjecturèrent qu'il y avoit eu quelque grande affaire en Flandres, que le bruit du canon les avoit effrayées. Ils ne se trompèrent point ; quelques jours après, un courrier apporta la nouvelle d'une victoire signalée, remportée par l'armée française.

NOTES.

(1) Jean-Jacques Rousseau parle, dans son *Contrat social*, d'une petite nation enclavée dans l'empire du Mexique, qui aima mieux se passer de sel, que d'être obligée d'en acheter des Mexicains. Ce peuple sentoit avec justesse, que s'il venait à se mettre une fois dans la dépendance la plus légère en apparence, la plus indifférente à l'égard de ses voisins, la perte de sa liberté seroit inévitable.

(2) Un écrivain compare les impôts connus dans l'ancien gouvernement sous le nom d'*aides*, etc. aux vaches que Pharaon vit en songe. Sept vaches maigres dévorèrent sept vaches grasses, sans en être elles-mêmes plus grasses. L'objection tirée de l'énormité des frais de perception, n'est pas la seule qu'on peut faire. Souvent les contributions indirectes sont si mal assises, qu'elles s'entre-détruisent les unes les autres, et tarissent les canaux qui font circuler l'argent dans la caisse de l'état, tout en ruinant les administrés ; tout en les empêchant de se livrer à d'honnêtes spéculations lucratives et pour eux et pour le trésor public. La mesure qui assujettit au timbre les prospectus et autres avis imprimés, est du nombre de ces institutions funestes. Un libraire peut, sans bourse délier et sur ses billets, commencer l'exécution d'une vaste entreprise : il peut risquer l'envoi d'un prospectus ; mais il est obligé d'avancer des frais de timbre qui excèdent, ou du moins égalent ceux de la composition, du tirage et du papier ; il n'osera rien tenter, à moins que les rentrées ne soient certaines ; il n'enverra pas non plus, dans l'intérieur, de catalogues imprimés ; il ne les multipliera point. Moins annoncé, moins répandu, il recevra moins de demandes. Ses livres demeurent dans son magasin et ne paient aucune rétribution à la poste. Supposé que l'on envoie par la poste deux mille catalogues ; la poste perçoit d'abord un premier droit : mais si par l'événement de cette publication il se vend une centaine de volumes, voilà 50 francs au moins dans le trésor public : tandis que pour avoir voulu gagner vingt francs au plus pour le timbre des avis, l'état ne reçoit plus rien.

Et d'ailleurs, quel abus ne feront pas les agens du fisc des expressions vagues de la loi, ou plutôt de l'arrêté du ministre des finances, qui établit cette contribution onéreuse ! Qu'appellerons-nous désormais *prospectus* ?

Le tableau analytique des connaissances humaines que Diderot mit à la tête de son encyclopédie, et qui étoit un véritable prospectus, auroit-il dû être assimilé aux annonces pures et simples que font les marchands et les spéculateurs ?

Il est encore plusieurs impositions du même genre, dont il ne seroit pas difficile de démontrer les malheureuses conséquences ; mais elles ont été sans doute commandées par les sacrifices inévitables que la guerre entraîne à sa suite ; la PAIX ne peut manquer de les faire disparaître.

F I N.

VOYAGE

DANS LES DÉPARTEMENS

DE LA FRANCE,

Enrichi de Tableaux Géographiques
et d'Estampes;

Par les Citoyens J. LA VALLÉE, ancien capitaine au 46ᵉ. régiment, pour la partie du Texte; LOUIS BRION, pour la partie du Dessin; et LOUIS BRION, père, auteur de la Carte raisonnée de la France, pour la partie Géographique.

L'aspect d'un peuple libre est fait pour l'univers.
J. LA VALLÉE. *Centenaire de la Liberté.* Acte Iᵉʳ.

A PARIS,

Chez Brion, dessinateur, rue de Vaugirard, N°. 98, près le Théâtre François.
Chez Buisson, libraire, rue Hautefeuille, N°. 20.
Chez Desenne, libraire, galeries du Palais-Royal, numéros 1 et 2.
Chez l'Esclapart, libraire, rue du Roule, n°. 11.
Chez les Directeurs de l'Imprimerie du Cercle Social, rue du Théâtre-François, N°. 4.

1792.

L'AN PREMIER DE LA RÉPUBLIQUE FRANÇAISE.

Nota. Depuis l'origine de l'ouvrage, les auteurs et artistes nommés au frontispice l'ont toujours dirigé et exécuté.

Ouvrages du Citoyen JOSEPH LA VALLÉE.

Le Nègre comme il y a peu de Blancs.	3 vol.
Cecile, fille d'Achmet III.	2 vol.
Tableau philosophique du règne de Louis XIV.	1 vol.
Vérité rendue aux Lettres.	1 vol.
Serment civique, comédie en 1 acte.	1 br.
La Gageure du Pélerin, en deux actes.	
Départ des volontaires villageois, comédie en 1 acte.	
Voyage dans les 83 Départemens.	18 n°s.

DÉPARTEMENT DU JURA,
ci-devant Partie de la Franche Comté

Signes.
- Chef-lieu de Département.
- Chef-lieu de District.
- Canton.
- Tribunal Criminel.
- Tribunal de District.
- Evêché.

Remarque.

L'Etendue de ce Département est de 256 lieues quarrées.

Sa population de 280 mille habitans.

Il est de la Métropole de l'Est ou de Besançon, de la 6.e Division Militaire, de la 15.e Division de Gendarmerie Nationale, et de la 11.e Conservation Forestière.

Il se divise en 6 Districts, comprenant 62 Cantons et 584 Municipalités.

Et il envoye 8 Députés à la Convention Nationale.

VOYAGE
DANS LES DÉPARTEMENS
DE LA FRANCE.

DÉPARTEMENT DU JURA.

« Si en invoquant Dieu, disoit Origène à Celse,
» ou en jurant par son nom, on le nomme Dieu
» d'Abraham, d'Isaac et de Jacob, on fera telles
» choses que les démons ne pourront venir à bout
» de les défaire. » Origène avoit raison. C'est au nom
du Dieu d'Abraham, d'Isaac et de Jacob, que des
moines insolens, oisifs et pervers, étoient parvenus
à courber les peuples malheureux, non-seulement
sous le joug moral des superstitions, mais encore
sous le fardeau physique des chaînes du plus honteux esclavage. Que des conquérans, fiers de l'ignorance des vaincus, abusant avec indignité des droits
du plus fort, aient outragé la nature jusqu'à dire à
l'homme : le champ que tu cultiveras ne sera pas pour
toi, tu maigriras, tu te baigneras de sueurs toute
l'année, pour ensevelir ma paresseuse inutilité dans
les flots de l'abondance : les enfans que ta femme te
donnera dans son amour ne t'appartiendront pas ; je
les arracherai, quand il me plaira, à tes caresses, pour
m'en servir de marche-pied quand je monterai sur

mon char, ou pour les vendre à mes voisins, quand mes débauches auront desséché mes trésors; quand tu mourras, je te disputerai jusqu'au cercueil où tes os pourriront: ta mort ne laissera pas même à ta veuve désolée la paillasse témoin de tes derniers soupirs; et la cendre du feu où l'on fera chauffer ton dernier breuvage, ne restera pas la propriété de tes fils : moi, ton oppresseur, ton tyran, ton bourreau, j'hériterai de ta dépouille, et la misère et la servitude seront le partage, qu'en expirant, tu laisseras aux objets de ta tendresse. Qu'un semblable projet, dis-je, soit tombé dans la tête des dévastateurs du monde : que leur ame, imbibée de sang, nourrie dans le meurtre et le carnage, se soit fait un jeu, dans la paix, de calculer le produit des larmes des humains; qu'enfin, la féodalité soit née de l'abus des armes, on le conçoit: parce que tous les crimes sont présumables dans le mortel dégradé qui vit de la guerre : mais que des prêtres, dont le mot éternel de ralliement étoit charité, dont la bouche ne citoit que le Dieu de miséricorde, de paix, de douceur, d'humilité, aient joui sans honte, et sans doute sans remords, des droits sanglans que la terre en deuil ne céda qu'au glaive des tyrans ; qu'enfin, lorsque l'informe masse de la féodalité, par-tout écroulée, par-tout anéantie sous les malédictions de l'univers, couvroit l'Europe de ses ruines, ils soient restés seuls au milieu de ses débris, comme on voit quelques sapins, échappés à l'incendie d'une forêt, devenir l'asyle des funèbres corbeaux dont la flamme a détruit les asyles ; c'est ce que l'esprit ne conçoit pas; c'est ce que le cœur repousse ; c'est ce que l'ame taxeroit de mensonge, si l'on ne savoit que l'humanité étoit morte chez les prêtres, et que l'avarice, l'insensibilité et l'inflexible orgueil étoient les mannequins organisés dont les ressorts se mouvoient sous le lin du sacerdoce.

Les jours étoient passés où le malheureux serf payoit de sa vie le désir de fuir la terre du seigneur oppresseur. Ce n'étoit plus le siècle où l'évêque (1) *indigne* par la grace de Dieu, permettoit à l'homme *de corps* d'épouser telle femme : l'âge avoit fui où, parmi les trésors offerts pour la rançon d'un abbé de Saint-Denis (2), on donnoit tant d'hommes et tant de femmes ; enfin, Rousseau, Voltaire, Helvétius, Mably, avoient vécu, et les moines de S. Claude appesantissoient encore, au dix-huitième siècle, le sceptre de plomb de la servitude sur la tête des malheureux habitans de leurs possessions immenses. Ah ! peut-être eût-il fallu, pour l'exemple de la terre, et pour l'effrayante leçon de tous les prêtres du globe, toujours *prêtres* dans tous les cultes, que cette servitude des habitans du Jura se fût prolongée jusqu'à l'époque de la révolution française : que les serfs de S. Claude, libres tout-à-coup avec toute la France, se fussent présentés, l'empreinte de la liberté sur le front, aux yeux épouvantés de leurs moines oppresseurs, et que les crânes de leurs despotes eussent été brisés par des bras tout saignans encore de la marque de leurs fers : mais il semble que la providence ne l'ait pas permis, et qu'elle ait voulu marquer d'un intervalle l'abolissement de la servitude et la révolution française, pour rendre palpable cette vérité, que les prêtres sont les derniers des hommes à céder aux réclamations de la nature.

Oui, si jamais dans notre vie nos cœurs se sont ouverts aux balsamiques sensations de la liberté et de l'égalité ; si jamais, aux doux rayons du soleil, dont la chaleur s'épanche également dans le sein de tous les hommes, nos bras fraternels ont pressé tendrement nos semblables, c'est lorsque, sous les portiques déserts des palais des moines de S. Claude, nous avons serré contre nos cœurs les infortunés vassaux de ces *saints* réprouvés, et que jetant avec eux nos regards attendris sur les faîtes dorés où l'oisiveté monacale sommeilloit dans les malédictions, nous nous sommes dit : ils n'y sont plus.

O Dieu de l'univers ! l'homme ne fut pas toujours juste ! il mérita sans doute ta colère : les prêtres catholiques naquirent sur la tombe de la liberté romaine : le crime de César fut le crime du monde. O Dieu ! tu devois le punir sans doute, et tu permis les prêtres ! Ta vengeance a duré dix-huit cents ans : c'en est assez : ta colère est adoucie, nous en avons le gage : les prêtres ne sont plus. O Dieu de l'univers, sois à jamais béni.

Et vous, montagnes ! temples de la nature ! vous que le Créateur éleva sur le monde pour inviter l'homme à se rapprocher de la pureté du ciel ! vous que la fable, cette aimable introductrice de la morale dans le cœur des humains, honora de l'emploi de peser sur les Titans, gigantesques emblêmes des vices ! qu'aviez-vous donc fait de votre gloire ? C'est aux fleuves qui se traînent en rampant sur la face de la terre, c'est aux vallons, dont l'herbe timide et servile se courbe sous les pieds du taureau qui la foule et la dévore, à souffrir sur leurs bords le poids honteux des palais monastiques : fleuves, vallons, ruisseaux, vous êtes dignes de l'esclavage, car la volupté vous entoure. Mais vous, fières montagnes, que l'aigle et la vertu devroient seuls habiter, comment avez-vous souffert que l'oisiveté, le calice à la main, posât les murs de ces repaires déhontés sur vos flancs généreux ? Jura ! la nature n'avoit donc pas allumé de volcans dans tes entrailles ? Le vent du Nord défendoit donc à la foudre de couronner ta cîme ? La terre, dont l'énorme frisson crevassa tant de fois ta croupe majestueuse, restoit donc immobile sous ta base éternelle, puisque tu souffris, pendant dix siècles, que des moines insolens, assis sur ton sommet, insultassent au pauvre, qui demandoit en vain à tes roches une fécondité funeste pour nourrir ses tyrans ? Ah ! le pseaume *Cædite montes* n'est point fils de la verve du prophète (3) *Roi*. Ce fut bien plutôt le chant de mort de l'homme dont l'œil vit le premier prêtre habiter les montagnes. Alors la Pureté dit aux humains : je n'ai plus d'asyle sur la terre.

S. Claude, nom détesté que l'histoire gravera dans ses fastes pour tourmenter les mânes des moines par l'indignation des vivans, S. Claude étoit le nom de cette abbaye fameuse qui, la dernière en France, compta des serfs parmi ses *vassaux*. Que l'on juge combien cette servitude étoit odieuse ! un roi voulut la détruire. Que l'on juge combien le despotisme monacal étoit plus atroce encore que celui des rois !

des moines s'y opposèrent. Les tribunaux retentirent de cet étrange procès entre la férocité pontificale et l'humanité fatiguée. Des prêtres, en présence de la justice, comptoient, au nombre des droits de l'évangile, l'art d'assassiner l'homme en détail, depuis son berceau jusqu'à sa tombe ; et la puissance *royale*, forte de toute *la souveraineté* que les préjugés lui avoient concédée, pensa s'anéantir devant les paradoxes sanglans d'une vingtaine de prêtres empâtés des misères humaines. La puissance *royale* l'emporta cependant : la servitude fut abolie, et les prêtres crièrent, *à l'arbitraire* ! il étoit juste : depuis six mille ans c'étoit le seul acte de justice émané d'un trône. Il falloit bien que ce fût le premier crime dont l'église accusât le sceptre.

Hélas! c'est avec raison que les hommes appeloient Dieu le roi du ciel et de la terre. On pouvoit bien, en effet, l'assimiler aux rois, car ses ministres ont toujours été des scélérats. L'être de l'univers, que la révolution française ait le mieux servi, est Dieu : il n'étoit environné que de fripons. L'homme, dumoins, pourra maintenant le connoître ; on ne lui vendra plus les récompenses, ni les lettres de grace de l'être juste qui régit la nature.

S. Claude, située au confluent de deux torrens, la *Bienne* et l'*Ison*, doit son origine à l'abbaye de ce nom, dont l'antiquité se perd dans la nuit des tems, car il n'existe point de préjugés religieux sans rides. Un nommé Claude, archevêque de Besançon, vint finir ses jours dans cette abbaye, qui s'appelloit alors S. Oyan, on ne sait pourquoi, car Oyan n'est point connu. Ce Claude vivoit dans le huitième siècle. Il mourut saint. Il en faut un pour chaque abbaye, et le choix tomba sur lui. L'abbaye prit alors le nom de S. Claude. Il falloit, au surplus, un miracle pour faire venir l'argent au magasin : on prétendit que le corps du saint restoit incorruptible : le miracle n'étoit pas sorcier, dans un pays où dix fontaines ont la vertu pétrifiante. On pétrifia donc S. Claude, et l'esprit du peuple pétrifié par la superstition, vit dans un effet purement physique la preuve de l'éternelle *béatitude* d'un homme dont la vertu sublime avoit été l'inutile oisiveté. Une abbaye sujette à des miracles est une ferme trop précieuse pour l'église, pour la laisser exploiter par des mains roturières. Il fallut être noble pour y entrer : ses religieux étoient bénédictins : ils s'ennuyèrent à la longue de la sévérité de leur règle. Ces *messieurs* se séparèrent enfin, et chacun eut son palais, ses gens, son luxe et son cuisinier à part.

Tandis qu'ils jouissoient en grand du bienheureux miracle et que le saint de *marbre* attiroit tous les dévots de l'Europe autour de sa châsse, le peuple en jouissoit en petit. Les prêtres vendoient des évangiles au nom de S. Claude, et le peuple vendoit de petites figures de buis façonnées avec un couteau, et vivoit de l'imbécillité des pèlerins : mais le peuple, meilleur que les prêtres, est par conséquent moins prévoyant. La dévotion diminua, les moines s'en moquèrent ; ils avoient cent mille écus de rente. Le peuple en gémit : il ne vendoit plus de petites figures.

Une abbaye si riche éveilla à la longue la cupidité des grands prêtres de cour. Elle parut digne d'un évêque, et l'évêché fut érigé en 1741, et le *pauvre* apôtre que l'on y intronisa le premier, n'étoit que chanoine, comte, grand-vicaire, et official primatial de Lyon. *Le pauvre homme !*

Dans un territoire couvert de montagnes incultes, stériles et pelées, il falloit que les malheureux habitans trouvassent, dans leur industrie, de quoi payer les énormes revenus exigés par l'abbaye : et c'étoit hors de leur pays qu'ils alloient gagner l'argent qu'ils venoient verser dans les coffres des moines. La majeure partie est composée de rouliers qui exportent dans la France les fromages que l'on fait dans ce département et dans ceux du Doubs et de la Haute-Saone. Ces rouliers partent par petits convois de 15 et 20 voitures : chaque voiture n'a qu'un cheval, et la voiture elle-même n'est qu'un petit chariot d'une délicatesse extrême, et tellement léger, que l'homme le moins fort le mettroit en mouvement. Quand ils ont vendu leurs fromages, soit à Paris, soit dans les villes maritimes, ils prennent des *retours*, autant que leur frêle voiture en peut supporter, et achèvent ainsi la saison de leur voyage, à la fin de laquelle ils vendent le cheval et le chariot, et reviennent vers Pâques chez eux, où ils restent deux mois à ensemencer le peu de terre qu'ils ont. Ils font ensuite une seconde émigration, et se répandent dans les départemens féconds en pâturages, où ils se louent par troupes pour faire les fauchaisons. Ils reviennent après faire leurs propres récoltes, et quand elles sont finies, ils rachètent un cheval, reconstruisent un chariot, et recommencent leurs voyages. Telle est la vie errante de ce peuple, qui ressemble assez à celle des Arabes; et qui ne seroit peut-être pas très-malheureuse, si le fruit de tant de soins étoit pour eux, et n'avoit pas été jusqu'ici dévoré, et par les tyrans profanes, et par les tyrans religieux: aussi peu de peuples ont-ils mieux senti le bienfait de la révolution, et lui ont-ils fourni plus de généreux défenseurs. Tandis que tous les bataillons de la République se disputoient l'honneur de la servir, ceux du Jura se sont fait un nom par leur zèle, leur nombre et leur courage.

Au nombre des titres à la gloire que Voltaire a emportés dans le tombeau, on doit placer au premier rang son mémoire pour les habitans du Jura; et s'il fut vraiment grand, s'il mérite l'estime du philosophe, c'est moins par son génie et son étonnante fécondité, que parce qu'il ne laissa jamais échapper l'instant de plaider la cause de l'humanité. Le corps d'un saint n'a fait, pendant mille ans, qu'enrichir des moines : une seule veille d'un grand homme a rendu la liberté à tout un peuple (4). Un homme vaut donc mieux qu'un saint! Les droits de ces moines de S. Claude étoient si atroces, qu'un homme qui, pendant un an, habitoit sur leurs terres, devenoit leur esclave; et qu'il n'est pas sans exemple qu'un étranger, un négociant, attiré par ses affaires à S. Claude, et locataire d'une maison dépendante de l'abbaye, et y mourant, sa femme et ses enfans se sont vus arracher sa succession, et leurs meubles, leur argent, leurs effets, confisqués et vendus au profit de l'abbaye.

C'étoit peu que cette affreuse oppression. Ces moines y joignirent encore quelquefois cette cruauté qu'enfante l'ignorance, et Voltaire nous apprend qu'un nommé Boquet, juge des terres de S. Claude, et auteur d'un ouvrage sur les sorciers, se félicite d'avoir fait brûler, pendant dix ans, dans ce petit pays, plus de six cents de ces sorciers, et invite ses confrères à faire pendre par provision ceux qui seront prévenus de ce crime, sauf à leur faire leur procès après leur mort.

La ville de S. Claude est jolie, bien bâtie, agréablement percée, et ornée de fontaines publiques, dont les bassins élégans décorent ses places. Nous y avons remarqué sur-tout une promenade charmante, pratiquée avec art dans les rochers; elle aboutit aux deux grandes routes de Besançon et de Genève, et la rivière, dont l'onde la baigne dans toute sa longueur, la rend enchanteresse.

Il paroît qu'une ville célèbre, et debout sous la république romaine, a pesé sur ces bords; mais on ignore quelle est cette ville. Sur la fin du dernier siècle, on a trouvé dans les environs, au *Lac-d'Autre*, au *Pont-des-Arches*, au *Grand-Villars* et à *Jaures*, des médailles, des statues, des inscriptions, des aqueducs, des ruines de théâtre, et des images du dieu Pan sous les décombres d'un temple. Ces vestiges annoncent que cette ville, oubliée, avoit de la splendeur sous les empereurs romains.

La ferme forçoit également jadis les habitans de S. Claude à faire usage de ce sel mal-faisant de Montmorot, dont nous avons parlé dans le département précédent ; ses effets y étoient également funestes, mais l'avarice publicaine ne se rendoit pas à l'expérience, et la ruine d'un pays, et la mort des hommes, étoient d'un bien foible intérêt à ses yeux, lorsqu'il s'agissoit d'amonceler l'or dans ses coffres.

Nous avons également vu, dans les carrières des environs, de ces globules nommés *dragées de pierre*, dont nous avons déja parlé. Ces carrières fournissent des marbres assez précieux, dont le champ est olivâtre, veiné ou tacheté au hasard d'un rouge assez pâle.

Lons-le-Saulnier est le chef-lieu de ce département, célèbre par ses vins d'*Arbois* et de *Poligni*. Il produit des grains, mais sur-tout des légumes farineux en abondance et estimés. On y trouve des carrières d'albâtre et de marbre, des mines d'argent, de fer, de plomb, de charbon et d'ardoise ; il nourrit des chevaux et des bestiaux de toute espèce. Les salines et les bois font une grande partie de ses richesses.

L'industrie y a établi des manufactures de papier, de faïence, d'ustensiles de cuisine et de labourage, de draperies grossières et de toiles. Les bois de construction seroient un avantage considérable que l'on pourroit tirer de ce département, et tandis que nous en allons chercher à grands frais dans le nord et jusques dans l'*Ukraine*, il seroit bien plus simple de verser notre argent dans notre propre pays, en s'occupant des moyens de faire exploiter ceux du Jura.

Lons-le-Saulnier est une des villes les plus aimables de ce département, et peut-être de toute la *ci-devant* Franche-Comté. Les habitans en sont spirituels, polis, adonnés aux arts et aux sciences, et plus d'un établissement public nous a paru porter l'empreinte de cette propension aux lumières et à la philosophie. C'est sur-tout dans ceux qui intéressent l'humanité, que l'on reconnoît si un peuple a fait des progrès dans les connoissances, dont le mérite est de rendre l'homme meilleur. L'hôtel-Dieu de Lons-le-Saulnier dépose à cet égard en faveur des *Lonsois*. Cet hôpital est servi avec une attention, un soin, une propreté dont l'on ne se fait point d'idée. Je ne connois que celui de l'isle de Malte qui puisse lui être comparé. Le bâtiment en est vaste, correct et élégant.

Lons-le-Saulnier passe pour être une ville ancienne, et beaucoup plus considérable jadis qu'aujourd'hui. Mais cette grandeur précaire n'est qu'une trivialité d'un écrivain ignorant qui s'imagine que, pour honorer la cendre d'un saint, il faut que la ville où il mourut ait au-moins deux ou trois lieues de circuit ! et c'est d'après de semblables inepties que l'histoire s'est meublée d'une foule d'erreurs sur l'origine des villes. Selon Gothaire, Gollut, et même Chifflet, Lons devoit être très-conséquente, parce que S. Desiré y mourut : c'est à peu-près comme les capucins prétendent ou prétendoient qu'il falloit être noble pour mourir saint dans leur ordre. Ce n'est point S. Desiré qui a rendu Lons-le-Saulnier fameux. Ce sont les bienfaits de la nature contre lesquels les princes conspirent souvent, sans pouvoir les étouffer. Lons-le-Saulnier doit à ses salines le rang qu'elle tient dans l'histoire, et les princes Bourguignons doivent à ces mêmes salines le souvenir de leurs crimes. En 1291, ils les détruisirent, pour forcer les habitans à prendre du sel dans un lieu plus convenable à leurs intérêts, et par conséquent plus onéreux pour le peuple.

Elles ont été rétablies dans ce siècle, non pas pour l'avantage de la province ni de la France, mais pour que le sel fût moins cher pour la ferme, et que les bénéfices fussent plus grands. Ces salines méritent d'être vues. Par le mécanisme le plus ingénieux, l'on est parvenu, non-seulement à réunir les eaux de trois sources salées, mais encore à les faire monter à plus de trente pieds de haut, d'où elles se répandent sous trois ailes de bâtiment de plus de deux cents toises de façade chacune. C'est de là qu'elles filtrent, pour ainsi dire, goutte à goutte, à travers des épines amoncelées avec art, et que se dépouillant par cette filtration de leurs parties hétérogènes, elles parviennent à la longue dans des canaux souterrains, d'où elles coulent dans de vastes chaudières, sous lesquelles un feu, toujours égal, les cristallise et les réduit en sel.

Je ne sais quelle erreur populaire a fait donner au sel l'honneur de passer pour l'emblême de la sagesse. C'est peut-être ce qui porta les rois à le vendre si cher aux hommes. Ils ne pouvoient vendre physiquement la philosophie à l'once, ils l'eussent sans doute mise à un prix si haut, que nul n'eût pu s'en procurer; ils se vengeoient de cette impossibilité sur le sel, par la haine qu'ils portoient à la vertu dont il étoit le symbole, l'homme ne voyoit pas dans la cérémonie du baptême ce que l'église, toujours mystique, vouloit lui faire entendre; il n'y reconnoissoit qu'un présage des maux que la vie lui préparoit, et les larmes que l'âcreté du sel prodigué aux tendres lèvres de l'enfant arrachoit à l'innocente créature, qu'au sortir des entrailles de sa mère l'on portoit sous les voûtes des temples, étoient le pronostic de celles que devoient lui coûter à l'avenir les tyrans, dont la férocité lui promettoit des échafauds, s'il recevoit de la nature cette denrée si nécessaire au soutien de ses jours. O rois! rois! qu'aviez-vous donc fait à la providence pour être appelés, entre tant d'humains, au destin affreux de tourmenter vos semblables. Il est donc vrai qu'il fut des races assez criminelles pour avoir mérité l'affreux supplice du privilége de la couronne. Et que l'on ne dise point que cette réflexion soit une vérité de poésie. Il n'est point de races de rois, qu'en remontant à sa source, on ne trouve un homme dont les crimes ont mérité que la malédiction s'étendît sur tous ses descendans : eh! quelle malédiction plus grande que la nécessité du trône! Le jour où les rois cesseront, on pourra dire qu'il n'est plus de familles sur la terre que le ciel ait maudites. Les crimes relatifs et collectifs finiront avec les sceptres.

Lons-le-Saulnier fut long-temps chère aux rois d'Espagne et aux empereurs, par une sorte de fanatisme de fidélité qu'elle avoit conçu pour eux. Victime et cependant triomphante de plusieurs siéges fameux, elle mérita deux fois des remercîmens de *messieurs* les rois : on ne sait quel est le plus absurde, ou à un roi de remercier les gens de s'être fait tuer pour lui, ou à une ville, de tenir à honneur ces sortes de félicitations sanguinaires. En 1395, un baron d'Ossonville s'en empara par surprise ; mais en 1500 elle

secoua

secoua le joug des François, pour retourner sous le joug de l'empereur Maximilien; et en 1572, elle soutint encore un siége meurtrier pour la même cause; enfin, en 1637, elle fut prise d'assaut, et souffrit toutes les horreurs d'un semblable évènement.

On nous a fait voir dans cette ville tous les attributs de la superstition; on nous a fait errer dans des cavernes souterraines, que l'on sanctifie du nom de catacombes; et parmi les débris de la destruction, l'on a voulu nous convaincre de l'immortalité. L'on nous a de même exhumé, du fond d'une armoire poudreuse, un crucifix d'argent d'un travail précieux, à ce que l'on assure, mais qui ne nous a paru à nous qu'une attestation de mauvais goût des siècles de l'ignorance : mais ce qui le rend cher aux mains qui nous le présentoient, c'est qu'il appartint, nous dit-on, à la cathédrale de Genève, dont on l'acheta bien cher, quand la religion réformée s'y établit : ainsi les hommes raisonnent différemment; le sacristain remercioit ce christ, de ce qu'en fuyant une ville perverse, il avoit choisi Lons-le-Saulnier pour son asyle, et nous, nous lui rendions grace de ce que son aspect nous prouvoit que, dans des temps de fanatisme, il avoit existé une ville où la liberté de penser s'étoit établie.

Une mine de bois fossile, qui n'est pas encore entièrement épuisée, nous a beaucoup plus intéressé que les trésors sacrés de la cathédrale, qui figureroient beaucoup mieux, ce me semble, dans un hôtel des monnoies, que dans une sacristie. Il semble que des piles de bois arrangées, soit en cordes, soit en monceaux de fagots, et recouverts de terre, soit par quelque commotion du globe, soit à la longue par les éboulemens occasionnés par les orages et les pluies, se soient transmuées, par le laps de temps, en charbon de terre. Mais cependant le procédé de la nature n'est pas encore à sa perfection : les buches ont conservé leur forme, on distingue l'écorce, les cercles intérieurs occasionnés par la sève, et même les coups de hache donnés pour façonner les buches. Mais c'est peu, l'on reconnoît l'espèce du bois, tel que le chêne, le hêtre, le charme, etc.

Lons-le-Saulnier vit souvent dans ses murs un des pères de la tragédie française, Mairet, né à Besançon, l'auteur de cette Sophonisbe que Voltaire n'a pas dédaigné de retoucher, et qui peut-être vaut mieux dans son antique irrégularité, que ceinte de l'écharpe magnifique dont l'Eschile du 18e. siècle se plut à l'orner. Mairet épuisa la générosité des grands, sans être jamais content d'eux, pourquoi ? c'est que Mairet s'estimoit en homme de génie, et que les grands l'estimoient en protégé. On auroit pardonné à ce grand homme son humeur contre des bienfaiteurs orgueilleux, son extrême amour propre, source unique de la foiblesse de plusieurs de ses ouvrages, et son amour pour la bonne-chère, qui ne lui faisoit priser, comme il le disoit en plaisantant, que les lauriers des jambons de Mayence ; mais ce qu'on ne lui pardonne pas, c'est sa jalousie contre Corneille, et ses injustes critiques des ouvrages du Sophocle français. Mairet se plaisoit à Lons-le-Saulnier ; il y venoit souvent, et l'esprit de cette ville, le penchant inné de sa jeunesse pour les arts et les talens, devoient nécessairement l'y attirer ; et c'est là qu'il venoit médire tout à son aise des grands qu'il n'aimoit ni ne flattoit, mais que son goût pour la volupté lui faisoit suivre : ainsi sa mauvaise humeur tenoit lieu des leçons de la philosophie aux jeunes gens de *Lons-le-Saulnier*, en leur apprenant à n'accorder qu'une foible estime à ces grands qui la commandent, et ne font rien pour l'obtenir (5).

Un homme, plus digne de nos regards encore, se présente dans l'histoire de ce département. C'est *Damnorix*, fier gaulois, ami de la liberté, accusé par César d'aspirer à la tyrannie, parce que César tendoit à la souveraine puissance, et haïssoit les hommes libres. César refusoit injustement aux Helvétiens un passage par une province romaine. Damnorix, indigné de ce refus arbitraire et insultant pour les droits naturels de l'homme, puissant dans les Gaules par l'ascendant que lui donnoient ses vertus, procura, par la Franche-Comté, ce passage si désiré par les Suisses. Jules César, courroucé d'une audace qui nuisoit à ses projets, jura de s'en venger, et Damnorix eût payé de sa tête le passage des Suisses, si *Divitiac*, lâche flatteur de César, et aussi rampant que Damnorix son frère étoit magnanime, n'eût imploré sa grace : mais César, en lui laissant la vie, voulut enchaîner un homme qu'il redoutoit, et lui ordonna de le suivre en Angleterre. Il fallut obéir, et Damnorix s'éloigna, en soupirant, des montagnes du Jura, fidèles et silencieux témoins de sa vertu sauvage. Arrivé sur le bord de la mer, il laisse embarquer à-peu près toute l'armée de César, et prolongeant son départ sous différens prétextes, il saisit le moment où peu de soldats romains se trouvent encore à terre, et prend la fuite avec quelques amis. César, trop tôt instruit, fit débarquer sur-le-champ un corps de cavalerie pour courir après lui, avec ordre de le ramener mort ou vif. Il fut atteint, enveloppé, mais non saisi. Je suis né libre, crioit-il! Il reçut quarante coups avant de succomber; enfin il fut accablé; l'on coupa sa tête, et ses assassins, bien plus que ses vainqueurs, la portèrent à César. Divitiac étoit présent : Regarde ton frère, lui dit César. Voilà ce qu'il en coûte de lutter contre le peuple romain. Il ne disoit pas, contre César; les habiles tyrans parlent toujours du peuple quand ils se vengent, et d'eux quand ils pardonnent. Divitiac, en baisant la pourpre de César, répondit : tout ce que Jules fait est toujours juste; la république est en sûreté. Détestable flatterie dont on ne trouve qu'un seul exemple dans les annales du monde, c'est celui de Prexaspe, courtisan de Cambise. Imprudent favori, cet homme eut la mal-adresse de reprocher un vice à un tyran, et n'eut pas le courage de le poignarder, quand il commit un crime inoui. Cambise s'enivroit avec excès. Prexaspe eut la hardiesse de le lui reprocher. Ils étoient à table; je te prouverai bientôt, lui répondit Cambise, que le vin ne trouble pas ma raison, et que jamais je n'ai l'œil et la main plus sûrs que quand je suis dans l'ivresse. Alors s'abandonnant avec plus de frénésie à sa passion pour le vin, il renchérit encore sur la quantité qu'il étoit dans l'usage d'en prendre,

— Lons-le-Saunier

la Chaudière des Salines,
de Lons le Saunier

et fit venir ensuite le fils de Prexaspe. Il fit placer cet enfant dans le fond de la salle, et lui ayant ordonné de placer son bras gauche sur sa tête, il se fit apporter ses flêches et son arc, et lui décocha un trait dont il lui perça le cœur. Se retournant alors vers Prexaspe : crois-tu, dit-il, que j'aie la main sûre. Apollon, lui répondit Prexaspe, n'auroit pas tiré mieux. Ah! si tous les hommes ressembloient à Cambise et à Prexaspe, je prierois tout-à-l'heure les Dieux qu'ils m'envoyassent une peau de tigre, des griffes et des dents, pour les déchirer, et me repaître de leur sang.

En quittant Lons-le Saulnier, dont nous vous envoyons une vue, prise du côté de ses salines, et une gravure du mécanisme de ces mêmes salines et de leurs chaudières, nous avons vu *Dole*, ville bien plus jolie, à mon avis, que Besançon, quoique les voyageurs ne lui donnent que le second rang. Bien située, agréablement bâtie, enceinte d'un terroir fertile, enveloppée d'un air pur : que manqua-t-il à son bonheur, sinon qu'une pierre eût écrasé Louis XIV dans son berceau? mais il vécut, ses murs furent ruinés, sa splendeur effacée, ses maisons désertées, et la joie qui, pour ainsi dire, étoit devenue proverbe pour elle, se changea en deuil éternel (6).

Les Français, ou, pour mieux dire, les rois, qui faisoient mouvoir les Français alors comme des machines, l'ont désolée par quatre siéges, en 1479, et en 1638—68 et 74. Ce fut le premier siége, entr'autres, qui lui fut le plus funeste. Elle se vit, pour ainsi dire, ruinée de fond en comble : et ce fut alors que l'épithète triviale de *Dolente* lui fut donnée. Condé l'attaqua en 1638, et fut le jouet des bigotes simagrées des jésuites de cette ville. Le côté le plus foible de la place étoit précisément celui où la maison de ces *pères* sans *paternité* se trouvoit située. Ils prévirent qu'un grand général ne manqueroit pas de diriger son attaque par-là, et leur *saint égoïsme* leur inspira de tout tenter pour s'y opposer : et c'est une des époques de l'histoire jésuitique où leur habileté dans l'art de séduire pour obtenir, se soit déployée avec le plus de talent. Bref, Condé fut leur dupe, et pour leur plaire, attaqua la ville par le côté le plus fort. Il manqua son opération, fut obligé de lever le siége, y perdit beaucoup de monde, fit par conséquent beaucoup plus de mal à la ville, parce qu'une vingtaine de brigands à robes noires avoient craint de partager les maux qui désoloient leur patrie. Elle se ressentoit encore alors du traitement affreux que Louis XI lui avoit fait éprouver en 1479, après la bataille de *Ginegaste*. Louis XIV, une fois *possesseur* paisible de la Franche-Comté, la dépouilla de son titre de capitale, de son parlement, de son université, pour transférer tout ce lustre à Besançon : dans le vrai, elle ne perdoit pas beaucoup à tout cela ; mais tels étoient les préjugés du tems, qu'une ville trouvoit de la gloire à renfermer dans ses murailles un troupeau de juges iniques et corrompus, et une horde de docteurs ignorans et fourés. Dans le fonds, cette gloire étoit le mot, et l'intérêt la chose : des juges scélérats et des docteurs imbécilles attirent à leur parquet et à leurs écoles des plaideurs et des disciples, tout autant et plus même que des magistrats intègres, et des philosophes savans, et tout cela répand de l'argent dans une ville. Nous avons bien vu, depuis la révolution, quelques-uns de ces regrets motivés sur la splendeur des villes : et l'aristocratie de quelques bourgeoisies n'avoit pour fondement que la circulation des étrangers diminuée par la suppression ou l'extirpation de ces *goîtres* de la justice et des sciences. Un seul trait suffira pour démontrer que l'humanité gagnoit à Dole par la perte de ce parlement, dont elle étoit si jalouse. Il existe encore un arrêt de cette *cour éclairée*, qui condamnoit un Lyonnois à être brûlé vif, pour avoir dévoré plusieurs petits enfans pendant une nuit. Il falloit que cet homme eût un *furieux appétit*, ou que le parlement de Dole eût une terrible soif de sang humain, pour qu'un semblable arrêt ait vu le jour. Mais que pouvoit-on attendre d'un parlement qui croyoit aux loups-garoux, et consommoit dix audiences à discuter s'il étoit plus facile à un homme de se changer en chien qu'en renard ?

Les édifices de Dole méritent d'être vus. L'église de Notre-Dame n'est pas sans mérite, et les colonnes et les statues de marbre dont l'autel est orné sont d'un bon style. Le faste des Romains est encore écrit sur les plaines des environs ; des ruines d'amphithéâtre ou d'arênes, des débris d'aqueducs, quelques morceaux de cette *voie* superbe qu'ils avoient fait ouvrir de Lyon aux rives du Rhin, y réveillent le souvenir de l'imposante majesté des souverains du monde. Il semble, quand on voit encore les monumens de l'Attique et du Tibre épars sur la croûte du globe, que le tems ne les a conservés que pour inviter l'homme à méditer sur la liberté. La terre porte avec orgueil ces débris imposans, parce qu'elle sait que ses entrailles cachent encore des marbres pour conserver à la postérité la gloire des peuples généreux qui, comme les Grecs et les Romains, s'éleveront à la hauteur de la liberté. Une observation flatteuse pour le sage, qui porte sur un fait que l'on doit plus au hasard qu'à la combinaison de la philosophie, et par cela même, semble une leçon de la providence, c'est que, dans presque tous les âges, les statues des tyrans et des rois ont été de bronze, et celles des grands hommes de marbre, comme si l'irrésistible équité, qui préside aux ouvrages des hommes, eût, pour ainsi dire à leur insu, distingué, par le métal qui sert à détruire, l'effigie des destructeurs du monde, et par la pierre que l'on emploie aux autels des Dieux, l'image des amis de la vertu. Le marbre de *Sampans*, que l'on trouve aux portes de Dole, tient un rang parmi les marbres précieux.

De là jusqu'à Salins, Rome vit encore dans les tombeaux, les médailles d'or et de bronze, les vases des sacrifices, les tronçons de colonnes, les armures, etc. que l'on trouve chaque pas, pour peu que l'on fouille la terre. Cependant on ne trouve aucune trace que Salins ait existé sous les Romains; et l'on doit cette obscurité aux ravages que les *seigneurs* du pays ont exercés sur ces contrées dans le quatorzième siècle. La seule conjecture qui nous en reste se tire d'*Ammien-Marcellin* qui, sous le règne de Valentinien, parle d'une guerre sanglante entre les Bourguignons et les

Allemands, pour la possession des salines ; ce qui semble avoir assez de rapport avec Salins, puisque c'est la seule saline considérable entre la Bourgogne antique et l'Allemagne. Quoi qu'il en soit, Louis-le-Débonnaire, aussi acharné à donner aux moines qu'ils étoient acharnés à lui ravir, donna à l'abbaye de Saint-Claude la possession des salines de Salins. Un autre fou, Othon, duc de Bourgogne, donna à l'abbaye de Saint-Bénigne de Dijon, le droit d'avoir une chaudière à Salins, pour la consommation de sa maison. De ces deux donations naquirent deux bourgs, l'un appelé le bourg d'en-haut, l'autre le bourg d'en-bas, et de ces deux bourgs, naquirent des rivalités, des jalousies, des querelles, et à la fin des combats. L'archiduc Philippe, dans le quinzième siècle, mit fin à toutes ces petitesses monacales, en réunissant les deux bourgs ; et depuis, ils n'ont fait qu'une ville, qui, par degrés, s'est insensiblement accrue et embellie.

Elle est située entre deux montagnes, comme la gravure vous l'indiquera, dans une vallée fertile, et sur les bords d'un ruisseau, que l'on nomme la *Furieuse*. Le bâtiment des salines, que l'on voit au milieu de la ville, ressemble plutôt à une forteresse qu'à une manufacture, par l'étonnante élévation et l'extrême et solide épaisseur de ses murailles. Sa situation, au centre de Salins, et sa construction, rappellent l'idée de ce temple de Salomon, que l'on voyoit jadis au milieu de Jérusalem. La longueur de ce bâtiment est de 140 toises, et sa largeur de 46, entouré d'épaisses murailles, flanquées de tours d'espace en espace, et couronné d'un petit parapet. L'une de ces tours, quarrée, et beaucoup plus élevée que les autres, est terminée par un dôme octogone, dans lequel une horloge, dont le son se fait entendre à toute la ville, est renfermée. Cette tour est la porte de l'édifice. A droite et à gauche sont deux palais, l'un pour le directeur, et l'autre jadis pour les fermiers-généraux : une chapelle, les bureaux des commis, les salles de la justice, quand il existoit un tribunal pour faire pendre les gens qui croyoient que le sel étoit un don de la nature, et les logemens des officiers se trouvoient dans les superbes galeries qui règnent au rez-de-chaussée de ces deux palais.

Quatre réservoirs, dont trois contiennent ensemble 25,000 muids d'eau, et le quatrième, à lui seul, plus de 15,000 muids, sont dans l'intérieur de l'édifice, au milieu duquel se trouve une belle place, ornée de deux fontaines, et dans laquelle le bois, pour échauffer les chaudières, est entassé en chantier, à-peu-près comme dans les chantiers de Paris. Autour sont les bâtimens destinés aux divers atteliers, pour sécher le sel, le serrer, façonner les bariques, forger les fers, fondre ou raccommoder les chaudières, etc.

Mais rien n'est plus intéressant pour la curiosité du voyageur, que les souterrains de ce vaste édifice ; leur profondeur, leur longueur de près de cent toises sur dix de large, la hardiesse de leur voûte, tout étonne, tout surprend, quand on les parcourt. Une terreur involontaire s'empare de vos sens, quand on est descendu dans cette espèce d'abyme. Les ténèbres épaisses et éternelles que perce à peine la lueur des flambeaux qui vous guident : la vapeur fétide que la chaleur des chaudières exhale : le bruit lointain des chûtes-d'eau : le gémissement funèbre des pompes et des roues, et quelquefois aussi le vaste silence, portent dans l'ame un sentiment sombre jusqu'alors inconnu : on croit se survivre : les fabuleuses imaginations des poëtes vous assiégent : on touche au Ténare, on est sur les bords du styx, et les rêves d'une autre vie se réalisent.

Il est encore une autre saline, mais plus petite quoiqu'en activité, dans cette ville qui fut prise en 1668 par Luxembourg, et en 1674 par la Feuillade. Louis XI et Louis XII y ont convoqué les états-généraux en 1484 et en 1506. Ses côtes fournissent d'excellent vin, mais moins bon que celui d'Arbois et de Poligni, dont nous allons vous parler. Le site de Salins nous a paru mériter de vous être transmis. L'abbé d'Olivet, à qui la langue française doit quelque reconnoissance, étoit de cette ville. Les marbres et le jaspe de ses carrières sont estimés. On y trouve aussi de l'albâtre, et les montagnes y fourmillent de coquilles marines par couches, mais brisées. On nous a parlé, à Salins, d'un noyer entier que l'on avoit découvert, dont toutes les noix étoient pétrifiées. Nous ne l'avons pas vu ; mais ce que l'on rencontre à chaque pas, ce sont des murex, des tourbes, des cornets et des peignes de différentes grandeurs.

Pierre Mathieu, historien peu célèbre, mais ligueur fameux, et poëte ridicule, étoit de Salins, d'autres disent de Porentrui. On a de lui deux tragédies, *Clitemnestre* et *Esther*, mauvaises, même pour le temps, mais que Louis XIII trouvoit excellentes. Cet homme écrivit l'histoire de France depuis François I jusqu'à son protecteur, et l'écrivit doublement mal, c'est-à-dire, sans discernement et en flatteur. Le vin étoit sa muse, et l'avoit inspiré dès son enfance. Il en avoit reçu la première influence à Arbois.

Cette ville petite, mais jolie, n'a de réputation que par le vin de son nom; elle partage cet honneur avec *Po'igni*, dont le vignoble est également en lumière. Cette dernière ville étoit, au neuvième siècle, une des plus considérables de la Bourgogne; mais deux fléaux, un prince et le feu, l'ont réduite au point où elle est aujourd'hui. Le *duc* de Longueville la ruina; et la flamme acheva ce que le prince n'avoit pu faire.

Au nombre des sites délicieux que ce département renferme, et que nous voudrions vous transmettre tous, nous avons sur-tout distingué celui de *Saint-Amour*, petit village charmant par sa situation, dont nous vous envoyons la gravure. Le nom de ce village fait époque dans les ruses infernales dont on usoit jadis pour s'emparer des malheureuses victimes que les lettres de cachet frappoient. Le *marquis* de Saint-Amour avoit un beau-père dont il vouloit se défaire, appelé le comte de**. Ce comte étoit en effet un de ces gentilshommes de campagne, qu'une conduite tyrannique rendoit odieux. Mais sa fierté, vis-à-vis des paysans de ses cantons, n'étoit pas le crime que lui reprochoit le *marquis* de Saint-Amour, plus despote encore que lui, mais bien une affaire d'intérêt qui les avoit désunis depuis long-temps. Le château du

St Amour.

comte de ** étoit une petite bastille dont nul ne pouvoit approcher : elle étoit la terreur des paysans et des cavaliers de maréchaussée, et ce comte de ** instruit, depuis long-temps, du sort que son gendre lui préparoit, avoit menacé d'une mort certaine tout habit bleu qui oseroit regarder seulement en face les ponts-levis de sa gentilhommière. Cependant la lettre de cachet étoit obtenue, et Saint-Amour brûloit de la faire mettre à exécution. Un scélérat adroit, moyennant quelqu'argent, s'en chargea ; il s'aboucha avec les cavaliers de maréchaussée de Saint-Amour, et quand ils furent convenus de leurs faits, il se mit en devoir de passer à l'exécution. Il choisit un dimanche : on sait que les seigneurs de paroisse mettoient une grande importance à assister à la grand'-messe de leur village ; le comte de ** n'y manquoit pas. Le coquin-*mouche* fit entrer les cavaliers de maréchaussée dans l'église, et les y distribua indifféremment, comme s'ils n'eussent eu d'autre dessein que d'entendre la messe. Quant à lui, il pénètre dans le chœur, et se place à portée du banc du seigneur. Quand la messe tiroit à sa fin, il essaie de voler le *comte* d**, et le fait assez mal-adroitement, pour qu'il s'en apperçoive. Le seigneur crie, les cavaliers prévenus accourent, on s'explique. C'est un voleur ; il faut le conduire aux prisons de la seigneurie. Mais ces prisons sont dans le château ; il faut la permission du *comte* pour y entrer ; il la donne sans défiance. C'est là où on l'attendoit. On se met en marche ; le peuple suivoit, et le brigadier de la maréchaussée, sous prétexte d'éviter le tumulte, engage le peuple à se retirer. Les voilà seuls avec le malheureux comte de **. On arrive au château; on s'empare des armes; on impose silence aux domestiques; on enchaîne le comte; on le jette dans une chaise de poste, et le crime est consommé. Eh! la foudre n'a pas ravagé les odieux palais de ces grands qui disposoient ainsi de la liberté de leurs semblables! où les pères s'armoient contre leurs enfans! où les enfans enveloppoient de piéges les jours de leurs pères! où l'or amoncelé corrompoit l'homme obscur, et le forçoit de se rendre l'instrument et le complice de ces êtres chamarrés et d'honneurs, et de vices!

Ce département a fourni deux criminels d'un autre genre. *Girard*, l'assassin de Guillaume d'Orange, et *Girard*, l'assassin de la vertu de la fameuse Cadière. Girard, moine Jésuite, doué d'un tempérament bouillant, prompt à s'enflammer à la vue des infortunées dont la dévotion fanatique et mal entendue venoit étaler, dans un confessionnal, les charmes que la nature leur donna pour appeller la maternité dans leur sein, Girard trouva plus commode pour ses desseins, de faire servir le ciel aux succès des plaisirs que ses semblables annoncent sortir des enfers. Cadière, d'un esprit romanesque, belle comme les anges, éprise du paradis, comme les femmes le sont d'un bal ou d'un spectacle, ne rêvant que sainteté et que vertu, fut facilement la dupe des extases que lui prodiguoit son infatigable directeur. Il est des plaisirs que l'on est bien près de prendre pour des plaisirs célestes, lorsque l'ame est totalement terrestre. Mais tôt ou tard le réveil vient, et l'on reconnoît avec douleur que l'on n'est que matière. Ce réveil vint; et *Cadière*, déchue de la sainteté, en conçut tout le déplaisir d'une mortelle. L'affaire fut portée devant les tribunaux. Toute l'Europe en retentit. Mais alors l'honneur des corps l'emportoit toujours sur la vertu outragée. *Girard* sortit blanc comme neige de cette lutte indécente, et *Cadière* fut sacrifiée. A ce comble d'iniquité, les Jésuites joignirent le comble du mensonge. Ils prétendirent qu'il étoit mort en odeur de sainteté à Dole sa patrie; tandis que les monstres, enchérissant sur la loi qui l'avoit absous, loi injuste qu'ils avoient achetée, mais qui ne l'avoit pas moins innocenté, le faisoient périr de misère et de douleur dans la maison de force des Bons-Fils de Saint-Venant, où il mourut enfin, après une carrière de vingt années de chagrins et de captivité : exemple mémorable des foiblesses humaines, de la conduite inquisitoriale d'un ministère de tyrans, de la corruption de la justice, et du mensonge odieux, éternel arc-boutant de la conduite monacale.

L'autre criminel est Gerard, l'assassin de Guillaume d'Orange (7), né en Franche-Comté. Ce fut encore le fanatisme de religion, qui mit le poignard à la main de cet homme. Tout ce que l'hypocrisie a de plus détestable, tout ce que la dissimulation a de profondeur, fut employé par cet homme, pour égorger, au nom du ciel, un prince qui ne pensoit pas comme lui sur le compte de la vierge Marie. Ce monstre assassina Guillaume sur la porte de son palais, à Delft, d'un coup de pistolet, chargé de trois balles. Il fut arrêté sur-le-champ ; il avoua que, depuis six ans, il nourrissoit ce crime dans son cœur, et n'avoit pas vécu un jour sans rechercher l'occasion de l'exécuter ; il convint qu'il ne l'avoit commis que pour *l'expiation* de ses péchés, et pour obtenir *la gloire éternelle*. Il est à remarquer que la religion catholique est la seule où les prêtres aient fait entendre aux hommes que le crime ouvroit la porte du paradis. D'après l'aveu de Gerard, c'étoient en effet les prêtres qui l'avoient enhardi à ce forfait. Sur dix rois assassinés en Europe, on peut toujours compter que neuf l'ont été par le conseil des prêtres. Mais, ô comble de l'horreur ! ce n'est point ici le crime de Gerard qui mérite le plus d'indignation ; ce n'est point non plus le supplice qu'on lui fit souffrir, dont j'épargne au lecteur le récit dégoûtant ; c'est la cruelle, lâche et royale bassesse de Philippe II, dont l'odieuse scélératesse ennoblit la race de Gerard, en l'honneur du crime qu'il avoit commis. Et des hommes depuis ont mendié près des rois, ces titres de noblesse, que le soleil vit une fois le prix du plus indigne des attentats ! Quel homme depuis n'a dû tenir à gloire d'être roturier. Un intendant de *Franche-Comté*, nommé *Varolles*, remit cette famille à la taille, et l'on osa l'en louer. Quels étoient donc les principes de ces temps-là ! Ce Varolles croyoit apparemment que le crime ne pouvoit être que dans le peuple.

Ne quittons pas ce département, où les montagnes sembleroient avoir dû fixer la vertu, et où malheureusement tant de crimes se sont offerts à nos pinceaux, sans parler d'un de ces hommes qui servent l'humanité l'humanité par le chemin des douleurs. C'est *Baulot* ou *Beaulieu*, le premier qui conçut et tenta l'extraction de la pierre. Ses tentatives infructueuses long-temps, parce que trop aveugle sur le compte de la providence, il disoit : *la pierre est enlevée, que Dieu guérisse la plaie*, nuisirent à sa réputation. *Cheselden*, anglais, s'empara de son procédé, et donnant plus de soins au pansement de ses malades, perfectionna ce que Beaulieu n'avoit fait qu'indiquer ; de-là vint l'erreur qui donna l'honneur à la nation anglaise, d'une découverte que la France a tant de droit de réclamer. Quand il s'agira d'un héros, d'un conquérant, je céderai volontiers leur berceau aux nations étrangères, mais un homme bienfaiteur de l'humanité ! c'est une propriété trop chère, pour qu'un Prauçais ne la revendique pas. Beaulieu étoit né près de Lons-le Saulnier, et mourut à Bésançon, connu et digne de la reconnoissance de toute l'Europe. La Hollaude fit frapper des médailles en son honneur.

Si ce département plaît à l'ame du philosophe, si l'imposant caractère de ses montagnes élève son génie, autant que la fraîcheur de ses vallons épanche le beaume des passions douces dans son cœur, si la nature enfin s'y montre dans toute sa grandeur dans les êtres inanimés, et dans sa pureté primitive dans la simplicité des mœurs d'une partie de ses habitans, il en est peu aussi qui présentent plus de richesses aux arts. Sous le sol où reposent les débris des monumens antiques, se cache le marbre superbe qui n'attend que le ciseau du statuaire. Là, le fer, le plomb, l'argent, invitent le creuset à leur donner des

C

formes *urbaines*. Plus loin, le chêne auguste, le sapin ténébreux, appellent la hache pour braver les orages des mers; tandis que les nombreux acteurs de l'histoire naturelle, épars sur le terrain, ou alliés dans les flancs des montagnes, convient le savant à les recueillir. Les débouchés manquent seuls à ces veines sans artères des richesses nationales. Que la république n'en confie pas la circulation à des compagnies privilégiées. Pour répandre la vie dans ce département, et la règle peut-être générale pour tous, appelez les hommes de toutes les fortunes à la réaction des productions de la nature d'un pays sur un autre, et vous verrez bientôt les rivières navigables, les chemins ouverts, les montagnes coupées. Si le travail est l'héritage de la création, il faut que les bénéfices en soient la rente de tous.

NOTES.

(1) Ainsi s'exprimoit un évêque de Paris. « Nous Guil-
» laume, évêque *indigne* de Paris, consentons qu'Odeline,
» fille de Rodulple Godin, du village de *Cerès*, femme
» de corps de notre église, épouse Bertrand, fils de dé-
» funt Hugon, du villaga de *Verrières*, homme de corps
» de St. Germain-des-Prés, à condition que les enfans
» qui naîtront dudit mariage, seront partagés entre nous
» et ladite abbaye. »

Peuple du dix-huitième siècle ! lisez : et regrettez les prêtres !

(2) L'abbé de St. Denis, en 858, fut pris par les Normands. On donna pour sa rançon six cent quatre-vingt-
cinq livres d'or, trois mille deux cent cinquante livres
d'argent, des chevaux, des bœufs, et *plusieurs serfs* de
son abbaye avec leurs femmes et leurs enfans.

Peuple ! lisez encore : et voyez que les prêtres mettoient l'or avant les animaux, et les animaux avant les
hommes.

(3) Blanche, mère de *S. Louis*, fut obligée d'avoir
recours à la prière, et puis à la force, pour obtenir du
chapitre de Paris qu'il relachât des *serfs* qu'il faisoit
mourir de faim et de misère dans une prison. On pensa
l'excommunier. Mais l'on y regarda à deux fois, on avoit
besoin que son fils fût saint, parce que l'intérêt de l'église
étoit qu'un roi fût assez bête pour aller, avec les plus
riches de l'état, mourir à la Terre-Sainte.

(4) Mairet étoit de Besançon. Il avoit l'ame assez ré-publicaine, mais il étoit plus épicurien que philosophe.

(5) Dole porta le sobriquet de *Joyeuse* pendant long-tems. Depuis on lui donna celui de *Dolente*.

AVIS.

Nous prévenons nos lecteurs qu'on va passer du n°. 18 au n°. 20, vu que, dans l'ordre de notre voyage, le n°. 19 sera le département du *Mont-Blanc*, ci-devant *Savoye*, que nous donnerons aussi-tôt que son organisation géographique sera déterminée.

A PARIS, de l'Imprimerie du Cercle Social, rue du Théâtre-Français, N°. 4.

VOYAGE

DANS LES DÉPARTEMENS

DE LA FRANCE,

Enrichi de Tableaux Géographiques
et d'Estampes;

PAR les Citoyens J. LA VALLÉE, ancien capitaine au 46⁰. régiment, pour la partie du Texte; LOUIS BRION, pour la partie du Dessin; et LOUIS BRION, père, auteur de la Carte raisonnée de la France, pour la partie Géographique.

L'aspect d'un peuple libre est fait pour l'univers.
J. LA VALLÉE. *Centenaire de la Liberté.* Acte Iᵉʳ.

A PARIS,

Chez Brion, dessinateur, rue de Vaugirard, N°. 98, près le Théâtre François.
Chez Buisson, libraire, rue Hautefeuille, N°. 20.
Chez Desenne, libraire, galeries du Palais-Royal, numéros 1 et 2.
Chez l'Esclapart, libraire, rue du Roule, n°. 11.
Chez les Directeurs de l'Imprimerie du Cercle Social, rue du Théâtre-François, N°. 4.

1793.

L'AN SECOND DE LA RÉPUBLIQUE FRANÇAISE.

Nota. Depuis l'origine de l'ouvrage, les auteurs et artistes nommés au frontispice l'ont toujours dirigé et exécuté.

Ouvrages du Citoyen JOSEPH LA VALLÉE.

Le Nègre comme il y a peu de Blancs.	3 vol.
Cecile, fille d'Achmet III.	2 vol.
Tableau philosophique du règne de Louis XIV.	1 vol.
Vérité rendue aux Lettres.	1 vol.
Serment civique, comédie en 1 acte.	1 br.
La Gageure du Pélerin, en deux actes.	
Départ des volontaires villageois, comédie en 1 acte.	
Voyage dans les 83 Départemens.	21 n°s.

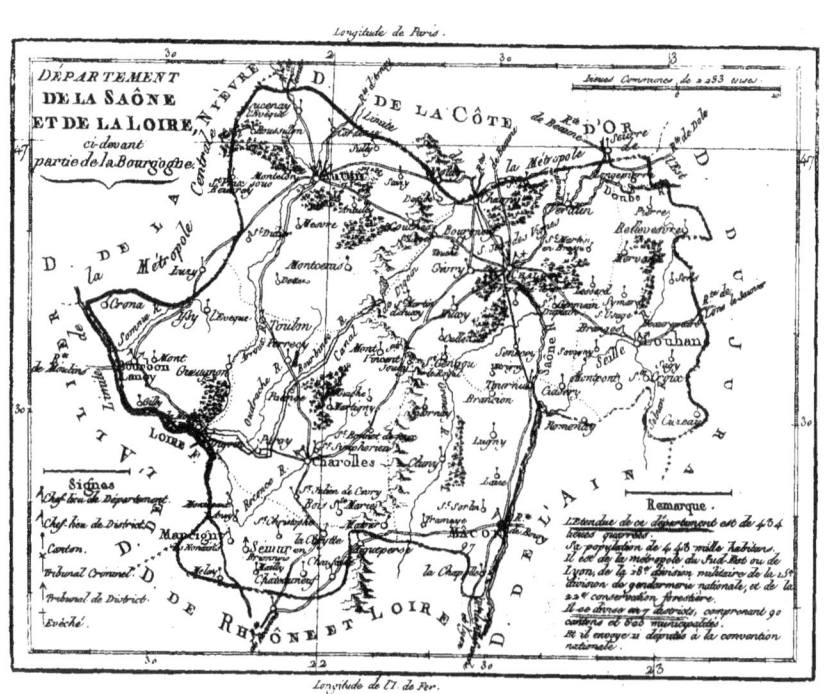

VOYAGE

DANS LES DÉPARTEMENS

DE LA FRANCE.

DÉPARTEMENT DE SAONE ET LOIRE.

Ce département, mon cher concitoyen, est pour ainsi dire l'extrait des fastes de la terre. Antiquité des peuples; royaumes détruits et remplacés par d'autres; républiques; gouvernemens aristocratiques; villes ravagées, oubliées et rebâties; émigrations; colonies fondées; irruptions de barbares; mœurs primitives, pastorales, par degrés civilisées, à la longue corrompues, aujourd'hui renaissantes. Siècles d'arts; âges d'ignorance; esprit de conquêtes; aveuglement du paganisme; susperstitions catholiques; fureurs luthériennes; des saints, des fanatiques, des foux, des préjugés par-tout; et dans ce débris de quatre à cinq mille ans, le berceau d'un seul philosophe; tel est l'abrégé de l'histoire du monde depuis la création jusqu'à nous, et ce que, dans quinze jours, nos recherches, nos courses et nos observations ont fait passer devant nous, en parcourant ce département.

Un des plus anciens peuples connus sur la terre, semble avoir habité ces contrées, qui jadis faisoient partie des Gaules ; il paroît au moins certain que les *Insubriens*, dont l'établissement en Italie devance de beaucoup la fondation de Rome, et peut-être même l'arrivée d'Enée dans le Latium, étoient un démembrement des *Æduens*, peuple fameux dans l'histoire, et le premier qu'elle nous offre comme occupant cette partie de la France où se trouve *Autun*. Cette ville d'Autun portoit dès-lors le nom de *Bibracte*, et quoique plusieurs commentateurs géographes aient présumé que ce nom de Bibracte appartenoit plus particulièrement au petit village de *Beurect*, encore existant aujourd'hui, cependant la majeure partie des savans s'accordent à regarder Autun comme l'ancienne Bibracte, qui depuis prit, comme tant d'autres villes, par un genre de flatterie aussi commun que méprisable, le nom d'Augusta ou d'Augustodunum (*).

(*) Je vois avec peine cet usage se renouveller depuis la naissance de la liberté. Ce ne sont pas encore des villes qui prennent le nom d'un homme, mais ce sont des sections du peuple, c'est-à-dire, une partie du souverain descend de sa majesté au point de se croire honorée de porter le nom d'un individu. Laissons le nom des hommes aux statues qu'ils méritent ; mais loin de nous l'erreur de faire porter à mille hommes le nom d'un homme. Dans ces mille hommes, il y en a huit cents peut-être qui valent mieux que le nom que vous leur donnez. C'est un esclavage qui se glisse sous l'enthousiasme qu'inspire la

Cette colonie des Æduens, qui prit le nom d'Insubriens, conserva des liaisons avec sa métropole; et lorsque les Romains eurent à-peu-près conquis l'Italie, les Insubriens leur procurèrent les intelligences qu'ils avoient conservées dans les Gaules; ces intelligences en applanirent la conquête à César, et les divisions entre les Æduens et les Helvétiens, ne furent qu'un prétexte pour lui en ouvrir l'entrée.

Ces Æduens, puissans et redoutés dans les Gaules, se gouvernoient en république, mais aristocratique. Tous les ans, ils élisoient un magistrat; ils le revêtoient de la puissance suprême. C'étoit une espèce

gloire de tel personnage. Je vois à Liége la section de Dumouriez; à Paris, les sections de Beaurepaire, de Mirabeau, etc. Pourquoi vouloir que je me dise de la section d'un tel ? Je suis de la section du peuple; ce titre n'est-il pas avant tout ? Quand le fils de Philippe mit Babylone aux fers, des quartiers prirent le nom d'Alexandre. Tant qu'il y eut des vertus à Rome, nulle tribu ne porta le nom d'un homme; mais quand les vices et les richesses ébranlèrent la liberté, on vit des démembremens du peuple traîner avec orgueuil le nom de l'homme, dont le cœur brûloit de l'ardeur de l'asservir. Je ne sais si Mirabeau a mérité sa proscription; mais si cela est, vous m'avez donc forcé à me dire de la section d'un homme dont je rougirois de me dire l'ami, s'il fut mauvais citoyen. Est-ce assez de quitter son nom, pour laver la tache que vous m'avez imprimée pendant deux ans. Jamais le nom d'un homme à des hommes ! c'est empêcher que l'on s'en fasse un.

de doge ou de dictateur ; mais lui-même, après son élection, devenoit esclave de sa grandeur; il ne lui étoit plus permis de sortir de l'enceinte du pays.

Les électeurs de ce tyran d'une année étoient les chefs de famille, et les druïdes dont nous vous parlerons bientôt. A parité de voix, celui qui obtenoit celle de ces druïdes, étoit le préféré : tant les prêtres, dans tous les siècles, ont eu l'art de se mettre au-dessus du reste des hommes!

Malgré l'altération qu'éprouva cette forme de gouvernement, sur-tout lorsque les Romains furent maîtres des Gaules, et que, suivant leur usage, ils les firent gouverner par des proconsuls et des préteurs, il en est resté dans le cérémonial des traces qui, bravant l'éponge des âges, sont descendues jusqu'à nos jours. Tous les habitans d'Autun, avant la révolution, s'assembloient le jour de Saint-Lazare, sur une place près des portes Saint-André et de l'Aroux. Là, en armes, ils accompagnoient leur *vierg* ou maire. Cet homme, en robe de satin violet, à cheval, suivi des *échevins* et du syndic, portant à la main un bâton en forme de sceptre, enrichi de pierreries, précédé de l'étendard de la ville déployé, et d'un héraut d'armes, armé de toutes pièces, rendoit la justice. On le conduisoit ensuite dans le champ de Saint-Lazare, où l'on bâtissoit trois forts en bois, que les habitans d'Autun faisoient le simulacre d'attaquer et d'emporter d'assaut.

Les Æduens conservèrent encore, long-temps après la conquête des Romains, leur puissance dans les Gaules. Sous le règne d'Honorius, ils occupoient encore tous les pays compris dans le territoire d'Autun, de Châlons, de Mâcon, et de Dijon en partie. Leurs alliés et leurs sujets occupoient le reste de la Bourgogne, la Bresse, le Lyonnois, le Beaujolois, le Forez, le Bourbonnois et le Nivernois. Insensiblement ils perdirent leur nom, quand les Francs fondirent dans le leur ceux de presque tous les peuples des Gaules.

Malgré cette splendeur des Æduens, ils éprouvèrent souvent le fléau de la guerre, et ils s'en ressentirent sur-tout, lorsque l'empire romain, devenu la rente des prétoriens et des légions, commençoit à prononcer sa foiblesse par la multitude de tyrans qui prétendoient à la pourpre. Autun se vit alors la proie et la victime souvent du premier ambitieux qui cherchoit à s'en faire un appui pour soutenir le titre d'Auguste, que ses soldats lui vendoient, ou qu'il usurpoit par le glaive. Des siéges qu'elle soutint dans ces siècles d'anarchie, celui de Tétricus est le plus fameux par les maux qu'il lui fit éprouver. Tétricus, préfet d'Aquitaine, indigné contre Gallien, dont il avoit reçu quelqu'outrage, se déclara pour Posthumius, que les légions des Gaules venoient de proclamer empereur. Posthumius, assassiné bientôt après par ceux mêmes dont il tenoit l'empire, fut remplacé par Victorius, que les mêmes poignards atteignirent bientôt. Sa femme Victorina, complice des assassins dont le bras la privoit d'un époux, fit élire un certain Marius, qui se disoit descendu du fameux rival de Silla. Il fut tué bientôt après, et Victorina, complice de tous ces assassinats, fit décerner l'empire à Tétricus, pour s'en faire un protecteur. Cependant Claude le

Gothique, qu'ailleurs on avoit proclamé, sembloit, par ses vertus, mériter la préférence sur cette suite de brigands, que le trône recevoit le matin, pour les livrer au cercueil le soir. Autun ne balança pas à se déclarer pour lui, et c'en fut assez pour attirer sur cette ville toute la fureur de Tétricus ; il l'assiégea, et ce siége fameux dura sept mois. Tout ce que l'on peut souffrir des fureurs d'un ennemi irrité par une résistance opiniâtre ; tout ce que peut faire ressentir la disette des vivres de première nécessité, et les maladies occasionnées par la putréfaction des cadavres que l'on n'avoit pas le temps d'enterrer, l'incendie, le viol, le pillage, les désastres de tout genre, fléaux inséparables d'un assaut, Autun éprouva tout. Elle se vit bientôt vengée, s'il est vrai que les souffrances d'un ennemi puissent se compter au nombre des vengeances. Aurélien, vainqueur de Zénobie, ne put souffrir, à l'autre bout du monde, qu'un homme dont il étoit séparé de mille lieues portât le même titre que lui. Il accourut du fond de l'orient, pour punir Tétricus du crime de se dire empereur; et comme si les plaines de Châlons eussent été prédestinées pour servir de théâtre aux grandes époques, ce fut dans ces plaines que ces deux rivaux se disputèrent le trône du monde, qu'aucun des deux ne méritoit. Tétricus, par une lâcheté dont on ne trouve que bien peu d'exemples dans l'histoire, et dont la conduite de Capet est peut-être l'unique pendant, Tétricus, au milieu de la bataille, abandonna ceux qui se faisoient tuer pour lui, et passa du côté d'Aurélien. Il est assez singulier que ce trait

de perfidie ne l'ait pas déshonoré dans l'histoire, et qu'en général, les historiens s'accordent à en dire du bien. Il est bien plus singulier encore qu'Aurélien, si jaloux de sa grandeur, ne l'ait pas sacrifié à son ambition, et qu'il se soit contenté de le traîner, avec Zénobie, à la suite de son triomphe, triomphe le plus superbe dont Rome ait conservé la mémoire. Un homme estimé, quand les revers l'ont privé de la pourpre; un homme, sous la pourpre, au-dessus de la cruauté, quand la fortune le favorise, sont deux phénomènes que l'on doit citer.

Autun, ruinée par Tétricus et les *Bagaudes*, fut relevée par Constantin, qui l'habita pendant quelque temps dans le quatrième siècle; enfin, dans le huitième, elle fut saccagée par les Sarrasins; depuis, elle n'a pu se relever; et de son antique splendeur, il ne lui reste plus que la majesté des ruines. Telle qu'elle est, elle passe encore pour une des grandes villes de la république, quoiqu'elle ne soit pas le chef-lieu du département où nous voyageons. La gravure vous le montre telle qu'elle est aujourd'hui.

Ce département est au nombre des plus riches de la république. Ses vins sont délicieux, ses forges en vigueur, ses grains estimés; il produit des bois excellens pour la marine, de l'ardoise, du charbon de terre, du fer de bonne qualité. On y trouve souvent des pâturages fertiles, où l'on élève des bestiaux et des chevaux, qui ne sont pas la moindre partie de ses richesses.

Si l'on en excepte *Châlons*, et peut-être *Mâcon*, l'industrie des habitans nous a paru moindre que les bienfaits de la nature. Elle ne s'est pas élevée au-dessus de quelques fabriques d'étoffes communes, comme serges, étamines, voiles, et autres de foible qualité. Cette espèce de stagnation prend sa source dans le peu de débouchés. Il sembleroit que ce reproche ne doit guère convenir à un département dont le nom se tire de deux grandes rivières ; mais l'une et l'autre, placées à ses extrémités, ne sont d'aucun avantage pour l'intérieur, et rien ne seroit plus facile que de les joindre par un canal, et toutes deux, coulant en sens inverse, ce département pourroit presser de ses deux bras la Méditerranée et l'Océan.

Avant de vous entretenir des objets que ses villes ont offerts à notre curiosité, parlons un moment des temples où l'ignorance et l'opinion fondèrent des autels à l'erreur et au fanatisme.

Presque toujours une erreur aimable remplace dans l'homme l'erreur fugitive dont le prestige l'enchante quelque temps ; et si des larmes mouillent quelquefois sa paupière, ces chagrins passagers sont eux-mêmes une erreur, que les illusions de l'amour, de l'amitié, de la fortune ou de l'espoir, effacent bientôt. La vie de l'homme n'est qu'une chaîne de fleurs ; mais ce sont des fleurs artificielles : c'est une guirlande qui se dessine entre le berceau et la tombe. Papillon, mais privé d'aîles, il suit à pas lents, mais d'un esprit distrait, cette guirlande : s'il reste un peu plus un peu moins sur chaque fleur, soit rose, soit souci, elle est toujours inodore pour lui ; il donne tout à l'éclat dont elle frappe son œil, et ne reçoit rien du parfum qu'il lui suppose, et qu'elle n'a pas. Il n'en est pas de même des erreurs religieuses. Une plus pénible succède toujours à l'erreur fatigante : ici, c'est une terreur idéale qui remplace une cruauté sans objet ; là, une volupté imaginaire que l'on troque contre une macération sans consistence. C'est toujours un supplice qui sert d'anneau au supplice que l'on abandonne. On meurt à tout, pour ne vivre qu'en idée, ou l'on ne vit en effet que pour une mort idéale. Cruel envers l'humanité, tel est le paganisme ; cruel envers l'humanité et pour soi-même, tel est le catholicisme ; tels étoient les druïdes, long-tems les oracles d'Autun, cruels envers l'humanité ; tels furent après eux les moines de Cluny, cruels envers l'humanité et envers eux-mêmes. Druïdes et bénédictins ! quelle hiérarchie ! Malheureux Æduens ! peuples infortunés des campagnes d'Autun ! qu'aviez-vous donc fait aux dieux, pour en recevoir un présent si funeste.

Remarquez avec nous, mon cher concitoyen, que jamais un homme du peuple ne fonda une abbaye. Ce fut toujours l'orgueil qui se décupla, pour ainsi dire, pour se loger lui-même. Le Christ envoya des hommes, le bâton blanc à la main, pour prêcher sa parole. Les moines qui se disoient aussi les apôtres de ce Christ, pour conserver la formule de l'apostolat, prenoient le sceptre pour le bâton blanc du Christ, et vouloient le recevoir de ces hommes que la force et l'injustice avoient dotés du titre de souverain. Voilà pourquoi vous ne trouverez jamais, au nombre des fondateurs, que des rois, des princes ou des espèces de leur trempe, dont leur main corrompue voloit la laborieuse industrie, pour enrichir la paresse sacrée, et plus ignorans que les ignorans qu'ils combloient de biens, demandoient en retour de l'insulte faite par eux à l'humanité, une récompense éternelle dans un autre monde.

De toutes les folies de ce genre, *Cluny*, la célèbre Cluny est peut-être la plus folle. Ce n'étoit pas une abbaye, c'étoit une ville, une ville pour loger quelques hommes, dont le vœu étoit la pauvreté, la modestie, le détachement du monde ! O Saint Benoît ! ô Saint Bernard ! ô vous tous, gens si fins, que l'on nomma fondateurs d'ordres ! pendant seize-cents ans, vous en sûtes bien plus que l'humanité. D'un coup de baguette, vous éleviez des palais à la paresse, et depuis que le monde existe, vous n'aviez pas encore su élever un temple à l'utilité. J'ai bien connu des ordres dans ma vie, où l'on faisoit le vœu d'être pauvre et simple, pour avoir le droit d'être riche et dur ; je n'en ai pas connu où l'on fit vœu d'être sage et d'être utile. L'histoire nous a transmis une preuve de l'orgueilleuse ampleur des bâtimens de Cluny. Après le premier concile de Lyon, Innocent IV et toute sa maison, les patriarches d'Antioche et de Constantinople, et douze cardinaux, trois archevêques, quinze évêques, et cinquante abbés, y logèrent ensemble, et dans le même temps, s'y trouvèrent le *roi Saint* Louis, la reine Blanche sa mère, le duc d'Artois et sa sœur, Baudouin, empereur de Constantinople, les fils des rois d'Angleterre et de Castille, le duc de Bourgogne, six comtes, et nombre d'autres *grands seigneurs* ; tous ces personnages, avec une suite proportionnée à leur *rang*, sans que les moines fussent obligés ni de quitter ou céder leur appartement, leur réfectoire, leur chapitre, ni les autres salles, dont l'usage leur étoit journalier. On seroit presque tenté de révoquer en doute ce rassemblement d'hommes à palais, dans un même lieu ; mais en le supposant, on pourroit demander : qui donc habitoit, avant et après eux, dans les appartemens qu'ils occupèrent ? qui ? les deux êtres à qui la moitié de la terre ne suffit pas pour se loger, l'égoïsme et l'ennui.

Un certain Guillaume, premier duc d'Aquitaine et comte d'Auvergne, le plus inconnu de tous les hommes, malgré ses titres, fonda, dit-on, cette abbaye dans le dixième siècle : malgré cette *bonne-œuvre*, il falloit que cet homme fût bien méchant, puisque les bénédictins n'en ont pas fait un saint. Méchant ! que dis-je, c'est peut-être une preuve qu'il fut bon. Ce n'est pas un petit mérite, dans les siècles de barbarie, d'avoir échappé à la sainteté. Au reste, on ne dira pas que ce fut par haine pour les saints, que les bénédictins clunistes lui ont dénié cette faveur, car tous leurs premiers abbés ont été saints *ipso facto*. Il y auroit peut-être bien des appels à *minima* à interjeter de tous ces jugemens en apothéose, rendus par le Sanhédrin à capuchons. Quoi qu'il en soit, Saint Adon, Saint Majole, Saint Odilon, Saint Hugue, etc. etc. se sont succédés sur le trône bénédictin. Peut-être pour l'honneur claustral, nos moines auroient-ils mieux fait d'être plus économes en papes. Grégoire VII, Urbain II, Paschal II, ne font pas infiniment d'honneur aux mains qui les ont nourris. Grégoire VII (1), le premier des papes qui se mit dans la tête qu'il étoit le maître spirituel et temporel de toute la terre, le juge et le souverain arbitre de toutes les affaires ecclésiastiques et civiles; le dispensateur de toutes les graces; l'homme enfin qui alluma, par son orgueil, cette guerre interminable entre le sacerdoce et le sceptre, guerre dont les funestes succès ont coûté tant de sang et tant de sottises aux hommes. Urbain II (2), le plus irascible des humains, dont l'orgueil lutta contre un anti-pape, qui valoit mieux que lui ; contre un empereur assez criminel pour ne pas penser comme lui sur le paradis; contre un roi de France qui ne lui demandoit pas permission pour aimer le plaisir; contre un roi d'Angleterre, dont l'unique défaut étoit d'avoir à son image et ressemblance, une mauvaise tête; pape dont la postérité maudit la mémoire, pour avoir le premier proclamé la croisade. Paschal II (3), le plus imbécille de tous les pontifes, dont la manie pour les représentations de parade, lui fit inventer la folie des investitures, pour jouir du spectacle de voir les *souverains* à ses pieds, recevoir les couronnes; pauvre hère, que l'empereur Henri IV fustigea comme un écolier, mit en pénitence, quelques années, dans une maison de force, et relâcha sans l'avoir corrigé ; être foible, qui n'eut ni la force de quitter la tiare, ni le courage de la soutenir. Tels sont les jolis petits messieurs que Cluny se vante d'avoir formés. Ainsi, c'est de Cluny que sont sortis la majeure partie des maux qui ont affligé le monde depuis mille ans peut-être. Cela vaut bien la peine de faire avec tant d'éclat le vœu de pauvreté.

Un homme de bien cependant se montre avec honneur au milieu de tant de scélérats sacrés que cette maison a produits. C'est Pierre le vénérable ; on aime à trouver, au milieu de ces siècles de stupidité un cœur dont l'humanité se soit fait un sanctuaire. C'est l'arbre touffu que l'on apperçoit de loin dans un désert, et dont on approche avec reconnoissance. En effet, le mortel qui combattit Saint Bernard, qui reçut dans son sein le malheureux Abailard, cette victime infortunée du double fanatisme de l'amour et de la religion, mérite le souvenir de la postérité. Haine éternelle aux prêtres fanatiques ! mais respect par-tout aux philosophes, quelque robe qu'ils portent ! et peut-être dans ces âges désastreux où l'honneur étoit de n'en pas connoître, où la science étoit de tout ignorer, peut-être, dis-je, le cloître étoit-il le seul asyle convenable à l'homme né avec un grain de philosophie dans le cœur.

Cette abbaye de Cluny, dont Pierre le vénérable fut abbé avant d'être général de l'ordre de Saint Benoît, contenoit, à la mort de cet honnête homme, quatre cents religieux ; et rien n'est plus bouffon que d'entendre dès-lors Saint Bernard, tonner contre le luxe, le faste, la bonne-chère et le libertinage de ces moines, lui qui devoit accoucher d'un ordre dont l'opulence, la gourmandise et la crasse ignorance devoient retentir d'un pole à l'autre. Par-tout où se trouvent les ambitieux, là se trouvent aussi la jalousie et la calomnie.

Saint Bernard avoit raison dans le fonds de censurer dans des prêtres cette richesse dont regorgeoit la maison de Cluny ; mais les lettres doivent de l'amitié aux bénédictins ; ils les ont recueillies, lorsque les hordes du nord se débordèrent sur la terre, lorsque le métier de la guerre devenu la science suprême, créa la noblesse, en mettant au-dessus de ses semblables, l'homme dont la férocité plus distincte annonçoit plus de vigueur dans les passions, et plus de foiblesse dans le moral et dans l'intelligence ; lorsque depuis le *monarque* jusqu'au dernier d'un état, tous mettoient à gloire de tout ignorer, et qu'un titre de noblesse étoit de ne pas savoir écrire. Une perte considérable pour les connoissances humaines, fut celle de la bibliothèque de l'abbaye de Cluny, que les protestans brûlèrent au seizième siècle. Hélas ! l'église romaine avoit fait assez de mal aux infortunés calvinistes, pour que la vengeance les aveuglât. Mais il faut le dire, la vengeance de l'homme est presque toujours insensée ; pour punir les vivans, il détruit les écrits des morts, et ne s'apperçoit pas que c'est sur son bien qu'il exerce sa furie. Hommes insensés ! brûler une bibliothèque ! une bibliothèque n'est à personne, elle est à tous.

Il n'est point de lieu dans l'Europe, et peut-être dans les trois parties du monde, où le nom de l'abbaye de Cluny ne soit parvenu. Là se sont éteintes dans le célibat des millions de générations : et quel bien en a retiré l'humanité ? Nul : mais bien des vices au contraire, ne fût-ce qu'un véhicule éternel à l'indolence.

Cluny

l'indolence. Les clunistes occupèrent le monde par les princes-pontifes qu'ils fournirent au trône. Ils l'occupèrent par les longues disputes de leurs chefs docteurs avec d'autres docteurs de leur trempe : ils l'occupèrent par ces projets de réforme, si long-temps combattus par leurs propres enfans, et qui devinrent le signal d'une guerre intestine entre les enfans de Saint Benoît. Que faut-il de plus pour prouver que depuis quatorze cents ans les bénédictins de Cluny n'ont occupé le monde que de misères ? Quatorze cents ans ! hélas oui ! A la honte de l'humanité, les prêtres datent de loin dans ce département. Il en étoit d'autres avant les prêtres du pape ; et ces moines de Saint Benoît n'ont fait que succéder aux prêtres de Mithras, à ces druides dont les fureurs, comme les folies, sont encore vivantes pour nous, par l'impression d'extravagance qu'elles ont laissée sur tous les autels que l'homme élevera.

Ces druides avoient non des temples, mais des forêts à Autun ; car les forêts, ou pour mieux dire, l'obscurité plaisoit à leur ame sanguinaire. Le Dieu qui vouloit du sang ne fut jamais encensé à la clarté du soleil. Ces druides adoroient le soleil sous le nom de Mithras, et supposoient à leur dieu la vertu des deux sexes. Toutes les erreurs religieuses se tiennent par des transitions faciles à saisir, dans les unes, par l'analyse du culte ; dans les autres, par une sorte de conformité dans les cérémonies. Celles-ci, par les habits de leurs ministres, celles-là, par leur régime, et presque toutes par leurs folies. Ainsi, les prêtres de la Grèce avoient retenu quelque chose des ma-

B

ges de la Perse et des Gymnosophistes de l'Inde. Ainsi, les druïdes des Gaules reçurent, par l'arrivée des Phocéens à Marseille, quelque chose des prêtres de la Grèce. Ainsi, les prêtres catholiques prirent quelque chose des druïdes; ainsi de proche en proche, on pourroit remonter depuis la dernière fête des foux de la cathédrale d'Autun, ou bien depuis le dernier *sacre* d'Angers, ou la dernière procession d'Aix, jusqu'au premier vertige public que l'homme inventa pour honorer la divinité. Le druïde coupant le gui-de-chêne avec une faucille d'or, et le prêtre catholique errant en procession dans les champs, la veille de l'Ascension, ne participent-ils pas tous deux aux cérémonies agrestes des prêtres de Cérès ou de Cibelle ? Les ministres de Vesta, veillant au feu sacré, et le pontife chrétien, allumant le feu nouveau dans la pleine lune de Mars, n'ont-ils pas ensemble quelque connexité ? Depuis le premier qui crut honorer par des chants le créateur de l'univers, jusqu'au chantre enroué qui, la nuit dernière, a psalmodié dans une cathédrale, des versets de latin qu'il défigure, toutes les extravagances sacerdotiques s'enchaînent imperceptiblement. Ces druïdes avoient non pas un temple, mais un collége à Autun; car c'est ainsi que l'on nommoit le rassemblement de ces prêtres fanatiques et superstitieux: ils souillèrent de leurs sacrifices impies ces mêmes forêts, où depuis l'ordre de Cluny devoit élever ces papes (4) monstrueux, qui devoient souiller l'Europe du spectacle de leurs crimes. Les druïdes égorgeoient les hommes en l'honneur de leur dieu, et après eux, les pontifes romains les firent égorger en l'honneur de leur orgueil. Au moins, les druides ont-ils compté parmi eux un homme digne d'être l'ami de Cicéron : peut-être le clergé romain n'a-t-il pas possédé un homme dont Cicéron eût voulu se dire l'ami. Cet homme étoit Divitiac, druide, et que l'histoire honore du nom de philosophe. Il avoit au moins du génie, et une sorte d'affabilité de caractère qui le rendoit intéressant à Cicéron ; mais il avoit les qualités d'un prêtre ambitieux et perfide, et par-là, il obtint la bienveillance de César. Divitiac ambitieux étoit devenu le chef de la république d'Autun, ou pour mieux dire, des Æduens : l'arrivée de César dans les Gaules pouvoit le déchoir de son autorité, et pour s'y maintenir, il préféra de lui livrer sa patrie ; flatteur de Cicéron, qui lui-même étoit flatteur de César, on doit peu s'étonner que des historiens aient honoré Divitiac du titre de philosophe. Combien de gens réputés philosophes, parce que les historiens ne l'ont pas été.

Si, par le costume, nos prêtres étoient de fait masqués toute leur vie ; si leurs longues barbes, ou leurs têtes pelées ; si leurs simarres, ou noires, ou blanches, ou tabac d'Espagne ; si leurs capuchons de bure, ou leurs aumusses d'hermine ; si leurs bonnets quarrés, ou leur mître de drap d'or ; si leur cothurne dégoûtant, ou leurs bottes de pourpre, forçoient à chaque minute l'esprit à deviner l'énigme de l'être bizarre qui s'offroit aux yeux, les druides plus sages n'avoient de mascarade qu'à certains jours de l'année. Il est vrai que ces jours-là, leur bouffonnerie religieuse étoit extrême. Adorateurs du soleil, mais ignares en astronomie, ils regardoient les douze signes du zodiaque, comme les prêtres favoris de leur dieu ; et conséquemment les noms métaphoriques du zodiaque devenoient le guide de leur mascarade sacrée. M. le druïde, les cornes en tête, la barbiche au menton, le pied fourchu, une queue au bas de l'échine, une peau de mouton sur le dos, se promenoit dans les rues d'Autun, et disoit à qui vouloit l'en croire : à genoux, profane, je suis le bélier. Pourquoi pas ? J'ai vu un homme faire, à s'y méprendre, le mouton de Saint Jean-Baptiste, et certainement un druïde en capricorne, en lion, en taureau, même à califourchon sur son confrère, pour représenter les gemeaux, n'est pas plus ridicule que les prêtres d'Aix masqués en bœuf, en aigle, etc. pour représenter les quatre évangélistes. Mais druides, comme successeurs des apôtres, n'ont jamais osé se masquer en *balances* ; ils auroient craint qu'on ne les priât de peser leur raison.

C'est ainsi que tous les cultes extérieurs ont marqué chaque siècle par des folies nouvelles, mais toutes de la même famille ; car en fait de cérémonies religieuses, qu'elles aient un caractère de majesté, ou un coloris d'extravagance ; que ce soit une pompe, ou que ce soit une caricature ; elles sont toujours le comble de la déraison, parce qu'elles n'honorent ni le dieu dont elles sont l'objet, ni n'éclairent le peuple dont elles sont le spectacle.

L'église d'Autun étoit fertile en sottises de cette

espèce. Nous y avons retrouvé cette fameuse fête de l'âne dont nous vous avons parlé ailleurs. Ici monseigneur l'âne portoit chape, et messieurs les chanoines lui portoient la queue ; on le conduisoit en procession, on se mettoit à genoux sur son passage ; il rentroit à l'église, on le plaçoit sur le trône épiscopal, on lui disoit la messe, on chantoit une prose en son honneur (3). Le peuple trouvoit tout cela admirable. Le jour de la fête de l'âne étoit attendu chaque année comme un jour de *réconciliation*. Les familles se rassembloient ; de l'église on passoit à la table ; et depuis, quand cette fête plus impertinente qu'impie, fut supprimée, ce fut presque un jour de deuil dans les villes où on la célébroit. Eh bien ! le peuple si attaché à cette puérile momerie, voulut, dans ces temps de ténèbres, lapider des jeunes gens qui, dans une mascarade, s'étoient avisés de promener un homme représentant *Job* monté à rebours sur un âne, ayant à ses côtés sa femme déguisée en diablesse. On trouva cette allégorie d'une impiété révoltante, tandis que, quelques jours avant, ces mêmes hommes qui la condamnoient, avoient dévotement suivi ce même âne peut-être, conduit par des prêtres sous le même dais qui servoit à la fête de Dieu. Et voilà les hommes !

Heureux ! si, dans l'histoire des humains, on ne trouvoit que des folies, et que, dans l'épouvantable catalogue de leurs préjugés, on ne rencontrât pas, à chaque page, de ces atroces et honteuses cruautés, dont le tableau déchirant remplace bientôt par des larmes, le sourire que les absurdités religieuses amènent sur les lèvres du lecteur. Nous avons vu dans ce département le lieu où naquit le malheureux Molay, ce déplorable et dernier grand-maître de l'ordre des Templiers.

Ce n'étoit point l'amour de Dieu, ni le respect pour la religion dont le zèle enflamma Philippe-le-Bel. Ce prince écrivant à Boniface VIII : « Philippe, par la grace de Dieu, roi des Français, à Boniface, prétendu pape, peu ou point de salut ! que votre très-grande fatuité sache que nous ne sommes soumis à personne, etc. » Ce prince, dis-je, ne pouvoit pas être soupçonné d'une trop grande vénération pour l'église. Mais ce fut des poignards de l'avarice dont il s'arma contre les Templiers. Ce fut pour les dépouiller de leurs trésors, qu'il plaça sur la chaire papale, son complice et sa créature, Clément V. Dieu, dans ce grand procès, ne fut que le prétexte, et les passions humaines, la cause. Molay gouvernoit alors cet ordre célèbre, cet ordre de fanatiques, il est vrai, mais dont le courage répandoit une teinte d'héroïsme sur leur institution. L'ambition naissante des chevaliers de Rhodes contraria l'infâme cupidité d'un pape et d'un roi des Français. L'ordinaire et coupable habitude de tous les trônes de partager les dépouilles de ceux que terrasse la massue de l'autorité arbitraire, tel fut l'esprit qui supposa des crimes aux Templiers. Philippe et Clément achetèrent la calomnie, en payant un bourgeois de Bésiers, et un chevalier chassé de cet ordre, pour les dénoncer. Ces ignorans délateurs les accusèrent de magie, de commerce avec le diable, d'adorations de statues informes, de voluptés immorales; et le mensonge dans leur bouche enfin composa ses rapports de la boue la plus sale et la plus fétide. Les malheureux chevaliers, dont la majeure partie ne se trouvoit pas alors dans la Palestine, mais étoit répandue dans l'Europe, furent tous arrêtés le même jour, et cinquante-sept périrent par le feu dès la fin de mai 1311. Le grand-maître Molay, que la victoire couronnoit alors, en le faisant triompher des Turcs, accourut des bords de Chypre, pour défendre la réputation de son ordre injustement attaquée, la venger ou périr. Il parut accompagné de soixante chevaliers, tous (pour parler le langage d'autrefois, mais langage nécessaire ici), tous des premières maisons de l'Europe. Ce fut bien alors, noblesse si follement orgueilleuse ! que vous dûtes vous convaincre que vos titres n'étoient rien aux yeux des *souverains*, quand leurs passions leur dictoient de les fouler aux pieds, et que s'ils les défendoient quelquefois, leur orgueil seul les invitoit à conserver des grands, pour le plaisir de les voir à leurs pieds. Molay et ses soixante compagnons, au nombre de qui l'on comptoit des souverains, Molay et ses compagnons furent mis aux fers. Qu'on se peigne, s'il se peut, cette scène d'horreur. D'un côté, la loyale et simple innocence, n'ayant pas même l'idée des crimes dont on l'inculpe, se présentant avec cette franchise noble, cette confiance

auguste que donne la probité devant des juges que l'on suppose dignes du caractère dont ils sont revêtus ; de l'autre, des bourreaux assis sur le trône des loix, vendus aux deux tyrans, dont l'insatiable avarice demande du sang pour accroître son trésor, dont l'abominable cruauté n'a pas l'audace de voler les vivans, mais se repait du lâche plaisir de dépouiller des cadavres. Ils paroissent, ces malheureux Templiers, devant ce tribunal de sang ! On ne leur dit pas, l'on vous accuse ; on leur dit, vous êtes coupables. — » Nous, coupables ! Voyez ces
» cheveux blanchis dans l'exercice des armes ! regar-
» dez ces cicatrices dont les lèvres sanglantes parlent
» à l'univers, des combats que nous avons rendus
» pour cette religion du Christ, dont vous êtes le
» pontife, pour cette église dont vous vous dites
» le fils aîné. Demandez aux Sarrasins, aux Turcs ;
» demandez aux campagnes de l'Idumée, s'il nous
» est resté quelques minutes pour les voluptés que
» vous nous reprochez ? C'est pendant la nuit,
» dites-vous, que nous célébrions nos mystères im-
» pies ! Mais qui donc, pendant la nuit, a veillé
» sur vos camps ? Qui donc a contenu le Musul-
» man prêt à s'élancer dans l'ombre sur vos fertiles
» contrées ? Nous sommes coupables ! et vous nous
» devez la vie ! Sans nous, sans notre courage,
» ces croisades que votre orgueil, que votre fana-
» tisme vous ont inspirées, auroient retombé sur
» vous : notre valeur est devenue l'excuse de votre
» imprudence. Elle a réalisé les rêves de votre am-

« bition ; elle a forcé l'univers indigné à se taire
« devant votre injustice. Vous demandez nos crimes !
« les voilà : frappez si vous l'osez ».

Oui, malheureux Templiers ! ils frapperont. Vous êtes riches ! voilà les forfaits qu'un roi avare, qu'un pape corrompu ne pardonneront pas. Les tortures sont préparées. Soixante vieillards sont mis à la question. Les bourreaux étonnés de l'inhumanité des juges, ne touchent qu'en tremblant à ces corps que l'honneur environne. L'un cherche vainement le bras de sa victime, pour l'étendre sur l'horrible chevalet ; et ce bras est resté dans les plaines de la Sirie. Cet autre veut approcher les feux de cette poitrine vénérable, que le glaive des Mahométans a sillonnée tant de fois, et le génie de la victoire, assis sur ces blessures, fait tomber la torche des mains du bourreau. N'importe ! l'iniquité insiste, les tortures s'accumulent, la raison fléchit sous les tourmens, la vérité s'écrase sous le poids des douleurs. On leur crie : vous êtes coupables ! répétez ce mot affreux, votre supplice va finir : vous vivrez. Il sort enfin cet horrible aveu de leur bouche desséchée par la longueur atroce de la question.

O Dieu de l'univers ! dans quel asyle écarté des célestes lambris te cachois-tu donc alors ? Le cri de l'innocence s'arrêta donc sous les parvis du ciel, puisque tu ne l'entendis pas ? Quoi ! la foudre oisive dans tes mains, n'écrasa pas le pontife exécrable, le roi dénaturé, auteurs de cette tragédie sans exemple. Ah ! peut-être il ne t'en restoit plus ! tant de tyrans avoient déja passé sur la terre ! Mais que dis-je, au sein de ta sagesse immense, tête à tête avec l'éternelle justice, tu pesois les rois, les prêtres et l'homme; l'homme malheureux qu'ils abreuvèrent de larmes! et ta main vengeresse, déroulant alors les plans de l'avenir, gravoit en traits de flammes sur le front du siècle de ton amour, ces mots, ces mots terribles pour les pervers couronnés, DIX AOUT.

On leur avoit promis la vie; on leur avoit menti. Les buchers s'allument. C'est le portail de Notre-Dame de Paris que l'on prend pour échafaud. Là sont conduits l'infortuné Molay et ses compagnons. Mais ici l'heure de la mort a chassé l'heure du mensonge. On ne sortira plus de ce nouveau supplice, pour trainer une vie misérable parmi des hommes ou tigres ou esclaves. Voilà le bucher; mais à travers la fumée qu'il exhale, les portes de l'éternité se découvrent: les portes de l'éternité dont la vérité tient les clés! Molay ne voit plus le monde; il ne voit qu'elle; et dussent les rois, les pontifes, en rugir de fureur, la vérité, voilà la divinité qu'il fait tonner sur la terre attentive. » C'est assez, s'écrie-t-il, que
» le mensonge ait une fois souillé ma bouche. Vos
» tourmens inouis me l'arrachèrent; c'est un crime
» de plus dont je vous laisse flétris. Ma foiblesse
» m'a trahi; la mort me rend ma vertu. Moi, tous
» mes chevaliers, tout mon ordre, nous sommes
» innocens. J'en jure par ce Dieu qui m'attend, par
» ce Dieu qui, dans quarante jours, jugera le pontife
» scélérat qui nous égorge, qui, dans un an, féra
» monter aux pieds de son trône, le tyran de la

Ruines du Temple de Janus

» France, pour rendre compte de notre sang.
» O flammes ! calcinez mes membres*, terminez ma
» vie ! je l'ai bien mérité ! J'ai cru qu'un prêtre,
» qu'un roi pouvoient être justes ; voilà mon atten-
». tat : mourons ".

Il mourut. La faulx de l'iniquité moissonna tous les Templiers épars sur la surface de l'Europe. Au bout de quarante jours, Clément V descendit au cercueil. Au bout d'un an, Philippe-le-Bel se coucha dans la tombe. Emportèrent-ils avec eux les trésors ravis aux Templiers ? Non. Quarante jours de douceurs pour un prêtre, douze mois de félicités pour un roi, voilà ce qui coûta la vie à tant d'hommes. Il y eut plus de victimes immolées aux passions de Clément et de Philippe, qu'il ne leur resta de minutes de vie, pour goûter la jouissance de leurs crimes. Les hommes, depuis six cents ans, lisent l'histoire des Templiers, et six cents ans après avoient encore des rois. Quand il n'en sera plus sur la terre, relevons les temples de Janus, et nous pourrons, sans crainte, en murer à jamais les portes.

Les ruines de celui que Drusus avoit bâti dans Autun, annoncent encore sa magnificence. Nous les avons dessinées. Deux arcs de triomphe parfaitement conservés, les restes d'un temple de Minerve, une foule d'inscriptions, de bas-reliefs, de statues, quelques traces d'anciennes voies militaires, des urnes, des tombeaux : tels sont les monumens de la grandeur d'Autun, que le temps n'outrage qu'avec respect. Il avoit épargné quelques pans d'un amphithéâtre superbe ; mais l'ignorance est moins timide que lui; et c'est pour édifier de misérables barraques, sans goût comme sans utilité, que sa main a renversé ces ruines, douairières antiques de la splendeur des nations, que les âges laissent sur la terre pour l'école et le délassement du philosophe.

Châlons et *Mâcon*, plus modernes qu'Autun, n'ont pas, comme elle, ce sérieux de la vieillesse. Châlons sur-tout où la nature semble avoir pris plaisir à marier la beauté des femmes à l'amabilité des hommes. Il est peu de villes, en effet, où l'habitant fasse à l'étranger un accueil plus aimable, et la fraternité y étoit vertu, long-temps avant que la révolution en eût fait une loi.

Quoique moins ancienne dans l'histoire qu'Autun, Châlons cependant y tient un rang depuis long-temps. Il faut avouer pourtant que nos préjugés sur certains emplois, nous font, mal-à-propos, juger par comparaison. Parce que, de nos jours, le faste suivoit un évêque, que le luxe entouroit un roi, nous reportons aux temps éloignés les idées présentes que nous attachons aux choses; et parce qu'un *Saint Donatien*, dans le cinquième siècle, établit un évêque à Châlons, parce que le roi *Gontran* y a fait quelque séjour, Châlons se présente à notre imagination, comme Londres ou Paris; mais la vérité est que Châlons alors n'étoit, pour ainsi dire, qu'un village; qu'à la longue le commerce, plus habile à donner la vie que les rois et les évêques, en a fait une ville; que la guerre qui s'empare de tous les lieux où elle peut offrir le pillage aux conquérans, en a fait une place forte ; et qu'enfin les arts, dont le charme à la longue polit le commerçant et adoucit le guerrier, en ont fait une ville charmante.

Les arts ! comme ils doivent être chers, lorsque succédant aux atroces tragédies de l'ignorance et de la barbarie, ils parviennent à les faire oublier. Qui croiroit, en voyant aujourd'hui ce pont de Châlons, où l'industrie rassemble à chaque minute des hommes de tous les climats qui, se croisant, s'agitant, se rencontrant, se parlent, s'unissent, se séparent, et dont le résultat de toutes les démarches, est l'accroissement de la richesse individuelle et nationale, et le soutien du pauvre par le travail ? qui croiroit, dis-je, que ce pont fut le théâtre de la plus épouvantable tragédie, lorsque les lumières étoient également étrangères aux rois comme aux nations ? La vertu, la beauté, la douceur, le sexe, ne garantirent point l'infortunée Gerberge des fureurs de Lothaire, ce détestable fils de l'imbécille Louis-le-Débonnaire. Qui ne respecte pas son père, ne respecte rien dans la nature. *Gerberge*, fille d'un *comte* de Toulouse nommé Guillaume, assez sage pour fuir les grandeurs, vivoit paisiblement à Châlons, loin de la cour de son père. Des vertus douces la faisoient chérir ; c'étoit une digne femme, parce qu'elle avoit eu la dignité de faire oublier son *rang* : mais ce rang toujours tant désiré, et toujours si funeste à ceux qui le possèdent, soit que la fortune l'accompagne, soit que l'infortune l'enveloppe, ce rang avoit mis en évidence deux de ses frères, le *comte Ganselme* et le *duc Bernard*, que l'odieuse ambition de Lothaire avoit révoltés, et dont l'indignation contre un détestable fils, persécuteur de son propre père, s'étoit fortement prononcée. Lothaire, furieux de leur audace, n'avoit pu s'en venger. Le hasard lui en fournit l'occasion, mais une occasion digne de son lâche caractère. Il passe à Châlons, où, quelques jours avant, un certain *Lotheric* son favori, dangereusement blessé dans un combat, avoit reçu les plus tendres secours de la généreuse Gerberge. Lotheric, en revoyant Lothaire, lui vanta les bontés et les charmes de sa bienfaitrice, et fit naître en lui le désir de la voir. Il la fit appeler, elle parut. Cette aimable candeur, compagne de l'innocence et de la sensibilité, spectacle toujours si rare pour un tyran, éveilla la curiosité de Lothaire. Il voulut apprendre d'elle quel sang lui avoit donné le jour. La malheureuse Gerberge ne prévoyoit pas que son arrêt de mort alloit sortir de sa bouche : je suis fille du comte de Toulouse, lui répondit-elle. Lothaire jette un cri d'étonnement. — Du comte de Toulouse! dit-il ; et Ganselme et Bernard ? — Sont mes frères. — Tes frères! te chérissent-ils ? — Ils m'aimèrent toujours. — O ciel! les monstres! leur supplice va donc commencer.

J'allois écrire.... ma plume tremble : mon cœur frémit. Pourquoi trembler? j'écris les actions des rois ; n'ai-je pas dû prévoir avant de l'entreprendre que je n'aurois que des forfaits à peindre. Lothaire, le barbare Lothaire, fait saisir Gerberge par les cheveux : on la traîne sur le pont de Châlons. Par l'ordre de Lothaire, on apporte un tonneau ; il y fait enfermer cette femme infortunée. L'ouverture en est clouée, et l'on précipite le tonneau dans la Saone.

Le peuple adoroit Gerberge, et il ne put empêcher, ni venger sa mort ! n'en accusons pas le cœur humain, il est bon dans tous les temps. Mais l'ignorance et l'esclavage le rendoient timide, et ses oppresseurs toujours prompts à le calomnier, lors même qu'ils l'ont abruti pour n'en rien redouter, traitoient cette timidité d'insouciance; et quelle énergie pouvoit-on attendre, en effet, d'hommes dont on avoit assez désorganisé la morale, pour leur faire croire qu'un évêque avoit le pouvoir d'excommunier les rats. Un évêque d'Autun (1) le fit: et les foudre du vatican, dégoûtées sans doute de ne pulvériser que des rois et des nations, se divertirent à sillonner le front du rat de ville et du rat des champs. La gent trotte-menu a bien trouvé trois hommes de génie pour la faire parler ; pourquoi n'eût-elle pas trouvé un avocat honnête-homme, pour plaider sa cause contre un prêtre extravagant. Les rats étoient ajournés à trois jours : Chasseneuz, depuis premier président du parlement de Bordeaux, alors avocat *du roi* au bailliage d'Autun, plaida pour les rats ; il prouva éloquemment que le délai qu'on leur avoit donné pour comparoir étoit trop court : qu'il y avoit sur-tout de l'injustice à exiger qu'ils se missent en route, lorsque tous les chemins étoient livrés aux chats des environs, apostés par monseigneur pour les surprendre. Les rats gagnèrent leur procès. Ne nous moquons pas de cette anecdote, aussi bizarre qu'elle est vraie. C'est en plaidant la cause des rats contre l'église, que l'on est insensiblement parvenu à plaider celle de l'humanité contre le sacerdoce. Qui peut calculer les progrès de l'esprit humain ? La postérité trouvera peut-être que nous, qui sommes si fiers de nos lumières, nous ne plaidons encore que pour des fourmis.

Châlons, quoique moins ancienne qu'Autun, possède cependant comme elle, des vestiges de la grandeur romaine ; mais elle fut alors plutôt un magasin pour les armées de Rome, qu'une véritable ville ; et si les empereurs y vinrent quelquefois, c'est qu'elle fut le rendez-vous de leurs troupes. Attila, qui couroit à la mort vers un autre Châlons, la ravagea, et elle occupa le dernier chapitre des démences de ce barbare. Mais dans le vrai, elle ne reçut une espèce de grandeur que par le séjour que les rois de Bourgogne y firent. *Chramne*, fils de Clotaire Ier, la saccagea dans le sixième siècle. Quarante ans après, le roi Gontran la releva, y bâtit l'abbaye de Saint Marcel, et devint saint, par la grace de ces hommes à qui, par la grace de Dieu, il donnoit la permission de se damner par oisiveté.

Châlons rivalise encore avec Autun pour ces conciles. Le philosophe sourit toutes les fois qu'il retrouve l'homme où l'homme a prétendu que Dieu présidoit seul. En effet, qu'importoit à des prêtres, par exemple, que Philippe Ier. eût répudié sa femme pour épouser sa maîtresse (*) ? Le tableau des amours

(*) Concile d'Autun 1094.

d'un

d'un roi voluptueux ne blessoit-il pas un peu la pureté des oreilles évangéliques ? Convenoit-il bien à des pontifes de s'assembler en face du Saint-Esprit, pour excuser les débauches de Brunehaut, et faire lapider l'honnête Aridius qui l'en avoit reprise (*) ? On penseroit volontiers que ceux qui croyoient le moins à Dieu, étoient ceux-là même qui prêchoient le plus la nécessité d'y croire. Dans un de ces conciles de Châlons en 894, un certain *Cifred*, prêtre, accusé d'empoisonnement, fut admis à la preuve de son innocence prétendue, en la jurant sur l'hostie. La belle preuve ! lorsque l'on voit Paschal II, l'un de ces papes enfans de Cluny, dont nous avons déja parlé, jurer à l'empereur Henri V qui le retenoit prisonnier, que jamais il ne se mêleroit des investitures; joindre à ce serment la force d'un traité, et d'une bulle pour le confirmer ; et enfin, pour mettre le dernier sceau à la consécration de son apparente bonne-foi, rompre à l'autel une hostie en deux, en donner une moitié en communion à l'empereur, prendre l'autre, et ajouter : Puisse le premier des deux qui transgressera le traité, être éternellement séparé *de Jésus-Christ*, comme cette hostie vient d'être séparée en deux. Cependant, quatre jours après, il assembla un concile pour violer d'autorité le traité qu'il avoit juré d'une manière si solemnelle. Eh ! les bonnes femmes nous blâment de ne pas croire !

Les évêques de Châlons prenoient le titre de comtes. Ce ridicule ne leur avoit pas coûté cher. Louis-le-

(*) Troisiéme concile de Châlons, en 603.

Débonnaire, un des plus célèbres désorganisateurs que le trône ait portés, créa des comtes de Châlons, en faveur d'un certain Warin, dont le mérite étoit de chanter le *plain-chant* à merveille; et tout le monde sait que des moyens d'être en faveur auprès du débonnaire, il n'en étoit pas de plus puissant que de bien entonner le *credo*. Les descendans de ce Warin vécurent comtes de Châlons, mais vécurent ignorés. Qu'importe! ils étoient comtes : n'étoit-ce pas assez pour leur gloire? combien de ces maisons que l'on appeloit *grandes* jadis, ne devoient leur orgueil qu'à cette ignorance profonde où l'histoire avoit laissé leurs aïeux ensevelis? Le dernier comte de Châlons n'avoit point d'enfans ; mais il étoit fécond en absurdité, et conséquemment, il voulut aller à la croisade : il n'avoit point d'argent, il vendit son comté de Châlons à l'évêque dont il reçut quelques sous d'or pour son voyage, et un beau mandat à prendre sur le paradis. Notre héros, bien content, partit et ne revint jamais. Le clergé avoit trop d'amour pour le salut des fidèles, pour souffrir que les croisés qu'il avoit assez chéris pour leur acheter leur ben, revissent jamais leur patrie. Il en reparut peu en France de ces messieurs à lettres-de-change sur le père éternel. Le comte de Châlons fut du nombre de ces absens *in eternum*; et les évêques de Châlons restèrent comtes, sans que personne le leur disputât.

Les vins des environs de cette ville sont estimés ; on distingue sur-tout ceux de Mercurey. Deux foires jadis répandoient un argent considérable dans ses murs : c'étoit-là sur-tout que la fameuse manufac-

Mâcon

ture de Saint-Etienne venoit se fournir de fers. Les vignobles de cette côte de la Saone font la majeure partie de la richesse de ce territoire, et leur bonté ne varie point jusqu'à *Mâcon*, chef-lieu de ce département. Plus petite que Châlons, moins gaie et moins peuplée, on cite d'elle ses confitures, et la belle sonnerie de sa cathédrale. Son aspect est agréable, et vous en jugerez par la gravure. L'irruption de *Galas* en Bourgogne y fit commencer quelques fortifications que l'on n'acheva point. Une île que forme la Saone au-dessus du pont de Mâcon, est le seul objet digne d'arrêter les yeux du voyageur; c'est un vrai tableau de l'Albane. Cette île enchanteresse, semble jetée sur le globe, pour être digne de contenir également le temple des dieux, les danses des mortels et le tombeau des grands hommes. L'imagination les lui prête, quand l'œil la considère, et tout homme devient poète, s'il touche à ses rives parfumées.

Mais aussi son cœur devient de bronze, s'il touche à Charolles, petite ville de ce département, et la soif du sang des tyrans le saisit et le dévore. C'étoit là la propriété de cet exécrable comte de Charolois, ce scélérat fameux, dont les crimes sont devenus pour ainsi dire proverbes, et dont l'amusement le plus ordinaire étoit l'assassinat. O princes! à bon droit nommés, pendant si long-temps, princes *du sang*! quand l'enfer eut vomi sur la terre les trois fléaux, la guerre, la famine et la peste il se repentit de n'avoir enfanté que des femelles, et pour mettre des mâles dans cette famille sinistre, il réunit tous les efforts de sa puissance, et accoucha des princes.

En quel lieu de l'Europe les attentats du comte de Charollois n'ont-ils pas retenti ? Eh bien ! l'on feroit encore un volume de ce que l'on n'en a pas publié. Je ne vous citerai qu'un de ces traits inconnus, et que je choisis de préférence entre mille, parce qu'il peint tout à-la-fois, et le goût du meurtre, et l'atroce sang-froid de la cruauté. Un homme extrêmement laid, et sur-tout marqué à l'excès par la petite vérole, pressé par un besoin naturel, s'arrête dans un champ, et s'établit dans un sillon. Charollois chassoit non loin de là. Il apperçoit cet homme : la posture où il le voit, l'occupation qui l'arrête, ou pour mieux dire, l'ascendant de sa scélératesse sur sa raison, lui font naitre l'idée de prendre cet homme pour une sible ; il l'ajuste, tire, et l'atteint non pas à la tête. Ce malheureux, griévement blessé, pousse un cri de douleur, se relève, reconnoît le prince dans son assassin ; et le ressentiment faisant taire le préjugé du respect, il s'en approche avec fierté. Savez-vous, prince, lui dit-il, que vous m'avez blessé. Charollois le fixe. Cette figure criblée de petite vérole le fait rire. Parbleu, dit-il, je ne me croyois pas si maladroit ; je te tirois aux f.... et je t'ai attrapé à la figure. Je t'ai diablement fait de trous dans le visage, et il lui tourna le dos. Qu'auroit fait de plus Busiris ?

Incroyable assemblage des misères humaines ! Ici la dépravation du cœur, là le désordre de la raison. Charollois assassinant les hommes, et Marie-Alacoque, étouffant le bon-sens. Ce fut dans un couvent de Charolles, que cette femme, dont un vers de Gresset a fait la réputation mondaine, exhuma de son cerveau ses mystiques folies : elle eut la fureur d'être sainte ; et elle le fut, à ce que disent les Visitandines.

Et c'est pour des êtres semblables que la nature s'est couverte de trésors ; c'est pour eux qu'elle émailla de fleurs ces superbes prés de Charolles, où le quadrupède amant d'Europe s'engraisse et rivalise avec le dieu d'Égypte ? Oui, sans doute, c'est pour eux. Il faut bien que les fous vivent pour la consolation du sage. Non loin de là, cette nature attentive plaça les eaux de Bourbon, où l'aimable Sévigné apporta jadis son esprit et sa philosophie d'un autre siècle. Ce Bourbon-Lancy est une jolie petite ville. Deux frères *Bourbon*, l'un *Archambault*, l'autre *Anceaume*, ont donné leurs noms de Bourbon à deux villes.

Ce département, que nous parcourons avec intérêt, que nous quittons avec regret, nous représente partout des sites curieux, des paysages flatteurs, une culture soignée, et généralement de l'aisance parmi les habitans. L'esprit public nous y a paru bon : celui de ses volontaires est excellent, et personne n'ignore que les anciens Bourguignons ont toujours marqué dans les armées par leur courage et leur sobriété. La Côte-d'Or où nous allons entrer, est encore le même peuple, et nous vous entretiendrons alors un peu plus au long de leur caractère.

NOTES.

(1) *Grégoire VII.* Hildebrand. C'étoit le fils d'un chapelier de *Soano* en Toscane. Peu de papes ont poussé l'orgueil de la domination plus loin, et ce fut vraiment lui qui commença à étendre les prétentions des *souverains pontifes* sur les trônes. Sa mémoire n'a pas été ménagée, et il le méritoit par sa lutte scandaleuse avec l'empereur Henri IV. On l'a taxé d'un amour désordonné pour la princesse Mathilde. On l'a de même accusé de magie. On prétend qu'un jour il jeta les sacremens au feu, avec des cérémonies superstitieuses, pour procurer la mort à son adversaire. Il avoit appris *cet art* des papes Benoît IX et Grégoire VI, et de l'archevêque de Melphe; il portoit toujours sur lui un livre pour évoquer les démons. Mais l'homme de bon-sens rejette ces imputations, et ne voit à travers qu'un méchant homme que l'ignorance et la crédulité jugent à leur manière.

Un concile tenu à Brixen en Bavière le déclara « faux moine, magicien, devin, nécromancien manifeste, consultant l'esprit de Pithon, adonné aux vanités des songes et des présages. » Il faut dire que les évêques de ce concile étoient du parti de Henri IV. Cela prouve que les prêtres ont deux poids et deux mesures; et voilà pourquoi nous citons ce trait.

Grégoire VII excommunia l'empereur, le déposa, et tel étoit l'engourdissement des esprits alors, que ce prince se vit abandonné de tout le monde, et fut obligé de venir à Rome lui demander pardon. Le pape eut l'insolence de le faire rester trois jours, pendant l'hiver, à la porte d'un château, nus pieds, sans chapeau, et à peine couvert d'un méchant manteau.

Ce pape mourut dans l'exil : il prétendoit à sa mort n'avoir fait que du bien toute sa vie.

(2) *Urbain II.* Otton ou Oddon, de Châtillon-sur-Marne; pape et forcené d'un autre genre. Il eut *l'honneur* de publier la première croisade; et marchant sur les traces de son ami et de son prédécesseur Grégoire VII, il tourmenta les rois tant qu'il put, et son indigne lâcheté parvint à armer le fils contre le père. Ce fut lui qui porta

Conrad à dépouiller son père Henri IV, et qui l'aida à se faire couronner roi d'Italie. Il s'en servit jusqu'à l'instant où ce père infortuné fut enfin renversé du trône de l'empire, et lui tourna le dos quand il ne lui fut plus utile.

(3) Paschal II. Reinier Toscan, pape, acheva la ruine du malheureux Henri IV, en faisant révolter, à l'imitation d'Urbain, son fils Henri V contre lui, et lui donnant l'empire. Ce Henri V fit déterrer son père à Liége, et jeter ses cendres au vent. Est-il un crime entrepris pour l'église, que les prêtres n'aient pas traité de vertu ? Le cardinal Baronius dit, en parlant de ce fils sacrilége, « que c'étoit à Henri V une action de grande piété d'avoir été si cruel à son père, sa seule faute ayant été qu'il ne l'avoit pas assez bien enchaîné, jusqu'à ce qu'il fût revenu à lui. » Et ce sont-là les prêtres du dieu qui a dit : *Père et mère honoreras*, etc.

Ce Paschal fit massacrer tous les Allemands qui se trouvoient dans Rome, la plupart pauvres pélerins qui n'y venoient que pour faire leurs dévotions, et visiter les églises. Les Allemands à leur tour massacrèrent les Romains le lendemain.

Il voulut abdiquer le pontificat dont ses crimes l'avoient dégoûté. Il semble que la providence, pour l'en punir, ne l'ait pas voulu souffrir.

(4) Cluni. Dans l'église de Cluni est enterré le cœur de Turenne, à côté du corps du pape Gelase II. Quel rapprochement ! Hildebert, évêque du Mans, disoit dans ce temps-là du clergé de Rome, « que dans le palais ils étoient Scithes, vipères dans la chambre, bouffons dans les festins, harpies par leur exactions, statues dans les conversations des gens de bien, bêtes quand on parloit de sciences, de pierre quand il s'agissoit d'avoir pitié, de bois quand il falloit mettre tout en feu, en amitié des tigres, en grimaces des ours, en tromperies des renards, en orgueil des taureaux, pour dévorer des minotaures, lions dans les conciles, et lièvres dans les armées. » Voilà un prêtre qui connoissoit bien ses semblables.

(5) Les chanoines d'Autun avoient un privilége aussi impolitique dans un état qu'il étoit singulier. A certain

jour de l'année, ils exerçoient le pouvoir souverain. Ces messieurs, montés sur des chevaux caparaçonnés de noir, chantres, enfans de chœur, chanoines, dignitaires, en robe violette, un bouquet à la main, se transportoient à la porte d'Aroux. Là, ils proclamoient leur souveraineté; tous les tribunaux étoient fermés, et le chapitre rendoit la justice. Les évêques d'Autun, du Pui et d'Ortie sont les seuls qui aient eu le pallium. C'étoit un morceau de drap auquel les prêtres attachoient beaucoup de mérite.

On prétendoit à Autun avoir les reliques de St. Lazare. Ces reliques firent grand bruit sous Louis XI. Un évêque d'Autun fut voir un évêque de Marseille. Comme les petits présens entretiennent l'amitié, le visité voulut faire cadeau au visiteur des reliques de Saint Lazare : les Marseillois qui ne vouloient pas perdre leur Lazare, attrapèrent l'Autunois, et substituèrent une tête fausse à la tête de Lazare. A Autun, où l'on croyoit recevoir le véritable Lazare, voilà toutes les cloches en branle, les filles en habits des dimanches, et les garçons à confesse. La cérémonie retentit dans toute la France. Mais les Marseillois, jaloux de ne pas laisser multiplier leur Lazare, découvrirent leur supercherie. Alors, grand procès entre le chapitre de Marseille et le chapitre d'Autun. Il n'étoit pas difficile à juger, et Autun alloit être condamné, lorsque tout-à-coup le chapitre de Veselai arrive, et prétend que c'est lui qui possède le vrai Lazare. C'est la comédie des trois Lisimon. Louis XI n'osa pas prononcer, et s'en tira en laissant la liberté à chacun d'honorer son saint a sa manière.

A PARIS, de l'Imprimerie du Cercle Social, rue du Théâtre-Français, N°. 4.

VOYAGE

DANS LES DÉPARTEMENS

DE LA FRANCE,

Enrichi de Tableaux géographiques et d'Estampes.

Par J. B. J. BRETON, pour la partie du Texte; Louis BRION, pour la partie du Dessin; et Louis BRION père, pour la partie Géographique.

.... Curvata·resurgit !

A PARIS,

Chez
BRION, rue de Vaugirard, n°. 98, près l'Odéon,
DÉTERVILLE, Libraire, rue du Battoir.
DEBRAY, Libraire, Palais Égalité, Galeries de bois, n°. 236.
GUEFFIER, au Cabinet litt., boulevard Cérutty.

AN X — 1802.

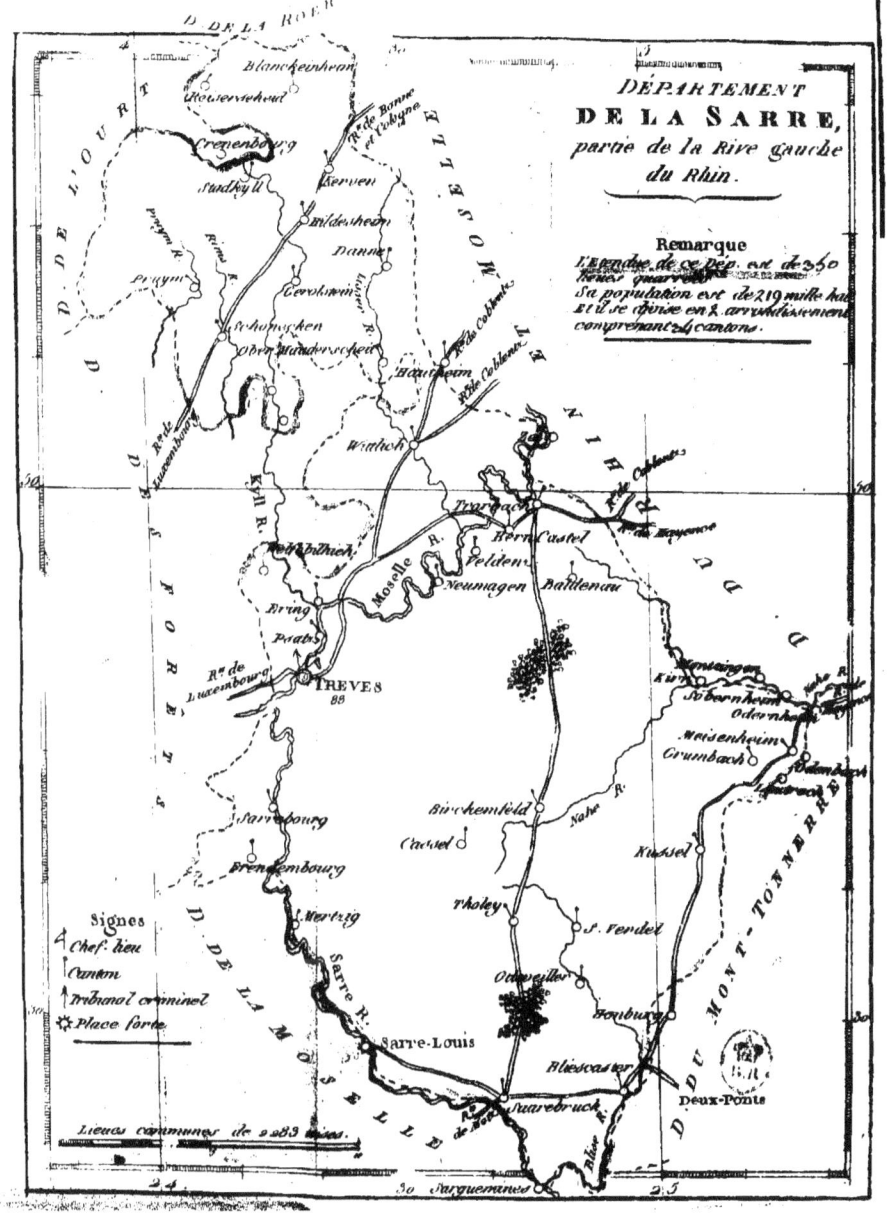

VOYAGE
DANS LES DÉPARTEMENS
DE LA FRANCE.

DEPARTEMENT DE LA SARRE.

Le projet d'établir une langue universelle, commune à tous les peuples du globe, ou du moins à ceux d'entr'eux que leurs relations commerciales et politiques rapprochent davantage, a été la brillante chimère dont se sont bercés une foule de savans depuis le quinzième siècle. Mais ces érudits, au lieu de s'occuper de théories que la pratique ne sauroit réaliser, auroient rendu à leurs compatriotes, et même aux autres nations civilisées, un plus grand service, en proposant des moyens simples et faciles de faire disparoître les patois, d'établir dans le même empire une salutaire homogénéité d'idiome.

Il est impossible de faire un pas dans la France sans apercevoir dans le langage des habitans des nuances très-sensibles. Quelquefois même ce changement est brusque, et vous êtes tout étonnés, après vous être péniblement familiarisés avec le jargon d'une province quelconque, de trouver à quelques lieues de-là, une nouvelle étude à faire.

Cet inconvénient est la suite nécessaire des conquêtes, de la formation successive des empires qui reculent lentement leurs frontières qui absorbent peu à peu les petits États circonvoisins, ou s'enrichissent des dépouilles des puissances qui les entourent.

Dans la ci-devant Belgique, nous avons trouvé, en passant d'un département à l'autre, des différences très-marquées dans le langage des habitans. Le flamand, le vallon, le françois qu'on y parle, ne sont point partout au même degré de pureté. Le voisinage de l'Allemagne s'y fait sentir ; et nous avons vu des villes où l'on parloit assez bien l'allemand. Dans les départemens de la rive gauche du Rhin que nous commençons à visiter, c'est l'allemand pur que nous trouvons, à la vérité avec une inflexion ou accent particulier, mais que des oreilles françoises peuvent difficilement reconnoître (1).

Ne seroit-il donc point possible de faire cesser cette différence de jargon entre les différens membres de la même nation ? Ne devroit-on pas s'occuper sans relâche des moyens les plus propres à favoriser d'abord, dans notre patrie, l'étude de la langue françoise; ensuite à la rendre exclusive, ce qui seroit facile à faire, si, au bout d'un certain laps de temps, on n'admettoit à certains emplois publics que les personnes sachant parler le vrai françois. Il faudroit, de plus, exiger que tous les actes publics, et même les simples obligations entre particuliers, dussent, pour être valables, être rédigées dans l'idiome de la capitale: car c'est celui qu'ont formé et perfectionné les écrivains dont la nation se glorifie.

Je sens bien que cette mesure entraîneroit une foule d'inconvéniens. Mylord Chesterfield a démontré que de deux ministres plénipotentiaires étrangers, c'étoit celui dans la langue duquel se faisoient les négociations qui avoit le plus d'avantage. Que seroit-ce donc si les fripons, les escrocs, qui trouvent dans les amphibologies d'un idiome quelconque, des ressources pour faire des dupes, pouvoient se trouver dans le cas de traiter avec des hommes incapables de comprendre sans interprète le texte de leurs conventions? Mais n'oublions pas que toute réforme est destinée à corriger des abus, et que cependant elle en occasionne nécessairement elle-même. Il s'agit donc, pour résoudre ces sortes de difficultés, de comparer les inconvéniens résultant de l'état actuel des choses, avec ceux que pourra amener un changement. En attendant, il faut opérer peu à peu, et par degrés insensibles, une salutaire réformation. On ôte ainsi tout prétexte aux préjugés ou à la malveillance; et le vulgaire profite, sans aucunement s'en douter, de ce qu'on fait pour lui. C'est ce qu'on a déjà fait avec assez de succès dans la Belgique, où il n'est permis de plaider qu'en françois, où tous les jugemens sont rendus dans la langue de la métropole. On ne tardera probablement pas à en user de même à l'égard des pays de la rive gauche du Rhin, mais cela ne suffit point tout-à-fait pour propager l'idiome dominant. Il faut le mettre à la portée du peuple : il faut que la classe la moins instruite, et par conséquent la plus indifférente aux progrès du beau langage, se trouve dans la nécessité, si non de l'apprendre (ce que des travaux continus, une éducation grossière et une conception dure dans la classe inférieure du peuple rendroient impraticable), au moins d'y faire instruire ses enfans.

Vers 1795, lorsqu'une impulsion exagérée étoit donnée à tous les esprits; lorsque le spectacle horrible d'une poignée d'hommes qui maîtrisoient, emprisonnoient et immoloient à leur gré vingt-cinq millions d'individus, ne permettoit plus de douter de rien; lorsque dans toutes les écoles retentissoient avec enthousiasme ces paroles séduisantes : *il faut simplifier les procédés ; s'écarter des vieilles routines ; révolutionner, sansculotiser la science ;* lorsque nos plus habiles chimistes entraînés par le torrent, comme les autres, s'occupoient sérieusement de faire de la poudre en vingt-quatre heures, de tanner le cuir en trois jours, de faire fondre du canon par de jeunes élèves sans expérience; alors, disons-nous, le comité d'*instruction publique* se vantoit d'opérer incessamment une révolution dans le langage, d'établir un idiome uniforme dans toute la république. Il ne s'agissoit de rien moins que d'envoyer sur tous les points de la France des maîtres d'école missionnaires. Et ce fut en grande partie dans cette intention que furent fondées les fameuses *écoles normales* (2) où l'on discuta gravement d'une réforme dans l'orthographe, qui devoit être sanctionnée par la convention ! Malheureusement, ou plutôt heureusement, les résultats ne répondirent point à ce qu'on en avoit espéré : les professeurs y développèrent dans toute leur intégrité les belles doctrines des Euler, des Newton, des Lavoisier ; l'estimable Laharpe s'éleva avec chaleur contre le fanatisme de la langue révolutionnaire, et l'établissement fut détruit.

Si les projets que l'on formoit à cette époque, étoient extravagans (3), par cela seul peut-être que l'imagination vive de ceux qui les enfantoient, franchissoit tous les obstacles, et vouloit recueillir immédiatement après avoir semé, ne pourroit-on pas, aujourd'hui que les esprits sont refroidis, que la raison a repris son empire, que nous commençons, en un mot, à redevenir François, revenir sur ce qu'ils avoient d'utile, de physiquement et moralement praticable ?

Vous vous plaignez de la disette des hommes capables d'instruire la jeunesse : hé ! bien, établissez des chaires ambulantes. Que des professeurs éclairés parcourent nos départemens, et surtout nos nouvelles conquêtes; qu'ils en inspectent et surveillent rigoureusement les écoles publiques et particulières ; que les écoles centrales elles-mêmes des grandes villes, ne soient pas à l'abri de leurs censures, et vous obtiendrez des résultats qui, en peu d'années surpasseront vos espérances.

Ces réflexions n'étoient point étrangères à notre objet : elles nous ont été suggérées par l'inconvénient réel qu'éprouvent les voyageurs, lorsqu'ils s'arrêtent ou séjournent dans les hôtelleries ; lorsqu'ils ont besoin de s'expliquer avec les postillons, ou qu'on leur demande l'exhibition de leurs passeports. Il faut alors s'exprimer par gestes et par signes comme des sourds et muets, interpréter par approximation le langage étranger et le baragouin françois, beaucoup moins intelligible encore ; et l'on feroit un gros volume des étranges méprises, quelquefois on ne peut plus divertissantes, qui arrivent en pareil cas.

On a fait beaucoup de brochures et de raisonnemens pour démontrer que le Rhin étoit la limite naturelle de la France, et qu'en bonne conscience les Allemands devoient nous céder tous les pays qui s'étendent jusqu'à ce beau fleuve.

On auroit pu, par extension du même principe, reculer nos frontières jusques dans le cœur de la Hollande où le Rhin vient se perdre au milieu des sables ; mais la dialectique et les argumens tirés de la géographie physique n'étoient pas le seul appui de nos prétentions ; car rien n'eût empêché les Allemands de trouver aussi d'excellentes raisons pour nous enlever quelques provinces, et pour *arrondir* eux-mêmes leurs possessions : mais les événemens de la guerre les mirent dans l'impossibilité de se refuser à ces arrangemens.

Outre les sept provinces des pays bas autrichiens, ils furent donc obligés de nous céder une vaste étendue de territoire évaluée à environ 1330 lieues quarrées, dont 180 furent réunies au département de l'Ourthe. Ainsi la superficie des quatre départemens réunis n'est guère que de 1150 lieues quarrées, et la population est évaluée à un million six cent mille habitans.

Les pays qu'ils comprennent appartenoient autrefois à trois cercles de l'Empire au cercle de Westphalie, à ceux du Haut et du Bas-Rhin. Le territoire de ces trois cercles qui reste sur la rive droite, paroît devoir être l'objet des indemnités qui s'agitent, en ce moment, à la diète de Ratisbonne, et qui seront sans doute définitivement réglées lorsque l'impression de cet ouvrage sera terminée.

Nous n'entretiendrons pas en conséquence nos lecteurs de conjectures sur le sort que le bruit public assigne aux fragmens de ces trois cercles : nous risquerions d'être démentis par l'événement. D'ailleurs, notre but unique étant de parcourir les contrées nouvellement incorporées à la république, c'est seulement sur la portion de territoire située sur la rive gauche du Rhin que nous avons porté nos observations.

On y trouve presque tout l'électorat de Trèves, la majeure partie du Palatinat; tout le duché des

Deux-Ponts, partie des évêchés de Spire, de Worms, de l'archevêché de Mayence ; le pays de Juliers ; une portion des provinces de Gueldre et de Clèves, et plusieurs autres principautés qui y sont enclavées, en tout ou en partie.

Nous donnerons séparément un aperçu statistique de chacun de ces nouveaux départemens; mais nous croyons à propos de dire avant tout un mot de l'ensemble. La partie septentrionale est sans contredit la plus fertile, et la plus riche par ses manufactures et ses usines. Elle abonde en toutes sortes de mines de fer et de charbon de terre.

Les cantons riverains du fleuve ont, indépendamment des avantages que présente la fécondité du sol, une source d'opulence que leur procure la navigation du Rhin, soit par le commerce qu'ils sont à portée d'y faire, soit par le *transit* des marchandises, dont nous parlerons plus amplement par la suite.

Le département de la Sarre, que nous parcourons le premier, contient une grande partie de l'ancien électorat de Trèves, c'est le moins riche des quatre : il est néanmoins infiniment précieux par ses vins, ses forges, ses salines, ses mines de plomb et de houille, ses manufactures de toile, et les forêts qui en couvrent la partie méridionale. On y récolte peu de grains, si ce n'est vers le nord où il confine vers le pays de Juliers : mais en récompense ses productions sont chariées par la Sarre et la Moselle, et ces deux rivières qui se joignent un peu au-dessus de

Trèves.

Trèves, les transportent par le Rhin dans toute la Hollande et dans la Basse-Saxe.

Il est encore abondant en bestiaux de toutes espèces, en chevaux, en bêtes à corne et à laine. Les carrières de sélénite et de pierre à chaux y sont d'une excellente qualité, leur exploitation est florissante et très-productive.

Trèves, chef-lieu du département, est une ville grande et jolie, d'une origine très-ancienne, mais qui ne remonte cependant point aussi haut que quelques historiens l'ont supposé. Sous Auguste, elle fut déclarée capitale de la Belgique, et sous Constantin, on l'honora du titre de capitale de toutes les Gaules. On la connoissoit sous le nom de *Trevirium* ou d'*Augusta Trevirorum*. Elle avoit alors une puissance redoutable : la magnificence de ses bâtimens, tous construits dans le style romain, l'opulence de ses habitans, lui donnoient une telle importance, qu'Ammien Marcellin l'appela une seconde Rome. Tacite en parle souvent, et avec distinction. Seulement on n'est pas d'accord sur l'orthographe du nom des peuples qui en furent les premiers maîtres. Certains auteurs les appellent *Treviri*, d'autres disent *Treveri :* Tacite et les inscriptions partagent cette opinion ; cependant le nom de la ville est au singulier *Trevir*, qui dans l'ancienne orthographe s'écrivoit *Treuir*. C'est pour cela que les Allemands appellent *Trier* la ville capitale. Ce mot dans leur langue se prononce *Trir*.

Le célèbre historien que nous venons de citer,

nous apprend que les Tréviriens se vantoient d'être descendus des Germains. *Circa adfectationem, germanicae originis, ultrò ambitiosi sunt.* Leur territoire comprenoit une vaste étendue de pays, depuis le Rhin jusqu'à la Meuse. *Haec CIVITAS*, dit César, *Rhenum tangit.*

On en conclueroit mal à propos que du temps où vivoit cet illustre conquérant, Trèves étoit bâtie sur les bords même du Rhin, et que ce n'étoit pas la même ville que nous voyons aujourd'hui. *Civitas*, en effet, ne signifie point, comme le mot *urbs*, une enceinte de murailles; il exprime aussi la *banlieue*, il désigne le territoire soumis à la dépendance d'une grande ville. Le même auteur nous apprend lui-même que les ponts qu'il jeta sur le Rhin étoient appuyés sur le rivage appartenant à cette cité. *In Treveris, praesidio ad pontem relicto.*

Lors même que sous Auguste, plusieurs peuplades germaniques vinrent s'établir en deçà du Rhin, les Tréviriens ne perdirent point néanmoins leurs droits sur la rive gauche de ce fleuve.

Pline atteste que le *vicus ambitinus* où Suétone prétend que Caligula étoit né, étoit situé dans le pays de Trèves, *supra confluentes*, c'est-à-dire, au-dessus de la jonction du Rhin et de la Moselle; à quelque distance du lieu où nous voyons présentement Coblentz.

La domination des Romains et le séjour que quelques-uns de leurs empereurs ont fait dans la ville de Trèves, y ont laissé des traces que le temps n'a pu entièrement effacer. Outre le grand nombre d'églises que nous y voyons, et qui sont des monumens de la magnificence des princes du Bas-Empire, on y voit un assez grand nombre de belles antiquités romaines.

Le pont jeté sur la Moselle est remarquable par les piliers et par les colonnes dont il est orné, témoignage incontestable de la grandeur qu'apportoient les maîtres du monde dans leurs ouvrages, et spécialement dans ceux d'architecture. On voit autour de la ville quelques débris d'anciennes tours, et les ruines d'un amphithéâtre qui présentent le même caractère. Voilà ce qui reste des dévastations sans nombre qu'y firent tour-à-tour les Francs, les Aquitains et les hordes barbares du nord.

Les fouilles faites dans cette ville et dans ses environs, ont souvent prouvé la découverte d'antiques, telles que, urnes funéraires, médailles et autres objets non moins précieux pour les savans qui s'en servent pour éclairer des points douteux dans l'histoire, ou pour étudier d'anciennes coutumes importantes à connoître sous une multitude de rapports. On vient récemment de trouver quelques-unes de ces pierres appelées *votiva*, que l'on consacroit aux divinités romaines et celtiques, et près de 3,000 médailles en grand et petit bronze, de divers empereurs d'occident, et notamment de Jules-César, d'Auguste, de Néron, de Nerva, de Vespasien, de Gallien père et fils et de Trajan.

On a encore découvert des statues de bronze de

médiocre grandeur, telles qu'une Diane, une Vénus, une Vesta, un Priape, une Aurore. D'autres figures de même matière représentoient un Druide, deux Boucs et un petit Cheval. Enfin deux Lampes sépulcrales, des Urnes cinéraires et un Collier romain trouvés dans un tombeau, réunis à une foule d'autres monumens du même genre qu'on a successivement découverts, attestent l'antique splendeur dont jouissoit cette jolie ville, autrefois capitale de ce qu'on appeloit la Belgique première.

C'étoit une dénomination dont on se servoit pour distinguer cette partie du territoire des Belges, comme la Germanie elle-même étoit distinguée par les Romains, en Germanie *première ou supérieure* dont Mayence étoit la capitale, et qui s'étendoit le long du Rhin jusqu'à *Antunnacum* (Andernach), et en Germanie seconde ou antérieure que la rivière *Obringa* séparoit de l'autre.

Nous rendons compte de cette démarcation, parce que différens auteurs en sont partis pour soutenir que les Tréviriens n'avoient point conservé l'intégrité de leur territoire; qu'il avoit été morcelé et démembré. Mais il paroît que ces limites étoient purement et simplement établies pour régler le service et le commandement militaire, et que les Romains n'avoient porté aucune atteinte aux droits des Tréviriens, lesquels étendoient, comme nous l'avons dit, leurs possessions jusqu'au fleuve.

Avant les conquêtes dernières des François, Trèves

et tout le pays qui en dépend étoient gouvernés temporellement par un archevêque qui avoit la dignité d'électeur d'Empire. On ne sait pas avec précision à quelle époque cet archevêché prit son origine, mais l'on sait que par suite des libéralités de Pepin, de Charlemagne et de Louis le Débonnaire, l'église de Trèves ayant acquis des biens considérables, ce fut vers le règne d'Othon II que ses archevêques commencèrent à se comporter en princes souverains. Ludolphe de Saxe fut le premier électeur de Trèves : ses successeurs n'épargnèrent rien pour étendre leur autorité. Ils firent tant par des cessions, par des échanges et par des acquisitions partielles, qu'ils ajoutèrent à leur domaine une portion considérable de territoire. Le Rhin, la Moselle, la Sarre, et des rivières moins considérables et moins importantes, quant à la navigation, arrosoient le sol de l'électorat. La Sarre, navigable depuis *Saralbe*, petite ville de Lorraine, (4) partageoit le pays en deux portions, dont celle située au nord est la plus fertile, et l'autre montueuse et couverte de bois. La noblesse y possédoit près des deux tiers des terres, ce qui étoit loin de contribuer à la prospérité du pays ; aussi ne produisoit-il pas assez de bled pour sa consommation intérieure : mais au moyen de ses autres ressources, il ne laissoit pas de fleurir et de fournir aux besoins de l'Empire un contingent assez considérable.

L'archevêque de Trèves, comme puissance spirituelle, avoit pour suffragans des évêques de la

Lorraine. A la chambre de l'Empire, il prenoit la qualité de chancelier de l'Empire pour *les Gaules*. Mais cette chancellerie étoit une dignité *in partibus*; il vouloit ainsi désigner la prétendue dépendance du royaume d'Arles. Les qualités chimériques dont les princes paroissoient si jaloux, sont en apparence des puérilités; mais ces puérilités ont quelquefois des résultats sérieux. Quand elles ne feroient qu'entretenir une sorte d'animosité dans le cœur du souverain qui est revêtu de ces dignités imaginaires, quand elles ne feroient que lui inspirer le desir de réaliser sa domination, elles peuvent, favorisées par les circonstances, par le génie politique ou militaire de ce même prince, produire de grands événemens, et même des révolutions.

Industrie languissante, commerce peu actif, mais qui ne demande qu'à prendre son essor, voilà ce que nous avons observé à Trèves. Cette cité, comme nous l'avons dit, est assez belle; sa situation est d'ailleurs fort agréable.

Si le hasard ne présidoit pas le plus souvent à la construction des villes, il sembleroit que l'emplacement de celle-ci a été mal choisi. Ses fondateurs auroient dû plutôt en jeter les bases au confluent de la Sarre et de la Moselle; mais on ne sait pourquoi elle a été bâtie de préférence au confluent de la petite rivière d'*Olebia*, en allemand *Weberbach*, qui passe au milieu de la ville. Trèves est située entre deux montagnes assez élevées, le terrain qu'elle couvre n'est point uni : les rues sont rarement

ment de niveau, la plupart montent ou descendent avec beaucoup de roideur. L'église métropolitaine est bâtie sur une éminence, ce qui lui donne de loin un aspect plus majestueux ; vue de près, elle fait naître un bien plus grand et bien plus juste étonnement. Les pierres qui ont servi à sa construction sont d'un si gros volume, que les bonnes gens du pays assurent que le diable seul a pu les poser. Cependant ceux qui ne croyent point que l'esprit malin, en vertu sans doute d'une punition qui lui auroit été infligée, ait travaillé à bâtir cet édifice religieux, n'en trouvent pas moins inconcevable qu'on ait pu exécuter ce temple superbe, dans un temps où les machines étoient loin d'avoir acquis la perfection qu'on leur a donnée de nos jours ; où les constructeurs n'étoient point dirigés, comme nos architectes modernes, par une connoissance exacte des mathématiques ; où ils ignoroient les beaux théorèmes qu'on a réalisés sur la coupe des pierres.

Est-il donc vrai que la patience supplée quelquefois le génie d'invention ? Dans l'Inde, les maçons ne possèdent point l'art de dresser des échafauds à la hauteur de la muraille qu'ils construisent ; ils forment tout bonnement un talus de terre qu'ils élèvent à fur et mesure que l'ouvrage avance. Ils conduisent, par ce moyen, à l'aide de bras d'hommes, d'énormes pierres jusqu'au sommet de leurs édifices, et exécutent ainsi de hauts bâtimens sans avoir recours aux chèvres, aux treuils, à ces machines merveilleuses qui n'ajoutent rien aux forces

B

de l'homme, mais qui lui facilitent le moyen d'en diriger, d'en combiner l'emploi, de la manière la plus avantageuse.

Je doute néanmoins que les Indiens puissent, à l'aide de ces procédés qui annoncent l'enfance des arts, le néant de l'esprit inventif, imiter l'église de Saint-Pierre de Rome, le Panthéon de Paris, la Basilique de Saint-Paul à Londres; ou qu'ils puissent même élever à une grande hauteur des rochers d'un volume semblable aux deux pierres qui forment le fronton de la magnifique colonnade du Louvre; mais ils ne laissent pas d'enfanter des merveilles, des chefs-d'œuvre sur lesquels un architecte européen jetteroit un œil d'envie.

On peut en dire à-peu-près autant de nos ancêtres. Comment se fait-il qu'ils aient rempli les grandes villes d'Europe de monumens superbes qui, aujourd'hui exigeroient de telles dépenses qu'on auroit peine à les entreprendre, ou, ce qui est un malheur bien déplorable, qu'on les abandonneroit imparfaits?

Il faut en donner pour principale raison, la révolution qu'a apportée dans le système militaire et financier de l'Europe, l'invention des armes à feu. Les guerres, aujourd'hui, sont bien autrement dispendieuses qu'elles ne l'étoient jadis. A peine le repos dont les peuples jouissent pendant la paix, permet-il aux Gouvernemens de réparer les désastres d'une guerre aussi ruineuse pour les vainqueurs que pour les vaincus. Si l'on édifie, on recherche encore un but d'utilité. On construit des ponts, on répare des routes, on en ouvre de nouvelles. Les anciens et même les hommes du moyen âge mettoient beaucoup plus que nous de luxe en architecture; ils épargnoient d'autant moins les frais, que des idées religieuses étoient attachées aux établissemens qu'ils exécutoient, et qu'ils se gardoient bien d'abandonner, une fois qu'ils étoient commencés, à moins d'une nécessité absolue.

Une autre cause qui a dû concourir nécessairement avec la première, c'est le bas prix de la main d'œuvre. On mettoit alors des vassaux, des paysans en réquisition, en corvée, pour travailler à ces édifices. La modique rétribution qu'on leur accordoit, soit pour l'extraction des matériaux du sein des carrières, alors plus abondantes et plus près de la surface de la terre, soit pour les tailler, soit pour les mettre en place, étoit presque nulle.

Ne pourrions-nous pas en Europe rivaliser avec l'industrie des Indiens? Pourquoi les Anglois, au lieu d'aller porter, par de-là les mers, l'or de notre continent pour rapporter des mousselines et des étoffes de coton, n'imiteroient-ils pas leurs procédés? Allons plus loin, les machines angloises ne sont-elles pas infiniment supérieures aux moyens grossiers qu'emploient les habitans du Mysore et du Bengale? Cette supériorité des ouvriers européens est incontestable, et n'est point contestée; mais la différence des salaires met un obstacle à ce que nous puissions rivaliser d'industrie les artisans de la presqu'île de l'Inde. On fait dans ce pays pour quelques misérables pièces de monnoie, ce que nous ne saurions exécuter en Europe avec de l'argent ou de l'or. Il en résulte qu'on a beaucoup meilleur marché d'entreprendre des voyages de long cours, d'exposer les jours d'une grande quantité d'hommes (il est vrai que dans les calculs statistiques la vie des hommes n'est comptée ordinairement pour rien), et de porter nos trésors dans une contrée infiniment plus riche que la nôtre, que d'imiter les procédés lents et dispendieux des Indiens.

L'expérience démontre en effet, que pour les ouvrages des arts, la main de l'homme employée sans intermédiaire, approche bien plus de la perfection que d'ingénieuses machines. Pour ne citer que des exemples à la portée de tout le monde, nous rappellerons que les bas tricotés à la main sont d'une bien meilleure qualité, et d'un tissu plus solide que ceux faits au métier. Quelque simples, quelque belles que soient les machines à tailler les limes, la main de l'ouvrier donne par ses mouvemens isochrones, beaucoup plus de précision et d'uniformité à la taille. La machine est aveugle et produit toujours un effet semblable, mais, par cela même, il se trouve beaucoup d'inégalité dans les résultats; tandis que l'ouvrier sent, à la résistance que lui oppose la matière, les endroits où elle est plus ou moins dure, où elle se laisse plus ou moins aisément pénétrer. Il modère ses coups d'après les observations que lui donnent l'expérience et la routine.

Trèves a vu naître des personnages dont l'histoire a rendu les noms fameux. Drusille, fille de Germanicus et d'Agrippine, dont Suétone, Dion et Sénèque ont parlé avec beaucoup de détail, est née dans cette ville. Bien dégénérée de la vertu de ses père et mère, elle se livra aux plus grands désordres. Elle épousa Caligula, mari bien digne d'elle, et qui l'aima si passionnément, qu'après sa mort il la plaça au nombre des divinités, et lui érigea dans le sénat une statue d'or. Le vulgaire qui obéit aveuglément aux impulsions de ses maîtres, s'empressa de suivre l'exemple de l'empereur, et d'imiter les cérémonies extravagantes qu'il faisoit en l'honneur de son épouse. Les hommes sensés se virent également contraints à se laisser entraîner par le torrent. Cependant il étoit difficile de prendre un parti tel que l'on ne pût déplaire à l'empereur. Un nommé Olivius Galianus avoit assuré avec d'abominables imprécations, qu'il avoit vu Drusille monter au ciel. Si vous paroissiez affligé, on vous accusoit de gémir sur cet heureux événement : si vous paroissiez gai, ou si vous affectiez un air d'indifférence, on vous faisoit un crime de vous réjouir de la mort de cette femme exécrable.

Cette ville fut le théâtre de plusieurs événemens célèbres dans les annales de notre histoire militaire. La bataille de Consarbruck perdue en 1675, par le maréchal de Créquy, et la défense opiniâtre qu'il fit ensuite de cette place, sont des faits mémorables qui ne seront jamais oubliés. Si le résultat de ces deux événemens fut contraire au succès de nos armes, il n'en est pas moins glorieux pour les intrépides défenseurs de la France.

Le 11 août, c'est-à-dire, deux mois au plus après la mort de nos plus illustres généraux, du vicomte de Turenne (5) : le maréchal de Créquy déjà recommandable par la conduite qu'il avoit tenue dans les campagnes précédentes, voulut secourir Trèves devant laquelle le vieux duc de Lorraine venoit de mettre le siége. Il paroît que cette mesure du duc de Lorraine étoit une feinte, parce que son but étoit plutôt d'effectuer sa jonction avec le prince d'Orange. C'est effectivement ce qui eut lieu, et voilà pourquoi les historiens sont partagés sur la question de savoir à quel capitaine on doit attribuer l'honneur de cette journée. Les uns ont écrit que le duc George-Guillaume de Brunswick et le duc de Holstein étoient les seuls généraux ennemis ; d'autres assurent que le duc de Lorraine eut la principale part à l'action. Quoi qu'il en soit, leurs forces réunies étoient doubles des nôtres. Ils surprirent le maréchal de Créquy dans ses retranchemens, et enlevèrent la tête du pont de *Consarbruck*, lorsqu'il étoit à peine averti de leur marche. Il avoit encore commis une faute. N'ayant pas le projet d'attendre l'ennemi, mais voulant au contraire, marcher à sa rencontre, il avoit négligé de faire sonder les gués de la rivière, de sorte que sa cavalerie ne put donner, et finit même par se décourager et par abandonner l'armée. Il n'en persista pas moins dans le dessein

Sarrebourg.

de faire une valeureuse résistance ; il rassembla ses soldats dans le meilleur ordre possible, chargea les alliés avec vigueur, et tailla en pièces tout ce qui s'opposoit à son passage ; mais le succès ne fut pas de longue durée : les forces supérieures de l'ennemi lui opposèrent un obstacle insurmontable. Nos meilleures troupes furent taillées en pièces ; enfin le désordre fut poussé à un tel point, que le maréchal de Créquy ayant échappé, comme par miracle, à l'horreur du carnage, se réfugia, lui quatrième, dans Trèves, où il eut bien de la peine à recueillir les malheureux débris de son armée.

Les alliés profitèrent, comme ils le devoient, de cet avantage, et pressèrent avec activité la place de Trèves. Le commandement du siége fut confié au duc de Lorraine. On dit que Louis XIV qui connoissoit enfin les revers, après avoir mené à son gré toute l'Europe, craignant avec raison les suites de ce fâcheux événement, qui concouroit avec d'autres désastres à compromettre la sûreté du royaume, fit avec Charles de Lorraine, un accord secret par lequel celui-ci, moyennant une somme d'argent, s'engageoit à finir sa campagne à la prise de Trèves. Le malheureux Créquy s'y étoit enfermé dans le dessein de s'ensevelir sous ses décombres, et d'y expier ce qu'il appeloit une défaite honteuse. Mais la garnison qui n'étoit pas des mieux approvisionnée, se révolta, et conclut une capitulation déshonorante, par laquelle elle consentit à sortir sans armes. Le brave Créquy ne voulut point signer ce pacte honteux; il fut fait prisonnier de guerre. La garnison fut conduite à Metz, où l'on fit le procès aux officiers. Les soldats furent décimés pour être pendus; châtiment que l'on pourroit regarder comme injuste et contraire au droit naturel ainsi qu'à l'équité; car il peut frapper plusieurs innocens, en sauvant cependant un grand nombre de coupables.

On remarque, à cette occasion, que ce fut un nommé Bois-Jourdan qui fut le principal artisan de cette trame, et qui signa la capitulation, à l'insu du maréchal. Cet homme infâme et indigne du nom de soldat avoit été précédemment condamné à mort pour assassinat et brigandage commis dans la forêt de Senlis. Il n'avoit dû sa grace qu'à l'intervention d'un homme puissant, de l'évêque de Munster.

Quant au duc de Lorraine, il y a encore des écrivains qui prétendent qu'il mourut pendant le siége, et que cette entreprise fut continuée par la maison de *Lunebourg*; mais des autorités plus dignes de foi, attestent que ce duc mourut le 18 septembre, c'est-à-dire, douze jours après la capitulation qui eut lieu le 6 du même mois. C'étoit une espèce d'aventurier qui n'étoit fidèle à aucun parti, et qui fit preuve en guerre de la même inconstance qu'il professoit en amour. Ce qu'il y a de plus bizarre dans ses aventures galantes, c'est qu'il ne tint pas à lui qu'il n'épousât plusieurs femmes, du vivant les unes des autres. Se souciant fort peu des décisions du pape à qui l'on reconnoissoit alors, en cette matière, une autorité souveraine, il eût commis sans scrupule le crime de polygamie, si ses inclinations n'avoient été traversées par des princes voisins, indignés de cette conduite immorale. Il ne paroît pas que l'âge l'ait corrigé, puisqu'à l'âge de soixante-trois ans, il épousa Marie-Louise d'Apremont sa dernière femme, malgré les oppositions d'une autre dame à qui il avoit précédemment fait une promesse de mariage, et qu'il auroit épousée sans les oppositions de la princesse de Cantecroix sa première femme. Il avoit, de sa propre autorité, déclaré son mariage nul, mais la cour de Rome en avoit jugé autrement.

Dans la partie méridionale du département, nous trouvons plusieurs villes dont les syllabes initiales attestent leur position sur la Sarre, telles sont Sarrebourg, Sarrebrack, Sarguemines, etc. Nous ne ferons à leur sujet que cette seule observation, car à l'exception des divers genres d'industrie qu'on y exerce, et dont nous avons parlé au commencement de cette relation ; elles n'ont rien de remarquable.

Nous en pourrions dire à-peu-près autant de Mont-Royal, de Neumagen, situés près de la Sarre, dans des positions où l'inégalité, la montuosité du sol, et l'irrégularité des vallées donnent à cette rivière un cours tortueux. *Willich*, *Schoneck*, *Gerolstein*, *Hildesheim*, *Blankenheim* et *Schleyden*, sont les principales cités que l'on trouve dans la partie méridionale. Nous sommes ici dans l'ancien cercle de Westphalie. Les plaines sont plus riantes et plus fertiles : les villes dont nous avons parlé prospèrent par le commerce des grains et des toiles. L'arrondissement de Pruym nourrit les meilleurs chevaux, non seulement du département, mais encore des autres de la rive gauche. Quoique ce canton fasse partie des Ardennes, et qu'il contienne même des bois, les pâturages y sont abondans et excellens pour les bêtes de somme.

Auprès de la commune de Pruym se trouve, sur la rivière de même nom, une ancienne et célèbre abbaye, fondée par Pepin, à la prière de la reine Berthe sa femme. Ce fut dans ce même lieu qu'en 855 l'empereur Lothaire, après avoir bouleversé l'Europe, s'être révolté contre l'auteur de ses jours, Louis le Débonnaire (6), et l'avoir fait renfermer dans l'abbaye de Saint-Médard de Soissons, vint lui-même terminer une carrière, dont aucune gloire n'avoit charmé les fatigues. Les remords l'agitoient, sans doute, car il devint maniaque ; il ne vécut dans le froc que six jours, et mourut imbécille.

Les empereurs ses successeurs honorèrent les abbés de Pruym du titre de princes du Saint-Empire. L'abbaye acquit des biens immenses, et devint l'objet de la cupidité des archevêques de Trèves.

Nous avons négligé, à notre passage, de nous assurer si l'on y montroit encore la semelle d'un des souliers qu'on disoit avoir appartenu au Christ. Cette semelle auroit été donnée au roi Pepin par le pape Zacharie; et l'on attachoit tant d'importance à cette possession, qu'il en étoit fait mention dans les chartes du monastère. Riez, incrédules, de l'ignorance du vulgaire qui regarde comme des reliques des objets évidemment modernes : il n'en est pas moins vrai que la possession d'un pareil trésor est une source incalculable de revenus pour les moines qui en jouissent. Nous ne prétendons cependant aucunement attaquer la bonne foi de ceux qui les montrent. Il est même très-possible que parmi les reliques de saints que l'on expose à la vénération des dévots, il y en ait de très-réelles. Sans doute, tous les prêtres ne sont pas comme ce moine d'Italie, qui faisoit voir une pierre sur laquelle étoit, disoit-il, une goutte de sang d'un martyr; et comme un des curieux observoit qu'il ne voyoit rien : *Que cela ne vous étonne pas*, dit naïvement ou malicieusement, le bon père, *voilà vingt ans que je la montre, et je ne l'ai pas moi-même encore vue.*

Le caractère des habitans du département de la Sarre n'est pas, comme cela doit être en effet, le même que celui des Belges. Les usages se rapprochent beaucoup de ceux du cœur de l'Allemagne, ou, pour parler avec plus d'exactitude, ils sont les mêmes, à très-peu de différence près. La religion générale du pays est la catholique romaine; et il étoit indispensable que cela fût avant la conquête, puisque l'électorat de Trèves, le cercle de Westphalie, ceux du Haut et Bas Rhin étoient administrés par des ecclésiastiques de cette religion.

Mais, ce qui est plus étonnant, c'est que, pendant les longs troubles religieux qui désolèrent les Pays-Bas et une partie de l'Allemagne, la contrée que nous parcourons fut une de celles où ces fureurs parurent les moins violentes. Quoiqu'elle fût environnée d'États protestans, et que cette raison semblât justifier une intolérance rigoureuse, il y régnoit une liberté de conscience qui empêcha beaucoup de désordres. Ce n'étoit pas, il est vrai, la faute de certaines gens qui, en vertu d'un état respectable, d'un ministère de paix, eussent dû être les premiers à maintenir la tranquillité, et qui, au contraire, attisoient de tout leur pouvoir, le feu de la guerre. On cite à ce sujet, l'histoire suivante :

Un électeur palatin qui professoit la religion catholique, et qui même y étoit fort attaché, avoit promis, sous la foi du serment, à son prédécesseur, de laisser dans ses États la religion telle qu'elle s'y trouvoit établie, sans y apporter le moindre changement. Il s'aperçut bientôt qu'il avoit promis plus qu'il ne lui étoit possible de tenir. On le circonvint de toutes les manières, et peu s'en fallut que cédant aux vœux de perfides conseillers, il ne se bornât pas seulement à contraindre les opinions religieuses, mais qu'il s'érigeât encore en persécuteur.

Ces hommes malveillans eurent de plus recours à une ruse grossière qui pensa leur réussir. Les Jésuites, irrités de ne pouvoir le rendre tout à fait propice à leurs desseins, apostèrent de leurs confrères, lequel, sous la figure d'un ange, apparut plusieurs nuits de suite dans sa chambre, et le menaça, de la part de Dieu, d'un châtiment terrible, s'il n'exterminoit au plutôt tous les hérétiques dans le Palatinat. Ce prince un peu crédule, comme il étoit permis de l'être au seizième siècle, devint mélancolique, et ne sut que penser de cette aventure surnaturelle. Il ne se détermina qu'avec répugnance, à confier son aventure à un nommé *Vinniger* son grand-veneur. Celui-ci, homme brave et intrépide, se fit fort de conjurer l'esprit, si l'électeur vouloit lui permettre de passer une nuit dans sa chambre; le prince y consentit : l'esprit parut à l'heure accoutumée, et prononça la formule menaçante. *Vinniger* courut à lui, le blessa peu dangereusement de deux coups d'épée, et lui fit demander la vie.

L'alarme fut donnée dans le palais, plusieurs domestiques accoururent avec des flambeaux, et l'on reconnut l'esprit pour un véritable Jésuite. On devine aisément le scandale que causa cette découverte. Il eût été plus grand encore, si l'anecdote se fût ouvertement répandue dans le pays. Cette histoire n'eût pas été fort honorable pour la société de Jésus : aussi ces pères demandèrent et obtinrent de l'électeur, la défense formelle de parler de ce qui s'étoit passé, sous peine de mille écus d'amende.

Cet ordre fut signifié aux témoins de cette scène vraiment comique, et il empêcha du moins que l'histoire ne fût répandue rapidement. On la raconta néanmoins en confidence, et elle fut consignée dans les chroniques des États voisins.

Dirons-nous à présent un mot de ce que nous avons pu observer sur les mœurs des habitans du département de la Sarre, de leur caractère, de leur naturel ? Ils diffèrent peu sous ces rapports des Alsaciens, des habitans de la Lorraine allemande, et en général de tous les descendans des anciens Germains. Leur manière de vivre est uniforme, simple et frugale. Quand nous disons *frugale*, il est nécessaire d'expliquer ce terme qui n'est point précisément synonyme du mot sobre. Les Allemands ont, au contraire, la réputation d'être de grands mangeurs, et de boire à proportion ; mais leur nourriture n'est pas aussi variée, aussi recherchée que celle des habitans sensuels et délicats du midi de l'Europe. Un bon bourgeois trévirien qui a dans sa cave du vin du Rhin et de Moselle, et qui est à portée d'en boire à discrétion, s'estime pour le moins aussi heureux que nos gens riches qui croiroient un repas mal servi, s'ils n'y trouvoient un assortiment de toutes sortes de vins. Leurs viandes simplement apprêtées, ne sont point déguisées par des ragoûts empoisonneurs. On sert, en un mot, peu de plats à table, mais ils offrent une nourriture saine, et surtout l'on peut s'en rassasier à volonté, ce qui n'est pas toujours possible chez nos restaurateurs de Paris, où l'on mange d'un grand nombre de plats, sans satisfaire pour cela entièrement son appétit. Les femmes vivent plus retirées que dans la capitale : il n'est pas rare de leur voir former des cercles, d'où les hommes sont exclus; mais il faut dire aussi, qu'elles perdent un peu de cette contrainte dans les bals, où leur plus grande jouissance est de walser pendant des heures entières. Lorsqu'on n'a vu walser que dans nos bals de Paris, on se fait difficilement une idée de cette danse voluptueuse à laquelle les Allemands s'accoutument dès leur plus tendre enfance, et qu'ils exécutent avec une grace, avec un à plomb étonnans. On diroit que cet agréable exercice a été inventé par les amans, pour goûter tous les charmes, toute l'ivresse d'un tête à tête, au milieu d'une assemblée bruyante et nombreuse.

Leur société est fort agréable, et doit plaire aux étrangers qui savent se plier à leurs manières : car ils ne détestent rien tant que les jeunes François, qui, à peine débarqués dans leur ville se mêlent de vouloir leur donner le ton, d'y afficher le ridicule et la frivolité. Ceux-ci ordinairement sont fort mal vus, mais on ne les maltraite en aucune manière. Les Tréviriens se bornent à leur témoigner leur mécontement par leur silence et leur froideur ; ce n'est qu'en leur absence, qu'ils font contr'eux mille imprécations.

Cette teinte sérieuse de caractère leur donne beaucoup d'aptitude à étudier les sciences abstraites, et les langues étrangères. Ils comptent parmi eux des littérateurs; mais la réputation de ceux-ci ne s'étend guère au-delà de leur pays. Les livres qu'ils sont imprimer circulent difficilement au dehors : avant la révolution, les libraires de toutes ces villes s'enrichissoient par des contrefaçons. Aussitôt qu'il paroissoit en Allemagne ou en France quelqu'ouvrage qui fit du bruit, on se hâtoit de l'y réimprimer. Aujourd'hui cette branche de spéculation est presque nulle. Soumis aux lois de la république, les habitans de la rive gauche du Rhin ne sauroient se la permettre, sans contrevenir à la loi sur les contrefaçons d'ouvrages imprimés. On sait que l'on fit à *Zweybruck* (Deux-Ponts), dans le département du Mont-Tonnerre, une édition de l'Histoire naturelle de Buffon.

Les Tréviriens, outre leur goût pour les mathématiques et l'économie politique, ont aussi un grand penchant pour l'agronomie. Ils aiment à étudier la manière de tirer du sol le parti le plus avantageux possible : ils cherchent à acclimater des plantes nouvelles, à combiner, de la manière la plus avantageuse, les diverses espèces de semences, à essayer les engrais, les amendemens les plus favorables.

Il est, en quelque sorte, heureux pour l'agriculture, et pour la sûreté de la subsistance des hommes, qu'il règne de l'incertitude sur les avantages de telle ou telle espèce de culture. Il est évident que si l'on venoit à découvrir tout à coup un végétal dont la plantation seroit incontestablement démontrée la plus productive, soit pour faire du vin, soit pour faire de la farine, du sucre (comme la betterave), des fourrages, ou pour servir à tout autre usage, il n'est n'est pas un seul propriétaire qui ne s'empressât de déraciner ses vignes, d'arracher ses arbres, de retourner son champ, pour confier à la terre cette nouvelle production. Il en résulteroit instantanément une disette générale. A la vérité, l'équilibre ne tarderoit pas à se rétablir, parce qu'en supposant décuple le produit espéré de la récolte, le grand nombre des concurrens auroit bientôt ramené les prix au niveau : mais enfin, il n'en résulteroit pas moins un dommage réel. Il ne faut qu'une seule famine pour causer dans un pays une calamité irréparable.

NOTES.

(1) La division du corps germanique en une foule de petites principautés, contribue beaucoup à établir des dialectes. D'ailleurs, la langue a éprouvé des changemens considérables. Très-peu de savans modernes sont en état de comprendre les anciens écrivains, même ceux du moyen âge, tel que O tfried. Ajoutez à cela la fureur et l'extrême facilité du néologisme ; car les auteurs allemands n'ont pas besoin de forger, comme nous, des mots énormes avec des fragmens tirés du grec, pour exprimer des idées ou des sciences nouvelles. *Mythologie*, *philosophie*, *misanthropie*, et une foule d'autres expressions se rendent par des mots composés dont les racines sont allemandes, et par cette raison, plus à la portée du vulgaire.

Il faut dire encore que toutes les langues de l'Europe en général ont dû s'épurer et prendre une face nouvelle, lorsqu'on a vu diminuer et s'anéantir presqu'entièrement l'usage de publier des livres en langue latine. Assurément, les sciences ont perdu quelque chose à ce que les savans fussent privés de cet idiome *universel*, mais aussi, on avoit fini par ne plus écrire en latin. C'étoit un jargon ridicule, rempli de bouffissures et d'expressions bizarres, auxquelles bien certainement Cicéron, Virgile, Tacite, Pline et les autres auteurs de l'ancienne Rome n'eussent rien compris si tout à coup ils étoient ressuscités pour être condamnés à les lire.

(2) Les écoles normales étoient en elles-mêmes une institution utile et vraiment desirable. Il existe en Allemagne des établissemens d'instruction, qui ont beaucoup de rapport avec le but qu'on s'y proposoit.

(3) On avoit établi dans cette école des conférences, où les élèves obtenoient la parole et opposoient des diffi-

cultés aux divers professeurs. On ne sauroit se faire une idée des absurdités qui y étoient présentées par des hommes à peine arrivés de leur village, et qui étoient absolument étrangers à tout ce qu'on y enseignoit. Le journal sténographique des séances en présente encore quelques-unes, malgré le soin qu'ont pris les professeurs de rejeter ce qui étoit extravagant et déraisonnable. J'ajouterai qu'on y trouve à chaque page des vestiges de l'exagération qui fermentoit alors dans toutes les têtes. Les propositions dont je parle, paroissent aujourd'hui d'autant plus surprenantes, que quelques-unes étoient présentées par des hommes de bon sens. On y a agité la question de savoir s'il ne falloit pas supprimer le calcul *décimal*, cette langue numérique, adoptée par toute l'Europe, pour y substituer le calcul *duodécimal*, sans une grande utilité apparente, et uniquement dans la vue de bouleverser. En effet, dans cette dernière arithmétique, on a l'avantage de trouver un plus grand nombre de diviseurs *entiers*; cette considération même avoit influé sur l'ancienne division de nos mesures, mais il faudroit, non seulement créer de nouveaux chiffres et changer le système de numération, mais il faudroit adopter une autre dénomination des nombres. Au lieu de treize, il faudroit dire *douze-un*, au lieu de quatorze, *douze-deux*, au lieu de vingt-trois, *douze-onze*, ainsi de suite. Lorsque Leibnitz renouvela l'arithmétique *binaire*, c'est-à-dire, une numération telle qu'il n'y ait d'autres chiffres que o et l'unité, il ne la présentoit que comme une chose curieuse, et très-utile pour faire des observations sur les propriétés des nombres; car ce seroit le comble de l'extravagance que d'offrir sérieusement et de vouloir établir, à l'exclusion de tous les autres, un système qui exige un nombre prodigieux de chiffres pour exprimer des sommes peu considérables. Le nombre 1024 s'y rend par onze chiffres ainsi disposés : 10000000000 ! La même somme en arithmétique duodécimale, s'écriroit de cette manière, 714 : mais se prononceroit autrement que dans notre mode usuel de numération, parceque dans cette arithmétique, on ne compte plus par dizaines ou par centaines, mais par douzaines et par *douze douzaines* ou *grosses*. En effet, s'il s'agissoit de marchandises, ce seroit la même chose de dire 1024 pièces, ou bien sept grosses, plus une douzaine et quatre pièces, expression exacte de ces trois chiffres, 714.

(4) En latin *Saralba*, de la Sarre et de l'Albe, petite rivière qui se jette dans la première.

(5) Il fut tué d'un boulet de canon à Saltzbach, le 24 juillet 1675, à l'âge de soixante-quatre ans. On remarque que cette année vit finir la carrière militaire des trois plus grands capitaines de l'Europe. Turenne perdit la vie, au moment où il faisoit les préparatifs d'une bataille, dont il regardoit le succès comme certain. Le prince de Condé se retira du service ; et le célèbre Montecuculli en fit de même, disant qu'un homme qui avoit eu l'honneur de combattre contre Mahomet Coprogli, contre M. le prince et contre le vicomte de Turenne, ne devoit pas compromettre sa gloire contre des gens qui commençoient à commander des armées.

(6) Le mot de *débonnaire* n'avoit autrefois rien de ridicule dans notre langue. C'étoit à-peu-près la traduction du surnom de *Pius* donné à ce monarque par les papes, pour le récompenser d'avoir permis qu'ils prissent possession du saint-siége sans attendre sa confirmation. Cette foiblesse et cette pusillanimité attachèrent à l'épithète de *débonnaire*, une acception qu'elle n'avoit pas d'abord. Pasquier fait, à ce sujet, la remarque suivante : *il me souvient que le roi Henri III disoit en ses communs devis, qu'on ne pouvoit lui faire plus grand dépit, que de le nommer* le Débonnaire, *parce que cette parole impliquoit sous soi, je ne sais quoi de sot.*

Le mot *bon* qui a remplacé débonnaire, est également devenu, dans certains cas, le synonyme de foible ou d'imbécille, on y a substitué les mots *probe, honnête, humain*, etc., suivant les circonstances. Voilà comment tous les mots d'un idiome se dénaturent.

FIN.

VOYAGE
DANS LES DÉPARTEMENS
DE LA FRANCE,

Enrichi de Tableaux Géographiques
et d'Estampes ;

Par les Citoyens J. LA VALLÉE , ancien capitaine au 46°. régiment, pour la partie du Texte ; LOUIS BRION, pour la partie du Dessin ; et LOUIS BRION, père, auteur de la Carte raisonnée de la France, pour la partie Géographique.

L'aspect d'un peuple libre est fait pour l'univers.
J. LA VALLÉE. *Centenaire de la Liberté.* Acte Ier.

A PARIS,

Chez Brion, dessinateur, rue de Vaugirard, N°. 98, près le Théâtre-Français.
Buisson, libraire, rue Hautefeuille, N°. 20.
Desenne, libraire, galeries de la maison de l'Egalité, N°s. 1 et 2.
Lesclapart, libraire, rue du Roule, n°. 11.
Et les Directeurs de l'Imprimerie du Cercle Social, rue du Théâtre-Français, N°. 4.

1793.

L'AN SECOND DE LA RÉPUBLIQUE.

AVIS.

Nous avons prévenu consécutivement nos concitoyens, depuis le N°. 32, par un avis semblable à celui-ci, que les livraisons de cet ouvrage, déjà publiées, et celles qui doivent l'être, seroient augmentées de 10 sous par cahier, à dater du N°. 34, département de l'Orne, mis en vente le 17 frimaire. Ainsi, ils sont suffisamment avertis que chacun des cahiers, qui forment la collection, coûte présentement 3 liv. et 3 liv. 10 s., franc de port. Ce renchérissement est causé par la hausse énorme du papier, de la main-d'œuvre, etc. Ce léger sacrifice, de la part des acquéreurs, n'est que le dédommagement d'une partie de l'augmentation que nous-mêmes éprouvons depuis long-tems; augmentation d'autant plus forte, que nous avons toujours donné plus de texte que nous n'en avions promis, lorsque nous avons senti que la perfection de l'ouvrage nécessitoit des additions. L'accueil favorable qu'il a trouvé, soit dans l'intérieur de la République, soit dans les pays avec lesquels nous ne sommes point en guerre, a jusqu'ici soutenu notre émulation et doublé notre zèle. L'un et l'autre ne se refroidiront pas que l'ouvrage ne soit parfait et terminé dans toutes ses parties.

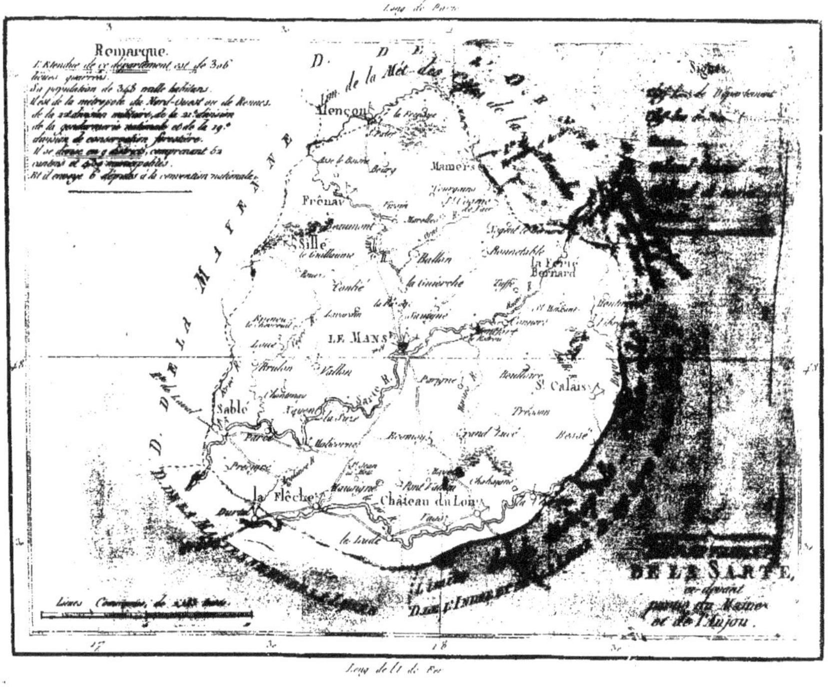
Remarque.
Alençon
Mamers
Frênay
Beaumont
Sillé
Ballon
la Ferté Bernard
Conlié
LE MANS
St. Calais
Sablé
la Flèche
Château du Loir
Grand Lucé
DE LA SARTE,

VOYAGE
DANS LES DÉPARTEMENS
DE LA FRANCE.

DÉPARTEMENT DE LA SARTHE.

Un habitant du Cap de Bonne-Espérance, Hollandais d'origine, entraîné par sa curiosité, remonta de fleuves en fleuves, et pénétra plus de cinq cents lieues dans l'intérieur des terres de l'Afrique méridionale. Il y avoit de la témérité dans cette entreprise, car s'il en avoit jugé par les Hottentots qui avoisinent le Cap, il devoit craindre naturellement de ne rencontrer que des peuplades barbares. Mais pourquoi ces Hottentots sont-ils presque féroces ? Ils ne tiennent point ce caractère de la nature ; ils l'ont acquis par le voisinage des Européens. C'est l'injustice de ceux-ci qui a endurci ceux-là. Chassés de leurs possessions, de leurs cabanes, de leurs habitations, leur simplicité s'est aigrie par l'iniquité de leurs nouveaux hôtes. Ils ne sont pas devenus méchans, parce que la méchanceté n'est que le résultat d'une longue civilisation ; mais ils sont devenus furieux ;

parce que la fureur est le premier sentiment dont l'homme de la nature est susceptible, lorsqu'il est pour la première fois victime de la loi du plus fort. Les Européens qui la plupart du tems ne s'apperçoivent pas qu'ils font le procès à leurs propres vices, quand ils taxent les sauvages qui les avoisinent de barbarie, ne doutent de ces peuples que par la mauvaise opinion qu'ils ont d'eux-mêmes, et leur imagination est plus effrayée par la connoissance intime qu'ils ont de la noirceur de leur propre cœur, que par la cruauté qu'ils supposent aux sauvages qu'ils ne connoissent pas. Le Hollandais en question en fit l'expérience. Il parcourut une vingtaine de peuples qui tous voyoient un blanc pour la première fois. Partout il trouva une uniformité de mœurs étonnante. Avec une image d'un liard il captivoit tous les esprits, et pour ce foible cadeau on lui offrit partout l'hospitalité la plus touchante, la cordialité la plus fraternelle, l'affection la plus compatissante. Il avoit à faire à des sauvages, et par-tout il voyoit le respect pour la vieillesse, l'attention pour les malades, les soins de l'humanité pour les malheureux, la protection pour la foiblesse, l'union entre tous les hommes, l'égalité entre toutes les conditions, la concorde entre tous les esprits; enfin il rencontra par-tout dans l'espace de cinq cents lieues, les bases de cet édifice de félicité, bases impérissables, quand elles sont jettées par les mains de la nature, mais si difficiles à consolider, quand elles sont projettées par l'homme long-tems fatigué par la tyrannie, long-tems exténué par le contact de toutes les passions des peuples policés.

En comparant ce voyage de cinq cents lieues fait par ce Hollandais, avec celui de même étendue qu'un Hottentot pourroit faire en Europe, qui de ces deux hommes auroit philosophiquement le droit d'appeller sauvages les peuplades qu'il auroit parcourues ? Si l'absence du luxe, des richesses, des monumens, des grandes cités, des arts, des voluptés effrénées constitue une nation sauvage, à coup sûr ce seroit le Hollandais; mais si l'absence de l'humanité, de la raison, de l'équité, du bon sens, du jugement, des mœurs, de toutes les vertus doit être en effet le caractère des nations barbares, à coup sûr ce seroit le Sauvage. Nous nous sommes, je crois, dépêchés de juger les nations qui vivent encore sous la main de la nature, dans la crainte qu'elles ne nous jugeassent. La révolution est l'appel bien marqué intenté contre ce jugement inique, et nous nous efforçons de devenir sauvages pour cesser de l'être.

Ainsi donc à la longue les habitans de ce département, connus jadis sous le nom de *Manceaux*, perdront cette finesse qu'on leur a tant reprochée, et peut-être même supposée avec exagération. Avec les mœurs de la liberté, ce tube incorruptible par où la voix de la justice éternelle descend dans toutes les ames, ils recouvreront cette bonne-foi, cet amour de la vérité honorable appanage de l'homme, sans lequel toutes les vertus sont sans force et sans couleur. Ils sentiront que l'esprit n'est point à tromper son semblable, mais à le détromper; et ils préféreront à la longue de rendre témoignage à la vérité, plutôt que d'offenser la vérité en rendant témoignage à un homme.

L'on a dû voir dans le courant de cet ouvrage, combien je suis ennemi de ces préventions contre le caractère de tels ou tels peuples : préventions adoptées par les crédules et les oisifs, et répétées par les imbécilles malins. Racine et Despréaux dans leur comédie des Plaideurs, ont dit en parlant de faux témoins :

Il est vrai que du Mans il en vient par douzaine.

Mais dans un satyrique et un bel esprit, le desir de faire rire n'est pas une autorité. Je suis donc bien loin de donner de la consistance à tous les adages de bonne femme sur les ci-devant Manceaux. Un Anglais qui avoit logé à Blois chez une hôtesse rousse et acariâtre, avoit mis sur son agenda, « à remarquer que toutes les femmes de Blois sont rousses et méchantes ». Les trois quarts des hommes qui voyagent, voient ainsi les peuples à travers un microscope. La surface de la lentille ne peut embrasser que la surface d'une puce ; et les voilà qui disent, les puces de tel pays sont grosses comme des éléphans. La finesse ou l'astuce des Manceaux, leur foi douteuse, leur subtile chicane, le labyrinthe de leur cœur, tout cela n'est, je crois, que la puce du télescope ; ôtez la lentille, elle santera dans le porte-vue, et peut-être plus haut : qui sait ? sur le front du regardeur, et voilà l'éléphant perdu dans ses sourcils. Voilà comme jugent les voyageurs.

Environs du Mans.

Un homme en traversant le Maine aura été la dupe du serment de quelque fripon. Un étranger aura éprouvé quelque chicane injuste d'un habitant du Mans; rentré chez lui, il s'en sera plaint, et voilà tous les *Manceaux* faux témoins, tous les *Manceaux* chicaneurs. Les siècles auront coulé sur le propos, l'auteur se sera perdu dans l'obscurité, mais la tradition aura jetté l'ancre. L'histoire du caractère des peuples forme des tableaux où les têtes sont effacées, et où l'on n'apperçoit plus que les jambes : devinez, si vous pouvez, si elles supportoient ou une tête d'Hercule ou un mufle de Lycaon.

Le Mans, chef-lieu de ce département, est un séjour célèbre dans les fastes des gourmands. La bonne chère tenoit un rang considérable dans les faits et gestes des hommes de l'ancien régime ; et tel de leurs enfans à leur table vous auroit dit avec assurance, cette poularde est *du Mans*, qui auroit été fort empêché de vous dire de quel pays étoit Solon. Tant que Rome n'eut que des Fabricius, la pourpre consulaire ne connut que les pois et les lentilles ; mais eut-elle des hommes assez puissants pour se disputer l'empire du monde, et des êtres assez lâches pour combattre pour eux, Rome eut ses Lucullus et ses Apicius ; la cuisine eut ses héros, et la table ses pontifes. De même la France avoit ses clubs de mangeurs comme ses académies de lettrés, à la différence près, que dans celles-ci l'esprit mouroit de faim, et dans ceux-là les corps mouroient d'indigestion. Un général d'armée ne met pas plus d'ordre dans ses plans de bataille, un législateur plus de combinaison dans ses projets de loi, qu'un profès en bonne chère n'en mettoit jadis à dessiner les banquets de sa journée. L'estomac plein encore des vapeurs de la débauche de la veille, la tête obscurcie par les fumées du vin, il s'arrachoit plein d'humeur d'un sommeil fatigué, et son cuisinier avoit son premier hommage, ou pour mieux dire, occupoit sa première boutade. Une heure se passoit au moins à calculer le nombre de plats, leur qualité, leur ordonnance ; on pestoit contre les mers, si leurs flots orageux avoient empêché les cétacées de venir décorer la table du traitant : on juroit contre les forêts, si l'épaisseur de leur ombrage avoit sauvé au gibier timide le plomb mortel qui devoit le conduire à la broche du sensuel sybarite. Le courier d'Angoulême qui devoit apporter les truffes odoriférantes, le messager du Mans ou de Crevecœur qui devoit amener la poularde délicate, ou le chapon dodu, avoient-ils été retenus par les neiges ou arrêtés par les inondations ? on maudissoit les élémens, le ciel, la terre, auteurs d'une pareille infortune. Il faudroit se contenter d'un misérable diner, d'un pitoyable souper, qui ne coûteroient que cinquante pièces d'or. Quel désastre ! Et pendant ce conseil du gourmand, du maître d'hôtel, de l'officier, du cuisinier ; pendant cette cour aulique d'orgies, le malheureux porte-faix passoit dans les rues accablé sous le faix énorme qu'il portoit ; la femme délicate, un éventaire devant elle, baignée par la pluie, humectée par la boue, imbibée de sueur en traînant quelques misérables denrées; le mendiant sans ressource, sans autre asile que ses haillons, faisant retentir la rue de ses gémissemens, passoient devant cette maison où l'on calculoit pour la nourriture d'un seul homme, le rassemblement de tout ce qui auroit suffi pour les subsistances d'un quartier. Ils y passoient sans s'attirer un seul regard du barbare qui mettoit à contribution les provinces, les rivières et les océans, pour satisfaire sa crapuleuse vanité. Heureux encore si le char doré de cet insensible scélérat ne les écrasoit pas en s'élançant hors de ses portiques superbes pour le traîner figurer aux festins de quelqu'ame de fange comme la sienne. Hommes de l'ancien régime! osez me démentir; et dites-moi si ce n'étoit pas là la plus importante de vos affaires? Encore plus esclaves de vos appétits que de vos grandeurs, et des maîtres insolents qui caressoient votre orgueil par des sourires pires que le mépris, vous étiez nuls dans votre grave importance; et vous voudriez aujourd'hui être quelque chose pour avoir la gloire de redevenir nuls! Ah! le cœur se serre d'indignation, quand on vous voit aujourd'hui rappeller par vos vœux ces tems de votre honte. Vous n'aviez rien alors de l'humanité, et maintenant vous n'avez rien de l'homme. Que ferez-vous contre la révolution? rappellez-vous les jours de votre délicatesse; n'avez-vous pas vu cent fois retrancher les insectes qui fourmilloient dans les fromages renommés dont le piquant flattoit votre goût usé? Voilà votre image.

Le Mans est une des plus anciennes villes des Gaules. Elle est célèbre par le rang qu'elle a tenu parmi les villes du premier rang, et plus célèbre encore par les calamités que les guerres lui ont fait éprouver. Il ne s'est presque point passé de siècles qu'elle n'ait été, ou ravagée, ou détruite par le feu ou le fer. On la comptoit sous Charlemagne au nombre des plus grandes villes de la France : mais dans le vrai, qu'étoit-ce alors que cette prétendue splendeur dans un siècle où les arts de l'antique Rome étoient déja déchus, où la rouille sacerdotale commençoit à encroûter tous les monumens, et où le mauvais goût, l'ignorance et le gothicisme s'étendoient sur la terre ? Les plus grandes villes n'étoient alors qu'un amas informe de maisons sans graces et sans ordonnance, séparées, moins par des rues, que par des chemins boueux où la fange et les immondices se disputoient le sceptre de l'insalubrité : communément ombragées et attristées par d'énormes châteaux où la féodalité croupissoit en paix, au milieu de ses crimes ; et dont les épaisses tours, asile de l'ennui, et plus souvent de la scélératesse, s'élevoient avec insolence au-dessus des toits du Peuple, et rivalisoient avec les murailles rembrunies et superbement religieuses où le prêtre catholique renfermoit l'invisible Dieu qu'il prêchoit aux humains.

Cette ignorance étoit déja telle alors, malgré le goût que l'on accorde à Charlemagne pour les savans (1), que l'on en trouve des traces non équivoques dans l'histoire du Mans. Elle partagea avec

le Mans

la plus grande partie des Gaules, l'opinion où l'on fut en 810, que Grimoald, duc de Bénevent, avoit fait semer du poison sur tous les pâturages de la France. Tous les bœufs mouroient, et l'on ne s'appercevoit pas que les moutons et les chevaux qui paissoient paisiblement avec eux se portoient à merveille. Enfin, tant est aveugle le préjugé ! ce duc de Bénevent, disoit-on, avoit trouvé un poison qui n'en vouloit qu'aux bœufs. Cette déplorable sottise envoya à l'échafaud plus de deux mille personnes. Il suffisoit d'avoir traversé un pré, de s'être reposé sur l'herbe, d'avoir passé à côté d'un pâturage lorsque le vent se trouvoit au-dessus de la direction du passant, pour être arrêté, emprisonné, jugé, condamné et brûlé. On conçoit ce que les bruits populaires, les superstitions, les mensonges inventés même souvent par les malheureux incarcérés pour se sauver la vie, pouvoient faire courir de dangers à l'innocence : et l'on peut assurer que, dans ce fléau d'erreur, il ne périt pas sur l'échafaud un seul homme coupable ; puisqu'enfin on reconnut que cette mortalité de bœufs n'étoit autre chose qu'une épidémie.

L'ancienne monnoie de la France nous fournit une preuve de cette longue chevelure que l'erreur laisse traîner après elle, et que les siècles éclairés ont peine encore à débrouiller. Les monumens, les livres, et, plus communément encore, les proverbes, forment cette chevelure. Nous nous sommes élevés souvent, et tout-à-l'heure encore, sur le ridicule prêté aux caractères de certains peuples. La philosophie ne doit pas laisser échapper l'appui qu'elle vient de rencontrer à cet égard dans les antiquités du Mans, en y voyageant avec nous. Sous la première dynastie de ces hommes que l'on appelloit *rois*, la monnoie n'étoit fabriquée que dans les espèces de hangards, qu'ils appelloient leurs palais. Vers la fin du neuvième siècle, l'édit de Pistres, qui tire son nom d'un petit village sur le bord de la Seine, un peu au-dessus du Pont-de-l'Arche, où *Louis*, dit le *Débonnaire*, habitoit quelquefois, détermina les villes où l'on feroit de la monnoie. Alors la livre d'or se tailloit en soixante et douze parties, dont chacune portoit le nom de sol d'or. Un sol d'or équivaloit à-peu-près à quinze francs de notre monnoie actuelle. Ce sol se divisoit en demi-sol et en tiers de sol. Le sol d'or répondoit à quarante deniers d'argent. Cette monnoie éprouva quelques légères altérations, suivant les lieux; en sorte, par exemple, que la monnoie du Mans étoit plus estimée que celle de l'Anjou et de la Normandie. Un denier manceau valoit un denier et demi normand, et deux deniers angevins. De-là le proverbe, qu'un Manceau vaut un Normand et demi, que depuis, la malignité transporta du physique au moral.

Le Mans, que les Latins appelloient *Civitas Cenomannorum*, souffrit infiniment des courses des Normands dans le neuvième siècle; et plus encore dans le douzième des longues guerres que se firent les *comtes* d'Anjou et les *ducs* de Normandie. Ce Guillaume-*le-Conquérant*, dont nous vous avons parlé plusieurs fois, y fit construire un château ou bastille, qui subsista jusqu'en 1617, que le comte d'Auvergne le fit démolir par ordre *de la cour*, qui craignoit qu'il ne servît d'asyle et de noyau aux *princes* mécontens.

Cette expression de l'ancien régime, *princes mécontens*, est bien bisarre. Il est, je crois, peu d'historiens qui ne se servent de cette expression ; et je n'en ai pas trouvé un seul qui se soit servi de celle de *peuples mécontens*. A coup sûr cependant, s'ils eussent écrit la vérité, elle se seroit présentée à leur plume plus souvent que l'autre. Je ne conçois pas comment ils n'ont pas songé que quelquefois on leur feroit ce reproche avec justice. L'expression même de *princes mécontens* devoit les y faire songer. *Mécontens* : de quoi ? de ce qu'un favori leur étoit préféré par le tyran du tems ; de ce que leurs frères ou leurs cousins obtenoient ce qu'on leur refusoit ; de ce qu'un ministre qu'ils vouloient renverser restoit en place. Tels étoient les graves sujets de mécontentement de ces messieurs ; et c'est sur de semblables puérilités que pèsent gravement les historiens. Mais ôtez la cause, et l'effet cessoit, et *messieurs les mécontens* nageoient dans la joie. Mais messieurs les historiens *d'autrefois*, dans quel siècle, en quelle année, dans quel mois, quel jour, enfin, depuis qu'il exista des maîtres, des rois, des grands, des pontifes sur la terre, les peuples n'ont-ils pas mérité cette épithète de *mécontens*, que vous prodiguez à des hommes qui, dans leur mécontentement même, composoient leurs plaisirs de tout ce qui mécontentoit le genre humain ? Qu'importoit aux hommes, pour l'instruction desquels vous vous vantiez d'écrire, le mécontentement ou la satisfaction de certains hommes, puisque l'un ou l'autre causoient également la détresse générale ? Heureux ou malheureux, laquelle de ces deux situations pour eux a jamais concouru à la félicité publique ? Vous étiez donc menteurs quand vous ne donniez jamais cette épithète aux peuples qui l'ont éternellement méritée ; mais vous l'étiez encore en la donnant aux princes, parce que vous n'étiez jamais vrais dans les mécontentemens que vous leur supposiez. Certes, par exemple, quand le maréchal de Bois-Dauphin se jetta dans le Mans pour défendre cette commune contre Henri IV au nom de la ligue, écrivains protestans ! vous disiez que Henri de Navarre étoit *le prince mécontent ;* écrivains catholiques ! vous disiez que *les princes* lorrains étoient *les mécontens ;* eh bien ! et les uns et les autres, vous êtes des imposteurs, et, si vous aimiez la vérité, vous auriez dit que c'étoit le Peuple qui étoit *le mécontent.* Bois-Dauphin se jette, dis-je, dans le Mans, n'ayant pour toute armée que cent *gentilshommes* très-vilains, quoique *gentils,* puisque ce n'étoient que des brigands fanatiques, que l'ignorance et l'amour du pillage avoient rangés sous la bannière des cordeliers, capucins, dominicains et autres prêtres-moines, personnages fameux dans ce siècle de sang : et vingt compagnies d'infanterie, très - gentilles, quoique *vilaines*, puisqu'elles n'étoient composées que d'hommes qui n'avoient ni châteaux, ni féodalité, ni titres de noblesse, ni grandes terres, et qui ne voloient point, parce qu'ils étoient pauvres.

Bois - Dauphin, pour faire fortifier la ville, prit

vingt-cinq mille écus aux habitans. Qui devoit être *mécontent*, ou du peuple, ou des princes? Bois-Dauphin brûla pour cent mille écus de maisons; le Peuple devoit-il rire, et les princes pleurer? Bois-Dauphin ruina pour six cens mille livres de pays aux environs du Mans; le Peuple devoit-il crier *bravo*, et les princes crier *tolle* ? Quel fut le dénouement de cette scène? Que Bois-Dauphin rendit la ville à Henri IV. Ce *roi* devoit-il être *mécontent* d'obtenir une ville qui ne lui coûtoit rien? Les *princes* lorrains devoient-ils être *mécontens* de perdre une ville qui ne leur appartenoit pas? Mais aussi le Peuple du Mans devoit-il être bien satisfait qu'il lui en eût coûté son argent pour avoir tel ou tel *maître*? Et voilà cependant comment les historiens n'ont jamais mis le mot propre à chaque chose. Des hommes ont étudié l'histoire toute leur vie, et se croient bien savans. Qu'ont-ils appris ? une longue liste d'outrages à l'humanité.

Lisez, hommes! lisez les chroniques anciennes et les historiographes modernes! vous n'y verrez pas que tel jour un agriculteur ensemença la terre qui devoit nourrir ses semblables; vous n'y verrez pas que telle veuve alimenta le pauvre du lait que sa vache devoit lui fournir pour son souper; mais vous y verrez que tel comte d'Anjou brilla dans un tournoi; que tel jour, Maurice, comte du Mans, fut armé chevalier. Vous y verrez que, pour se préparer à cette grande journée, il jeûna tant de jours ; c'est-à-dire, qu'il jeûna pour parvenir à un rang où il auroit le droit d'être *intempérant* toute sa vie. Vous y verrez qu'il passa les nuits en prières avec un prêtre, pour obtenir de Dieu le droit de *massacrer* les hommes; que, dans cette sainte cérémonie, il eut des parreins pour lui donner un nom qu'il pût rendre *redoutable* à la terre ; qu'il fit ses *dévotions* pour purifier son ame qu'il consacroit à *un métier de sang*; qu'il présenta son épée au prêtre, afin qu'il bénît l'instrument dont il devoit *égorger* ses frères ; qu'il se plaça aux genoux de telle *dame* qui devoit l'armer *chevalier*, dont, au fond du cœur, il convoitoit la prostitution ; ou de tel *chevalier* que, le lendemain, il se fût trouvé glorieux de poignarder en *homme d'honneur* pour se faire une grande renommée. Vous y verrez qu'il juroit de n'épargner ni vie, ni biens, c'est-à-dire, de tuer et de voler pour la défense de la *religion* et du *roi*. Alors vous saurez qu'on lui mettoit des éperons dorés, pour tourmenter un animal qu'assurément la nature n'avoit pas fait pour le servir dans ses crimes ; qu'on lui revêtoit une cotte de mailles, la cuirasse, les brassards et les gantelets, afin qu'il pût être *lâche* autant que possible dans un métier où on ne le traiteroit que de très-*valeureux* un tel. Enfin, vous verrez que la cérémonie finissoit par une *paire de soufflets* et quelques coups *de plat de sabre* sur le dos, pour obtenir une dignité où il falloit tuer ou se faire tuer, si l'on recevoit un soufflet ou un coup de bâton. De par Dieu, lui disoit-on, de par Dieu, Notre-Dame et monseigneur saint Denis, je te fais *chevalier*, c'est-à-dire, de par Dieu, tu jureras, pilleras, voleras et tueras ; de par Notre-Dame, tu violeras, tu forniqueras ; et de par monseigneur saint Denis..... oh ! par exemple,

cela

cela étoit différent, de par monseigneur saint Denis, tu lui ressembleras, c'est-à-dire, tu seras un homme sans tête. Il n'y avoit que cette formule de raisonnable dans toute la réception d'un chevalier. Et voilà comme jusqu'à ce jour, actions humaines et récitans des gestes de l'homme, ont marché de contradictions en contradictions. Faut-il s'étonner qu'à son réveil la vérité trouve tant d'ennemis, quand les uns perdent le droit de mal faire, et les autres de dire mal (2) ?

Le département de la Sarthe nous a paru, et est en effet on ne peut pas plus fertile. L'on y cultive des grains de toutes les espèces. On y recueille aussi du vin que les gens délicats estiment peu, mais que le philosophe bénit, parce qu'il procure aux pauvres une boisson salubre. Ses fruits, son gibier, et surtout ses volailles, sont excellens. C'est dans ce département que l'on trouve des carrières de sable blanc, que l'on emploie pour la fabrication de crystaux factices. L'on y trouve des marbres, des ardoises, des mines de fer, et beaucoup de bois propres à la construction de la marine.

Le pays est agréablement coupé de côteaux pittoresques et de vallons enchanteurs. Cependant il s'y trouve quelques landes ; et ce passage de l'infertilité, et, pour ainsi dire, de la nature sauvage à des sites rians et vivifiés, amuse délicieusement le voyageur, et chasse la monotonie des objets, la première et peut-être la plus pénible des fatigues.

Ce département offre une production dont nous ne vous avons pas encore parlé depuis que nous

B

voyageons, parce que si nous l'avons rencontrée ailleurs, elle n'offroit pas autant d'importance qu'ici; et vous présumez d'avance que c'est de la cire que nous voulons parler.

Le luxe, bien plus que les véritables besoins de l'homme, a mis les animaux à contribution. Le luxe s'est emparé de la dépouille des moutons, des jambes véloces du cheval, de la ouate des vers à soie, de la robe des animaux sauvages, du duvet des oiseaux, etc. Par-tout le sybarisme s'est désigné des victimes; et il semble que l'homme s'est cru destiné par la nature à pomper ses voluptés dans la destruction de tout ce qui respire. De petites peuplades aîlées vivoient paisibles dans le creux des arbres ou des rochers : le travail les unissoit; la fraternité régnoit au milieu d'elles. Petites républiques intelligentes et sages, elles sembloient n'avoir une reine que pour attester en elle la honte de l'oisiveté et la nullité d'un chef. Légères conquérantes de l'empire de Flore, elles glanoient après les moissons du Zéphir; et leurs baisers furtifs versoient des richesses dans leurs trésors, sans coûter un regret à la rose, dont l'ambre payoit un tribut à leur haleine amoureuse. Opulentes des parfums du printemps, elles se retiroient dans leurs cellules; et là, couchées sur le nectar, attendoient dans un bain d'essence la mort, ou, pour mieux dire, cet éternel repos où les êtres purs se plongent sans allarmes et sans regrets. L'homme les apperçoit : c'en est fait. Abeilles! ce n'est plus pour vous que les larmes de l'Aurore humecteront le calice de l'œillet ou le jasmin naissant. L'homme vous a vues! C'est un tyran; ce sont des bourreaux que vous allez connoître. Que lui importe ce dard empoisonné dont la nature vous arma? N'aura-t-il pas le fer pour se couvrir; le fer qu'il forgea pour multiplier la mort! Vous le menacez en vain; il prendra un masque avec vous : n'en prend-il pas un dans les bras de ses amis? Toujours caressant, toujours flatteur quand il veut poignarder, il a vu des abeilles, cet homme! et il leur bâtit des palais. Vous y viendrez, créatures innocentes! La fureur, l'avarice et la discorde sont dans toutes ses veines, dans tous ses muscles, dans tous ses nerfs; et c'est par les charmes de l'harmonie qu'il va vous attirer. Vous croirez suivre Amphion, et ce seront les pattes de velours d'un tigre ensanglanté qui vous ouvriront la porte de la cité qu'il vous a construite. Comment vous en défier? Voyez avec quel soin il en a crépi les parois; avec quel art il en écarte les animaux mal-faisans, mais moins dévastateurs que lui; avec quel empire il défend aux aquilons d'en approcher. Venez, c'est l'asyle du bonheur, c'est le temple de la paix, c'est l'olympe de la félicité que ses mains vous ont préparés. Oh! oui, venez! vos annales présentent depuis long-temps au monde la profonde scélératesse de l'homme, son grand talent à mûrir sa perfidie, sa longue patience à préparer le crime. Oh! venez; car personne encore n'a consulté votre histoire, ce juge terrible de la perversité du cœur humain. Vous êtes entrées! allons : Floréal vient de naître; volez aux champs, surchargez vos ailes brillantes de l'étamine des fleurs; revenez les jambes humides de l'encens de Tempé. Vos trésors sont-ils pleins ? Eh bien ! vous ne reverrez plus ce soleil dont les derniers rayons ont doré l'azur de vos corcelets légers : ce ne sera plus pour vous que Diane, qui sort de l'orient, argentera son disque des premiers feux du jour. Votre tombe est creusée ; le soufre embrasé vous attend. Vous dormez ! Plus perfidement terrible que la nature, l'homme ne vous réveillera point par l'éruption des volcans : son bras prudemment féroce fera glisser votre cité depuis ses fondemens jusqu'au gouffre empesté où le trépas vous attend. C'en est fait, la mort monte avec la vapeur du bitume. Les cadavres tombent par milliers. Le silence et la nuit enveloppent ce forfait, tout périt, tout est mort; l'homme est possesseur d'un chef-d'œuvre de la nature. Il ne lui en a coûté qu'un crime et une once de soufre.

Et pourquoi ? pour obtenir cette cire dont il n'usera pas ; cette cire qui doit éclairer tant de forfaits; cette cire que des mains menteuses portoient en pompe aux funérailles des hommes les plus corrompus ; cette cire dont on illuminoit des autels où l'erreur souffloit ses mensonges, et souvent ses serpens dans le cœur des hommes prosternés devant le veau d'or ; cette cire qui devoit entourer le catafalque de ces mortels dont la vie s'étoit alimentée de sang et d'injustices ; cette cire qui devoit illuminer ces conseils où les guerres étoient jurées, où les sueurs du peuple étoient calculées, où la mort de cent mille hommes étoit arrêtée, où les fléaux de l'humanité étoient froidement discutés pour donner le choix au plus horrible ; cette cire qui devoit embellir ces orgies où la décence, la pudeur, l'hymen et l'amour étoient égorgés par le poignard des plaisirs.

Il sembleroit que le luxe, dans ses bisarres fantaisies, se plaise à justifier le vœu de la nature. Il s'étoit emparé de la cire, et il abandonna le miel aux pauvres. Le suc des fleurs auroit déshonoré des lèvres *de qualité*. Le Mans avoit poussé très-loin l'art de fabriquer la cire, et les bougies du Mans, depuis des années, étoient célèbres. Depuis quelque tems l'usage des lampes, inventées par Quinquet, avoit un peu diminué la consommation des bougies. On ne se doute guère de la véritable cause de cette mode nouvelle ; et tout le monde croit que l'économie, ou un plus grand foyer de lumière ont fait donner la préférence aux lampes ; point du tout : c'est que les dilapidations *de cour* n'existent plus, et que de leur tems la bougie coûtoit, à beaucoup de gens, moins cher que la chandelle la plus commune. On ne sait pas que *le château* de Versailles fournissoit presque pour rien le luminaire à un quart de ceux qui, en France, usoient de la bougie. Le château de Versailles étoit dans tous les genres le lieu le moins éclairé de toute la France. La consommation de bougie y étoit cependant énorme. D'où vient cette contradiction ? Voici comment. A une certaine heure du jour, les bras de cheminée, les lustres, les girandoles, les candelabres, etc., étoient garnis de bougies. Dans tout ce qui n'étoit qu'antichambres, salles, galeries, corridors, etc., on se gardoit bien de les allumer. Il n'y avoit guère que le sallon de *Capet* ou d'*Antoinette* où les garçons éclaireurs eussent la bonté de permettre qu'il se brûlât quelques bougies. L'étiquette vouloit qu'une bougie, une fois allumée devant ces gens qu'un long abus avoit accoutumés au titre ou *de roi*, ou *de reine*, ou *de princes royaux*, ne reservît plus dès qu'elle avoit été éteinte. En conséquence, passoient-ils dix fois dans les appartemens, ou pour se visiter, ou pour aller au conseil, au spectacle, ou par-tout ailleurs, toutes les bougies se trouvoient allumées sur leur passage, et soudain éteintes dès qu'ils étoient passés, et remplacées par de nouvelles ; ensorte que ces bougies, pour me servir de l'expression vulgaire, étoient à peine émèchées, qu'elles retournoient au bénéfice des valets de cour, qui les revendoient aux particuliers. A la longue, cela devenoit un objet immense de débit pour eux, et les maisons les plus riches, loin de dédaigner cette espèce d'économie sur l'achat, tiroient au contraire vanité de s'en procurer. Etre éclairé par des bougies de Versailles, par des bougies qui avoient eu *l'honneur* d'être allumées devant *le roi* ! certes, on sent que c'étoit d'un grand prix pour les *aveugles* qui s'en servoient.

Le Mans est une assez grande commune, mais peu remarquable par ses monumens ; elle étoit jadis la capitale des peuples nommés *Cenomani*, ou *Aulerci*, qui subirent le joug des Francs peu après leur arrivée dans les Gaules. Ce pays est un des premiers à qui l'histoire donne des *comtes*. Il paroît qu'un certain Herbert, sous Louis d'Outre-mer, au dixième siècle, fut la tige des comtes ; il étoit surnommé *Eveille-chien*.

Le joli surnom! Mais, qu'est-ce que *la noblesse n'en-noblit pas!* Nous parlerons un peu plus au long de cet *Eveille-chien*, quand nous serons au Château-du-Loir.

Nous avons traversé, en quittant le Mans, cette forêt où un coup de soleil pensa perdre la France. Tableau frappant! tableau qui devroit être toujours présent à la mémoire de tout homme ami de la patrie. La France a un *roi*. Ce *roi* reçoit un coup de soleil et devient fou, et tout un grand peuple est à la veille d'être perdu! Quel fut donc l'insensé qui le premier voulut un *roi*? qui le premier mit le sort de quelques millions d'hommes au péril du plus léger accident qui pourroit arriver à un homme? Ah! ne cherchons pas à qui l'invention du pouvoir royal appartient! Les rois se sont créés eux-mêmes. Il faut être *roi* pour concevoir un *roi*.

Ce fut dans cette forêt, entre le Mans et Angers, que Charles VI devint fou. Il alloit combattre le duc de Bretagne. Pourquoi? pour ravoir Pierre de Craon, assassin du connétable Olivier de Clisson. Beau sujet de guerre! Ce n'étoit pas des batailles qu'il falloit livrer pour se faire rendre un scélérat, mais de bonnes loix qui punissent les hommes puissans qui prêtoient asyle aux scélérats. L'histoire, dont la draperie prend les nuances des siècles qu'elle parcourt, ajoute un fantôme au coup de soleil de Charles VI, comme si un roi ne pouvoit pas devenir simplement fou comme un autre homme. Ce prétendu fantôme n'étoit que quelque bandit téméraire que le duc de Bretagne, ou Craon lui-même avoient aposté là tout exprès pour arrêter, par le charme de la superstition, un ennemi dont ils redoutoient l'approche. Quoi qu'il en soit, les premiers instans de la folie d'un *roi* coûtèrent la vie à quelques hommes. Dans le moment où le prétendu fantôme, en saisissant la bride de son cheval, lui crie : Arrête, *malheureux roi!* où vas-tu? tu es trahi : le hasard fait que l'on relève l'épée d'un homme d'armes, qui étoit tombée du fourreau. Le fou s'en apperçoit, croit qu'on en veut à ses jours, et tombe indistinctement sur ceux qui l'environnent. Sans Guillaume Martel, l'un de ses chambellans, qui eut l'adresse de sauter en croupe derrière lui et de le serrer assez fortement entre ses bras pour que l'on pût parvenir à le désarmer, il auroit tué jusqu'à ce que la force lui eût manqué. Il tomba dans une espèce de léthargie qui dura trois jours. Sa tête étoit revenue quand il reprit connoissance. Les prêtres, qui ne la perdent jamais, s'emparèrent de lui, le confessèrent, lui firent demander un pardon public des sottises qu'il avoit faites, et lui persuadèrent que pour en obtenir l'absolution du ciel, il devoit faire un cadeau à l'église. Ce cadeau fut une châsse d'or du poids de deux cens cinquante-deux marcs, qu'il envoya à l'abbaye de Saint-Denis, pour renfermer les reliques de saint Louis.

La France se ressent encore des maux que ce fou lui fit éprouver. Si c'eût été un simple particulier, on l'eût fait enfermer ; c'étoit un *roi*, on le laissa sur le trône. Epouvantable contradiction de l'esprit humain ! On ne confieroit pas son chien à conduire à

Malicorne.

un insensé, et trente millions d'individus laissèrent à un homme en démence le droit de les gouverner. Quels étoient les plus fous de ces trente millions d'hommes ou de Charles VI ? Hélas ! peut-être est-ce à tort que je les blâme ! Entre un roi sage et un roi fou, la différence est si peu de chose.

En veut-on un exemple ? Ce fou étoit le fils de Charles V, qu'on a nommé le Sage par excellence. Charles VI, enfant, jouoit dans le cabinet de Charles V, dit *le Sage*, et contemploit avec curiosité divers bijoux qui s'y trouvoient. Choisis, lui dit *le Sage*, ce qui te plaira le plus. L'enfant décroche une mauvaise épée qui étoit dans un coin, et s'en empare. Le *Sage*, enchanté, crut voir un Achille dans sa progéniture ; mais ne croyant pas encore l'épreuve assez forte pour s'en convaincre, il met sur une table sa couronne et son casque, et dit à l'enfant de prendre celui des deux objets qui lui plairoit le plus. L'enfant prend le casque, en lui disant, gardez votre *couronne*. Et le Sage d'être ravi. Le Sage ! et c'est ainsi que l'on te nomme ! Oh ! le plus stupide et le plus féroce des mortels, tu vois dans cet enfant ton successeur, et tu te réjouis que déjà l'amour du sang, le désir du carnage, la faim de la guerre, la soif de tous les maux le dévorent et fassent fermenter ses débiles organes. On te dit sage ! ta joie me dénote un monstre, ta joie me dénote un roi. L'enfant a choisi le casque, et tu le caresses. S'il eût choisi la couronne, tu l'eusses détesté, ton orgueil allarmé n'eût envisagé qu'un rival dans ton fils ! Il choisit le casque, c'est le signal des fléaux pour l'humanité, et tu l'applaudis ! S'il eût choisi la couronne, à quel terme se seroit arrêtée ta jalousie? à sa mort, peut-être, que la raison d'état, cette excuse des rois, eût motivée.

Le collège de la Flèche étoit un des monumens les plus remarquables de ce département. Ne croyez pas cependant, mon ami, que ce fût par l'instruction que l'on y recevoit. Il faut se souvenir que Descartes, qui y avoit été élevé, se vantoit que pour devenir un grand homme, il avoit commencé par oublier tout ce qu'il y avoit appris, et ce mot d'un homme aussi fameux est un arrêt éternel de proscription contre l'instruction de la Flèche. C'étoit une fondation de Henri IV, qui donna aux jésuites, pour s'y établir, un fort beau château qu'il avoit fait bâtir à la Flèche. Le cœur de cet homme et de sa femme, Marie de Médicis, étoient déposés dans l'église de ce collège, et enfermés dans des boîtes d'or. Assurément ces deux cœurs qui, pendant leur vie, ne s'étoient jamais entendus, durent se trouver très-étonnés d'être ensemble après leur mort; mais, pourquoi? ils s'y trouvoient *royalement*. Les glaces du trépas n'avoient rien changé à leur existence. Il est plus singulier peut-être encore de voir le cœur de Henri IV dans l'église de ces mêmes moines qui, tant de fois, l'avoient voulu faire assassiner.

De tous les phénomènes de l'église apostolique, catholique et romaine, les jésuites, sans contredit, furent le plus étonnant. Quel œil observateur a pu jamais se flatter d'avoir mesuré l'étonnante profondeur du cœur de cet ordre, qui s'appelloit la société de Jesus? Je n'ai jamais apperçu, ou pour mieux dire, contemplé un de ces Christs que les artistes allégoriques nous ont souvent représenté avec un serpent dont les nœuds se roulent aux pieds de l'arbre de la croix, sans me dire, voilà Jesus et sa société. Conçu dans l'humilité, il semble que quoique les hommes ayent changé, l'ordre des jésuites n'ait été qu'un seul homme, depuis l'instant de sa fondation jusqu'au moment de sa destruction, par l'étonnant ensemble de la marche de ce corps. D'abord, semblable à l'orage qui, peu redoutable à l'horison, caresse et amuse les yeux par quelques éclairs légers, on vit bientôt les jésuites étendre sur le monde l'épouvantable masse de leur colosse ; la foudre s'élancer de ses flancs énormes ; et frapper indistinctement depuis le trône jusqu'à la chaumière. Jamais ordre ne rassembla un arsenal plus terrible d'armes morales pour subjuguer l'univers. Toute l'austérité du cloître, toute la profondeur des sciences et des connoissances humaines, tous les charmes, toute l'amabilité et tous les travers du monde : ils adoptèrent tout pour régner. Autant ils étoient à l'affût des consciences pour pénétrer dans l'obscur labyrinthe des familles, autant ils étoient en sentinelle pour découvrir les premières lueurs de l'esprit, du génie et des talens dans la jeunesse, pour accaparer les grands hommes, dont le tems sème de loin en loin le germe, en parcourant la galerie des siècles. Ils laissoient les rois sur le trône, parce qu'ils avoient besoin que le monde eût des maîtres ; mais ils accaparoient tout l'esprit de la terre, afin de gouverner les maîtres du monde. A la longue, toutes les barrières s'ouvrirent devant eux. De la Chine au fond de la Moscovie, du Mexique aux rives de Grenade, ils pénétrèrent dans tous les palais et toutes les chaumières. Doubles par-tout, ils prêchoient aux monarques, qu'ils avoient le droit d'égorger les peuples avec le poignard de la tyrannie; et aux peuples, qu'ils avoient le droit d'écraser la tyrannie avec la massue de la liberté. Profondément habiles dans cette lutte qu'ils entretenoient sans cesse entre l'autorité constituée par la nature, et l'autorité enfantée par les passions humaines, ils avoient l'art perfide de prêcher la licence par amour du despotisme, et de prêcher le despotisme par haine de la liberté. Ils marchoient à la monarchie universelle sous l'étendard de la religion, et ils y seroient parvenus, s'ils eussent attendu plutôt que hâté la mort des rois. Par un jeu bisarre de la continuelle ébullition des évènemens, ce furent les seuls moines qui devinrent vraiment redoutables, et en même-tems les seuls à qui le crime n'ait pas réussi. Leur chûte fut une des grandes victoires du despotisme contre l'hypocrisie; mais leur chûte a précipité, bien plus qu'on ne le croit, l'instant de la chûte du despotisme. Les jésuites tout-puissans avoient la sottise de tuer les rois en détail; les jésuites renversés ont eu la politique de tuer les rois en masse.

Ces hommes, dont nous aurons plus d'une fois occasion de parler dans le cours de notre voyage, avoient réuni à la Flèche une fort belle bibliothèque, dont les prêtres de la Doctrine-Chrétienne, qui leur succédèrent dans la direction du collège, ne connoissoient pas aussi bien le prix.

Lorsque Louis XV s'avisa de faire élever aux frais de l'état ceux dont la profession étoit d'appauvrir l'état, c'est-à-dire, lorsqu'il institua l'école militaire, le collège de la Flèche fut un des dépôts de cette école militaire. C'étoit là que l'on envoyoit le petit pâtre à parchemins, ou le petit décrotteur à diplômes, pour les décrasser; et lorsqu'ils étoient peignés, lavés et ébauchés, on les envoyoit à Paris, où l'on achevoit leur éducation. Certes, il n'exista jamais d'institution plus anti-naturelle que cette école militaire; car, outre le ridicule qu'il y eût une classe de pauvres privilégiés, si l'on examine la chose dans son principe, on verra que c'étoient les pauvres véritables qui payoient l'éducation des pauvres factices. Ainsi, par exemple, le pauvre qui n'avoit pas le moyen d'envoyer son enfant à l'école, payoit sa quote-part de l'éducation de l'enfant de l'homme qui n'avoit pas le courage d'envoyer son fils à la charrue; et comme toute invention de *roi* apporte toujours en naissant le ver putride de cour qui la corrompt insensiblement, bientôt les enfans des *nobles* opulens s'emparèrent des places d'élèves des *nobles* pauvres, en sorte que de fait ce furent les indigens parmi le peuple qui payèrent l'éducation des enfans des riches parmi les *nobles*.

La Flèche est une petite ville, mais jolie, bien bâtie, et dans une situation fort agréable sur la rive droite du Loir. L'abolition de la féodalité y a effacé les traces de l'un des plus ridicules usages de ce monstre : on l'appelloit la *Quintaine*. Tous les sept ans, le jour que l'on appelloit *dimanche de la Trinité*, les bouchers et autres hommes de différens métiers, étoient obligés d'aller en bateau rompre une sorte de lance ou de perche contre un poteau planté exprès au milieu de la rivière. En général, cette *quintaine*, qui existoit encore ailleurs, étoit une espèce d'exercice que quelques *vassaux* étoient tenus de faire à certains jours de l'année pour le divertissement de leurs *seigneurs*. On plaçoit, ou, pour mieux dire, on élevoit en conséquence à l'extrémité de la terre *du seigneur*, ou à la banlieue de la *seigneurie*, un poteau. Ce poteau s'appelloit le pal de la quintaine, et ce pal ou poteau servoit à l'exercice en question.

La *coutume*, que l'on appelloit *locale*, de Mezières en *Touraine*, nous apprend que : « les meûniers » demeurant en la baronnie et châtellenie de Mé- » zières, sont tenus, une fois l'an, frapper par trois » coups le pal de quintaine en la plus proche » rivière du châtel du seigneur baron ou châtelain, » ou autre lieu accoutumé ; et s'ils se feignent rompre » leur perche, ou défaillent au jour, lieu et heure » accoutumés, il y a soixante sols d'amende au » seigneur ». De l'argent par-tout ! il n'y avoit point de droits féodaux qui n'eussent le cachet de la cupidité. Dans la *châtellenie de Mareuil*, ressort d'Issoudun en *Berry*, tous les nouveaux mariés devoient tirer la quintaine sur la rivière d'Amon. Dans le *Vendômois*, le *Bourbonnois* et la *Bretagne*, on retrouvoit des traces de ce ridicule usage. Elles ne varioient que pour l'époque : ici c'étoit à la mutation des *seigneurs*, là c'étoit à la naissance de leurs enfans, etc. On se rachetoit de cette servitude avec de l'argent ;

et c'étoit-là le but de toutes ces ineptes obligations.

Qui le croiroit ! que pendant plus de mille ans, en France, ce fût la cumulation de ces sortes de droits qui fit le mérite d'une foule de gens ; et que l'on en fût venu au point de s'étonner que la vertu pût faire monter aux emplois, et que l'on doutât même qu'elle en fût capable. Cela rappelle un mot ingénieux du *duc de* Guise. Il s'agissoit de Toiras, qui, par une suite de manœuvres savantes, étoit parvenu à défendre Cazal contre les Espagnols. Guise dit plaisamment : « comme saint Roch n'est parvenu à » se faire canoniser qu'à force de miracles, Toiras » ne deviendra maréchal de France qu'à force de » faire de belles actions ».

C'est après avoir vu la Flèche, et nous être rappellé l'orgueil des favoris des rois, en voyant auprès de cette commune le fameux château de ce la Varenne que Henri IV aimoit tant, et qui le servoit en guerre et en amour, que nous nous sommes rendus au château du Loir, qui, moins célèbre que Troie, parce qu'Homère ne l'a pas chanté, et qu'il n'avoit à faire qu'à un petit brigand et non pas à tous les brigands couronnés de la Grèce, n'en a pas moins cependant soutenu un siège de sept ans. Ce fut un des premiers hommes qui portèrent le titre de *comte du Mans* qui fit ce fameux siège. Il s'appelloit Herbert *Eveille-chien*. Monsieur Eveille-chien avoit mérité ce galant surnom par un petit plaisir de *prince*, celui d'empêcher les paysans de dormir. Son grand amusement étoit de parcourir les villages pendant la nuit, d'y répandre l'allarme; et quand il avoit mis tout le monde en rumeur, de s'en aller en se moquant d'eux. On eut des chiens pour être averti des visites nocturnes de cet *aimable seigneur;* et comme les roquets faisoient leur métier en haranguant le *monseigneur* dès qu'il paroissoit, il en retint le nom *auguste* d'Eveille-chien. Ce siège de sept ans du château du Loir est un ramassis de fables, de mensonges et de miracles prétendus, dont nous ne vous entretiendrons pas; il est même douteux s'il a eu quelque réalité.

Ce qu'il y a de plus certain, c'est que les peuples de ces contrées, que Ptolomée et César appellent *Cenomani Alerci*, ont toujours passé pour être belliqueux; que, sous la conduite de leur chef *Clitorvius*, ils franchirent les Alpes, et s'arrêtèrent, du consentement de leur prince Bellovese, dans les contrées qui sont entre ces montagnes, le Pô et la mer adriatique, où ils fondèrent les villes de Bresse, de Vérone, de Trente, de Crême, de Bergame, de Mantoue, etc.

Les marrons sont au nombre des denrées dont le commerce enrichit ce département, où l'on fabrique aussi beaucoup de ces étoffes légères que l'on appelle étamines. Scarron, dont la plume a versé, non pas le caustique du ridicule, mais la bouffonnerie du ridicule, sur tout ce qu'elle a touché, a dessiné le Mans avec ses crayons burlesques dans son roman comique. Mais qui jugeroit le Mans d'après lui, ressembleroit à celui qui jugeroit du métier de la guerre d'après les dessins de Calot. Ce pays a

fourni

fourni plusieurs hommes de mérite : de ce nombre fut Marie Mersenne, dont l'amitié de Descartes fait l'éloge. Cet homme, mathématicien célèbre, l'inventeur de la cycloïde, philosophe doux et sensible, que Voltaire a un peu trop ravalé, eut pour défenseur le fameux Gassendi, contre Robert Fludd, Anglois. Il aimoit la musique, et composa plusieurs ouvrages sur l'harmonie, la nature, les causes et les effets des sons. Il éprouva combien la liberté de la presse est nécessaire au philosophe. Dans son ouvrage intitulé : *Quæstiones celebres in Genesin*, il avoit traité des opinions de quelques athées. On lui fit supprimer ce passage, et il reste bien peu d'exemplaires où se retrouvent les pages supprimées. Belon, Lacroix du Maine, le père Lami, etc. furent aussi de ce département. N'oublions pas non plus Martin Cureau de la Chambre, non pour ses écrits, mais parce qu'il fut presque un des fondateurs de l'académie françoise, et ce ne fut pas son meilleur ouvrage.

NOTE.

(1) Qu'on juge de l'opinion que les prêtres cherchoient à inculquer dans l'esprit des *rois* sur le compte des prétendus saints. Charlemagne, qui vouloit se mêler de sciences, et se donner les airs de protecteur des lettres, disoit à Alcuin : plût à Dieu que j'eusse douze hommes aussi savans que saint Jérôme et saint Augustin ! Quoi ! *prince*, répondit Alcuin, le créateur du ciel et de la terre n'a eu que deux hommes de ce mérite : vous ! vous en voudriez une douzaine. Platon, Socrate, Aristote, Cicéron, Marc-Aurèle, etc. tous ces gens-là n'étoient rien pour Alcuin.

(2) Rien n'étoit plus ridicule que la réception de ces *chevaliers*. Quand le *souverain* avoit noblement souffleté le récipiendaire, d'anciens *chevaliers* le conduisoient à la chapelle, où, un genou en terre et la main sur l'autel, il juroit de défendre l'église : toujours l'église ! il ôtoit son épée, et l'offroit à Dieu : le joli présent ! Ensuite il mangeoit du pain trempé dans le vin. A la porte de la chapelle il trouvoit le *maître-queux* qui lui ôtoit ses éperons en lui disant : je suis le *maître-queux*, et prends vos éperons pour mon *fié* (ma sûreté); si vous faites choses contre la chevalerie, ce que Dieu ne veuille, je couperai vos éperons de dessus vos talons. Le chevalier entroit ensuite dans la salle du festin, où il y avoit deux tables, une pour le *souverain*, et l'autre pour les *chevaliers*. L'initié occupoit la première place ; mais il ne devoit ni boire, ni manger, ni parler, ni se remuer, ni même regarder. En sortant de table, il remercioit le souverain du bon dîner qu'il lui avoit fait faire.

La création de *chevaliers* fut quelquefois une mine d'or pour les *rois* qui font argent de tout. Ce fut pour en avoir que Jacques Ier. d'Angleterre créa les *chevaliers baronnets*, qui tiennent rang entre les barons et les simples chevaliers. Il étoit dit qu'ils entretiendroient trente cavaliers en Irlande pendant trois ans, ou qu'ils paieroient, à leur choix, mille quatre-vingt-quinze livres sterling. Ce fut un grand art parmi les rois de mettre à contribution la vanité des hommes. Le cœur humain est d'un meilleur rapport que les mines du Pérou.

Ordre que l'on suit dans les Voyages des 85 Départemens de la France.

1. Paris.
2. Seine et Oise.
3. Oise.
4. Seine inférieure.
5. Somme.
6. Pas-de-Calais.
7. Nord.
8. Aisne.
9. Ardennes.
10. Meuse.
11. Mozelle.
12. Meurthe.
13. Vosges.
14. Bas-Rhin.
15. Haut-Rhin.
16. Haute-Saône.
17. Doubs.
18. Jura.
19. Mont-Blanc.
20. Ain.
21. Saône et Loire.
22. Côte-d'Or.
23. Haute-Marne.
24. Marne.
25. Aube.
26. Yonne.
27. Seine et Marne.
28. Loiret.
29. Loir et Cher.
30. Eure et Loir.
31. Eure.
32. Calvados.
33. Manche.
34. Orne.
35. Sarthe.
36. Mayenne.
37. Ille et Vilaine.
38. Côtes du Nord.
39. Finistère.
40. Morbihan.
41. Loire inférieure.
42. Maine et Loire.
43. Vendée.
44. Deux-Sévres.
45. Vienne.
46. Indre et Loire.
47. Indre.
48. Cher.
49. Nièvre.
50. Allier.
51. Rhône et Loire.
52. Puy-de-Dôme.
53. Cantal.
54. Corrèze.
55. Creuse.
56. Haute-Vienne.
57. Charente.
58. Charente inférieure.
59. Gironde.
60. Dordogne.
61. Lot et Garonne.
62. Lot.
63. Aveiron.
64. Gers.
65. Landes.
66. Basses-Pyrénées.
67. Hautes-Pyrénées.
68. Haute-Garonne.
69. Arriège.
70. Pyrénées orientales.
71. Aude.
72. Tarn.
73. Hérault.
74. Gard.
75. Lozère.
76. Haute-Loire.
77. Ardèche.
78. Isère.
79. Drôme.
80. Hautes-Alpes.
81. Basses-Alpes.
82. Bouches-du-Rhône.
83. Var.
84. Alpes-Maritimes.
85. Corse.

VOYAGE

DANS LES DÉPARTEMENS

DE LA FRANCE.

Enrichi de Tableaux Géographiques
et d'Estampes;

Par les Citoyens J. LA VALLÉE, ancien capitaine au 46ᵉ. régiment, pour la partie du Texte; LOUIS BRION, pour la partie du Dessin; et LOUIS BRION, père, auteur de la Carte raisonnée de la France, pour la partie Géographique.

L'aspect d'un peuple libre est fait pour l'univers.
J. LA VALLÉE. *Centenaire de la Liberté.* Acte Iᵉʳ.

A PARIS,

Chez Brion, dessinateur, rue de Vaugirard, N°. 95, près le Théâtre-François.
Chez Buisson, libraire, rue Hautefeuille, N°. 20.
Chez Desenne, libraire, galeries du Palais de l'Egalité, N°ˢ. 1 et 2.
Chez l'Esclapart, libraire, rue du Roule, n°. 11.
Chez les Directeurs de l'Imprimerie du Cercle Social, rue du Théâtre-François, N°. 4.

1793.

L'AN SECOND DE LA RÉPUBLIQUE FRANÇAISE.

Nota. Depuis l'origine de l'ouvrage, les auteurs et artistes nommés au frontispice l'ont toujours dirigé et exécuté.

Ouvrages du Citoyen JOSEPH LA VALLÉE.

Le Nègre comme il y a peu de Blancs.	3 vol.
Cecile, fille d'Achmet III.	2 vol.
Tableau philosophique du règne de Louis XIV.	1 vol.
Vérité rendue aux Lettres.	1 vol.
Serment civique, comédie en 1 acte.	1 br.
La Gageure du Pélerin, en deux actes.	
Départ des Volontaires Villageois, comédie en 1 acte.	
Voyage dans les Départemens.	27 n°^{s}.

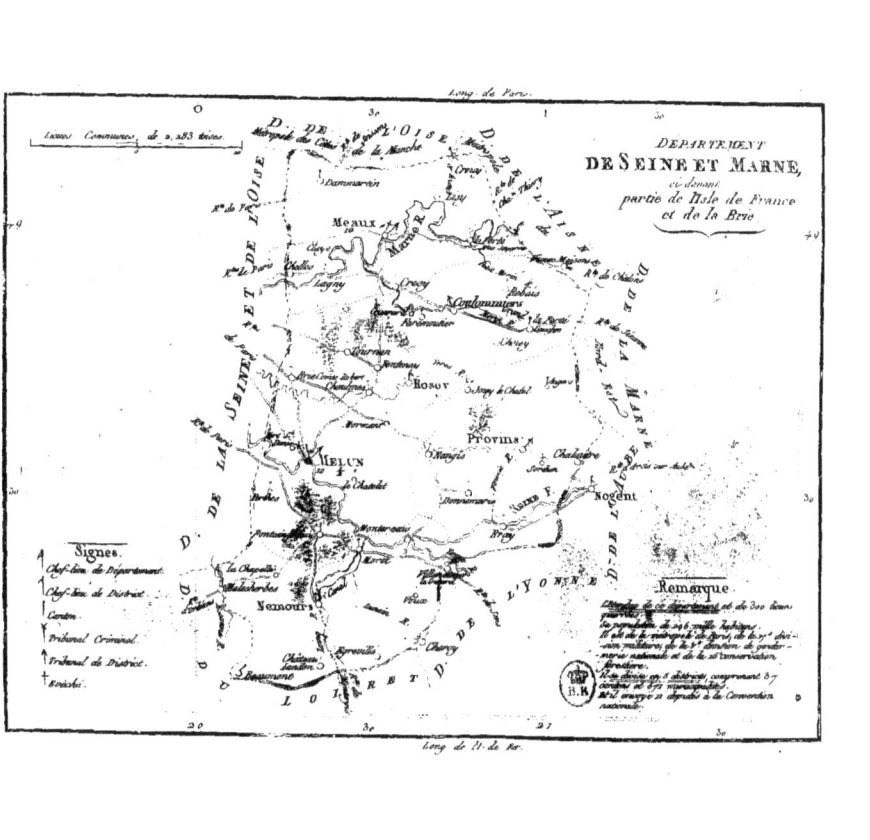

VOYAGE

DANS LES DÉPARTEMENS

DE LA FRANCE.

DÉPARTEMENT DE SEINE ET MARNE.

Le siècle d'Astrée, ô mon ami ! n'est écoulé que pour les méchans. L'homme de bien en jouit encore ; non pas dans les cités où le luxe et la misère, irréconciliables ennemis, et cependant époux indissolubles, fatiguent l'homme par l'excès des besoins : non pas dans ces maisons superbes que l'art à la voix du riche désœuvré élève au milieu des campagnes, pour insulter à la simplicité de la nature : mais au sein des plaines fertiles, où le soc de Triptolême brisa la corne d'Amalthée, et força l'abondance à s'arrêter dans les sillons qu'il entr'ouvrit.

Quels jours fortunés que ceux de l'homme assez sage pour assister à la fécondité de la nature ! Empressé de jouir, se dérobant à l'édredon-léger, loin des rideaux où les songes menteurs le ravaloient peut être au niveau des hommes à passions, il sort : il est déja sur le côteau voisin. Tout dort ; la végétation veille, et les parfums qu'elle exhale se balancent mollement sous son haleine insensible : encore une heure, et le jour paroîtra. Le croissant argenté de Diane a glissé sur le voile d'azur dont les cieux se tapissent, et disparu dans les vapeurs de l'occident. N'embellit plus le manteau de la nuit : l'ombre toute entière s'est abaissée sur le front des arbres que couronnent la verdure et les fugitives étincelles que lancent les étoiles, arrivent à peine à l'œil, à travers les fleurs que l'amendier précoce a reçu du printemps. Quel calme ! quel silence ! quel baume enchanteur de toutes ses veines sont injectées ! Quelle douce paix, la majesté des nuits tamise dans le cœur de l'homme. Il est tout sens, il est toute ame. Les nuits furent créées pour le délassement des bons, et le supplice des pervers.

Mais déja le coq précurseur de la lumière a réveillé le laboureur actif. L'aurore arrive, et de son char lumineux est descendu le mouvement champêtre. Tout s'agite, tout s'avance vers les fertiles champs ; les portes des hameaux sont ouvertes ; les bienfaiteurs de l'humanité se répandent dans la plaine : la gaîté les conduit, et la nature les reçoit.

Quelle jouissance auguste ! quelle douceur ! dirai-je formidable ? oui; car la réflexion qu'elle l'enfante est plus vaste que la conception qui l'embrasse. Quelle douceur ! l'œil ne fixe qu'un point de l'univers, et dans ce point, l'agriculteur a semé la vie d'un million d'humains. Parce qu'un homme a travaillé, un million de ses semblables peut goûter le repos ! Quel océan d'épis ondule au loin sous l'haleine des zéphirs ! L'or de la maturité s'est étendu sur le tapis des champs ; et les volages fleurs emportées par l'aile du printemps, ont laissé les perles de l'omone appendues aux rameaux des arbres nourriciers. O joie ! pénètre dans mon cœur ! Il est donc sous les cieux un trésor où le pauvre a sa part ? Hélas ! si chaque homme dans sa vie employoit une journée à cultiver la terre, il couleroit le reste de ses jours exempt de soins et de fatigues. Malheureux humains, vous n'avez pas fait ce calcul ! je le crois. Vous avez préféré des travaux sans vertus à un repos sans vices.

C'est ainsi qu'à l'aspect de ces moisons dont le cultivateur enrichit ce département, notre ame reconnoissante laissoit écouler les sentimens si doux qu'inspirent cette première classe des humains. N'en soyez pas surpris. Le bonheur git où les hommes travaillent au bonheur de leurs semblables. Hélas ! que l'aimable magie dont l'erreur nous flattoit, n'a-t-elle duré plus long-temps ! Il falloit pour cela ne pas ouvrir l'histoire des lieux où nous touchions. C'est une galerie de crimes, de calamités, de préjugés, de fléaux de tous les genres, que nous allons vous faire parcourir. Ici, pour ainsi dire, chaque maison, chaque arbre, chaque grain de poussière doit une amende honorable à l'humanité. Chaque maison fut, ou le palais d'un roi, ou l'asyle d'un courtisan, ou la propriété d'un prêtre. Chaque arbre accorda son ombrage à l'animal dévastateur et timide, nourri par la flaterie pour les chasses d'un tyran et la ruine du laboureur. Chaque grain de poussière s'y dissémina sous les superbes roues des chars insolens du riche endurci: et les chaumières du peuple furent les seules vierges qu'à son réveil y trouva la liberté,

Conservons à ce département son antique épithète. Elle est honorable pour lui. Il fait partie de ce que l'on appeloit le grenier de la France. Des grains aussi abondans que variés et bons, des pâturages excellens, des bois magnifiques, des fruits délicieux, des vins, sinon parfaits, au moins assez communs pour abreuver l'ouvrier et le pauvre : tels sont les trésors sur qui repose son titre mérité.

Où la terre occupe l'homme, l'industrie a moins de droits. Aussi le commerce de manufactures a-t-il peu de vigueur dans ce département. Quelques fabriques de toiles peintes, de minces draperies, de merceries, de tanneries, voilà ce que l'on y rencontre, encore rarement. Ne souhaitons pas qu'elles s'accroissent. Un des bienfaits de la révolution doit être d'attacher l'homme à l'agriculture, et quand la terre est grasse, et qu'il la quitte pour un autre travail, c'est un simptôme de maladie dans le corps politique. Honneur à l'industrie, mais simplement dans les lieux où la terre est ingrate.

C'est par *Montereau-faut-Yonne* que nous sommes entrés dans ce département. Cette petite ville est située au confluent de l'Yonne et de la Seine, comme l'indique assez l'expression gauloise de *faut-Yonne*, c'est-à-dire, où manque l'Yonne. Elle est petite, mais agréable, et sa situation contribue au caractère de gaieté qu'elle offre au voyageur.

Un grand crime a rendu cette ville célèbre, je dis grand, non pas par les hommes qui le commirent, ni pour celui qui s'en vit la victime, car l'assassinat ne reçoit pas de teinte de noirceur de plus, en tombant sur un puissant ou sur un foible : mais grand, parce qu'il fut commis pour ainsi dire sur l'autel de la paix, et que les poignards furent aiguisés par les mains qui venoient pour jurer l'amitié.

C'est encore un problême de l'histoire de savoir dans lequel des deux partis étoit la trahison. Jean-sans-Peur, duc de Bourgogne, vint-il à Montereau dans le dessein de s'immoler *le dauphin* depuis Charles VII ? ou Charles avoit-il prémédité d'égorger Jean dans une réconciliation simulée ? C'est ce que l'histoire laisse encore incertaine ; parce que, jusqu'à présent, comme nous l'avons plus d'une fois remarqué, l'histoire écrivit les crimes, sans jamais scruter les replis du cœur humain. Si les forfaits commis sont une présomption sur la possibilité d'un nouveau crime, Jean-sans-Peur, à coup sûr, est coupable, et son audace trouva la mort qu'il vouloit donner ; mais si la vengeance aussi peut se satisfaire par un crime d'éclat, les compagnons de Charles peuvent avoir frappé Jean, l'assassin du duc d'Orléans, qu'ils avoient tous aimé.

Jean-sans-Peur, duc de Bourgogne l'un de ces brigands superbes dont l'ambition et l'avarice déchirèrent la France, sous le règne de Charles VI, assassin du duc d'Orléans, dont la faveur auprès d'Isabelle de Bavière avoit excité sa jalousie, jouissoit depuis sept ans du fruit de ce crime; et quelle étoit cette jouissance affreuse ? celle de se baigner plutôt en lâche qu'en conquérant, dans le sang des Armagnac, vengeurs de d'Orléans : de dévaster la France, en la couvrant de ses nombreux satellites, et les salariant avec le pillage des cités : d'opprimer du poids de sa fortune les enfans dispersés d'un monarque privé de la raison, et d'une reine marâtre privée de tous les sentimens de la nature et de l'honneur; de livrer enfin la France entière au roi d'Angleterre, en préparant ce honteux traité de Troyes, dont nous avons déja parlé.

Charles, *dauphin*, dernier fils de Charles VI, seul des enfans mâles d'Isabelle de Bavière, qui eût survécu à la haine et aux persécutions de cette mère dépravée, alloit perdre sans retour l'espoir de régner. La reine, appuyée du duc de Bourgogne, et toute-puissante sous un mari imbécile, marioit Catherine sa fille à Henri V d'Angleterre, et se flattoit, par cet hymen, de transporter la couronne françoise à ce roi étranger. Jean sans-Peur, de concert avec elle, avoit signé à Calais un traité secret avec Henri V, par lequel il s'engageoit à le secourir de tout son pouvoir, pour le maintenir sur le trône françois. Ce fut pour voiler ce perfide traité, dont la connoissance l'eût rendu odieux à toute la France, qu'il se décida à feindre une apparente réconciliation avec le *dauphin* Charles, et le pont de Montereau fut choisi pour leur entrevu. Ce pont séparoit la ville du château : les Bourguignons occupoient celui-ci, et les gens du *dauphin* tenoient la ville. On construisit au milieu du pont un espèce de salon, dont les murailles étoient à clairvoie; il avoit deux entrées, une du côté de la ville pour le *dauphin*, l'autre vers le château, pour Jean-sans-Peur. Ce fut le 17 septembre 1419, qu'ils s'y rendirent chacun de leur côté, accompagnés de dix *seigneurs*, et c'est ici que les relations des deux partis ont jeté une obscurité pour ainsi dire impénétrable sur les véritables auteurs du forfait. Les deux princes entrèrent seuls dans le salon, et les *seigneurs* restèrent en dehors, mais témoins cependant de ce qui se passoit en dedans. Au récit des Bourguignons, Charles *dauphin*, au mépris du droit des gens, voulut s'assurer de la personne du duc de Bourgogne, et ce fut en résistant à cette trahison qu'il fut frappé par les courtisans de Charles: au rapport des François, ce fut au contraire le duc de Bourgogne qui voulut forcer Charles à le suivre, pour aller trouver son père Charles VI, et sa mère Isabelle à qui il espéroit le livrer; les *seigneurs* françois s'étant aperçus de son danger, entrèrent dans le salon pour le délivrer, et Tannegui du Châtel, irrité de la perfidie de Jean-sans-Peur, le frappa d'une hache d'armes, le terrassa, et ses compagnons l'achevèrent. Il est certain qu'en comparant la vie sanguinaire de Jean-sans-Peur, avec la jeunesse du dauphin, qui ne lui permettoit pas encore une grande habitude dans le crime, on est tenté de rejeter toute la scélératesse de cette journée sur le duc de Bourgogne, et qu'on n'aperçoit dans sa mort, que la fin aussi juste qu'inévitable d'un scélérat, à la fin victime des forfaits que jusqu'alors il avoit employé avec tant de succès ; mais il n'en est pas moins vrai qu'une réflexion empêche de prononcer dans une occurence semblable. C'est que tous deux avoient un intérêt marqué dans la perte l'un de l'autre, et que tous deux étoient d'un rang où le crime passa toujours pour vertu quand il a s'agi d'un ennemi.

Il ne manquoit à l'esprit de vertige dont toutes les têtes étoient travaillées dans ce siècle de sang, que de voir Isabelle de Bavière se déclarer contre son propre fils, en faveur des mânes de celui dont l'atroce politique vouloit la dépouiller elle et toute sa race. C'est ce qu'elle fit, et l'on ne sait ce dont on doit le plus s'étonner, ou de la succession rapide des forfaits dans ce règne de fléaux, ou de l'étonnante impudeur de ceux qui les justifioient (1). L'on voit encore dans l'église de Montereau l'épée de ce Jean-sans-Peur, et l'on ne conçoit pas trop quel rapport peut avoir le glaive du meurtrier de tant d'hommes, avec la majesté du temple d'un Dieu dont la morale fut, *homicide point ne seras*. Ce Dieu sans doute avoit des commandemens à part pour les rois, car ils ont eu l'air de n'avoir jamais connu celui-là.

En quittant Montereau pour gagner Fontainebleau, nous avons traversé *Moret*, l'un des villages le plus agréable que nous ayons parcouru depuis que nous voyageons. Nos peintres n'ont pu résister au desir de vous en consacrer une vue, et ils auroient pu la prendre de dix points différens, que dix fois elle

Moret   Porte de la ville

Site Pittoresque, à Moret.

eût présenté des richesses de détail à leurs pinceaux. Ce fut là que plus d'une fois , l'hymen étonné des ridicules usages des trônes qui lui donnoient la politique pour excuse , présenta des femmes étrangères à ces rois dont l'orgueil auroit cru se dégrader en prenant une épouse dans leur patrie. Eh ! comment espérer d'être heureux sous *des rois* ? comment une nation n'auroit-elle pas invinciblement tendu à se dégager d'un fardeau semblable, quand on pense que des entrailles souvent nourries dans la haine du nom français, apportoient le germe d'où devoit éclore un jour l'être qui se diroit le maître d'une nation que tous les siens avoient haï. La plus sûre, comme la plus cruelle des vengeances d'un prince étranger, étoit sans doute d'envoyer sa fille dans le lit d'un *roi* des Français. Il n'est pas une de ces maisons d'Europe , manufactures actives de *reines*, où l'inimitié pour la France ne fût héréditaire et innée. L'Autriche , l'Espagne, la Savoie , la Saxe , tel est l'amalgame dont se sont composés les tyrans de la France , et le plaisir de la persécuter est l'essence du lait qu'ils ont succé dès leur enfance. Les rois sont un peuple à part parmi les peuples. C'est un peuple composé de tous les sangs , et ce mélange de sang dans l'ordre de la nature , n'a pu produire que des monstres. Sur un trône quelconque , ce n'est jamais un Allemand , un Espagnol, un Anglois, un Suédois, etc. qui s'asseoit ; c'est un roi, c'est-à-dire un être dégradé , par le croisement des races. Et voilà les hommes que l'on environna de respect et de gloire, qui , cependant à les considérer au physique comme au moral, dans la composition de leur être, ne méritent pas peut-être d'être rangés dans la classe de l'humanité. Il y a bien loin de l'intelligence du chien primitif, à celle du roquet, que les combinaisons de tant de dégradations de races ont enfanté. Pourquoi l'homme se croiroit-il exempt dans le système animal de cette altération ? Pourquoi l'homme de la campagne, par exemple, s'alliant toujours avec sa semblable, et par conséquent plus près de la nature, ne seroit-il pas dans son espèce ce que le chien primitif est dans la sienne ? et pourquoi les rois ne seroient-ils pas les roquets de l'espèce humaine ? Au moins en ont-ils le caractère hargneux et inconséquent.

Insensiblement, quand on s'éloigne de Moret, en prenant la route de Paris, la nature semble devenir plus sauvage. A mesure que l'on avance, le sol se hérisse de rochers : leurs pointes aiguës où leurs masses raboteuses parsèment de leurs blocs grisâtres la mousse parasite dont le terrain stérile se tapisse : mais bientôt aux buissons épineux dont les branches tortueuses percent à travers le blanchâtre lychen, ou les gersures du grais informe, succèdent les chênes antiques, vénérables aïeux des arbres des forêts. L'espèce de tristesse de l'aspect de la lisière que l'on traverse pour arriver jusqu'à eux, semble préparer l'ame au respect religieux que ces vieillards de la nature impriment si l'œil monte avec lenteur jusqu'à leur cime immense, l'esprit remonte avec eux, les siècles qu'ils ont bravés. Tandis que les autres arbres semblent porter le carac-

Parc de Fontainebleau

tère des peuples civilisés, les chênes imposans par leur agreste sévérité semblent seuls avoir retenu l'empreinte des peuples pasteurs, et l'on est pour ainsi dire tenté de leur demander compte de l'origine des vices des humains. Arbres républicains, ces fiers enfans des prémices de la terre n'ont jamais senti l'esclavage des jardins; leurs membres robustes et nerveux dédaigneroient de se ployer sous le ciseau de l'art; et loin des parcs où la volupté offenseroit leurs mœurs patriarchales, si dans leur auguste solitude ils ont connu les rois, c'est que les rois sont venus les chercher.

Ainsi naquit Fontainebleau, gothique enfant de la bigoterie de Louis VII, et plus fameux depuis par la prodigalité de François I*er*., celui de tous les rois qui bâtit le plus de palais, et qui, s'il se fût rendu justice, n'avoit besoin que d'une *petite* maison; il semble que ce lieu ait toujours eu un attrait particulier pour les plus fous d'entre *les rois*. Après les plaisirs que ce Louis VII y trouvoit à dire des oraisons à la Vierge et à Saint Saturnin, qu'il avoit, on ne sait trop pourquoi, appareillés dans la même chapelle, Philippe, dit *l'Auguste*, y vint se reposer des fatigues de son voyage d'Orient, et s'y guérir des souvenirs que les beautés de Ptolémaïs avoient gravé sur sa santé. Depuis, Louis surnommé le *Saint*, un peu plus imbécile encore, y logea des Trinitaires, pour honorer le dieu vivant, dont il voulut, au prix du sang de cent mille hommes, conquérir le tombeau. Philippe-le-Bel, moins bête, mais plus méchant, y naquit et y mourut; et

François Ier. enfin, plus extravagant que ces prédécesseurs, ne vint y prier ni les saints, ni l'éternel; mais bien y faire outrage à la raison, en métamorphosant un désert en palais. Depuis, car tout est bizarre parmi les rois, ce palais est devenu leur maison d'automne. Ils y venoient habiter les forêts, quand les forêts cessent d'avoir des charmes ; et comme s'ils se fussent accordés pour que leur approche attristât en tout temps la nature, ils venoient à Fontainebleau, lorsque le premier souffle de l'hiver en chassoit les zéphirs.

Francisco Primatice, plus connu sous le nom de Saint Martin de Bologne, donna les dessins de Fontainebleau; et célèbre pour son siècle, tira la peinture et l'architecture de l'espèce d'obscurité où elles vivoient depuis les beaux jours de la Grèce et de Rome. il est malheureux pour les arts d'avoir dû leur résurrection, et leur influence sur leur siècle, à deux princes les plus débauchés dont l'histoire fasse mention, Léon X et François Ier. Mais faut-il en conclure le mépris des arts ? il seroit injuste. la liberté en est-elle moins sacrée, parce qu'elle est née de l'excès du despotisme ? Les vices des hommes amenèrent sans doute à l'habitude des rois; il est assez naturel que les vices des rois aient rappelé l'homme à l'habitude des vertus. on dira peut-être que les arts consacrés long-temps à entourer de voluptés les oppresseurs du monde, sembloient devoir éloigner le retour des vertus : point du tout; l'on ne juge que par comparaison; et plus les arts ont surchargé les rois de jouissances, plutôt ils ont fait sentir la distance entre leur mérite et sa récompense. Un homme est plus petit dans un palais que dans une chaumière, et sans la prodigalité des arts, on eût été plus lentement dégoûté des grands de toute espèce.

Malgré les talens de Primatice, Fontainebleau n'est plus pour nous qu'un amas de pierres, non pas tout à fait sans goût, mais souvent sans ordonnance et sans choix. Ses cheminées colossales, ses toits pesans et élevés affaissent la masse du bâtiment, et déparent les graces que l'architecture a répandues quelquefois sur les ordres dont les façades sont décorées. Le défaut au reste assez commun aux hommes de blâmer ce que leurs pères ont fait, a mutilé ce palais, en voulant le réparer, l'accroître ou l'embellir. Henri IV, Louis XIII, Louis XIV ont voulu retravailler Fontainebleau, et n'ont fait que le gâter; et la jalousie, malheureusement trop commune parmi les artistes, a plutôt mis un masque sur les talens du Primatice, qu'elle ne leur a ajouté de lustre.

Nous n'entrerons point dans le détail des ornemens, des statues, des tableaux et autres meubles précieux que ce château renferme, et qui désormais ravis à la honte de n'être consacrés qu'à l'usage des tyrans, tourneront au profit de la splendeur nationale, à la libre curiosité des étrangers, et à la perfection des talens des jeunes artistes. Eh! d'ailleurs! comment s'appesantir à décrire une longue suite de chefs-d'œuvre dont le prix énorme, justement mérité sans doute par les hommes fameux qui les conçurent, n'en a pas moins été payé par les mains qui l'ont prelevé sur le nécessaire du peuple. Lorsque l'esprit embrasse l'énorme montagne de millions enterrés dans toutes les maisons ci devant dites *royales*, et que l'on calcule combien de familles auroient pu vivre de cet argent mort, et combien on en a ruiné pour le rendre mort, l'ame, le cœur, l'esprit, toutes les facultés intellectuelles et physiques se crispent d'indignation : et si l'on en appelle au tribunal de l'humanité, les palais étoient déja pour les rois un crime assez énorme pour appeler sur eux la vengeance des nations.

Mais croiriez-vous, ô mon ami ! que cet argent dont *les rois* dépouilloient le peuple malheureux pour embellir le séjour où végétoit leur cruelle nullité, servit long-temps à *décorer* les murs de Fontainebleau, de tout ce que la plus honteuse dépravation put inventer de dégoûtant ; que les mœurs exilées par la diadémale corruption, défendoient à la pudeur d'en approcher, et que depuis François Ier. jusqu'à l'enfance de Louis XIV, ces rois vautroient leur pourpre impudique, dans ces galeries où l'Arétin lui-même auroit baissé les yeux ? C'étoit au milieu des statues de Priape, en face des camées, lubriques délateurs des plaisirs césariens, que l'on traitoit du sort des nations, et les intérêts de Dieu même étoient discutés sous les plafonds d'azur, infâmes ciels où la luxure planoit sans écharpe.

Anne d'Autriche, qui, dans ses *cardinales* (2) tendresses, avoit puisé l'hypocrisie de la décence, fit brûler pour cent mille écus de ces tableaux de

Fontainebleau

Fontainebleau; et si, dit un historien du temps, elle eût voulu détruire tout ce que ce palais renfermoit de licencieux, il auroit fallu qu'elle eût fait brûler tout Fontainebleau.

Si la modestie avoit fui de Fontainebleau, la partialité y siégea une fois en souveraine; et vous pressentez déjà que je veux parler de la fameuse conférence où le cardinal du Perron, moins ignorant que fanatique, lutta contre le fameux Plessis-Mornay. Ce savant érudit avoit fait contre la messe un ouvrage où son opinion s'appuyoit de quatre mille autorités au moins, tirées des pères de l'église. On conçoit la rumeur que dut produire cette explosion de vérités, sous le *règne* de Henri IV, où toutes les têtes catholiques étoient méphitisées encore par les miasmes des cadavres de la Saint Barthelemi, et où l'intérêt de tous les *grands* étoit qu'un roi entendît la messe. L'athlète du Perron entra dans l'arêne, et se vanta de démontrer dans l'ouvrage de Mornay la fausseté ou la torsion de cinq cents passages. Cinq cents sur quatre mille, c'est encore trois mille cinq cents de non-disputés, et trois mille cinq cens citations contre la question avancée, sont encore de quelque poids. Mornay accepta le défi, et demanda des commissaires des deux religions pour juges: on en nomma cinq, trois catholiques et deux protestans. Cette inégalité dans la balance, dut faire présumer, dès l'origine, l'issue de cet étrange procès. Il y avoit plus de bonne foi dans le choix des talens. Le président de Thou et François Pithou pour les catholiques; Philippe Canaye et Isaac Casaubon pour les protestans, pouvoient marcher de pair. Le cinquième, moins connu, et médecin du *roi*, se trouve là sans qu'on en devine trop la raison.

Mais admirez l'orgueilleuse intolérance du sacerdoce romain. Il s'agissoit de confondre un protestant. Le nonce du pape ne s'avisa-t-il pas de le trouver mauvais, et de protester contre une assemblée convoquée sans l'agrément du *très-saint père*? Jamais l'amertume du sourire de Juvenal ne se présenta plus à propos sur les livres, et les vicieuses épaules des hommes de son âge ne méritoient pas autant de saigner sous son fouet satyrique, que celles de ces théocrates ergoteurs. Il fallut, pour appaiser l'ire pontificale du nonce, que Henri IV lui jurât qu'il ne s'agissoit que de feuilleter des livres, pour comparer le texte avec la citation. Ces livres, il fut défendu aux protestans de les fournir; les catholiques s'en chargèrent, et les apportèrent comme ils l'entendirent, ou intègres ou tronqués. Toute la cour assista à ce spectacle d'un genre nouveau. Sur les cinq cents passages, on n'en examina que neuf le premier jour; et les juges, infidèles courtisans tout-à-la-fois du trône et de l'autel, les déclarèrent altérés, malgré l'évidence vainement réclamée par du Plessis. Trop affecté de cette mauvaise foi plus déshonorante pour ses antagonistes, que destructive de sa gloire, il tomba malade le même soir: et la suite de la conférence ne put avoir lieu. L'église catholique cria victoire sur un homme qu'elle n'avoit pas battu, et un ouvrage dont on n'avoit examiné que neuf citations sur quatre mille, fut déclaré proscrit. En vain du Plessis-Mornay réclama-t-il, par un livre plus savant encore : la vérité fut étouffée. Henri IV sanctionna le jugement de l'église, contre la religion de son berceau : et voilà la justice de ces rois, que l'on disoit *bons*, et les décisions de cette église que l'on disoit sainte. O protestans, nos frères ; vous que les climats du nord ont reçus, quand un fils de ce Henri IV vous chassa indignement de votre patrie ! enfans d'une religion douce que les glaces de la Prusse, les marais de la Hollande, les bords nébuleux de la Tamise ont vu se nourrir dans les vertus paisibles à nos prêtres inconnus ! Quoi ! c'est vous dont le bras s'arme à la voix des tyrans contre cette France, où vos bourreaux ne sont plus ! et dans quel temps encore ? dans les jours fortunés où la place de vos autels est devenue sacrée pour nous, où l'amitié, où la fraternité sainte ont couvert de leur ombre tutélaire cette terre où nos bras sont ouvers pour vous serrer contre nos cœurs. O malheureux humains ! est-il donc de votre destinée de descendre les échelons de la vie, en sens inverse de la raison ?

Que revient-il de servir *les rois* ? Sur le trône, ils vous égarent ou vous oppriment. Détrônés, il leur reste des bras encore pour vous assassiner. Le malheureux Monadeslchi en fit l'épreuve à ce même Fontainebleau. Christine de Suède (et les trompettes de la renommée ont célébré sa philosophie), Christine souilla le marbre de l'hospitalité, par l'assassinat de son amant. Fille d'un héros, car c'est ainsi que de tout temps on nomma ceux qui assassinèrent leurs semblables dans la compagnie de cent mille hommes; Christine, fille de Gustave, femme virile, lasse de la représentation du trône plutôt que dégoûtée du pouvoir, semblable au comédien que la paresse arrache au théâtre, sans qu'il renonce au plaisir de déclamer des vers, Christine abandonna la couronne, et ce courage du vice fut imputé à l'effort de la vertu. Descendre du trône pour y placer un autre que soi, c'est indolence et non pas magnanimité. La philosophie est d'en descendre et de le renverser; mais Christine ne fut philosophe que parce que les philosophes lui en vendirent le titre, et que le reste des hommes, dans le jugement qu'il porte, mesure toujours l'admiration qu'il accorde bien plus sur le nom que sur l'action. Christine, sans beauté, mais non pas sans esprit, avoit une ame, et n'avoit point de cœur; elle fut généreuse par ostentation, savante par caprice plus que par goût, bienfaisante par fierté, célibataire par système; mais elle fut inconséquente par caractère, ambitieuse par maladresse, jalouse par défiance d'elle-même, errante par inconstance, et cruelle par éducation; elle connut l'amour sans en connoître les douceurs, et l'amitié sans en remplir les devoirs; enfin, elle ne fut extraordinaire que parce qu'elle fut reine. Christine, née dans toute autre classe, n'eût été qu'une aventurière.

Ce fut à Fontainebleau qu'elle commit un crime que les Néron n'auroient pas désavoué, et que son sexe ne rend que plus odieux. Elle se crut reine

Melun

encore, lorsque l'attachement du malheureux Monadelschi devoit lui rappeller qu'elle ne l'étoit plus. Cette femme perfide n'eut pas même l'excuse d'un amour outragé, dans l'odieux forfait dont elle se rendit coupable. Ce fut le dégoût, et non pas la vengeance qui l'arma d'un poignard. Elle parut en France, en 1656, et Fontainebleau fut le séjour que Louis XIV lui assigna. Tous les hommes prompts à l'admirer, offerts à ses regards sous ce vernis d'amabilité française, si nouveau pour des yeux accoutumés jusqu'alors à la rudesse guerrière de ses courtisans du nord forgés aux combats par Gustave-Adolphe son père, ces Français, façonnés aux graces par l'esprit du dix-septième siècle, alimentèrent son penchant à l'inconstance. Monadelschi, dédaigné ou négligé, s'expliqua plutôt en amant d'une femme infidèle, qu'en esclave d'une reine coquette. La mort fut le prix de son audace. Elle l'accusa d'un écrit contre elle, et le fit traîner à ses pieds; là, sans vouloir entendre sa justification, elle ordonna à son capitaine des gardes, et à deux de ses nouveaux amans de le massacrer; elle eut l'horrible courage d'être témoin de l'obéissance qu'on lui portoit. L'infortuné Monadelschi lutte contre ses assassins, les combat, se défend, chancelle, tombe enfin, accablé sous le nombre. Christine ne craignit point de marcher dans son sang pour approcher de son cadavre. Elle le croit mort, et lui insulte encore. Au son de cette voix que ce malheureux avoit tant chérie, il rassemble un reste de force, entr'ouvre un œil éteint, et soulève vers elle une main tremblante, que l'amour conduit encore. O comble de la rage! quoi! s'écrie-t-elle, tu respires encore! et je suis reine! Ces mots sont un signal pour ses lâches complices. Ils soulèvent leur victime, et le sang jaillit au loin de sa tête écrasée sur le marbre. Elle n'étoit pas encore rassasiée du crime; il fallut que sa propre main lui portât le dernier coup, et qu'elle prouvât à l'univers que qui s'expose à chérir les têtes couronnées, signe presque toujours l'arrêt de son supplice.

C'est à peu près à l'époque de cette horrible tragédie que naquit sur le théâtre où elle se passoit un des plus aimables comiques de la France, Carton Dancour. C'est le créateur de la comédie *bourgeoise*, si l'on peut se servir de cette expression. Il eut le talent de mettre les ridicules en situation, bien plus que l'art de développer les caractères: et le premier, il peignit avec légéreté les petites moralités de village. Intéressant par la douceur de sa société, et par les charmes de sa conversation, il plut à Louis XIV, et nous le citons moins ici par vénération pour ses talens, que parce que certaines anecdotes de sa vie rentrent dans le plan de notre ouvrage, entrepris pour extirper les dernières racines des préjugés. Croiroit-on que parce que Dancour lisant un de ses ouvrages à Louis XIV, se trouva mal à cause de la chaleur de l'appartement où il étoit, et que le roi ouvrit la fenêtre pour le faire respirer, la flatterie plaça cette action si naturelle au nombre des grandes actions de Louis XIV. Misérables flatteurs? Il falloit donc, parce qu'il étoit roi, qu'il le laissât mourir ? Mortels, ayez des républiques ! car tant qu'il y aura des hommes, vous n'auriez que de méchans rois. Carton étoit l'orateur de sa troupe. Un jour il porta, à la tête de quelques-uns de ses camarades, au parlement, une somme pour les pauvres : puisque nous faisons si bien la charité, dit-il, vous devriez bien nous dispenser de l'excommunication. Nous avons bien, lui répondit le président du Harlay, des mains pour recevoir ce que vous apportez ; mais nous n'avons pas de langues pour répondre à ce que vous demandez. Seroit-il permis de demander aux comédiens aristocrates de nos jours, et à qui, sans la révolution, un président pourroit faire encore aujourd'hui une réponse aussi insolente, si c'est ainsi que les reçoivent les représentans du peuple, quand ils paroissent devant eux ?

Le philosophe Ramus, que la forêt de Fontainebleau cacha long-temps au fanatisme qui le poursuivoit, eût été plus reconnoissant que les comédiens s'il eût pu vivre au moment du réveil de la liberté. Il eut oublié tous les maux que les Français égarés par des prêtres, firent souffrir aux déplorables protestans ; et baigné des larmes de la fraternité, il eut pressé contre son sein les enfans éclairés des malheureux aveugles qui le poignardèrent (3) lui et tous les siens à la voix de Charles IX. Mais Ramus étoit un sage, et certains comédiens ne sont que des hommes.

Avant de nous rendre à Melun, chef-lieu de ce département, et de quitter Fontainebleau, nous avons voulu voir Nemours, petite ville très-agréable de ces cantons. Elle doit son origine à une fourberie de moine trop insigne, et à une hypocrisie avaricieuse de seigneur trop astucieuse, pour les passer sous silence dans un livre dont le but est de dévoiler les jongleries de ces deux classes d'hommes.

Louis VII, dont nous vous parlons souvent, parce qu'il est rare que sa balourde bigoterie n'ait prêté le flanc à toutes les ruses intéressées du clergé de son temps : Louis VII, humilié et maltraité à la terre sainte, ne paroissoit pas très-disposé à tenter de nouveaux efforts pour récupérer Jerusalem, et l'exemple de ses revers pouvoit dégoûter les peuples de l'Europe d'un voyage dont tout le bénéfice étoit pour ceux qui le conseilloient, et le danger pour ceux qui l'entreprenoient. Un semblable relâchement de dévotion guerroyante, n'étoit pas le compte du clergé catholique ; mais il lui restoit une grande ressource qu'il a ménagée le plus long-temps possible, l'ignorance et la crédulité des peuples. Deux religieux de l'ordre de Saint Augustin de Sebaste en Samarie, députés par Rodolphe, évêque de Samarie, s'embarquent avec Louis VII lors de son retour en Europe. Leur mission étoit de réchauffer la dévotion des fidèles pour les voyages d'outre-mer, et préalablement d'obtenir d'eux l'argent nécessaire pour bâtir une cathédrale à *Monsignor* l'évêque de Sébaste qui avoit eu le bon esprit de retrouver les reliques des prophètes Abdias et Elisée, que l'empereur Julien l'apostat avoit fait jeter au feu, et que, malgré l'attentat de l'empereur payen, on avoit découvertes dans une châsse d'argent. Remarquez : que de biens dans un seul petit mensonge d'évêque ! obtenir une cathédrale pour rien, persuader la filiation du nouveau testament avec l'ancien, par le soin que les premiers croyans avoient eu de recueillir les dépouilles de deux saints juifs, et ce qui vaut bien mieux encore, le plaisir de faire détester la philosophie, en décriant et calomniant le dernier et le plus sage des empereurs philosophes. Voilà ce qui s'appelle une spéculation chrétiennement céleste.

Vous croiriez peut-être que les deux Augustins ne passoient en Europe qu'armés de leur éloquence et des dons de la persuasion ? *Pas si bêtes.* Ils s'étoient encore munis d'un bon os de S. Jean-Baptiste, qui s'étoit trouvé, on ne sait trop comment, dans le reliquaire d'Abdias et d'Elisée. Cet os de S. Jean-Baptiste, semblable à la baguette de coudre de *Bleton*, devoit instruire ces messieurs à découvrir les trésors; et je vous assure qu'entre leurs mains, elle étoit plus infaillible; voilà quand à la spéculation monacale; quand à la spéculation *nobiliaire*, elle ne fut pas plus mal-adroite. Gauthier I, *seigneur* de Nemours, étoit favori de Louis VII, mais Louis étoit avare, et sa faveur étoit de peu de rapport. L'adroit courtisan conçut le parti qu'on pouvoit tirer de messieurs les Augustins et de leur os. Caressant le goût de Louis VII pour les moines et les Tibia de saints, et encadrant son apparent respect pour les reliques, avec l'inestimable bonheur de recevoir *son maître* dans sa bicoque, quand il lui plairoit de venir prier la jambe de Saint Jean-Baptiste, d'intercéder pour lui auprès du père éternel, il lui demanda pour toute récompense l'honneur de loger les bons pères et leur talisman dans sa terre de Nemours. Louis VII le lui accorda, et sans y penser, lui accorda une fortune. Voilà l'os et les Augustins logés à Nemours. Miracles de se répandre ; fidèles d'accourir ; argent de pleuvoir dans la bourse des pères ; mais jusque là, rien encore pour le seigneur. Cela va venir. Les dévots couchoient à la Belle Etoile. Les dévots aiment leurs aises ; bientôt se bâtissent des hôtelleries autour de l'os ; bientôt autour des hôtelleries s'établissent des bouchers et des boulangers ; bientôt autour des boulangers et des bouchers s'établissent des marchands de draps pour les habiller, des cordonniers pour les chausser, des maçons pour réparer leurs maisons ; bientôt autour de ces gens-là s'établissent des pères dont les filles sont à marier, des veuves pour délasser des Augustins, des marchandes de modes pour la parure de ces dames, enfin que vous dirai-je ? Bientôt une ville s'établit toute entière, et grace à l'esprit du seigneur, un os et deux moines lui valent quelques milliers de sous d'or de revenu. O *nobles* ! O *prêtres* ! quelle mine féconde pour vous que l'ignorance du genre humain.

En quittant Nemours, où l'os de Saint Jean Baptiste est peut-être encore, mais où nous n'avons plus retrouvé ni Augustins, ni de *seigneurs* Gaultier, nous avons, en traversant la forêt de Fontainebleau, gagné Melun, dont le territoire délicieux, et les aimables rives de la paisible Seine, font un séjour enchanteur. Ce chef-lieu, l'une des plus anciennes villes des antiques Gaules, a vu la liberté s'endormir auprès du char de César, et dix-huit cents ans après se réveiller au bruit des canons de la bastille, que l'on entendit de ses remparts. Il ne nous reste d'autre trace de son antiquité, que la mention que César en fait dans ses commentaires. Sa première époque dans notre histoire remonte au dixième siècle, et date du ravage des Normands. Hugues Capet en fit le partage d'un de ses flateurs, Bouchard, comte de Vendôme. Bientôt après elle offrit le spectacle de la juste récompense que méritent les traîtres. Sous Robert, Eudes comte de Champagne, corrompit, à force d'argent, le châtelain et sa femme, que le vicomte de Melun y avoit établis, et s'en empara. Robert la reprit ; et le châtelain fut pendu. Souvent le séjour des *rois français*, elle se vit en bute aux armes des anglais, et le siége qu'elle soutint contre eux au quinzième siècle, est au nombre de ceux dont les relations touchent à l'invraisemblance. Il dura six mois, et toutes les horreurs qu'entrainent la famine et les maladies, compagnes de la guerre et de la disète, se débordèrent sur cette ville infortunée. Toutes les ressources que des hommes affamés emploient pour luter contre la mort, les alimens les plus dégoûtans, la nourriture cherchée dans les animaux les plus immondes, dans les crimes mêmes effroi de la nature, furent mis en usage. Enfin, spectres plutôt que guerriers, ces squelettes déserteurs des tombeaux, demandérent à capituler. On leur accorda les honneurs de la guerre ; mais, par un insigne mauvaise foi, le vainqueur trahit ses sermens, et d'indignes fers furent le prix de l'excès du courage. C'est après ce grand événement, que l'on doit rapporter sans doute des vers faits pour cette ville, dont le style est en effet du quinzième siècle, et qui se terminent ainsi :

> Dire me puis sur les villes de France,
> Pauvre de biens, riche de loyauté.
> Qui, par la guerre, ay eu mainte souffrance,
> Et par la faim de maints rats ay taté.

Les richesses des comtes de Melun ont passé pour être extrêmes : il falloit qu'elles fussent en effet extraordinaires, puisqu'elles tentèrent les bénédictins de Saint-Maur, dont l'avidité s'accroissoit en raison de la difficulté d'obtenir. En effet, comment décider un grand à se dépouiller des douceurs de la vie ? Comment ! est-il des obstacles dont la superstition et la persévérance ne viennent à bout ? Bouchard, comte de Melun, tombe malade : les religieux de Saint Maur lui persuadent que pour guérir il doit se faire bénédictin ; il y consent ; la nature et non la robe noire agit ; il est guéri. Le premier pas fait, on arrive au second, et c'est la donation de tous les biens. Etoit-elle difficile à obtenir d'un homme que, par ses vœux, on avoit réduit à l'impuissance de désobéir. On le dépouilla donc et il ne donna pas ; et telle est, en général, l'origine de tous ces biens dont le clergé revendiquoit la propriété comme incontestable.

Nombre de *rois* ont habité Melun ; leur palais

étoit à la pointe de l'île qu'y forme la Seine. Ce fut là que Philippe *Auguste* brava l'excommunication que son amour pour Agnès de Méranie lui fit encourir. Une chose vraiment bisarre, c'est que toute la France étoit excommuniée parce que le *roi* l'étoit. Les papes avoient ainsi trouvé le secret d'armer contre les *rois* qu'ils vouloient dominer, la crédulité des peuples. Un *roi* excommunié, ils faisoient jeûner le peuple de messes, et c'étoit alors une grande privation. Personne ne pouvoit se marier ; il étoit même défendu de coucher avec sa propre femme, et les enfans qui eussent été conçus pendant la défense, apportoient avec eux le caractère de bâtardise, et étoient réputés *relaps*. O mœurs ! ô profondeur du régime théocratique !

Provins et Rosoy sont peu dignes de remarque. On trouve encore, dans la première, quelques vestiges d'un antique château, séjour de quelque petit tyran féodal, aujourd'hui repaire obscur des reptiles et des oiseaux funèbres. Elle avoit jadis des manufactures de draps estimés. Quelques ouvriers, mécontens de l'avarice des manufacturiers, passèrent en Angleterre, y portèrent leurs talens, et fondèrent ces métiers de superbes draps, dont le commerce anglais s'enrichit alors aux dépens de la France.

Nous ne vous citerions pas davantage *Brie*, ci-devant surnommé *Comte-Robert*, parce qu'elle devoit son origine à un certain Robert, *comte* du pays, que l'on nommoit Brie, si un grand crime n'avoit été commis dans cette ville. L'odieux usage de persécuter les Juifs, pour s'emparer de leurs biens, et d'abuser d'une prétendue malédiction céleste pour opprimer une nation dont la dispersion eut pour cause unique la rapace ambition des empereurs romains, fut souvent une des ressources des rois de la troisième race. Philippe *Auguste* régnoit. Il avoit besoin d'argent, et les juifs de *Brie* passoient pour en avoir. Les dépouiller et les chasser auroit pu nuire à la réputation d'un *roi* qui avoit la manie d'en avoir une de grandeur et de clémence. Il parut plus simple de leur imputer un crime et de les faire tous périr. Toute vraisemblance fut bannie de la supposition. On prétendit, comme si cela eût été possible au milieu d'une ville dont tous les habitans avoient les yeux ouverts sur eux, qu'ils avoient flagellé, couronné d'épines, et crucifié publiquement un chrétien, en dérision du Christ. En conséquence, Philippe-Auguste ordonna qu'ils seroient brûlés en expiation de ce forfait. Ainsi périrent quatre-vingts hommes, dont on vouloit confisquer les biens au profit du *roi*.

Nous vous l'avons annoncé dans le commencement de cette lettre; nous marchons de crimes en crimes, de préjugés en préjugés, en voyageant dans l'histoire de ce département, et peu d'endroits de ce territoire fertile qui ne doivent des amendes honorables à l'humanité. *Lagni* nous en fournit une preuve nouvelle. Cette ville qui n'est plus qu'un bourg, dut long-temps une sorte de célébrité à une abbaye de bénédictins fondée par un Ecossais, que l'on ne connoît que parce que ses moines ont dit qu'il étoit saint. Pillée dans le neuvième siècle par les Normands, plusieurs *comtes* de Champagne se plurent à la réédifier, et le galant Thibaut IV, amant de la mère de Louis IX, poëte et dévot, la combla de priviléges. Dans la suite, ravagée par les Anglais et par les Bourguignons, tyrannisée par un nommé la *Crique*, soldat insolent et féroce, que les Anglais y mirent pour la commander ; bientôt soumise et fidelle aux d'Armagnac qui y entrèrent en 1418, les habitans de cette ville s'acquirent l'animadversion de Paris, en venant jusqu'à ses portes s'emparer des hommes, des femmes, des enfans, des bestiaux, en haîne des Bourguignons qui y étoient tout puissans. Pour se racheter de leurs mains, il falloit payer une rançon considérable, sans quoi ils attachoient leurs victimes deux à deux, les précipitoient dans la Marne, ou les pendoient aux arbres ou dans leurs caves. Le duc de Betfort, régent du *royaume* pour Henri V d'Angleterre, las de ces brigandages, vint mettre le siége devant Lagni. Ce siége, aussi long que meurtrier, demeura sans succès par la courageuse persévérance des habitans. Depuis lors ils jouirent de la paix jusqu'au règne de François Ier., qu'ils prirent indiscrétement parti dans une querelle survenue entre l'abbé et ses moines. François Ier. fut assez dénaturé pour prêter à l'abbé de Lagni des troupes pour égorger ceux qu'il traitoit de ses *féaux* et bien *amés sujets*. De Lorges fut le capitaine de cette expédition, et c'est aux cruautés qu'il exerça contre cette ville infortunée, que la haine pour le nom de *l'orge* a pris naissance dans le cœur du peuple de Lagni. Depuis lors la ridicule question, *combien vaut l'orge*, qu'une dangereuse espiéglerie instigue à l'individu qui en ignore la conséquence, est devenue un signal de proscription. Le peuple tout-à-coup ameuté par le seul mot de *l'orge*, se jette en aveugle sur l'indiscret, le traîne vers une fontaine publique, où on le plonge de force à diverses reprises. La mort a plus d'une fois suivi cette odieuse plaisanterie, sans ouvrir les yeux à la multitude qu'un usage de tradition rend féroce pour un moment : et tel est le cours bizarre qu'a pris la vengeance d'un peuple indigné de la conduite atroce du ministre de la condescendance d'un *roi* pour les prétentions insolentes d'un abbé. Une observation singulière à faire, c'est que ce ne sont pas les descendans des habitans de Lagni, dont le cœur a conservé l'horreur pour le nom de *Lorges*, mais bien les fils des soldats mêmes de ce de Lorges : car ce scélérat fit égorger tous les hommes et les enfans mâles, et livra les épouses et les mères à la brutalité de ses satellites : ainsi la *lorgeophobie* est la maladie des enfans de ceux qui l'ont fait naître, et non des véritables *Langisiens*.

Hélas! n'étoit-ce donc point assez des désastres de la guerre, pour affliger l'homme? Falloit-il que l'amour, ce présent si cher de la nature, vînt encore souvent déchirer son cœur. Nous avons vu cette abbaye de Chelles où coulèrent si long-temps les larmes de la belle comtesse de Dammartin : cette femme superbe, dont la tendresse malheureuse n'a de modèle que dans l'infortune de Gabrielle de Vergi,

Vergi, mérita comme elle que le roman s'emparât de la vérité de ses tourmens, et qu'Albérie du Mets fût mis de pair avec Raoul de Coucy.

Cette abbaye de femmes, l'une des plus superbes que l'outrage à la nature ait bâties, dont l'orgueil se vantoit d'avoir été gouvernée par des filles, des femmes et des sœurs de rois, comme si des *princesses du sang* ne cessoient pas d'être quelque chose, du moment qu'elles embrassoient un état inutile : cette abbaye, dis-je, succéda aux palais *des rois* de la première race. Par-tout où les traces de ces hommes se trouvent, soit qu'ils aient vécu sous nos yeux, soit qu'ils se perdent pour nous dans l'obscurité des temps, on est sûr de rencontrer le crime ; ce fut et l'on montre encore dans les bois de Chelles la place où le plus lâche, comme le plus scélérat des tyrans, ce Childéric qui mérita le titre du Tibère de la France, fut assassiné par l'intrigue de son épouse, plus criminelle encore que lui, cette Frédégonde, dont on ne peut prononcer le nom sans frémir. L'enfer l'avoit vomie : et la terre, lasse de la porter, la vomit à son tour.

Chelles, en nous rappellant l'infortunée comtesse de Dammartin, avoit arrêté notre réflexion sur le charme et le danger des romans. Si l'on en excepte une dixaine peut-être, le reste a plus retardé les lumières, plus fait de tort à la philosophie que les ouvrages purement composés pour l'étouffer. Ceux-ci ou trop abstraits, ou trop pesamment écrits, sont à peine connus de quelques savans. Mais les romans sont entre les mains de tout le monde : et peu de gens les lisent, qui ne sortent de cette lecture avec un esprit faux; et puisque le nom de Dammartin présente à notre souvenir *Mlle. de Lussan* (4), plutôt que tout autre auteur romancier, nous demanderons si lorsque l'on quitte ses ouvrages, on n'en sort pas plein d'admiration et de tendresse pour Philippe Auguste et François Ier., et de vénération pour les *grands* de leurs *cours*? Si d'après cette lecture, on ne seroit pas tenté de croire que Chelles ou toute autre abbaye est le séjour de la paix et du bonheur? et certes, si c'est là le but mortel des ouvrages de ce genre, il n'en est pas de plus pernicieux et de plus contraires aux progrès des connoissances.

C'est ainsi qu'en réfléchissant sur le danger des fables inventées par l'esprit, nous avons apperçu les tours où la vérité a donné dans l'excès contraire, et par un égal abus de l'éloquence est parvenue à détruire, pour quelque temps, les droits les plus saints de l'homme. Bossuet, évêque de Meaux, a dépensé sans doute tous les talens du génie et de l'esprit pour prêcher la vérité, et cependant a plus fait pour la rendre haïssable que pour la rendre aimable, tandis que Fénélon, son rival, sans se donner de peine, en apparence du moins, est parvenu à la faire chérir. Ah! c'est que le génie et l'esprit ne commandent que le respect pour la vérité, et que le cœur seul en fait naître l'amour : Fénélon l'avoit ce cœur, et Bossuet ne l'avoit pas.

Meaux est une ville agréable, quoique peu grande. Voisine de Paris, assise sur quelques grandes routes qui communiquent de la capitale dans plusieurs parties de la république, et dans toute l'Allemagne, elle est plus vivante par les voyageurs qui la traversent, que par ses propres habitans. Située aux pieds des côteaux qui suivent le cours de la Marne, cette rivière passe sous ses murs, et plusieurs ruisseaux arrosent ses rues, avant de se jeter dans la Marne. Une promenade assez bien entendue, que l'on a plantée sur les bords de cette rivière, procure à Meaux un agrément dont elle fut long-temps privée. Pauvre en monumens publics, elle n'a que sa cathédrale que l'on puisse citer : elle le mérite en effet, et le chœur, ouvrage du cardinal de Bissy, est un chef-d'œuvre d'architecture. Les blés, les bestiaux, les laines font la richesse de son commerce. Son marché est célèbre, et du nombre de ceux où Paris vient s'approvisionner; mais ce sont sur-tout ses fromages connus de toute l'Europe par leur délicatesse, dont le débit est immense. C'est le seul mets que l'homme sensible voit avec plaisir sur la table du riche : il sait qu'à la même heure le pauvre en compose sa nourriture. Les fromages de Brie ont long-temps prêché l'égalité, avant que l'homme même soupçonnât que l'égalité fût possible.

Et cependant ceux que la vertu de leur état devoit rendre plus incrédules sur la possibilité de l'égalité, ceux dont la pureté du cœur les élevoit bien au-dessus des personnages dont l'orgueil se plaçoit plus haut que le reste des humains, le peuple toujours bon a consenti sans peine à devenir l'égal de ces hommes grands de titres, mais dont les vices les ont mis souvent au-dessous même des bêtes féroces. Ils croient que cette égalité les déshonore, tandis que le peuple plus indulgent a oublié que c'étoit lui seul qui faisoit un sacrifice, en consentant à devenir l'égal de certains hommes.

Je gémis quand je pense qu'à Meaux le patriotisme n'a pas tout à fait l'ardeur qu'il devroit avoir. Je voudrois que tout le peuple de Meaux pût sortir un moment hors de ses murs, et qu'on lui dit : Vous voyez bien cette place, c'est là qu'étoit jadis l'orme de Vauru : c'est là que des hommes de ce nom, se disant *nobles*, se faisoient un jeu de pendre les hommes du peuple pour les dépouiller plus à leur aise. Comment l'aspect de ces lieux et le souvenir de cet arbre fameux n'étouffent-ils pas en vous le penchant secret que vous avez pour la cause des *nobles* ?

Jamais monstres célèbres n'approchèrent de la scélératesse sanguinaire de ces deux frères ou cousins, nommés l'un *le Bâtard*, l'autre *Denis* de Vauru. Ces brigands, sous Charles VI, gouverneurs de Meaux, se répandoient dans les campagnes, arrachoient les laboureurs à leur charrue, attachoient ces infortunés à la queue de leurs chevaux, et les conduisoient ainsi aux pieds de l'arbre fatal, et là trafiquoient de leur vie et les pendoient, s'ils n'étoient pas assez riches pour se racheter. L'histoire nous a conservé un trait de férocité de ces tigres, dont on ne retrouveroit pas le pendant chez les nations antropophages. Un jour ils saisirent un jeune homme qui travailloit à la terre ; ils le garottèrent, le conduisirent à l'arbre, et trafiquèrent de sa rançon. La femme de ce malheureux accourt, embrasse les genoux des bourreaux de son mari, et les yeux inondés de larmes, leur demande un délai pour rassembler la rançon de son époux. Il est accordé. Le ciel alors ne fut pas du parti de l'innocence. Le délai s'écoule :

elle ne peut compléter la somme, et ce n'est que huit jours après qu'elle la possède entière. Qnelles angoisses ! quelles affreuses anxiétés ! Ces tyrans atroces auroient-ils respecté les jours de son époux? Est-il temps encore de le sauver ? Elle s'empresse; elle vole ; elle arrive. Voilà le prix que vous avez mis à la vie de tout ce qui m'est cher. Prenez, et rendez-moi le père de mes enfans. Les Vauru saisissent l'argent, conduisent cette épouse infortunée aux pieds de l'orme. Lève les yeux, lui dirent-ils, tu demandes ton époux, regardes, le voilà !...... Il n'est plus. O femme déplorable ! s'il se peut, suspens tes larmes ; vois ces monstres. Le murmure même est un crime à leurs yeux. Elle n'eut pas cette douloureuse prudence. Sa fureur éclata : toutes les imprécations que peuvent vomir les ulcères profonds d'un cœur pour jamais déchiré, s'exhalèrent de sa bouche. Les scélérats osèrent l'en punir : ils la saisissent, la dépouillent, l'attachent nue à l'arbre, et l'abandonnnent à ses tourmens. Eh quoi donc ? le monde alors étoit-il désert ? n'existoit-il sur la terre que les Vauru et cette infortunée ! Hommes ! voyez la honte où réduit l'esclavage ! Des milliers de bras contre deux tyrans ; et ils n'osent rien tenter pour sauver les jours d'une femme innocente ! Mais comment achever de décrire l'épouvantable catastrophe de cette horrible tragédie ? La nuit et ses horreurs arrivent. Cette malheureuse est seule ; nul ne vient à son secours : la rage jnsqu'alors avoit soutenu ses forces ; la frayeur lui succéda, et son courage l'abandonna. Le sifflement des vents dont la violence agite l'orme sanglant, l'épouvantable cliquetis des squelettes desséchés suspendus à ses branches, les funèbres cris des corbeaux dont la voracité se dispute les fétides lambeaux de tant de corps ensanglantés, le cadavre enfin de son époux que les vents balancent, et promènent sur son front; enfin, la nuit, la nature et la mort, tout amoncèle la terreur dans le sein de cette infortunée. Ses tourmens ne s'accroîtront plus? C'en est fait! elle va périr. Ah! gardez le le croire! Un supplice cent fois plus affreux s'approche. Des douleurs aiguës déchirent ses entrailles; elle est enceinte! elle devient mère! et c'est sur le théâtre même de la mort, où des loups attirés par le carnage l'environnent. Elle va se délivrer: l'enfant paroît sur les rives de la vie; et la gueule dévorante de ces monstres des forêts déchirent..... Ah dieux! n'achevons pas..... Fuyons la table où j'écris.... Les Vauru ont existé.... et la foudre peut tomber à la place où on prononce leur nom.

O femme du peuple! vous que Meaux a possédée pour la garantir sans doute des vengeances du ciel, vous! dont l'humanité l'a rendue plus chère que l'éloquence de Bossuet, prêtez-moi quelques-uns des traits de votre vie, pour consoler mes lecteurs : que la sécurité revienne sur leur front; elle reviendra, j'en suis sûr. Vous étiez née parmi le peuple; le peuple est plus nombreux que les compagnons des Vauru. La masse des vertus a donc la la majorité sur la terre : elle tenoit, cette digne femme, elle tenoit l'auberge des Trois-Rois. Dix mille malheureux furent secourus par elle; elle espionnoit non pas les richesses de ceux qui venoient loger chez elle, mais les traces d'infortune qu'elle pouvoit démêler sur leur front. Un jour un jeune militaire arrive; la force de l'âge, la santé brille à travers la fatigue qui l'accable, et cependant à peine demande-t-il le plus léger aliment. La bonne hôtesse le remarque; elle s'approche. Sa délicatesse, sauve-garde de celle de ses hôtes, éloigne les témoins. Vous êtes triste, vous êtes jeune, lui dit-elle, et vous ne mangez pas! qu'avez-vous? je ne me trompe pas; vous êtes sans argent. Sollicité, pressé, vaincu par ses instances, le jeune homme avoue sa détresse. N'est-ce que cela, lui dit-elle? Vous ignorez donc que vous êtes chez l'hôtesse de Meaux? vous ne lui auriez pas fait l'injure de douter de son cœur. Venez, venez vous mettre à table: et comme demain vous repartirez et qu'il faut vivre, voilà vingt-cinq louis. O ciel, s'écria le jeune homme! quel bienfait! Mais vous ne me connoissez pas. —— Eh! qu'ai-je besoin de vous connoître? Si vous êtes un galant homme, vous me rendrez mon argent: si vous êtes un fripon, les remords ne seront pas pour moi; mais je suis sans inquiétude. Vous êtes peut-être le millième à qui j'ai rendu le même service, et jamais je n'ai rien perdu. Les fripons respectent la vertu, et jamais il ne s'en est présenté chez moi. Hélas! le même jour ce jeune homme avoit passé à la Ferté-sous-Jouare, et des religieuses à cent mille livres de rentes lui avoient refusé du pain à leur porte. Cette abbaye fameuse étoit encore un de ces petits peuples oisifs, qui, dans le sein d'un état, s'étoient arrogés le droit de vivre sous les loix d'un pays étranger. Ces dames prétendoient ne relever que du pape, et fièrement indépendantes dans leur pompeux esclavage, tyrannisoient tout à leur aise leurs chanoines et leurs fermiers, que les loix de la France ne pouvoient garantir de leur oppression sacrée. Les carrières de ces cantons fournissent des blocs immenses dont on fait des meules de moulin, et dont le débit verse des richesses dans ce pays un peu moins fertile que le reste du département, où l'instruction publique nous a paru plus nécessaire qu'ailleurs, et où, nous le disons à regret, nous avons trouvé la nature superbe et l'homme bien éloigné d'elle.

NOTES.

(1) Le docteur Petit osa dans Paris, au sein d'une assemblée où Charles VI, toute la cour, et presque tout le peuple étoient, louer le duc de Bourgogne d'avoir assassiné le duc d'Orléans, et passer en revue tous les pères de l'église, pour prouver que l'assassinat étoit la chose du monde la plus naturelle et la plus sainte. Peuple ! voilà les ministres de la religion chrétienne !

(2) Anne d'Autriche aimoit les prêtres. Les cardinaux de Richelieu, de Mazarin, de Retz et bien d'autres passèrent dans ses bras.

(3) Ramus, le jour de la S. Barthélemy, étoit caché au collége de Presles. Charpentier, l'un de ses ennemis, l'y découvroit. Ramus lui demanda la vie, et Charpentier de l'argent pour la lui laisser Ramus acquitta sa rançon sur-le-champ, et le perfide Charpentier, après l'avoir touché, le livra aux massacreurs catholiques. Il fut égorgé, jeté par les fenêtres, et les écoliers, incités par ses rivaux, mutilèrent son cadavre, le traînèrent sur la place Maubert, et finirent enfin par le jeter dans la rivière. Cet homme, aussi savant que vertueux, avoit pendant 69 ans couché sur la paille, et n'avoit vécu que de pain et d'eau. Il n'étoit pas un seul des écoliers qui l'outragèrent après sa mort, qui n'eussent reçu de ses bienfaits. Il leur distribuoit à tous ses revenus qui étoient assez considérables.

(4) Mlle. de Lussan, auteur des anecdotes de Philippe-Auguste et de François Ier.

VOYAGE

DANS LES DÉPARTEMENS

DE LA FRANCE,

Enrichi de Tableaux Géographiques
et d'Estampes ;

Par les Citoyens J. LAVALLEE, ancien Capitaine au 46e. Régiment, pour la partie du Texte ; Louis BRION, pour la partie du Dessin ; et Louis BRION, père, auteur de la Carte raisonnée de la France, pour la partie Géographique.

L'aspect d'un Peuple libre est fait pour l'Univers.
J. LAVALLÉE, *Centenaire de la Liberté*. Acte Ier.

A PARIS,

Chez
- BRION, Dessinateur, rue de Vaugirard, n°. 98, près le Théâtre-Français.
- DEBRAY, Libraire, au grand Buffon, maison Égalité, galeries de Bois, n°. 235.
- LANGLOIS, Imprimeur-Libraire, rue de Thionville, ci-devant Dauphine, n°. 1840.
- REGNIER, Imprimeur-Libraire, rue du Théâtre-Français, n°. 4.

1792,
L'AN QUATRIÈME DE LA LIBERTÉ.

VOYAGE
DANS LES DÉPARTEMENS
DE LA FRANCE,
PAR UNE SOCIÉTÉ D'ARTISTES,
ET DE GENS DE LETTRES.

DÉPARTEMENT DE SEINE ET OISE.

Quoique nous ayons quitté Paris, ses arts, sa splendeur, son luxe ne nous ont point quittés : nous sommes dans les champs, Monsieur, nous cherchons, nous interrogeons la nature, et le faste des Rois nous répond. Les châteaux, les jardins, les parcs, voilà les fers dorés dont les tyrans ont accablé ses mains. Nous avons brisé les nôtres, elle porte encore les siens. Par-tout ici le temple d'une courtisane, ou d'un sibarite, frappe de stérilité la terre qu'il fatigue, et quand nos yeux cherchent sur le sol la nourriture du pauvre, les statues de Priape nous forcent à baisser les regards. Nous sommes libres, Monsieur, mais nous ne sommes pas philosophes encore.

Au reste n'en soyez pas extrêmement surpris. Ce département est, pour ainsi dire, la zône du département de Paris. Doit-on s'étonner que la ceinture de (1) *Sardanapale* soit surchargée de rubis ?

Prenez donc patience : nous n'avons ni moissons fertiles ni fêtes champêtres à vous peindre : la palette de *Gesner* est loin de nous encore. L'insignifiante majesté des asyles des Rois nous environne. Le jour des douces larmes n'est venu ni pour vous ni pour nous. Ici tous les souvenirs sont amers ; et prissions-nous au hazard une pierre pour table, en vous écrivant, en est-il une ici qui ne nous rappelât les antiques misères du peuple ?

Cependant, en aucun lieu du monde, l'industrie de ce peuple ne constraste plus avec l'oisiveté des riches. Il ne possède pas quelquefois vingt pieds carrés de superficie ; et ce point est le trésor de la fécondité. On pourroit, ce me semble, comparer ce département à une femme superbe, dont les appas sont flétris par d'odieux amans, tandis qu'un enfant foible et nud s'engraisse en cachette sur son sein.

Au reste, ce département semble n'exister que pour Paris. Si les vices, dans des chars superbes, y viennent braver l'aspect de la nature, les productions de la nature vont s'engloutir dans le gouffre des vices, pour alimenter les tables du luxe. Dans le nombre des denrées qu'il fournit, il ne se trouve que ses vins que la dédaigneuse délicatesse abandonne au peuple. En effet, ce ne sont ni le Falerne des Romains, ni le Tokay d'Hongrie, dont le feu ranime des fibres usés par la débauche, mais les vins âpres et durs, quoique sains, qui porteroient la santé dans les veines du pauvre, si la cupidité des marchands ne le frélatoit pas encore.

Du bois de chauffage, de bons légumes, des fruits excellens, quelques bons pâturages, plus rarement des grains, voilà ses richesses : éparses plutôt que semées, le long des murs immenses, dont l'orgueil des grands entouroient leur ennui. Grace à la révolution, vous ne voyez plus la dent destructive du fauve ronger en une minute le fruit du travail de dix hommes, ni le chien insolent et flatteur, ravager les vingt épis de blé que le misérable ensemença pour ses enfans. Les bains de Diane sont taris; et le cor d'Actéon ne fait plus gémir Echo, qui sommeille dans les vallons.

Le costume est le même ici qu'à Paris, et les mœurs s'y ressentent du voisinage de la capitale. Dans Paris, le caractère du peuple s'adoucit, si j'ose le dire, par le frottement perpétuel de l'urbanité : au contraire, le caractère du peuple de la campagne s'encroute de la rudesse qui reste au peuple de la ville : et des habitudes agrestes, amalgamées ainsi avec les habitudes triviales des cités, naît un ensemble de grossièreté, qui n'est pas son caractère indigène, mais bien son caractère endémique. Si vous songez ensuite aux nombreux troupeaux d'esclaves à livrées, que les grands jadis traînoient à leur suite quand ils alloient à la campagne, aux oisifs avilis par les plaisirs, que la mode, le ton et le printems faisoient refluer dans les hameaux, aux appétits que la simplicité rustique réveilloit dans des sens usés par la luxure, vous étonnerez-vous qu'ici le charme de Palémon ne soit plus intact ? La candeur, la bonne-foi s'altéroient par la fréquentation des valets. La pudeur fuyoit à l'approche des maîtres : les fontaines restoient pures, leurs rives se couvroient de fleurs, mais les nymphes avoient fui ; et la vertu sans couronnes ne trouvoit plus de chalumeaux pour la chanter.

Versailles est le chef-lieu de ce département. La planche, dessinée par C**, que vous trouverez ici, vous donnera une idée de ce château, superbe d'un côté, ridicule de l'autre (2), que sous Louis XIII, Bassompierre appeloit le chétif château de Versailles. Exemple mémorable du goût de Louis XIV pour les difficultés ! nous ne vous décrirons pas ce palais trop connu, qu'un désert a vu naître, et que ce Roi ne fit bâtir que pour insulter à la nature. On estime que le château et les jardins ont coûté 1800 millions : l'article seule des plombs étoit de 32 millions, sur l'état des sommes, enfouies dans cette bâtisse : état que le Roi jeta au feu pour en dérober la connoissance. L'enceinte du parc qui le renferme a dix-neuf lieues de circonférence. Le palais d'or de Néron n'en avoit pas quatre (3) !

En parcourant ce château, quelques observations font sourire le philosophe. Telle est, par exemple, la distribution fortuite des bâtimens qui se succèdent, avant d'arriver à ce que l'on appelle la cour de marbre.

D'abord le palais des chiens, et celui des chevaux ; vient ensuite la tente figurée des Gardes ; plus en avant le logement des ministres ; enfin celui du Monarque. Cette distribution n'est-elle pas l'emblême des barrières qui séparèrent toujours la vérité des Rois ? Des chiens ! des gardes ! des courtisans ! le trône enfin ! on l'auroit fait exprès, on n'auroit pu mieux faire.

Château de Versailles, du Côté de la Terrasse.

Tous les salons de ce château sont consacrés à des divinités fabuleuses. Eh ! quelles divinités encore ! salons d'*Hercule*, de *Vénus*, de *Diane*, de *Mars*, de *Mercure*, de la *Guerre*, etc. Quel choix *consolant !* On y trouve aussi le salon de l'*Abondance*. Celui de l'*Humanité* n'y est pas.

Les sujets des quatre tableaux principaux qui se trouvent dans l'*appartement de la Reine* ne sont pas moins révoltans aux yeux de l'homme qui réfléchit.

Dans le premier, c'est la fameuse orgie où *Cléopâtre* (4) s'abreuvant de la dissolution de la célèbre Perle, accoutume *Antoine* à se passer de l'honneur dans les bras de la volupté.

Le second représente *Didon* faisant bâtir Carthage.

Dans le troisième est la Reine *Rhodope* (5) contemplant la pyramide qu'elle avoit fait élever n'étant que courtisane.

Le quatrième enfin représente *Nitocr* (6), Reine de Babylone, admirant le pont qu'elle fait construire sur l'Euphrate.

Nitocris, Rhodope, Didon, et Cléopâtre ! Quel exemple pour une Reine des Français ! Et voilà comme la flatterie anime jusqu'à la toile pour donner des leçons de corruption.

Un ridicule d'un autre genre a placé dans la chambre du Roi les quatre Evangélistes : et *Jésus-Christ* parmi les *Pharisiens*. Si cette allégorie est un trait d'esprit, elle fait honneur *au Valentin* dont est ce tableau.

Jésus-Christ dans la chambre d'un roi, parmi les *Pharisiens*; l'allégorie est piquante.

Encore un exemple des absurdités qui fourmillent dans ce vaste trésor de la peinture et de la sculpture. Au bout d'une pièce d'eau appelée des *Suisses*, se voit une statue équestre, exécutée par le *Bernin*. C'étoit Louis XIV qu'il avoit voulu représenter. Mécontent de son ouvrage, il le trouva bon pour figurer *Marcus-Curtius* (*) ce Romain assez généreux pour se

---

(*) Dulaure, dans sa description des environs de Paris, tom. 2, pag. 324, écrit *Curius* au lieu de *Curtius*. Et ce changement de nom se rencontre de même dans la note qui se trouve au bas de la page. Nous croyons que c'est une erreur. Ce fut *Marcus-Curtius* qui, l'an 362, avant Jésus-Christ, se précipita tout armé dans un abîme qui s'étoit entr'ouvert dans une place de Rome. Quoique fondé sur une aveugle superstition, ce dévouement civique n'en est pas moins beau. Nous ne releverions pas cette erreur, qui, sans doute, n'est qu'une faute typographique, s'il n'avoit pas existé un *Marcus-Curius*, plus recommandable encore. *Marcus-Annius-Curius-Dentatus*, deux fois consul, deux fois triomphateur, vainqueur des Samnites, des Sabins, des Lucaniens, et enfin de *Pyrrhus* auprès de Tarente : plus grand encore par son désintéressement, sa popularité et sa pauvreté, que par ses victoires. C'est lui que des ambassadeurs Samnites trouvèrent à son champ, faisant cuire des racines pour son dîner, dans un vase de terre, et qui, refusant des vases d'or qu'ils lui présentoient pour embrasser leurs intérêts, leur répondit que « l'homme qui se contentoit » de racines pour sa table, n'avoit besoin ni d'or, ni » d'argent : et qu'il trouvoit plus beau de commander » à ceux qui en avoient, que d'en avoir ».

dévouer au salut de sa République, en se précipitant dans un abîme, à la voix d'un oracle menteur. La statue n'étoit pas digne d'un Roi dont l'orgueil pensa perdre la France ; elle étoit *trop bonne* pour l'homme libre qui périt pour sauver sa patrie. O cavalier *Bernin* ! où Bernin, favori de cinq papes (*), visité par *Christine* de Suède, familier avec *Dieu-Donné*, auroit-il appris le respect que l'on doit à l'homme libre qui meurt pour ses concitoyens ?

Le patriotisme des habitans de Versailles leur assigne une place distinguée dans l'histoire de la révolution. L'absence du Roi compromet naturellement leurs intérêts individuels : cette considération s'est tue devant l'amour de la patrie. Le voisinage des cours peut opprimer le peuple, mais ne le corrompt pas. Versailles nous a prouvé cette vérité. Quand ce peuple se trouve plus puissant que les Rois, il montre quelquefois qu'il est aussi plus juste et plus sensible. Louis XV, parlant de M. de Monteynard, ministre de la guerre, militaire estimable, qu'une cabale de courtisans vouloit déplacer, disoit : « Monteynard n'a plus que moi » qui le défende, il faudra bien qu'il succombe ». En effet, il fut disgracié : un Roi foible ne put sauver un honnête-homme, qu'il estimoit, de la fureur de ses ennemis. Le peuple agit autrement, même dans ses instans d'effervescence, que ses ennemis appellent sa rage. Le 6 octobre 1789, jour si fameux, dans le

(*) *Paul V, Grégoire XV, Urbain VIII, Alexandre VII et Clément IX.*

choc d'un détachement de l'armée Parisienne contre les gardes-du-corps, un clerc de M*e*. *Gobin*, notaire, rue *St.-Denis*, apperçoit son frère, garde-du-corps, entouré d'hommes et de femmes armés qui menaçoient ses jours. Il s'élance : « c'est mon frère ! s'écrie-t-il. » Je suis garde nationale, je le défendrai jusqu'à la » mort ». A ces mots, tous s'écartent. La colère du peuple cède au cri de la nature. Le garde-du-corps est sauvé. Comparez. Le peuple, dans son ressentiment, sauve les jours d'un homme qu'il croit son ennemi. Un Roi, qui n'a qu'un seul mot à dire, n'a pas le courage de sauver son ami d'une cabale injuste. Louis XV ne vouloit pas sans doute démentir la maxime de la Rochefoucault : « qu'un homme en place ressemble au » Vaudeville, qui n'a de vogue qu'un certain tems ».

Nous avons vu la place où gissoit ce parc aux cerfs, honte éternelle de ceux qui le meubloient pour réveiller les sens émoussés d'un monarque, assez malheureux pour avoir besoin d'un semblable sérail. Vous n'avez pas d'idée de l'astuce, des jongleries, des scélératesses, dont usoient les fournisseurs de ce Sultan français, pour entasser victimes sur victimes dans ce repaire de libertinage. Voici, à cette occasion, une anecdote bien peu connue.

Une de ces femmes, que l'on appeloit jadis, *femme comme il faut* ou *de qualité*, habitant le quartier du Marais, à Paris, épouse d'un militaire, eut, pendant l'absence de son mari, une foiblesse pour un amant. Une fille fut le fruit de ce moment d'erreur. Née avant le retour de l'époux, il fut facile à sa mère de lui en dérober la connoissance. Il revint enfin, et ne pénétra jamais un mystère qui eût été si fatal à son repos.

Cependant la tendresse maternelle, irritée par cette contrainte, chercha bientôt à s'en délivrer. La dame se confia à la nourrice. Se promenant un jour avec son mari dans le jardin de Soubise, cette nourrice, de concert avec elle, se présente à eux, portant sur ses bras l'enfant, dont les graces intéressoient déjà. Un roman étoit préparé : cette femme le débite avec le ton de la vérité, et met tout en usage pour émouvoir la sensibilité du militaire. Elle y parvint sans beaucoup de peine. Il n'avoit point d'enfans. Il propose à sa femme de se charger de celui-là. C'est ce que l'on attendoit. On opposa quelques légères difficultés pour écarter tout soupçon. L'époux insista.

L'enfant crût en grace et en beauté, et l'éducation la plus soignée vint ajouter encore aux charmes de sa figure. Enfin, seize ans annoncèrent l'aurore des plaisirs et des conquêtes. Une revendeuse à la toilette fréquentoit la maison de la dame : les calculs de cette femme n'avoient pas la vertu pour base. Elle connoissoit M. Boucher (7) le peintre, et les ressources qu'elle pouvoit trouver dans l'immortalité de ce Proxénète de Louis XV. Elle lui vanta les attraits de la jeune personne. Le Boucher s'enflamma bientôt. La difficulté étoit de pénétrer. L'entremetteuse s'en chargea. Elle fit naître le besoin d'ajouter le talent de la peinture aux autres talens dont la jeune personne étoit ornée. La mère n'y répugna point. La revendeuse indiqua

M. Boucher pour maître, et le recommanda comme son parent. On l'agréa. Il fut introduit.

Le plan de cet homme aussi vil que perfide, fut bientôt conçu. Il épie l'instant où le maître et la maîtresse de la maison sont dehors. Il se présente en voiture à la porte. Il feint de les demander. Ils étoient sortis. Il le savoit. On lui ajoute que mademoiselle est seule au logis. Il prétexte ne pouvoir s'arrêter, et n'avoir qu'un mot à lui dire. On l'avertit. Elle descend sans défiance : c'est son maître de dessin : elle paroît : la portière s'ouvre : il la prie d'entrer dans la voiture pour lui parler plus commodément : à peine y est-elle, la portière se referme, le cocher a le mot : il part à toute bride, et ne s'arrête qu'au parc aux cerfs.

La mère rentre. Sa fille est enlevée. Jugez de sa douleur. Jugez de sa situation. C'est sa fille qu'elle a perdue. Et il n'est pas sur la terre un seul être à qui elle ose l'avouer. Il faut qu'aux yeux de son mari, de ses gens, de tout l'Univers, elle masque un intérêt si cher sous la froide inquiétude que causeroit la fuite d'un enfant trouvé, qu'on élève par charité. La marchande à la toilette ne reparut plus. Tout ce que la mère sut, c'est que M. Boucher étoit le ravisseur. Il fut sourd à ses larmes. Les *amis* du *Prince* n'ont pas le cœur aimant. De tels ministres se taisent devant l'humanité, et les loix se taisoient alors devant eux. Enfin, cette mère infortunée découvrit l'asyle affreux où sa fille étoit ensevelie. Elle courut chez le lieutenant de police : des refus furent sa réponse. L'amère et barbare ironie s'en mêla : « quand ce seroit votre fille ;

Vieux Château de St Germain-en-Laye

» vous n'y mettriez pas plus de chaleur ». Propos atroce ! Il le savoit. Le détestable *Boucher* le savoit aussi. La marchande à la toilette ne s'étoit pas tue. Que restoit-il à cette déplorable mère ? La mort, que les chagrins dévorans, qu'une douleur concentrée lui procurèrent bientôt. Voilà, Monsieur, une esquisse des antiques horreurs dont la révolution nous a délivrés. Horreurs dignes de la muse de Pétrône ! et dont tant de gens regrettent encore le siècle.

C'est, comme vous le savez, Monsieur, pour ce Versailles que Louis XIV abandonna St.-Germain-en-Laye, dont la situation est enchanteresse, et dont la beauté de la vue ne se peut comparer qu'à celle dont on jouit au Mont-Casiel, dont nous vous parlerons dans le département du Nord. Mais ce que vous ne saviez pas, c'est qu'une puérile foiblesse entra pour beaucoup dans la détermination de ce Roi. On apperçoit de St.-Germain le clocher de St.-Denis. Et le conquérant n'envisageoit qu'en tremblant l'écueil de ses fausses grandeurs. C'est ainsi que Catherine de Médicis abandonna, ou pour mieux dire, suspendit la construction du Louvre, parce qu'un devin lui avoit prédit qu'elle mourroit près de St.-Germain, et que le Louvre est sur la paroisse de St.-Germain-l'Auxerrois. Et voilà les maîtres du monde !

Ce séjour de la cour à St.-Germain rappelle une bouffonnerie de Bassompierre : Marie de Médicis aimoit St.-Germain, elle disoit au maréchal, « je me » plais ici. Quand j'y suis, j'ai un pied à St.-Germain,

» l'autre à Paris ». En ce cas, madame lui répondit-il, je voudrois être toujours à Nanterre (*).

Il y avoit jadis de l'aristocratie jusques dans les recueils de bons mots. Il falloit qu'ils fussent émanés ou d'un être noble, ou d'un prince, ou d'un flatteur, pour que les compilateurs de *pointes* les jugeassent dignes d'être transmis à la postérité. Quoiqu'il n'y ait point encore de décret contre cet abus, vous ne trouverez pas mauvais que nous y dérogions en faveur d'un bon laboureur, dont deux réponses, que nous allons vous transcrire ici, valent bien cinq ou six tomes de calembourgs de quelques ci-devant marquis. La scène est encore à St.-Germain. Un laboureur porte à un receveur des impositions sa quote-part de ce qu'il doit à la patrie. « Comment, lui dit le publicain, vous ! » que jadis il falloit toujours attendre, vous venez de » vous-même, et vous payez avec joie ? C'est, ré- » pond le laboureur, que je *donne* aujourd'hui ce » que vous *preniez* autrefois ».

Le même laboureur tenoit tête à un ex-parlementaire. La morgue magistrale n'avoit pas abandonné cet homme. — « Tu ne me parlois pas si haut quand je » portois les cheveux longs. — Ce n'étoit pas la lon- » gueur de vos cheveux qui m'en imposoit, mais celle » de votre robe, qui envahissoit tout. Et quand vous » me parliez alors, vous aviez derrière vous *le bour-* » *reau qui m'écoutoit* ».

(*) Le village de Nanterre est à moitié chemin de St.-Germain à Paris.

Le premier château de St.-Germain fut bâti par Louis VI, dit le Gros. Ruiné depuis par les Anglais, rebâti par Charles V, livré encore au comte de Warwick par un *honnête* religieux de Sainte-Geneviève, prieur de Nanterre, et nommé *Carbonnet*, pour la somme de trois cents salus d'or, réparé par François Ier, enfin augmenté par Louis XIV, il est tel aujourd'hui que la planche ci-jointe vous le représente. C'est un pentagone irrégulier.

Henri IV en avoit fait bâtir un autre, que l'on appeloit le château neuf, dont il n'existe plus qu'une partie.

C'est-là que Jacques II, Roi d'Angleterre, a terminé ses jours et ses malheurs. Exemple de la foiblesse des Rois, il perdit pour jamais sa couronne à la bataille de la Boine, en juillet 1690. Cent ans après, à pareil jour, Louis XVI recevoit la sienne des mains du Peuple Français.

Là, froids au souvenir des malheurs mérités d'un Roi débilement dévot, nous avons mouillé de nos larmes l'autel de l'amitié, cette passion des cœurs honnêtes. Cet autel est le sarcophage où reposent les cendres de J.-B. Léon du Breuil (8), et de Jean-Joseph Pechmeja (9). Tous deux du même âge, la nature avoit placé leur berceau dans la même ville. L'amitié les a couchés dans la même tombe. Ils vécurent ensemble. Ils moururent ensemble. Ils reposent ensemble. Du Breuil mourut, Pechmeja le suivit. Mort le second, Pechmeja est le premier ! De semblables tombeaux, malheureusement trop rares, consolent d'être homme.

L'histoire les oublie pour citer les mausolées des conquérans ! mais les cœurs sensibles sont le livre de vie où s'inscrivent les noms des héros de l'amitié. Une loi défendoit aux Scythes d'avoir plus de deux amis. Inutile loi ! qui peut en avoir deux n'en mérite pas un. Mais l'amitié ! quel homme a chanté ceux qui la connurent. Tel qui lit les odes de Pindare, sait-il seulement qu'il mourut la tête sur les genoux de son ami.

A travers la superbe forêt de St.-Germain, où se trouvoit le monastère des Loges, on arrive à Poissy. Le dissipateur *Brunoi*, fils de *Paris Mont-Martel*, a, dans ses revers, habité quelque tems les Loges. Il dépensa sa fortune en processions. Ses beaux-frères s'enrichirent de ses débris dont ils le dépouillèrent. J'ai vu beaucoup de gens qui se ruinoient avec des filles, le traiter d'extravagant, parce qu'il se ruinoit avec des encensoirs. Une lettre-de-cachet l'enleva à l'amour *du St.-Sacrement*. Ces spoliateurs restèrent libres. Ils avoient les vices de leurs protecteurs.

C'est à Poissy que se trouve le cœur de *Philippe-le-Bel*. Triste cœur qui fit brûler les Templiers pour s'emparer de leurs biens. C'est sous ce Roi que vivoit ce Pape insolent, Cajetant, dit *Boniface VIII*, qui fit l'espièglerie de contrefaire le diable pour effrayer son prédécesseur Célestin, dit le *Saint*, qu'il chassa du trône, fit enfermer, et mit après sa mort au rang des Dieux. Ce pape étoit bouffon. Il disoit que Dieu avoit créé deux grands luminaires, le soleil et la lune. Que le soleil étoit le sacerdoce; et que la lune, qui ne répand qu'une lumière d'emprunt, étoit l'empire. C'étoit avec ces bonnes raisons qu'il prouvoit son

droit

droit sur toutes les couronnes. *Philippe-le-Bel*, dont le règne mérite un surnom contraire, ne fut pas de son avis. *Nogaret*, pour lui plaire, pensa arrêter le brigand pontife dans *Anagni*. Ses habits pontificaux le sauvèrent. Il s'en revêtit. Il connoissoit bien la crédulité du peuple.

Louis IX, dit le *Saint*, a été baptisé, et n'est pas né à Poissy, comme on le croit vulgairement. Le père Montfaucon, dans ses monumens de la monarchie française, relève cette erreur, et s'appuie sur trois chartes, deux de Louis XI, une de Henri IV, qui exemptent d'impositions les habitans de la *Neuville*, dans le *Beauvoisis*, en considération du berceau de saint Louis. Mais une chose plus digne de remarque, c'est qu'à Poissy, se tinrent, en 1561, les fameuses conférences entre les docteurs protestans et catholiques : c'est qu'à Poissy, le gouvernement dernier établit cette caisse d'argent inquisitorial, si funeste aux bouchers de Paris. Aux colloques de Poissy, *Théodore de Bèse* prétendit que *Jesus-Christ est aussi éloigné de l'Eucharistie que le ciel l'est de la terre ;* et le père *Lainès*, espagnol, traita les protestans de *loups*, de *singes*, de *serpens*. Lequel des deux avoit raison ? La révolution les a mis d'accord. Les loups, les singes, les serpens de Lainès sont aujourd'hui nos frères. Et les colloques, comme la caisse de Poissy, ont heureusement disparu.

Vous savez, Monsieur, que l'on guérit en Italie la piquûre de la tarentule par les charmes de la musique ; Meulan, qu'en quittant Poissy nous avons transversé pour voir l'île-Belle, où l'abbé Bignon jadis réunissoit les Muses et les Grâces, nous a rappelé une guérison à-peu-près de ce genre. Le duc d'Angoulême, bâtard de Charles IX, tomba malade dans cette ville : et son médecin déclara que, pour le guérir, il falloit le faire rire. Ce médecin étoit aimable, comme vous voyez. Le duc étoit à l'extrêmité. Trois graves personnages de sa maison, son secrétaire, son intendant, et son capitaine des gardes s'habillèrent grotesquement, et se présentèrent devant son lit. Le capitaine des gardes étoit dans le milieu, et distribuoit galamment des soufflets à ses voisins. Des soufflets ! partout ailleurs on se seroit fait tuer pour s'en venger : mais tout s'ennoblit quand il s'agit de flatter un Prince. Les vieillards souffletés le firent rire. La crise opéra. Un abcès qu'il avoit dans la tête perça. Il fut sauvé.

Les bassesses des hommes peuvent apparemment guérir les Princes au physique : seroit-ce par cette raison qu'ils aiment à les perpétuer ? Quoi qu'il en soit, leur franchise ne les guérit pas toujours au moral. Louis XV aimoit l'abbé Bignon, et l'alloit voir quelquefois à l'île-Belle. Un jour, égaré à la chasse, il se présenta seul au batelier pour passer à l'île-Belle. Le batelier ne le connoissoit pas. « L'abbé y est-il, dit » le Roi ? L'abbé, répond le batelier, il est bien » *Monsieur* pour vous apparemment ». Louis XV se vanta de la leçon. Le pauvre batelier fut chassé, et un malheureux se vit sans pain, parce qu'un Roi étoit mal élevé. L'île-Belle est détruit. Des Marchands l'ont acheté il y a quelques années, et ont porté la hache dans les bosquets enchanteurs, où Crébillon reçut souvent des faveurs de Melpomène.

De-là jusqu'à Mantes, le paysage est délicieux, et les bords de la Seine le disputent aux rives de la Loire. Sur le côteau, à droite, en approchant de Mantes, on recueilloit des vins que des *moines connoisseurs* avoient mis en quelque célébrité : mais au-delà de la ville se trouve le terrein que l'amitié de *Sully* pour *Henri* a rendu sacré. C'est là où gissoit le bois que Sully fit couper et vendre pour son *maître*, non loin de ce la *Rocheguyon*, lieu si cher à l'amour.

Les tanneries de ces deux petites villes ont de la réputation, et forment à-peu-près la base de leurs richesses. Malgré le voisinage de Paris, nous rencontrons peu de manufactures dans ce département. Les suites de la révolution les feront naître sans doute. Peu de situations plus commodes en effet pour leur établissement, que le territoire que nous venons de parcourir; le voisinage d'une grande rivière, par elle une communication facile avec l'Océan pour l'apport des matières premières; la possibilité du débit par la proximité de deux grandes villes, Rouen et Paris; enfin, l'économie sur la main-d'œuvre par la multitude de bras qu'un nouvel ordre de choses force à recourir à l'industrie.

Malgré la jeunesse de la liberté, on croit remarquer qu'elle a déjà répandu plus de vie dans ces cantons. Ce n'est pas la révolution dont on est étonné, mais bien qu'elle ait été si long-tems à éclore. Croiriez-vous qu'il fût un tems où les habitans de *Gonesse*, célèbre jadis par leurs manufactures de draps, et depuis par la bonté de leur pain, ne pouvoient se marier à des femmes libres, parce qu'ils étoient tenus de conduire les voleurs à Paris ; et de garder, certains jours de l'année, la grange du Roi. Louis IX les délivra de cette servitude, qui prenoit son origine dans cette loi salique, que les ennemis de la liberté ont tant invoquée dans le commencement de la révolution. Cette loi, tit. 22ᵉ, disoit : « quiconque aura serré la » main d'une femme libre, sera condamné à une » amende de quinze sous d'or, au double si c'est le » bras, au quadruple si c'est le sein, etc. ».

Ces habitans de *Gonesse* prêtèrent leur secours au commencement du siècle dernier, à la ridicule guerre des *Jacobins* de la rue St.-Honoré contre les prêtres du *Mont-Valérien*, qui, de leur côté, étoient soutenus par les habitans de *Nanterre*. Les *Jacobins* avoient acheté la maison des prêtres, qui ne voulurent point leur en laisser prendre possession. On se battit. Le siége fut meurtrier, et les *Jacobins* vainqueurs. Le parlement s'en mêla. Les prêtres furent réintégrés, et cette *Batrocomachie* fut célébrée par un certain *Duval*, docteur en théologie, dans un poëme de deux mille vers, aussi ridicule que le combat.

C'étoit de ce village de *Gonesse*, et de celui de *Vanves*, dont François Iᵉʳ. se qualifioit simplement seigneur, quand il écrivoit à *Charles-Quint*, pour se mocquer de la longue liste de titres que prenoit cet Empereur.

Les sites pitoresques se rencontrent à chaque pas dans ce département. Vous en jugerez par une vue de Montfort-l'Amauri, que vous trouverez ici. Montfort est une des plus jolies petites villes que l'on rencontre dans ces cantons. Elle s'élève agréablement en

Vue pittoresque de Montfort Lamaury.

Château de Marly

amphithéâtre sur un côteau, dont les pieds sont arrosés par une petite rivière. Elle est ancienne, et avoit un château que fit bâtir le Roi Robert. Une maison célèbre a rendu le nom de Montfort fréquent dans l'histoire. Il faut espérer que cette Muse, désormais plus juste et plus vraie, entretiendra la postérité du patriotisme inébranlable de ses habitans, et non du brigandage chevaleresque de quelques hommes qui rendoient ce nom de Montfort attristant pour l'oreille du philosophe. Il semble que la nature ait prodigué, dans ce département, les paysages pour délasser les yeux de la monotonie des châteaux et des parcs. Dans le nombre de ces derniers, celui de *Marly* semble avoir épuisé toutes les ressources de l'art. Par-tout la flatterie, sous l'écharpe de la volupté, s'y reproduit sous mille formes. Les bâtimens sont distribués en treize pavillons, celui du Roi, faisant allusion au soleil, devise de Louis XIV, et les douze autres qui l'entourrent aux douze signes du zodiaque. A la honte de la sagesse humaine, la libertine magnificence des Rois laisse une impression plus profonde que les bienfaits de l'homme de génie. On saura long-tems où le pavillon de madame du Barri a été, et le nom de l'inventeur de la machine de Marly est, pour ainsi dire, perdu. Cet homme, digne d'une plus haute réputation, *Rannequin-Sualem* (10), étoit Liégeois, et ne savoit pas lire. L'aqueduc qui conduit l'eau que cette machine élève, est digne des Romains par sa beauté. Doit-on s'étonner de sa magnificence ? Il s'agissoit des plaisirs d'un Roi. On a trouvé des fonds pour *Marly*, *Versailles*, *Trianon*, *Belle-Vue*, etc.

et Paris est sans hôpital : Quelles réflexions doit faire le malheureux ouvrier, dont une pierre brise la jambe, en travaillant à ces colosses du luxe, quand il se voit transporté à l'Hôtel-Dieu ?

En tournant sur la gauche, pour gagner *Étampes*, nous avons vu *Pontchartrain*, où l'épicurien ministre *Maurepas* (11) fut exilé si long-tems pour avoir chanté les fleurs (*blanches*) de madame de Pompadour. Cet homme, hors de place, sembloit promettre de grands talens. Une fois en place, il ne tint rien. *Maurepas*, dont il portoit le nom, offre les ruines d'un vieux château, théâtre sanglant des brigandages de quelques gentilhommes, sous les règnes désastreux de Charles VI et Charles VII. Le seigneur de *Macy*, *le plus cruel tyran de sang humain qui fût en France*, disent les chroniques du tems, étoit le chef de ces brigands, que les Anglais détruisirent. Un d'entr'eux, nommé *Moniquet*, se vanta d'avoir, en un seul jour, jeté dans un puits du château, sept hommes vivans, et de les y avoir écrasés à coups de pierre. Comment tant de gens peuvent-ils regretter l'honneur de descendre de pareils ayeux ?

Quand le philosophe se trouve aujourd'hui à *Étampes*, et qu'il y entend citer le nom de Pape, il ne peut s'empêcher de rire. Il est sur le théâtre où quelques-uns de ces MM. se sont chrétiennement et charitablement excommuniés entr'eux. Cette ville célèbre a vu, dans les conciles qui l'ont *honorée*, *Innocent II* lancer les foudres sacerdotales contre son compétiteur *Anaclet II*, qui les lui rendoit bien. Elle a vu le Roi *Louis VII*, dit le Jeune, assez enfant pour n'oser choisir entre ces deux énergumènes. Elle a vu *St.-Bernard* prophétiser à ce Roi la mort de son fils ainé, parce qu'il penchoit pour *Anaclet*, et, comme de raison, la prophétie sans effet. Elle a vu l'église gallicane y prendre parti pour *Alexandre III* contre *Victor*. Elle a vu le parlement y nommer, régent du royaume, *Raoul*, comte de Vermandois, et *Sugger*, abbé de St.-Denis, pendant que le Roi alloit perdre son tems dans la Terre-Sainte. Elle a vu, pendant la fronde, MM. de *Turenne* et d'*Hocquincour* assiéger l'armée des Princes, qui s'étoit renfermée dans ses murs. Vous voyez qu'elle a vu bien des choses, et n'en a pas vu une de raisonnable. Du moins, à la place que tant de tyrans à thiare ont souillée, va s'élever un monument consacré à l'homme libre, victime de son courage à défendre les loix. L'assemblée nationale a décrété l'érection d'une pyramide (12) en l'honneur de *Henri Simoneau*, maire d'Etampes, assassiné le 3 mars de l'an 4e. de la liberté, par des factieux stimulés par des ennemis de la constitution (*).

Corbeil a vu des horreurs d'un autre genre. Dans le tems de la ligue, le duc de Parme, envoyé par

(*) Son épouse vient généreusement de refuser la pension que l'assemblée nationale se disposoit à lui donner. Ses enfans, écrit-elle, ne se croiroient pas dignes de leur père, s'ils n'étoient pas satisfait du monument qu'on élève à sa memoire.

le Pape pour soutenir les catholiques, assiégea *saintement* cette ville, qu'il se vantoit de réduire en cinq jours. Elle tint un mois. La généreuse résistance des habitans eut les suites les plus cruelles pour eux. Le duc de Parme, *au nom de Dieu*, livra la ville au pillage, et ses soldats, pour la plus *grande gloire de Dieu*, ravagèrent, saccagèrent, brûlèrent les maisons, égorgèrent les hommes, violèrent ou massacrèrent les filles et les femmes, et ne respectèrent pas même l'enfance. Quelle offrande à l'Éternel.

Corbeil est un des plus fort magasins des subsistances de Paris, et sous cet aspect, est intéressant pour l'homme sensible. Les comtes de *Corbeil* qui, plus d'une fois, ont osé lutter contre le trône, tiroient leur origine d'une espèce de gouverneur que *Charles-le-Gros* avoit mis dans cette ville pour la garantir des incursions des *Normands*. Un de ces comtes, *Bouchard II*, Gascon par goût, recevant un jour son épée des mains de sa femme pour aller combattre le Roi de France, lui dit : « noble comtesse ! donnez joyeusement cette épée à votre noble baron, il la recevra en qualité de comte, et vous la rapportera comme Roi de France ». Il fut tué le même jour.

C'est là que mourut cette Reine infortunée *Ingelburge* fille de *Valdemar I*, Roi de Dannemarck, et femme de *Philippe-Auguste*. Il la prit en déplaisance le premier jour de ses noces. Les esprits forts du tems attribuèrent cette aversion à un sortilège. Le sortilège étoit son amour pour *Agnès de Méranie*. *Ingelburge* fut reléguée à *Étampes*, ou l'*auguste* Roi la laissa végéter dans la plus affreuse misère. Les Papes et les conciles s'en mêlèrent. De quoi ne se mêloient-ils pas ? Au bout de douze ans, l'excommunication fit peur à *Philippe*, qui n'avoit craint ni une méchante action, ni les Sarrasins. Il la reprit. Elle n'en fut pas plus heureuse. Il lui laissa 10,000 liv. par testament. Elle mourut agée de soixante ans, à *Corbeil*. On y voit encore son lit. Il étoit d'écarlate. Si vous voulez avoir une idée de l'éloquence des panégyristes du tems, voici ce que l'évêque de *Tournai* disoit de cette Reine : « Elle égale *Sarra* en prudence, *Rebecca* en sagesse, » *Rachel* en graces, *Anne* en dévotion, *Hélène* en » beauté, et *Polixène* en majesté ». Ne trouvez-vous pas, qu'*Hélène* et *Polixène* figurent bien là ?

Non loin de *Corbeil* se trouve la tour de *Montlhéry*, que les vers de Boileau ont célébrée, et que les armes de Louis XI ont ensanglantée. L'origine de cette tour, ou pour mieux dire du château dont elle faisoit partie, paroît être de la plus haute antiquité. Les descendans de *Thibault-file-Etoupe*, forestier de *Robert*, à qui l'on attribue la fondation de ce château, inquiétèrent *Philippe I*, Roi de France. Ce prince parvint à s'en rendre maître, en mariant son fils *Philippe* de Mantes avec *Élisabeth*, fille du seigneur de Montlhéry, et le donna en garde à *Louis*, son autre fils, qui le fit raser par la suite, et ne conserva que la *tour*. Ce fut dans les environs que se donna cette bataille, dite de *Montlhéry*, entre *Louis XI*, et son frère *Charles*, duc de *Berry*, le comte de *Charrollois*, le duc de *Bretagne*, et le comte de *Danois*, ligués au nom du bien public : comme si une guerre civile pouvoit avoir la moindre analogie avec le bien public. Ce fut la première fois qu'il parut des Suisses dans les armées françaises. *Jean d'Anjou*, duc de *Calabre*, les avoit amenés au secours des Princes confédérés. Il est singulier que l'on doive à ce Roi, dont le despotisme et la superstition lui rendoient l'ignorance des peuples si nécessaire, les deux établissemens les plus propres à répandre les lumières, les *postes* et l'*imprimerie*. Ce fut sous son règne que le prieur de Sorbonne fit venir des Imprimeurs de *Mayence*. Le peuple les prit pour des sorciers. Le parlement fit confisquer leurs livres. Louis XI les protégea, et les typographes Allemands s'établirent. Ce fut encore sous son règne que l'humanité dut un bienfait aux arts : on essaya la première extraction de la pierre sur un franc-archer, qui étoit condamné à la mort.

En quittant *Montlhéry*, nous avons vu *Rosoy*, où des chanoines, fondés par *Hildegand*, seigneur de ce canton, en 1016, donnèrent, en 1223, un exemple que ceux de nos jours n'ont pas suivi volontiers. Ils se trouvèrent trop riches, et demandèrent que leur nombre fût doublé, ce qu'on leur accorda.

Avant de gagner *Pontoise*, les bosquets de *Livry* nous rappelèrent madame de Sévigné, la plus jolie femme de son siècle, et la plus spirituelle du nôtre.

Pontoise fut, comme *Étampes*, le théâtre des infortunes d'une Reine, *Isabelle de Hainault*, femme de Philippe II, qui y fut reléguée, lorsque les évêques eurent cassé son mariage, et si *Étampes*, comme nous l'avons dit, fut marqué par la folie des Papes, *Pontoise* le fut par celle des Rois. C'est là que

Louis IX, dans le délire de la fièvre, crut entendre une voix divine qui lui ordonnoit d'aller à la Terre-Sainte. La vie de quelques cent mille hommes a donc dépendu du transport au cerveau d'un Roi !

Un autre fou, *Charles VI*, y tomba, de même, malade, et ne put se trouver à l'entrevue indiquée avec le Roi d'Angleterre, où sa femme, *Isabelle de Bavière*, le remplaça, et perdit la France.

Cette ville a soutenue plusieurs siéges. L'Anglais *Thalbot* l'escalada en 1437, Charles VII, après un siége de trois mois, s'en rendit maitre en 1441. Henri III, et Henri, Roi de Navarre, s'en emparèrent pendant la ligue. Que reste-t-il de tant de conquérans ? Une inscription, qui se trouve à Pontoise sur la tombe de *Jean d'Igbi*, frère du comte de *Bristol*, peut nous tenir lieu de réponse.

Hic jacet umbra, et pulvis, et nihil.

Un certain *Subtil*, curé de St.-Pierre, et un grand-vicaire, nommé *Boves*, s'y sont rendus fameux par les vigoureux coups de poing qu'ils distribuoient aux chanoines de St.-Mellon, dont quelques droits excitoient leur jalousie : chappes et chasubles arrachées : deux hosties sous le même dais pour une procession, coups de pieds dans le ventre au chevecier, soufflets aux chanoines célébrans, tout cela ne coûtoit rien à M. *Subtil*. Tout le peuple admiroit cela dans un religieux silence. Convenez qu'il est bien pardonnable à nos prêtres de regretter le *bon tems* passé.

En voilà assez, Monsieur, pour vous donner une

idée de ce département, riche encore, malgré l'immensité de terrein perdu en parcs, en avenues, etc. tel que *Rambouillet*, le *Rinci*, et tant d'autres lieux magnifiques, dont nous ne vous avons pas parlé, non plus que des antiques débauches des religieuses d'Argenteuil, que l'abbé *Suger* eut soin de grossir, pour s'emparer de leur bien, ni de la robe sans couture de Jesus-Christ, que l'on voit dans ce village, tout aussi bien qu'à *Trèves* et à *St.-Jean-de-Latran* à Rome, non plus que de l'explosion du château de *Dammartin*, que la mine fit sauter, et dont les parties étoient si bien liées ensemble, qu'il retomba dans son entier, ni de nombres d'autres misères semblables, que des historiens n'ont pas rougi de rapporter. Il vaut mieux finir en vous entretenant de l'espoir que l'on conçoit dans ce département, depuis la révolution, d'y voir de nombreux étrangers s'y fixer, et y répandre, à l'ombre de la liberté, leur industrie, leurs arts et leurs richesses.

NOTES.

(1) Sardanapale, dernier Roi d'Assyrie, monstre plongé dans le luxe et la débauche, qui se brûla avec ses femmes.

(2) Louis XIV voulut que l'on conservât la petite maison bâtie par Louis XIII, et la façade du côté de la cour fut gâlée.

(3) Ce furent les architectes *Celer* et *Sévère* qui le construisirent. Ce palais formoit un carré long, qui renfermoit une vaste cour, entourée d'un portique à trois rangs de colonnes. Au milieu de cette cour étoit une statue colossale de ce Prince, haute de cent vingt pieds. L'or et les pierres précieuses brilloient de toutes parts sur les murs de ce palais. C'est de là qu'il a tiré son nom de *maison-dorée*.

(4) *Cléopâtre*, Reine d'Egypte, et sœur de ce *Ptolomée*, qui fit assassiner *Pompée*, lorsqu'il lui demandoit un asyle, fut maîtresse de *César*, puis d'*Antoine*, et ne put corrompre *Octave*, plus politique qu'amoureux, après la bataille d'*Actium*, que sa lâcheté, ou, ce qui est plus probable, sa perfidie, firent perdre à *Antoine*. Elle se donna la mort.

(5) *Rhodope* fut esclave chez *Xantus* avec *Esope*. *Charax*, frère de *Sapho*, l'acheta et lui donna la liberté. Courtisane à *Naucratis*, elle acquit assez de richesses pour élever, dit-on, une pyramide. L'histoire,

lui donne *Psammitique*, Roi d'Egypte, pour époux : c'est une fable.

(6) *Nictocris*, Reine de Babylone, femme impudique et cruelle. L'histoire nous a transmis une leçon qu'après sa mort elle donna à l'avarice des Rois. Elle fit graver sur son tombeau. « Si quelqu'un de mes successeurs a » besoin d'argent, qu'il ouvre mon sépulchre, et qu'il » en puise autant qu'il voudra ». *Darius*, fils d'*Hystappes*, le fit ouvrir, et, au lieu d'or, n'y trouva que ces mots. « Si tu n'étois insatiable d'argent, et dévoré » par une basse avarice, tu n'aurois pas violé la sé- » pulture des morts ».

(7) *Boucher*, premier peintre du Roi, après la mort de *Carle Venloo*, mort en 1770, célèbre par son talent, qui lui valut le surnom de l'*Albane* Français, mais dont le goût néanmoins fit grand tort à l'école Française. Cet homme, malgré ses vices et sa basse flatterie, a trouvé encore des écrivains, après sa mort, pour faire son éloge.

(8) *Jean-Baptiste-Léon du Breuil* étoit docteur en médecine de la faculté de Montpellier, et médecin du Roi.

(9) *Jean-Joseph Pechmeja*, ami du précédent, littérateur distingué, connu par un éloge de *Colbert*, et un poëme en prose, intitulé, *Télèphe*. On se rappelle un mot de lui, qui n'appartient qu'à l'amitié. Comment pouvez-vous vivre, lui disoit-on, avec 1200 liv. de rente. Oh ! répondit-il, le docteur en a davantage. Il mourut vingt jours après son ami. Ils sont enterrés ensemble.

(10) M. de *Ville*, ingénieur du Roi, s'appropria cette découverte, et s'en attribua long-tems la gloire.

(11) M. de *Maurepas* disoit : « si je suis ministre, » dans dix ans, je veux qu'on ne lise plus que l'alma- » nach royal. » C'est pourtant l'homme que l'on a tant vanté.

(12) Nous reviendrons sur ce monument quand il sera exécuté, et nous en donnerons l'estampe sans rétribution aux personnes qui auront acquis ce numéro. Nous en agirons de même à l'égard des autres départemens où il pourra se rencontrer des monumens civiques non encore achevés, et dont nous ne pourrions donner la vue en même tems que notre texte.

VOYAGE
DANS LES DÉPARTEMENS
DE LA FRANCE,

Enrichi de Tableaux Géographiques et d'Estampes;

Par les Citoyens J. LAVALLÉE, ancien Capitaine au 46ᵉ. Régiment, pour la partie du Texte; Louis BRION, pour la partie du Dessin; et Louis BRION, père, auteur de la Carte raisonnée de la France, pour la partie Géographique.

L'aspect d'un Peuple libre est fait pour l'Univers.
J. La Vallée, *Centenaire de la Liberté.* Acte Iᵉʳ.

A PARIS,

Chez
- Brion, Dessinateur, rue de Vaugirard, n°. 98, près le Théâtre-Français.
- Debray, Libraire, au grand Buffon, maison Égalité, galeries de Bois, n°. 235.
- Langlois, Imprimeur-Libraire, rue de Thionville, ci-devant Dauphine, n°. 1840.
- Regnier, Imprimeur-Libraire, rue du Théâtre-Français, n°. 4.

1792,
L'AN QUATRIEME DE LA LIBERTÉ.

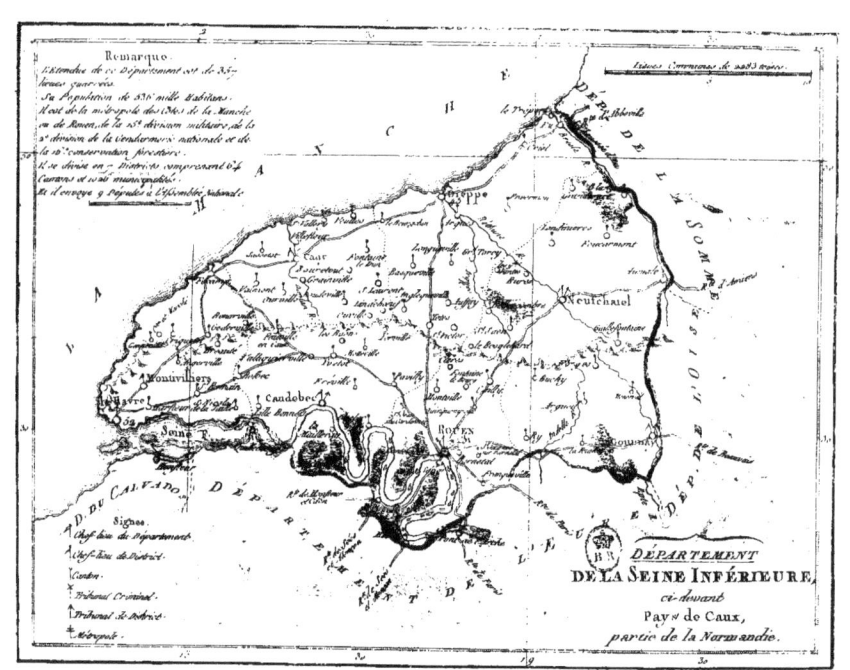

VOYAGE
DANS LES DÉPARTEMENS
DE LA FRANCE,
PAR UNE SOCIÉTÉ D'ARTISTES,
ET DE GENS DE LETTRES.

DÉPARTEMENT DE LA SEINE INFÉRIEURE.

L'AVOCAT-GÉNÉRAL *Omer Talon*, mort il y a cent quarante ans, écrivoit : *il importe à la gloire du roi que nous soyons des hommes libres, et non pas des esclaves*. En substituant le mot *nation* à la place de celui de *roi*, ce principe d'*Omer* est parfaitement à l'ordre du jour, et le département que nous parcourons en est le développement.

En effet, Monsieur, qui rehausse, soutient, et perpétue la splendeur d'une nation libre ? c'est l'industrie. Sous le despotisme, elle est fille du désespoir : sous la liberté, elle est fille du bonheur : sous le despotisme, elle n'est qu'égoïsme : sous la liberté, elle est amour de la patrie. Enfin, dans le premier cas, elle est crainte de mourir dans l'opprobre ; et dans le second, elle est desir de vivre dans la gloire.

Quand on songe que les riches campagnes de la Seine inférieure, que son immense commerce, ses nombreuses manufactures, ses vastes troupeaux, ses fruits abondans, ses villes opulentes, ses villages laborieux et peuplés, ne seront plus pressurés, desséchés par l'avide main de l'homme du fisc : que ce *Pérou* de la France ne verra plus ses monceaux d'or se fondre, s'abîmer, et disparoître dans le coffre de l'avare traitant : que là n'existe plus ce particulier, dont les voisins sim... régréts sin... coient la p... ité, tandis que ses membres orgueilleux répétoient en détail dans leurs petites su... ceinetés les oppressions qu'ils faisoient faire en grand par le gouvernement : qu'enfin l'abondance, fille du climat et du génie des ci-devant C... is, appartiennent maintenant à l'homme, et non à un homme, une joie pure inonde l'âme de celui dont l'amour de la liberté et de la patrie anime toutes les facultés.

Point de pauvre, Monsieur, dans ce département, que ceux que la paresse, vice bien rare dans ces cantons, efface de la liste des hommes. Il seroit difficile qu'il s'y en trouvât. La variété des ressources pour le travail s'y prête à la variété des penchans pour l'occupation. D'abord l'agriculture : elle est divisée ici entre les propriétaires qui font valoir leur bien, en tout ou en partie, et entre les fermiers qui tiennent des propriétaires une certaine quantité de terrein. En général, tous ces fermiers sont riches, et comme la bonté du sol n'exige pas que pour cette richesse ils occupent une grande surface de terrein, il n'est pas rare qu'un petit village de soixante ou quatre-vingt feux renferme deux, trois, et quelquefois plus de ces fermes, où règne l'abondance. Alors elles occupent la majeure partie ou la totalité des bras. Un fermier, qui tient pour mille écus, quatre mille francs de fermage, (et il en est beaucoup au-dessus), outre ses domestiques nombreux pour ses labours, ses chevaux, ses vaches, ses moutons, a encore extérieurement huit, dix, douze couples de moissonneurs. Un homme et une femme font le couple. Au printemps ces moissonneurs dégagent tous les grains des herbes parasites. Un peu plus tard ils enlèvent aux moutons leur toison précieuse. La récolte des lins et de la navette succède; et telle est la douceur des travaux champêtres, que ces jours de travail sont cependant des jours de fête, et que la danse et la joie les terminent. Bientôt la grande moisson s'ouvre par la coupe des seigles, dont on ne confie à la terre, trop précieusement fertile, qu'une petite portion pour en avoir la paille, que l'on employe à lier les gerbes du froment. La coupe des bleds vient après, celle des avoines et des menus grains ensuite. L'automne met fin à ces travaux : et les mêmes moissonneurs font la vendange des pommes, moins puérile que ne le croient les vignerons des autres lieux, par les richesses intérieures qu'elle fait circuler, et la boisson salubre qu'elle procure au peuple. L'hiver arrive : alors les couples se séparent. Les hommes, dans les pressoirs, extraient la liqueur des pommes, tandis que les femmes font sécher le lin sur la fumée et le dépouillent de la paille.

Malgré cette succession de jours de travail, il en reste quelques-uns de vides dans le cours de l'année. Il est rare que chaque paysan n'ait ici un petit champ en propriété, ou même à ferme, pour l'entretien de sa petite famille. Les jours vacans sont pour la culture de ce petit champ. Dans ce petit champ se trouve tout à la fois un coin de bled pour l'homme, un coin de pré artificiel pour la vache, un coin de jardin entouré d'une haie d'épines où se rencontrent quelques roses pour la beauté, quelques pommiers pour la boisson, quelques poiriers pour les amis.

A 3

Enfin, au milieu de tant de soins, s'il reste quelques heures au loisir, ces heures n'appartiennent point à l'inutilité. Les manufactures des villes étendent leurs branches vivifiantes sur les hameaux. Chaque homme a sous son toit de chaume (1) un ou deux métiers de tisserand (2). Le père, l'ainé des fils, les font mouvoir; la mère et les filles filent le lin ou le coton, et les plus jeunes des enfans les dévident sur la navette.

C'est donc ici, Monsieur, le temple de la vie. La mort n'y connoit d'empire que sur la dernière heure de l'homme, et jamais sur ses actions; et si l'amour, cette récompense que la nature attache à la laborieuse félicité des villageois, s'y ménage quelques instans, les vices du moins n'en usurpent aucun.

Aussi, graces à cet attachement au travail, règnent ici des vertus que la trivialité du sobriquet de *Normand* ne peut dégrader. L'homme y est bon, sensible, généreux, humain, sur-tout hospitalier. Il est sans exemple qu'on y laisse le voyageur altéré rafraîchir dans l'eau des fontaines sa langue desséchée. Les caves sont toujours ouvertes, et le plus pauvre a toujours un *pot de bon cidre* (3) à présenter à son frère. Tel est ce peuple que ridiculement on taxe d'un vil amour pour les procès (*).

_____

(*) On est indigné, quand on lit dans Moréri, à-propos de cet amour pour la chicane que l'on prêtoit aux ci-devant normands, que ce reproche ne s'adresse qu'à *la lie du peuple; car la noblesse est fidelle, brave, généreuse*. Sans révoquer en doute les *qualités* que Moréri suppose à ceux que de son tems on appeloit *nobles*, je dirai qu'il ment impudemment, en laisant tomber son reproche sur le peuple. Le parlement de Rouen étoit celui du royaume ou les petites causes étoient les plus rares, et

Le voisinage de la mer rend la température du climat de ce département inégale. Il est sujet à des brumes épaisses : mais l'incommodité de ces brumes est compensée par les sels qu'elles procurent à la terre (4). Les villages ne sont point disposés ici comme ailleurs. Les maisons n'y sont point contiguës ; elles sont toutes séparées, et communément au milieu d'une cour plus ou moins grande, environnée des quatre côtés d'une sorte de rampart en terre planté d'ormes, ou de hêtres fort élevés. L'intérieur des cours est également planté de pommiers, et chaque cours a deux issues, une sur la campagne, et l'autre sur la rue du village. Cette rue n'est point, comme vous le voyez, formée par les maisons, mais par ces espèces de ramparts, dont les cours sont encloses. Ensorte qu'ici chaque village, sur-

---

les grands procès les plus fréquens ; et les grands procès ne s'élèvent pas parmi le peuple.

La lie du peuple ! dit Moréri. Veut-on savoir ce que c'est que la lie du peuple ? La lie du peuple est l'insolent et vil écrivain qui compile, pendant vingt ans, des fatras insultans à ce peuple ; qui ne laisse à la postérité, que des *in folio* farcis de généalogies menteuses, d'histoires apocryphes de saints fabuleux ou fanatiques, de nomenclatures de tyrans imbécilles ou furieux. La lie du peuple est l'homme qui, décrivant dans ses *in-folio* les royaumes, les provinces, les cités, les villages, ne fait pas grace d'un évêque, d'un parlement, d'une abbaye, d'un intendant, et ne dit pas un mot du peuple infortuné, dont ces hydres à mille têtes léchoient, pompoient et buvoient le sang. La lie du peuple, enfin est l'homme qui n'a jamais sous sa plume une vérité consolante pour ce peuple, tandis qu'elle pullule de mensonges vendus à l'homme puissant. Voilà la lie du peuple, parce que lorsque ce peuple s'épure dans le creuset du tems, de pareils hommes tombent au fond du vase, et que la vertu nationale les rejette avec les immondices dont elle se décharge.

tout ceux situés dans un certain éloignement des villes, offrent plutôt l'aspect d'un bois, que celui d'une habitation, et on ne les distingue qu'aux flèches des clochers, que l'on apperçoit quelquefois par-dessus la cime des arbres.

Ces pommiers si précieux ne sont pas simplement confinés dans l'enceinte des villages. Ils s'étendent encore au loin dans les plaines, en files alignées et nombreuses, et doublent la magnificence de la campagne. Leurs rameaux épais, naturellement disposés en boule, reposent sur un tronc court et robuste, et s'étendent en parasol. Les nuances agréables de l'immensité de fleurs dont ils se couvrent au printemps, les nuages d'encens dont elles parfument les airs, la richesse des moissons, que leur ombrage semble protéger, l'étonnante multitude de guirlandes de fruits colorés appendues pendant l'automne à leurs branches, donnent à ces cantons un vernis de féerie que le pinceau des peintres, et les fictions du poëte ne peuvent saisir. Ce sont les campagnes de la Crête parées des bocages de l'Arcadie.

Tout, jusqu'à la singulière, et peut-être trop riche parure de la beauté villageoise, répand sur ces lieux un air de nouveauté, que l'œil du voyageur saisit avidemment. Un mélange de coquetterie, d'opulence, de grâces et de bizarrerie; voilà l'ensemble de cette toilette. Bolbec est la métropole de cette mode, et c'est là que résident les *Bertin* et les *Philidor* de l'élégance, jadis appelée *Cauchoise*. Les cheveux des femmes, relevés avec art, s'attachent sur le sommet de la tête, et se couvrent d'une petite toque de drap d'or ou d'argent. Sur cette toque s'attache un grand voile de linon,

Habitans de ce Departement

dont les bandes ou barbes descendent également au-dessous de la ceinture. La plus belle dentelle de Valenciennes, de Maline, ou d'Angleterre borde ce voile, dont la forme et la position le font ressembler assez à ceux que les femmes de Corinthe portoient jadis. Cinq ou six rangs de chaînes d'or ceignent le cou. La taille est retenue dans un corps de drap pour l'hiver, de soie pour l'été, lacé par-devant, mais laissant un large intervalle entre les bords qui se rapprochent insensiblement jusqu'au bas de la taille. Cet intervalle est remplacé par une pièce de drap d'or, ensorte que cette étoffe précieuse semble être le vêtement de dessous. Sur les épaules et sur la taille sont attachées d'amples rosettes de ruban. Le corps est sans manches. Celles de la chemise se troussent sur des manches d'écarlate, presque jusqu'au défaut de l'épaule, et les longues manchettes de mousseline dont les manches de la chemise sont bordées, retombent depuis l'épaule jusqu'au coude. Des gands couvrent le reste du bras. Un jupon d'écarlate, assez leste pour laisser appercevoir le bas de la jambe, un tablier de mousseline des Indes, brodée ou à rayures d'or, complettent le vêtement. Ce costume, dont la singularité méritoit quelque détail, n'est annexé qu'aux femmes de la campagne. Celui des villes maritimes, telles que de Dieppe, par exemple, est totalement différent. La gravure vous fera connoître cette diversité.

Rouen est le chef-lieu de ce département. Les temps ne sont plus où ces murs étoient flétris par le séjour de ce lâche Jean-sans-Terre (5), assassin de son neveu Artus de Bretagne, dont le crime étoit d'avoir des droits à la couronne d'Angleterre que ce monstre usurpoit. Les temps ne sont plus où le peuple avoit besoin, pour obtenir justice, de ce fameux cri de haro (6), si long-temps et si insolemment contesté dans les édits des rois. Les temps ne sont plus où un clergé fanatique, portant en procession un monstre fabuleux (7), terrassé par un saint inconnu, arrachoit tous les ans, au glaive de la loi, le meurtrier souillé du sang des citoyens. Les temps ne sont plus où un *échiquier* ignorant condamnoit, sans pudeur, à la mort l'innocente fille Salmon. Les temps ne sont plus où les satrapes de la Normandie forçoient le citoyen timide de couvrir ses murs d'or, de pourpre et de soie, au passage de Louis XV (8), pour dérober à ce roi son consentement à un impôt désastreux. La liberté a tout effacé, et règne seule ici avec le commerce.

Comme toutes les villes anciennes, Rouen est mal bâtie. Presque tous ces édifices sont de bois, mais sa situation est enchanteresse, et ses dehors sont délicieux. La gravure vous le représente du côté où la Seine descend vers la mer. Il est assez singulier que la loi la plus étendue et la plus détaillée contre le vol, ait eu pour pères des conquérans, par conséquent des voleurs. Les hordes du nord se débordèrent sur la France dans le neuvième siècle. Ces étrangers, grace à la foiblesse de Charles-le-Chauve, et depuis lui, de Charles-le-Simple, s'établirent si bien dans la Neustrie, qu'il ne fut plus possible de les en débusquer. Ce fut à ces messieurs que l'on dut ce livre de loix, si mal appelé : *Sage coutume de Normandie*. Cette *sage* coutume étoit une obscure et absurde compilation de quelques loix antiques et barbares du Dannemarck, où la nature et la raison étoient insultées

à chaque minute. Quand les voleurs conquérans possédèrent les propriétés qu'ils avoient volées, ils sentirent que le vol avoit ses inconvéniens : et ils firent une longue loi, pour qu'on ne leur volât pas ce qu'ils avoient volé : et graces à cette précaution de brigands, de père en fils jusques à nous, les pauvres Neustriens volés ont été trivialement traités de voleurs. On peut dire, avec raison, ici : que les battus payent l'amende.

Ces brigands du nord ont cependant donné quelques chefs à la Neustrie que l'on dit bons. Un maître *Vace* (9), poète du treizième siècle, a fait l'épitaphe de l'un de ces messieurs, la voici :

<blockquote>
Richard fut père, Richard fut fils,
Et chacun fut francs et gentils.
De Normandie chacun fut ducs.
Bon fut le père, et le fils plus.
</blockquote>

On peut se défier un peu de ces éloges, tant qu'ils ne partent pas du peuple, seul connoisseur, seul juge en fait de qualités royales ou ducales ; et, comme sous les ducs de Normandie, le peuple étoit muet, nous ne pouvons pas savoir ce qu'il en a pensé. Alors, Monsieur, il n'y avoit que deux ordres dans l'état : le clergé et la noblesse. Le peuple n'étoit rien. C'étoit l'*âge d'or* pour les prêtres et *nosseigneurs* les gentils-hommes. Mais, malheureusement pour eux, c'étoit l'âge de fer pour les rois et pour le peuple. Les rois, dans ces temps-là, firent leur petite révolution à part, et furent fort aises que le peuple voulût bien leur prêter secours. Depuis, le peuple a fait la sienne à lui tout seul ; c'est plus poli.

Rouen fut une des premières villes de France qui eut ce droit de communes, droit qui fournit aux rois ce tiers-état qu'ils opposèrent enfin aux seigneurs et au clergé, et dont l'introduction dans les états-généraux rétablit la balance entre l'autorité des rois et celle des grands. Par reconnoissance ils l'ont bien opprimé depuis; il semble qu'ils eussent enlevé aux grands le pouvoir de le dépouiller, pour goûter le plaisir de les enrichir de sa dépouille. Qu'en est-il résulté? une conséquence toute naturelle. C'est que le peuple a dit: si j'ai bien délivré les rois de la tutelle des grands, je puis faire pour moi ce que j'ai fait pour autrui: il l'a fait, et il a bien fait.

Ces seigneurs à donjons n'étoient pas fort galants entr'eux. Un certain Renaud, noble comme on l'étoit quand on avoit la noblesse de détrousser les passans, fit la guerre à son beau-père le comte de Châlons. Il l'assiégea, le réduisit à capituler, et exigea pour condition qu'il viendroit à quatre pattes, une selle sur le dos, la bride au col, lui demander pardon, et s'offrir au vainqueur pour monture. Quelle courtoisie! Un noble caracolant sur un noble: un noble porteur, un noble porté: conséquemment un noble éperonnant un noble éperonné: conséquemment une main noble donnant de grands coups de sa noble chambrière, sur une noble croupe! Tout cela est bien noble! et si le peuple d'alors pouvoit rire, il devoit bien rire de la noblesse. Il seroit assez plaisant que nous, peuple souverain et non pas noble, quand nous vaincrons quelque noble émigrant et non souverain, nous le faisions venir à quatre pattes pour nous porter. Qu'auroit-il à dire? rien. Si ses aïeux l'ont fait, on ne déroge donc pas à être sellé, bâté, bridé, fouetté.

Un de ses ducs, nommé Robert (10), *bon chrétien*, voulut aller communier à la terre sainte : le dieu de Jérusalem étoit meilleur sans doute que celui de la cathédrale de Rouen. Il donna pour *maître*, à ses sujets, son *petit bâtard Guillaume*. Pourquoi pas ? Louis XIV a bien cru faire trop d'honneur aux Français, en leur proposant les siens pour rois. Le petit *bâtard* Guillaume fut, par la suite, le *grand* conquérant Guillaume : bon chien chasse de race. Robert après avoir *abâtardi* son trône, partit à pied et couvert de haillons, pour son pélerinage ; mais, comme l'humilité chrétienne va fort bien avec l'orgueil suzerain, tandis qu'il étoit couvert d'une méchante bure, toute sa suite étoit couverte d'or. Arrivé à Jérusalem, le bacha Turc lui donna *gratis* la permission de faire ses dévotions au saint sépulchre, et Robert, par reconnoissance, lui donna *gratis* aussi tout l'or qu'il avoit volé, avant son départ, à ses fidèles Normands. Il faut convenir qu'alors la noblesse française devoit être bien agréable à Dieu, aux Turcs et au Peuple. Les modes changent avec les siècles : la Terre Sainte aujourd'hui est la Terre de la Liberté, et les nobles n'aiment plus la Terre Sainte.

Henri IV fit le siège de Rouen et s'en empara. Son père, Antoine de Bourbon, l'avoit pris quelques années auparavant. Antoine de Bourbon combattoit alors pour ceux qui voulurent assassiner son fils, et Henri combattoit à son tour contre ceux que son père avoit défendus ; et voilà comme les malheureuses cités sont toujours victimes de l'inconséquence de quelques ambitieux. Cet Antoine de Bourbon étoit le plus foible et le plus indécis des hommes. Il avoit l'art de n'être jamais où il devoit être. Il servit Catherine de Médicis qu'il auroit dû punir ; il combattit les réformés qu'il auroit dû venger ; il s'associa avec les Guises qu'il auroit dû détruire ; il céda la régence qu'il venoit disputer ; il se fit catholique quand il auroit dû se faire calviniste ; enfin, il eut la dernière mal-adresse de se faire tuer quand il n'étoit plus tems de s'exposer. Et pour finir comme il avoit vécu, il mourut sans avoir pu se décider s'il mourroit papiste ou calviniste. Et voilà les hommes qui se prétendent nés pour commander aux autres.

Ce fut à ce siége de Rouen qu'il fut mortellement blessé, d'un coup d'arquebuse, à l'épaule gauche, en satisfaisant à un besoin naturel ; et comme il étoit de sa destinée de faire tout à rebours, il étoit sobre en bonne santé, et fut intempérant pendant le traitement de sa blessure. On lui fit une épitaphe plaisante.

Amis français, le prince ici gisant
Vécut sans gloire et mourut en pissant.

Henri IV assembla à Rouen, en 1596, une assemblée de notables. Si l'expression n'étoit pas triviale, on pourroit dire qu'il y fit *le bon*. « Je viens, dit-il, prendre vos » conseils, les croire, les suivre, me mettre en tutelle » entre vos mains. » Quand il sortit, il demanda à la duchesse de Beaufort « s'il avoit bien parlé ? A ravir, » répondit-elle ; mais je ne conçois pas comment vous » avez dit que vous vous mettiez en tutelle. » Ne vous inquiétez pas, reprit-il, je me mets en tutelle, mais l'épée au côté. Si Henri IV avoit des restrictions mentales en parlant aux notables du royaume, jugez de la sincérité des rois qui ne sont pas Henri IV.

Vous ne jugerez guères mieux de la reconnoissance des prêtres, quand vous saurez, Monsieur, que le fameux Léon X, ce pape si funeste à la France par le concordat, n'étant encore que cardinal et disgracié en Italie, avoit été comblé de fêtes et d'honneurs à Rouen. Il se conduisit sur le trône de Saint-Pierre comme si quelque ressentiment secret l'eût animé contre la France, et peut-être fut-ce en effet à Rouen que son goût pour les plaisirs lui fit recevoir le premier venin de cet abcès fameux qui lui valut la thiare.

Seul des papes, cet épicure de l'église portoit à juste titre, le triple diadême; il étoit tout ensemble pontife de Vénus, grand-prêtre d'Apollon et vicaire de Jésus-Christ. Il concilioit à merveille ces trois autorités. Quand il anathématisoit Martin Luther, il lançoit une bulle d'excommunication contre ceux que la lecture des poésies de l'Arioste révolteroit. Ainsi, les foudres de Rome ont fait une fois, dans leur vie, une niche à l'ignorance, et comme vous voyez, il faut lire l'Arioste pour aller en paradis.

Les arts datent l'époque de leur résurrection du règne de ce pape. Ce fut le moment des anagrames, des acrostiches, des tours de force et de l'esprit. Ils annoncent son réveil comme ils sont les symptômes de sa mort. Un des rebus les plus plaisants de ce tems-là, fut l'explication latine que l'on donna aux chiffres romains qui composoient le millésime de l'année de l'exaltation de Léon X; il les avoit fait graver, sur une pierre d'attente, ainsi:

M. C C C C. L X.

On écrivit au-dessous:

Multi cardinales cæci creaverunt cæcum
Leonem decimum.

Léon X avoit la vue très-basse.

Si ces traits d'esprit annonçaient le goût de l'épigramme, ils peignaient souvent aussi l'épouvantable corruption de la cour de Rome. Son successeur, Adrien VI, afficha une farce austérité de mœurs fort alarmante pour ceux que Léon X avait protégés. Il mourut lorsqu'il préparait une bulle contre la simonie, l'usure et la débauche, et le jour de sa mort, on mit sur la porte de son médecin.

Au libérateur de la patrie.

Lorsqu'il fut question de l'enregistrement du fameux concordat, le parlement de Rouen se montra l'un des plus ardens défenseurs de l'antique pragmatique sanction. L'église, toujours adroite, n'avoit pas, sans raison, permis que des clercs s'assissent dans les tribunaux. Par-là, elle se garantissoit de l'indifférence que des juges laïcs auroient pu mettre à ses intérêts. Le peuple n'avoit pas été si fin; aussi, il n'y a point eu d'impôts qui n'ayent été enregistrés. La création du monde politique ne s'est pas faite comme celle du globe : à celle-là la lumière n'a été créée que le dernier jour.

Rouen, dont le commerce est immense, est l'entrepôt des richesses maritimes débarquées au Havre. Le Havre est une ville en miniature. La gravure vous représente une vue de son port et de sa citadelle. François I, Henri II et Louis XIII l'ont successivement fortifiée. Ils firent bien. C'étoit près de-là que Henri V étoit débarqué en France avec ses Anglais, pour gagner, en dépit du sens commun, la fameuse bataille d'Azincourt (11).

Les fortifications de cette ville, que les Anglais ont bombardée

Le Havre.

bombardée dans la guerre de 1755, n'ont pas empêché les Calvinistes de l'occuper plus d'une fois. Sa position la rendoit précieuse aux ennemis de l'état par ses communications maritimes, et depuis la révolution elle s'est offerte plus d'une fois à la pensée des ennemis de la patrie. Mais tandis que le gothique échiquier de Rouen cassoit en 1789 un décret du peuple son souverain, le Havre rioit des derniers soupirs de l'échiquier, et dès-lors son patriotisme étoit assez robuste pour que l'on fût sans inquiétude de ce côté-là.

La vue de cette ville est étonnante, pris du haut de la montagne d'Ingoville. De-là l'œil plonge sur cet azile de l'activité et de l'industrie, s'étend sur les rives majestueuses de la Seine, et mesure l'immensité des mers. La vaste étendue du tableau rapetisse aux yeux du philosophe les passions des hommes qu'il voit se mouvoir sous ses pieds, et quand son imagination lui peint la volonté générale étendant son vol sur les plaines qu'il découvre, et que son regard s'arrête sur le château d'Orchères, dont les tours s'élèvent dans le lointain, il ne peut s'empêcher de sourire aux petits soins que la dame de *Melmont* s'est donnée pour alimenter les prêtres réfractaires.

Malheureusement pour les soutanes anti-civiques, les fils de cette dame étoient plus nationaux; ils ne trouvèrent pas honorable d'être les caissiers de ceux que leur mère vouloit soudoyer annuellement, pour les empêcher de prêter serment; et quand les *bons* curés se présentèrent pour toucher le premier quartier de leur pension, on ne leur donna qu'un mandat sur

B

la miséricorde de Dieu, dont ils n'ont pas appris à se nourrir (*).

Je ne vous dirai pas si les moines de Fécamp, abbaye que l'on trouvoit jadis sur les bords de la mer en suivant la côte jusqu'à Dieppe, se trouvent bien de la réforme de leur splendide cuisine. En tout cas, s'ils s'en plaignoient, on pourroit leur dire qu'autrefois le duc Richard II chassa les bonnes religieuses que le *dévot seigneur* Waninge y avoit mis, et qu'ils trouvèrent fort bon que Richard les fit venir de Dijon pour leur donner ce qui n'étoit pas à lui. Ils pourroient demander à qui cela étoit? — aux religieuses? — Point du tout. — Mais elles le tenoient du *seigneur* Waninge? A la bonne heure, mais ce que Waninge donnoit aux religieuses n'étoit pas à lui. — Comment? — Sans doute, car il avoit des enfans. Donc son bien appartenoit à ces enfans de préférence à des dévotes. Ce bien, ces enfans s'en seroient servi au bénéfice de la patrie. Or la patrie, depuis mille ans à-peu-près, est privée de

---

(*) C'est ainsi qu'en contemplant le Havre, et se rappelant que Mazarin y fit transférer, du château de Vincennes, les princes de Condé et de Conti, et que leur geolier gascon, l'illetré *de Bar*, vouloit que l'aumonier de ces messieurs leur dît la messe en français, dans la crainte qu'il ne leur glissât quelque nouvelle dans le *Dominus vobiscum*, le philosophe rend grace à la liberté de nous avoir délivrés de ces races de tyrans, qui ne se dévoroient entr'eux que pour nous dévorer seuls, à-peu-près comme des dogues se houspillent pour un os: de nous avoir débarrassés de leurs porte-clefs si bêtes, dont la turpitude vendoit aux bourreaux des cours leur ignorance et leur lâche bassesse: de nous avoir enfin éclairés sur ces prieres latines, à la faveur desquelles un prêtre, à la face de tout le peuple, pourroit le vendre au méchant.

Embouchure de la Seine

ce qu'elle auroit pu retirer des services pécuniaires des descendans de Waninge, et en rentrant dans l'abbaye de Fécamp, elle n'est pas même remboursée de ce qu'elle auroit perçu sur ses biens, s'ils eussent été le partage d'une famille de citoyens. D'où l'on peut conclure que si les moines de Fécamp ont eu jadis la complaisance pour Richard II de se réjouir d'une injustice qu'il faisoit en leur faveur, il ne doit leur en rien coûter de se réjouir d'un acte de justice que fait la Nation, en récupérant ce qui lui appartient. C'est une *drôle* de profession de jouir de ce qui n'est pas à nous, et ce qui est plus *drôle* encore, c'est de gagner à ce métier une bonne pension. Voilà pourtant l'histoire des moines. Bien des gens les plaignent cependant. Je demanderois volontiers à ces *geus-là*, ce qu'ils feroient à quelqu'un qui, pendant vingt ans, par exemple, auroit joui d'une somme qu'un tiers leur auroit volé pour le donner à quelqu'un. Ils répondroient, j'en suis sûr, je reprendrois mon bien où je le retrouverois. — Voilà tout ? — Oui. — La Nation est donc bien plus généreuse que vous, puisqu'elle pensionne ceux qui ont joui, pendant des siècles, du bien qu'on lui avoit volé. Voilà l'histoire de la Nation.

Plutôt que de vous décrire l'église et le réfectoire des moines de Fécamp, les deux plus grands édifices de ce genre dans tout le royaume, plutôt que de vous transcrire la longue liste d'archevêques et de cardinaux qui possédèrent cette énorme abbaye, pour les consoler de n'avoir que deux cents mille livres de rente, plutôt que de vous peindre la longue guerre du prélat de Rouen avec ces moines pour le droit de crosse, guerre dont au besoin Boileau eût pu faire un poëme, vous aimerez mieux que je vous rappelle un trait étonnant de l'intrépide bravoure d'un français, dont les fastes de Fécamp s'honore. J'aime à vous la raconter. Il s'agit d'un homme qui combattoit contre la ligue, et c'est presque parler de l'héroïque vertu d'un soldat de la liberté. Cette anecdote est à l'ordre du jour.

En 1593, les calvinistes perdirent le château de Fécamp. Cette place étoit importante. Un nommé *Boisrosé* ne désespéra pas de la rendre à son parti. Du côté de la terre, la surprise étoit impossible : il n'avoit donc que le côté de la mer où il pût la tenter : mais la situation même du château sembloit la rendre impraticable. Ce château étoit placé sur un rocher coupé à pic, et élevé de six cents pieds au-dessus du niveau de la mer, qui toute l'année en baignoit la base, à l'exception de trois ou quatre jours. Malgré la difficulté du succès, ce fût par-là que *Boisrosé* tenta l'exécution de son projet. Il s'assura de deux soldats ennemis dans l'intérieur de la place, et leur donna leurs instructions. Quant à lui, il choisit une nuit obscure, et suivi de cinquante hommes déterminés, il aborde dans deux chaloupes au pied du rocher, dans un de ces momens rares, où la mer laisse à sec quelques toises de la grève. Il apportoit avec lui un gros cable, égal en longueur à l'élévation du rocher, garni de distance en distance d'échelons de bois assujettis dans les nœuds du cable. Au signal convenu les deux soldats de la garnison, gagnés par lui, lancent un cordeau du haut du rocher. *Boisrosé* l'attache au cable, que les soldats vendus hissent par ce moyen, et arrêtent dans l'entre-deux d'une embrâsure, à l'aide d'un lévier passé dans une agraffe de fer, disposée à cet effet au bout du cable.

Cette périlleusse échelle bien affermie, *Boisrosé* fait mettre les armes en bandoulière à ses cinquante hommes, place à la tête de sa colonne ses deux sergens, dont il connoissoit la résolution. On monte, tout défile : et lui se réserve pour le dernier, afin d'être sûr d'arriver au sommet accompagné de tout son monde. Tandis que l'on escalade, la mer monte : les chaloupes sont emportées par le flot : déjà dix pieds d'eau baignent le rocher : toute retraite est fermée. Il faut en convenir, l'homme le plus intrépide ne se figure pas sans frémir la situation de ces cinquante hommes. Tout alloit bien cependant. La nuit, le silence et le courage les couvroient, quand tout-à-coup, aux deux tiers de la course, la colonne s'arrête. De bouche en bouche on apprend à *Boisrosé* inquiet, que le cœur manque au sergent qui conduit sa colonne, et qu'il refuse d'avancer. Alors cet incroyable *Boisrosé* prend un parti terrible, mais nécessaire : il prévient tous les soldats qui le précédent de se tenir ferme, grimpe par-dessus les cinquante hommes, arrive enfin au sergent, et lui mettant un poignard sur la gorge, *monte, ou je te tue*. Le sergent, revenu à lui, obéit. On se remet en marche, on accroche enfin le rempart. Quelle joie pour *Boisrosé* ! La prise rapide de ce château fut la récompense d'une courageuse témérité, dont l'histoire offre bien peu d'exemples.

Les abbayes étoient communes dans ce département. Cela n'est pas étonnant, Monsieur, le pays est bon, l'on y fait bonne chère, et les femmes y sont jolies. Le *chevalier d'Aumale*, frère du *duc de Guise*, assassiné aux états de Blois, étoit abbé de celle du *Bec*. Ce d'*Aumale* s'étoit emparé de Saint-Denis. *Vic* y commandoit pour Henri IV. Désespéré du succès d'*Aumale*, il l'attaque au milieu de la ville, le combat, le tue, disperse sa troupe, la met en fuite, et Saint-Denis est délivré. Un de ces *seigneurs*, comme il y en avoit tant, prend la poste, et demande au roi l'abbaye du Bec, vacante par la mort du chevalier d'*Aumale*. Henri IV lui répond : « Elle est donnée, j'en suis fâché pour vous. Comment? » reprit le courtisan, le courier qui vous apporte la » nouvelle de la prise de Saint-Denis n'est arrivé qu'a- » près moi. Je suis le premier qui vous ai demandé l'ab- » baye. Point du tout, répond le roi. *Vic*, en tuant le » chevalier d'*Aumale*, me la demandoit pour son fils »

On ne s'adresse pas toujours aux rois pour avoir des bénéfices. Un prêtre, né dans ce département, fut à Paris dans le tems que l'évêque d'Orléans avoit la feuille. Le prêtre, jeune, aimable, crut que ses droits seroient mieux sentis par la célèbre danseuse en possession alors d'amuser les insomnies de *monseigneur*. Il ne se trompa pas. Il fut reçu, accueilli, protégé : et bientôt après *Therpsicore* annonça au prêtre de l'*agneau* qui seroit riche sans avoir rien à faire. Les promesses de la beauté ne rassurent pas toujours. On aime à voir, à se convaincre. « Se peut-il ? en êtes-vous certaine? lui dit l'in- » crédule abbé. *Monseigneur* vous l'a dit ! Mais vous » a-t-il montré mon nom? l'avez-vous vu sur la feuille ? » Cela ne se peut pas, lui répond la dame, *monseigneur* » ne me fait jamais voir que la *feuille à l'envers* ».

Ce petit trait des anciennes mœurs vous étonnera moins que l'importance que tant de célèbres chroniqueurs ont apportée à prouver l'existence du fameux royaume d'Ivetot, que nous avons traversé dans un quart-d'heure, en sortant de Fécamp. Que cette terre ait joui ridiculement de quelques attributs de la royauté, c'est ce qu'on peut contester. Rien ne doit surprendre en fait de folies dans des siècles où la raison étoit frappée de stérilité. Mais que l'on cherche à trouver une origine sérieuse à cette caricature, c'est le comble de la déraison. Les rois d'Ivetot ont été rois à-peu-près comme Arlequin (12) obtint jadis la permission de parler français. Antiquement il étoit convenu que les rois ne pouvoient se tromper. Cela étoit fort commode pour les imbéciles. Un roi appeloit-il par méprise un homme *M. le marquis*, donnoit-il une faveur que le hasard faisoit tomber entre les mains de tout autre que celui à qui elle étoit destinée, le roi étoit infaillible : l'homme étoit *marquis* : la faveur étoit bien adjugée. Une étourderie *royalement* infaillible a fait tout bonnement un roi *infailliblement* imaginaire. Un roi de la première race aime un seigneur d'Ivetot. Cela vaut mieux que de le tuer, comme l'ont supposé des historiens imposteurs. Clotaire, si l'on veut que ce soit lui, en admettant à sa table le seigneur de d'Ivetot, lui aura dit : mettez-vous là, mon petit. roi. Alors, orgueil de profiter de l'infaillibilité royale; de faire souche de petits rois : ces petits rois d'exiger de petits droits; les petits droits de faire dire de petits mensonges; les petits mensonges d'être crus par de petites gens; et de petites gens de les faire ratifier par de petits juges. Ainsi, de petitesses en petitesses, la petite dynastye des rois d'Ivetot est venu jusqu'à nous par de petits siècles.

Dieppe est un peu plus intéressant. C'est ce qu'on peut vraiment appeler une ville de peuple. Elle ne renferme, pour ainsi dire, que des matelots. Ce sont les meilleurs, dit-on, de l'Europe. Je ne suis pas marin, ainsi je ne puis en juger : mais je suis homme, et je puis vous dire que ce sont les plus honnêtes des hommes. C'est la seule ville où la politesse soit de contrebande. La franchise est souveraine.

Cette ville fut bombardée par les Anglais en 1694. On l'a rebâtie depuis. Les bâtimens sont uniformes, mais sans grace. Son port, dont la planche vous offre une vue prise du côté de la Falaise, ne peut contenir et ne contient en effet que de petits vaisseaux, destinés particulièrement à la pêche du hareng, principale branche de son commerce. Ces harengs se salent, ou se fument dans des bâtimens construits à cet usage : à-peu-près semblables à nos jeux de paulme. Tous les harengs se suspendent par la tête à des baguettes que l'on place en étages jusqu'au faîte de l'édifice. Le feu s'allume dans le bas, et la fumée ne pouvant s'échapper que par les ouvertures du toit, séjourne assez sur le poisson pour en pénétrer toutes les parties.

Les autres poissons que prennent les pêcheurs de Dieppe étoient assez célèbres pour mériter à cette ville l'*honneur* de posséder des pourvoyeurs du roi. Ces gens-là exerçoient un genre de tyrannie assez plaisant pour s'enrichir. Ils savoient que le pêcheur fait payer son poisson moins cher aux citoyens. Ils ne se donnoient donc pas la peine d'aller au port ; mais ils s'embusquoient au coin des rues, et arrêtoient ceux qui passoient avec le poisson qu'ils venoient d'acheter : ils s'informoient du

Port de Dieppe

prix qu'on l'avoit payé, et demandoient, de *par le roi*, qu'on le leur cédât. Il falloit obéir, sinon.... Ainsi, de *par le roi* un tiers souvent de la ville de Dieppe étoit privé de son dîner que les pourvoyeurs escamotoient à bon marché, et revendoient bien cher pour nourrir les valets de cour. Car, quoiqu'assurément les rois *mangent* bien, ils ne mangent pas physiquement, dans un seul repas, le dîné de toute une ville.

Et cependant ce peuple que des esclaves subalternes mettoient ainsi, de temps en temps, au pain et à l'eau, enfantoit les *Richard Simon*, les *Pecquet*, les *Boussard*. Boussard! c'est le nom d'un matelot, Monsieur; mais le nom de l'homme dont le courage arrache à la fureur des flots une vingtaine de malheureux, mérite bien l'immortalité (*). Croiriez-vous que dans un dictionnaire historique, rédigé, dit-on, par des gens de lettres, et qui s'imprime à Caen, on ne trouve pas l'*article* de Boussard. En revanche, tous les saints, les papes, les rois et les guerriers possibles en remplissent les pages. Quand donc s'occupera-t-on d'un dictionnaire où l'on trouve aussi les belles actions des hommes du peuple?

(*) Un jour de tempête, un vieux matelot de Dieppe, assis sur la jetée (ou le mole) considéroit attentivement une barque, que la difficulté de l'entrée du port, accrue par l'agitation des flots, mettoit en quelque danger. Un étranger que la curiosité avoit attiré à la même place, dit au matelots, avec effroi, ces malheureux vont périr! Si le danger augmente, répondit le matelot, j'ai là une *amure* (une corde), je me jeterai à la mer, et je la leur porterai. — A la mer! elle est terrible; vous périrez! — peut-être! — Et êtes-vous payé pour cela? — Payé! non. — Et vous vous exposez pour rien! — L'honneur!

Le ci-devant archevêque de Rouen percevoit, je ne sais à quel titre, un droit considérable sur les pêcheurs de la ville de Dieppe. Ce droit lui rapportoit cinquante à soixante mille livres de rente. Il étoit assez plaisant que la profession de *Barjône* rapportât soixante mille livres de rente à un descendant crossé et mitré de ce même *Barjône*.

Ce fut à la porte de cette ville que se donna, le 21 septembre 1589, cette bataille d'Arques que la lettre de Henri IV à Crillon a plus illustrée que les exploits qui s'y firent, et l'importance dont elle fut.

En remontant la petite rivière dont l'onde arrose les murs écroulés du château d'Arques, en laissant sur la gauche la petite ville de Neufchâtel, dont *Lucullus* auroit prisé les fromages délicats, on trouve Forges. La célébrité de ses eaux minérales ne franchit guères les limites de la ci-devant province de Normandie : on prétend que ces eaux développent dans les femmes les germes de la fécondité. Louis XIII, Anne d'Autriche y furent jadis. Mazarin étoit du voyage. Peut-être ce fut là que s'expliqua le mystère de l'incarnation pour l'infortuné masque de fer. Les trois sources portent le nom de *Royale*, *Reinette* et *Cardinale*. Ainsi, en se guérissant par leur boisson, l'on étoit contraint à penser que les jours qui vous étoient rendus appartiendroient à l'esclavage. L'une de ces sources doit son nom de *Cardinale* au cardinal de Richelieu. Trouver les principes de la vie dans une source que le nom de Richelieu a empoisonnée, est ce que l'on peut appeler un phénomène.

Gournay, non loin de Forges, graces à ces excellens pâturages, approvisionne de beurre la ville de Paris, de même qu'Elbeuf approvisionne de draps toute l'Europe. C'est entre Elbeuf et Rouen que se trouve le petit village de Port-Saint-Ouën, où pendant quarante ans, la malheureuse *Nina* (13) vint chaque jour attendre son amant que l'inflexible mort ne lui rendit jamais. Femme infortunée ! Dans l'âge des amours, le bien-aimé de son cœur s'éloigna d'elle. Il devoit revenir ; il ne reparut plus : la tombe l'avoit englouti. A cette nouvelle, la raison de Nina s'éteignit ; il ne lui resta plus que les douces illusions de l'espoir. Chaque jour, pendant quarante ans, elle brava les neiges, les glaces, la chaleur, les orages : elle partoit de Rouen, faisoit deux lieues jusqu'au Port-Saint-Ouën, jetoit un regard inquiet et tendre sur le chemin, poussoit un soupir, et s'en retournoit en disant : « je le verrai demain ».

En retournant vers le Havre, le long de la Seine, on rencontre Caudebec, Harfleur et Montivilliers. Ces petites villes, ainsi que S. Valéry et Eu, n'ont rien offert à notre curiosité, que l'activité et l'industrie de leurs habitans que l'on trouve par-tout dans ce département.

C'est sur cette terre que naquit le père du théâtre français, le grand Corneille. Auteur des Horaces, jalousé par Richelieu, voilà deux grands titres à la gloire. Parler le langage des Romains, et être haï d'un despote, c'en est assez pour l'immortalité. S'il vivoit, ce grand homme ! il penseroit comme nous. En faisant *Sertorius*, Pierre étoit l'homme de la révolution, et le fameux *qu'il mourût* du vieil Horace, est le serment civique de Corneille.

Il eut un frère, et ce fut son cadet. C'est un éloge encore.

Ces deux grands hommes eurent un neveu, Fontenelle. Il seroit peut-être la preuve que l'excès de l'esprit dessèche le cœur. Nul homme ne fut plus spirituel, nul homme ne fut plus égoïste. Il faut avoir des passions pour avoir du génie, et Fontenelle n'eut point de passions. Personne n'eut plus que lui ce sang-froid de l'égoïsme, cette incroyable présence d'esprit de rapporter tout à soi-même. Un jour, M. de Fontenelle étoit à sa campagne. Une de ses vieilles connoissances, car il n'avoit point d'amis, vint lui demander à dîner. Que vous donnerai-je ? lui dit Fontenelle. Voulez-vous des asperges ? Volontiers, répond l'étranger mais à l'huile. — A l'huile ! tant pis. Je les aime à la sauce. — La sauce m'incommode. — Allons. Nous les mangerons à l'huile. Fontenelle sort pour donner ses ordres. Pendant sa courte absence, l'étranger tombe d'apoplexie. Fontenelle rentre et le trouve mort. Ecoutez, crie-t-il à son cuisinier, vous mettrez les asperges à la sauce (14).

La nature traita Fontenelle en égoïste ; elle le fit vivre près de cent ans.

Malgré les charmes que cette nature bienfaisante a répandue, sur cette terre, peu de peuple est plus volontiers voyageur. Cela ne tient point à un caractère inquiet ni turbulent ; cela dérivoit des mauvaises loix. Par-tout où les familles présentent un être privilégié, il faut que les cadets deshérités par la fortune, aillent sous un climat étranger chercher des faveurs qu'elle leur refuse chez eux. Désormais, sous des loix favorables à l'égalité, tous les enfans d'un même père aimeront le sol qui les vit naître. Ce besoin d'émigration donna, dans le dixième siècle, des conquérans à la Calabre; et les fils de Tancrède d'Hauteville se fondèrent un trône en Sicile, parce que la *sage coutume* normande ne leur accordoit pas une chaumière chez eux. Voilà l'inconvénient des loix barbares.

Malgré l'amour des voyages, malgré la quantité d'individus que la marine s'approprie, la population de ce département est immense; c'est le symptôme de sa richesse. Le ciel lui a tout accordé; grains, mines, troupeaux, manufactures, commerce, industrie, intelligence enfin. Il ne lui manque que des vignes : il n'y a peut-être pas de mal ; c'est toujours une porte fermée à l'intempérance.

La liberté ajoutera encore à tant de faveurs. De nouveaux débouchés s'ouvriront. On parle déjà de canaux par où les richesses de terre et de mer circuleront avec plus de facilité. Les entraves maritimes cesseront peut-être tout-à-fait. En attendant ces immanquables bienfaits, le philosophe contemple avec joie les ruines de la gabelle oppressive, sous laquelle a gémi si long-tems cette belle portion de l'Empire Français, et ne craint plus de voir un infortuné traîné aux galères, pour avoir dérobé à l'Océan une cruche d'eau salée.

NOTES.

(1) Toit de chaume est l'expression de l'exacte vérité. Dans ce canton si fertile, les maisons de paysans ne sont construites qu'en terre, et couvertes en chaume. Aussi la paille de bled est-elle là une denrée précieuse. J'ai vu des années où elle se vendoit jusqu'à vingt écus les cent bottes.

(2) Ce sont des toiles, des serviettes et sur-tout des mouchoirs, et des siamoises, ou coronades, dont Rouen fait un trafic considérable avec l'étranger. Ces manufactures, et les tanneries occupent, dans Rouen, plus de trente mille ouvriers, et quatre fois autant dans les campagnes à plus de dix lieues à la ronde.

(3) Les meilleurs juges en hospitalité sont en général les soldats. Je n'en ai point vu qui ne se louassent des garnisons ou cantonnemens de ce département.

(4) Outre les fumiers dont on se sert, comme ailleurs, pour fertiliser la terre, les agriculteurs vont encore chercher, dans ses entrailles, une certaine craye que l'on appele *marne*; ils font, pour cet effet, ouvrir des puits profonds : on monte cette marne dans des corbeilles, et quand elle a passé quelque tems à l'air en petits tas, on la répartit sur la surface des champs. Elle seroit nuisible dans les terreins vigoureux; mais elle vivifie les terres trop fraîches.

(5) Jean-Sans-Terre fut le dernier des rois d'Angleterre qui tint des rois de France le duché de Normandie à foi et hommage. Son crime l'en fit dépouiller. Il étoit le seizième duc depuis Rollon. La réunion de la majeure partie des grandes provinces à la couronne a toujours été dûe aux forfaits de leurs soi-disant souverains. Il étoit donc de la politique des rois français d'exciter, sous main, les grands féodaux aux grands crimes, puisque c'étoit un moyen de s'approprier leurs dépouilles. Qu'on s'étonne, après cela, des longues infortunes du peuple.

Une incendie vient de ravager, dans les environs de

Rouen, la paroisse de S. Etienne. Les bons citoyens ont, à l'instant même, allégé par leurs secours le désastre des incendiés. La seule Société des Amis de la Constitution a donné 1157 liv., les comédiens un jour de leurs honoraires, et une représentation au profit de ces infortunés. Voilà les bienfaits de l'esprit public nés de la liberté. On trouve encore, après les offrandes que l'on doit à la patrie, de quoi soulager ses frères. Sous l'ancien régime, des incendiés eussent-ils trouvé des secours pendant la guerre ? Des archevêques leur donnoient des patentes pour quêter : et la honte de mandier étoit ce qu'obtenoit l'infortuné de la *charité épiscopale*.

Si Childéric fut assassiné dans la forêt de Lyon (comme quelques auteurs le disent), ce ne fut pas loin de Saint-Etienne. Cet assassinat fut commis par un *seigneur*, nommé *Bodillon* ou *Badilon* ; pour se venger d'un traitement aussi injuste qu'atroce qu'il avoit reçu de ce tyran. D'autres seigneurs du parti de Badilon massacrèrent la femme enceinte et un enfant de ce Childéric. Quand les grands ont été opprimés par les rois, ils ne les ont donc pas toujours respectés.

(6) Il n'y a point d'édits, de lettres-patentes, de priviléges, etc. qui ne portent cette formule : *nonobstant clameur de haro et charte normande*.

(7) On l'appeloit *gargouille*. C'étoit un dragon d'osier, dans la gueule duquel on mettoit un lapin blanc, et qu'on promenoit en procession. S. Romain, dit-on, avoit arrêté ce monstre, en lui mettant son étole sur la tête, et l'avoit fait tuer par un criminel condamné à mort. Telle étoit l'histoire fabuleuse que les chanoines perpétuoient dans l'esprit du peuple, pour perpétuer le droit de délivrer un prisonnier, parce que la recette de ce jour solemnel étoit fameuse. C'étoit le jour de l'ascension qu'on faisoit cette cérémonie. Quand le mannequin passoit, les bonnes femmes se mettoient à genoux, et, se frappant la poitrine, disoient du fond du cœur : *Sainte-Gargouille, priez pour nous*.

(8) Louis XV fit un voyage au Havre. On vouloit établir le troisième vingtième ; et l'intendant obligea le peuple à ne se montrer sur le passage du roi, que revêtu

de ses plus riches habits. D'après la description que nous avons donné du costhume, on sent quelle impression cette vue dut faire sur le monarque. On lui en fit tirer la conséquence que ce peuple étoit très-riche, et qu'on pouvoit le fouler sans remords.

(9) Robert Vace, ou Wace, ou Waice, poëte du 12e siècle, étoit de Jersey. Il reste deux manuscrits de ses ouvrages; un dans la bibliothèque de la nation française, et l'autre dans celle des rois d'Angleterre.

(10) Robert II, père de Guillaume le *conquérant* ou le *bâtard*, roi d'Angleterre.

(11) Henri V devoit perdre cette bataille d'Azincourt; Toute retraite lui étoit coupée, il étoit obligé de parcourir un tiers de la France pour gagner le Pas-de-Calais. L'imprudence et l'indiscipline de la *noblesse française* lui livrèrent une victoire, qu'un enfant en tactique militaire lui auroit arrachée.

(12) Les comédiens français disputoient aux comédiens italiens le droit de parler français. Cette affaire *importante* fut portée devant Louis XIV. Le roi de théâtre, *Baron*, parla le premier au roi de Versailles. Dans l'aristocratie comédienne, cela devoit être. Dominique, arlequin, n'étoit qu'un roturier de Bergame. Quand Baron eut fini son plaidoyer, Dominique s'avança, et, avant de commencer le sien, dit au roi : comment votre majesté veut-elle que je parle? Parles comme tu voudras, répondit Louis XIV. Je vous remercie, sire, reprit Dominique, notre procès est gagné. Baron cria à la surprise. Louis XIV dit, j'en suis fâché ; mais ce qui est dit est dit. Voilà une preuve de plus de l'*infaillibilité* royale.

(13) MM. Marsolier et d'Aleyrac ont mis, avec succès, cette anecdote au théâtre.

(14) Un faiseur de pointes dit, en voyant passer le convoi de M. Fontenelle, voilà la première fois que Fontenelle sort de chez lui sans aller dîner en ville.

VOYAGE
DANS LES DÉPARTEMENS
DE LA FRANCE,

Enrichi de Tableaux Géographiques
et d'Estampes;

Par les Citoyens J. LAVALLEE, ancien Capitaine au 46e. Régiment, pour la partie du Texte; Louis BRION, pour la partie du Dessin; et Louis BRION, père, auteur de la Carte raisonnée de la France, pour la partie Géographique.

L'aspect d'un Peuple libre est fait pour l'Univers.
J. LA VALLEE, *Centenaire de la Liberté*. Acte Ier.

A PARIS,

Chez
- BRION, Dessinateur, rue de Vaugirard, n°. 98, près le Théâtre-Français.
- DEBRAY, Libraire, au grand Buffon, maison Égalité, galeries de Bois, n°. 235.
- LANGLOIS, Imprimeur-Libraire, rue de Thionville, ci-devant Dauphine, n°. 1840.
- REGNIER, Imprimeur-Libraire, rue du Théâtre-Français, n°. 4.

1792,
L'AN QUATRIÈME DE LA LIBERTÉ.

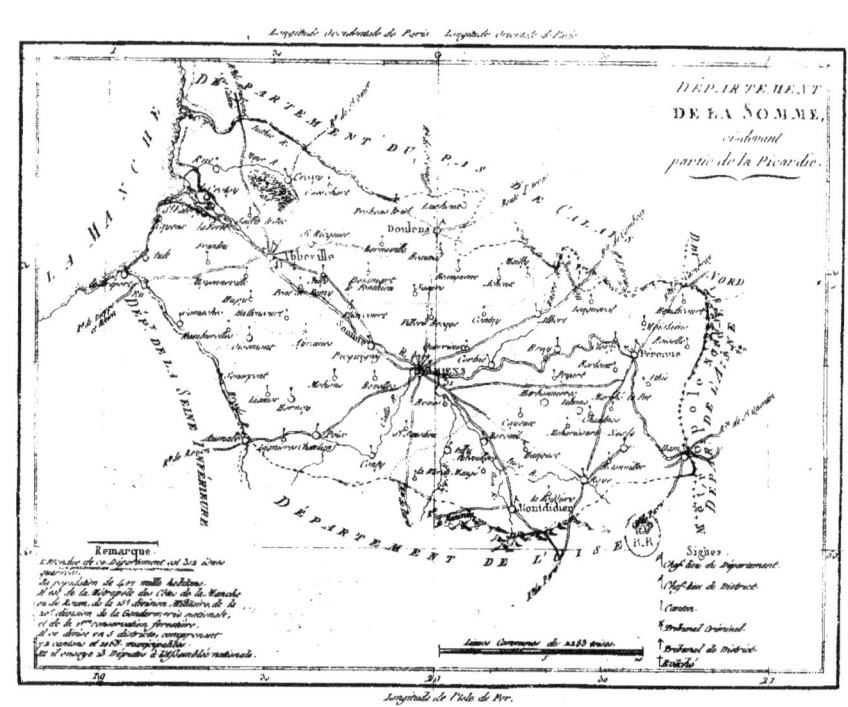

VOYAGE

DANS LES DÉPARTEMENS

DE LA FRANCE,

PAR UNE SOCIÉTÉ D'ARTISTES,

ET DE GENS DE LETTRES.

DEPARTEMENT DE LA SOMME.

« Qu'un Spartiate, dans ses voyages, eût traversé et décrit le mont (1) Oëta, assurément, Monsieur, *passage des Thermopiles*, eussent été les premiers mots que sa plume eût tracés. En parcourant la ci-devant Picardie, souffrez donc que ma première pensée s'arrête sur le (2) *Léonidas* Français, ce brave *Raimond d'Ossaigne*, intrépide chef de cent soixante héros, dont l'invincible bras arrêta quarante mille Autrichiens, commandés par un Maximilien d'Autriche.

Si ce n'est du petit nombre de gens qui lisent, de qui ce trait est-il connu en France ? Nous luttons pour notre liberté contre ces mêmes Autrichiens, et peut-être n'est-il pas un soldat de l'armée qui sache que cent soixante Français en ont tenu quarante mille en échec.

Ils périrent tous, ces braves gens ! Et l'histoire, plus meurtrière encore, les a tués doublement (3) en laissant leurs noms dans l'oubli. En 1479, l'Archiduc (4) Maximilien s'avançoit à grandes journées dans la Picardie; il falloit retarder sa marche, ou Paris peut-être étoit perdu. *Raimond d'Ossaigne*, avec cent soixante hommes, se jette dans le château de *Malannoi*; et graces à leur intrépidité, Maximilien et ses quarante mille hommes échouent devant cette bicoque. *D'Ossaigne*, criblé de blessures, survécut seul à la mort glorieuse de ses compagnons. Il leur survécut, à la honte de ce Maximilien d'Autriche, qui eut l'orgueilleuse et vile indignité de le faire pendre.

Je voudrois que si ce trait tomboit sous les yeux de François, Roi de Bohême, en lisant les fastes de ses ancêtres, il se rappelât que ces cent soixante Français étoient des soldats de Louis XI, et que ceux qu'il combat aujourd'hui, ont avec l'esclavage de moins, l'enthousiasme de Lacédémone de plus.

L'usage vouloit qu'en entrant dans le département de la Somme, je vous entretinsse de l'origine de ce pays, et des antiques destins qui l'attachent à la France. Mais convenez que je ne pouvois déroger plus noblement à la méthode, en vous parlant de *Raimond d'Ossaigne* et de ses compagnons d'armes. Vous saurez toujours assez tôt que la Picardie, conquise par Clodion, passa de Merouée à son fils Childéric, et de Childéric à Chararic, que le *Saint* Roi Clovis fit assassiner avec ses enfans. Commencer un article par les crimes d'un tyran, c'est ressembler à toutes les histoires.

La Picardie resta attachée au trône de la France depuis l'attentat de Clovis, jusqu'à ce que la foiblesse

Habitans de ce Departement

de Louis-le-Débonnaire la cédât à des Comtes. Philippe-Auguste la réunit si bien à la couronne, que Charles VII la regarda comme un meuble dont il pouvoit user dans ses besoins urgens. En 1435, il mit en gage pour quatre cent mille écus toutes les villes assises sur la rivière de Somme : et le duc de Bourgogne fut le *Lombard* de l'aventure. Etonnez-vous, d'après cela, Monsieur, que les Rois soient si curieux de nous garder. Vous voyez que nous sommes pour eux des *bijoux* de prix.

Le sol est moins fertile ici que dans le département de Seine-Inférieure, que nous venons de quitter. Mais l'aspect des villages et la bâtisse des maisons y sont à-peu-près les mêmes. Quant au costume, nous vous renverrions à ce que nous en avons dit dans le département de l'Oise, si l'usage des capes, conservé dans ce pays-ci, et l'habillement des matelots de St.-Valery ne nous avoient pas paru mériter de vous les faire connoître par la gravure ci-jointe.

L'agriculture n'est pas ici, je crois, poussée à son point de perfection. Ce n'est ni la bonté du terrein ni l'industrie des habitans qu'il en faut accuser. La raison que je vais vous en donner vous paroîtra peut-être singulière, mais je ne la crois pas dénuée de fondement : c'est l'immensité des plaines. C'est un voyage pour l'habitant que de se rendre à son champ. Il y arrive une heure plus tard, il le quitte une heure plus tôt : c'est déjà autant de perdu pour l'art. Il y arrive à moitié las : c'est autant de diminué sur le courage, et la diminution du courage influe sur l'activité de l'invention. S'il y passe le jour, la plaine extrêmement découverte ne lui présente point d'asyle contre l'ardeur du midi ; alors la souffrance est voisine du dégoût, et le dégoût empêche toujours d'aller au-delà de la routine. Joignez à ces raisons physiques les raisons morales. Il semble qu'à propriété égale, le champ qui touche votre porte vous est plus cher que celui qu'il faut aller chercher au loin. L'habitude de le voir devient un sentiment. On le soigne, on le caresse davantage. Dès l'aurore, il obtient les premiers regards. Il reçoit les derniers sourires du soir. Il efface enfin, par la proximité des pénates, toute l'aridité du travail, tandis que l'éloignement de l'autre laisse le tems à l'homme de mesurer la fatigue qu'il lui va coûter.

Ne croyez pas pourtant que ces cantons soient négligés ; mais ils pourroient l'être moins ; et je crois qu'il ne faudroit pour cela que plus de rapprochement entre les villages. Cependant, de cette rareté d'habitations, il n'en faudroit pas conclure la rareté de la population. Si les villages sont rares, ils sont de même immenses, et vû leur disposition, semblable à ceux de Seine-Inférieure, il y en a tels ici dont le circuit a près d'une lieue. Je pense donc qu'en les disséminant, l'agriculture y gagneroit, parce qu'alors, pour ainsi dire, ce seroit le champ qui viendroit chercher l'homme, et non l'homme qui iroit chercher le champ.

Le peuple de ce département est bon pour la liberté : brave et généreux, les Romains jadis éprouvèrent son courage ; prompt à se résoudre, il est au-dessus des obstacles, mais ferme dans ses résolutions, il est lent à varier dans ses opinions. Communément entêté, irrascible même, il rachête ses défauts par une franchise rare, une foi sûre, une loyauté peu commune : la trahison, l'hypocrisie, la duplicité lui sont également étrangères : il est plus amical que poli, plus caressant que flatteur, et l'homme de ces contrées est au nombre de ceux dont l'esprit trompe quelquefois le cœur des autres, mais dont le cœur n'a jamais trompé l'esprit de personne.

Il joint à ces qualités une sorte de philosophie de tempéramment qui le fait jouir sans peine des vertus que l'on n'acquiert souvent qu'à force de combats. Insouciant, Monsieur, par amour du repos, il se trouve toujours bien par-tout où le sort l'a placé : de-là, point d'ambition, point d'avidité pour la fortune, et conséquemment nuls des vices qu'entraînent après elles ces passions : le ciel le met là ; il reste là : une nuance de plus il seroit paresseux, une nuance de moins il seroit un sage. L'on n'est point paresseux quand on fait ce que l'on doit, mais aussi l'on n'est point sage, quand on ne doit que ce que l'on fait.

Si l'on en excepte la fameuse manufacture de draps d'Abbeville, fondée en 1665 par messieurs *Van Robès*, Hollandais, aucune des branches d'industrie de ce département ne tient au luxe. Des serges, dites d'Aumale, des baracans, des camelots, des moquettes, des rubans de laine, des toiles à voile, à sacs ou d'emballage, d'autres plus fines, que l'on teint pour doublure, voilà à-peu-près les marchandises manufacturées dans ce pays, qui fournit également les matières premières, qu'on emploie à leur confection, telles que les laines, les chanvres et les lins.

La majeure partie de ce que ce département reçoit de l'étranger consiste donc en comestibles, puisque ses manufactures s'alimentent presque en entier des productions de son propre sol. Ce sont des bœufs, des vaches, des taureaux du Calvados, du cidre de la rivière de Touques, des vins du royaume de toutes les qualités, des beurres d'Angleterre, du poisson salé et des fromages de Hollande, des cendres de Dannemarck pour le blanchissage, des huiles de baleine et de poisson, des bois de teinture, etc. etc.

Le peuple est moins gai, moins fastueux ici que dans le département que nous venons de quitter. Il est plus dévôt, plus crédule, plus sérieux; c'est le pays aux veillées villageoises : de-là les contes de bonnes femmes, et conséquemment la créance aux revenans. On commence à découvrir sur les mœurs la première teinte de la superstition flamande. Les croix s'y montrent de tems en tems sur les chemins, l'obéissance aux prêtres y perce, les églises y sont plus argenteuses, les pauvres plus fréquens, les jeunes-gens des deux sexes plus séparés, les vieillards plus sombres, et les vieilles femmes plus babillardes. Enfin l'air de l'église y filtre dans les cœurs, et la joie commence à n'y rire qu'à demi.

Amiens, chef-lieu de ce département, dont la gravure vous offre une vue du côté où ses murs sont baignés par la Somme, est une ville agréable. Les bâtimens y sont d'une forme assez élégante, et les places y sont jolies. Il n'y a de commerce que ce qu'il faut pour lui donner un air de vie, mais non pas assez pour lui donner un air d'opulence.

Quand on réfléchit qu'Antonin et Marc-Aurèle ont habité Amiens, et que Clovis y est entré en conquérant, que Constantin y a vécu, et que Pierre l'Hermite, prédicateur des croisades, y est né, que Julien l'a habité, et que le persécuteur du malheureux la Barre en a été évêque, on peut comparer cette ville à la boîte de Pandore, d'où les maux et les biens se sont répandus sur le monde.

Ce fut là qu'Antonin dit à Faustine, sa femme, ces paroles sublimes, qu'aucun Prince n'avoit dites avant lui, qu'aucun *souverain* n'a répétées depuis. « Songez » que depuis que nous sommes parvenus à l'empire, » nous avons perdu le droit de propriété, même sur » ce que nous possédions avant ». Cyrus et lui, sont les deux seuls Princes que l'on ait honorés du titre de *Père des Hommes*. Antonin le méritoit seul.

D'autres Empereurs, moins dignes de notre souvenir, ont habité cette ville, tels que Constans, Valentinien, Valens, Gratien, Théodose. Deux enfans de la race Carlovingienne, *Louis III* et *Carloman* s'y partagèrent la France, ou pour mieux dire, ce que l'on appeloit alors la France. Louis, par cet accord, eut la Neustrie, et avec elle la nécessité des combats, non pour chasser les Normands de cette moitié de son royaume, mais pour empêcher les Normands de le chasser de l'autre moitié. Ils étoient à la porte d'Amiens, lorsque les deux jeunes frères se divisoient un empire qu'ils ne possédoient pas. Carloman en partit pour aller disputer ses états à *Boson*, comte d'Arles, et Louis livra la bataille aux Normands sous les murs d'Amiens. Sa victoire fut aussi sanglante qu'inutile. Une terreur panique le saisit lui et les siens, et loin de poursuivre les débris de l'armée des vaincus, il leur abandonna au contraire le champ de bataille. Il mourut peu de tems après, et Carloman acheta au poids de l'or la paix de ceux que son frère avoit défaits ! exemple funeste qu'avoit donné Charles-le-Chauve ! moyen vraiment désastreux, dont le peuple étoit doublement victime, puisqu'il fournissoit aux Rois les sommes qu'ils abandonnoient à la cupidité des barbares, et que les barbares enhardis par cette foiblesse, revenoient bientôt lui ravir ce qu'il déroboit à la cupidité des Rois.

Mélange de barbarie, d'ignorance et de ridicule, tel est le tableau des siècles intermédiaires entre la grandeur romaine et la gloire française. A cette guerre des Normands succéda la fameuse guerre contre les cheveux longs, et à la guerre des cheveux, le triomphe ou la fête de l'âne. Amiens a joué un grand rôle dans cette persécution *capillaire*, et dans ces pompes *asinaires*.

Dans le onzième siècle, monsieur, les évêques, dans leurs loisirs, s'imaginèrent de vouer une immortelle haine aux cheveux longs (5). Ils avoient lu, dans St.-Paul, que la nature enseigne qu'il seroit honteux à l'homme de laisser croître ses cheveux. Les bons *persécuteurs* mitrés n'en savoient pas assez pour deviner que St.-Paul, citoyen romain, raisonnoit, d'après les préjugés de Rome, où les cheveux longs étoient odieux, parce que les Germains et d'autres peuples,

nommés barbares par les maîtres du monde, les portoient ainsi. Les évêques s'imaginèrent donc que, pour entrer en paradis, il falloit être frisé comme Caton ou Cicéron, qu'ils damnoient cependant en dépit de leur coëffure, et les cheveux longs furent excommuniés. Grande rumeur entre les animaux à tous crins, et les animaux à poil raz. Ce schisme fameux eut ses martyrs comme l'immaculée conception a eu les siens, et Amiens fut un des principaux théâtres de cette guerre bouffone. L'église se divise. Des prêtres dissidens se présentent en cheveux longs à l'offrande. L'évêque d'Amiens leur refuse la patêne. Modèle de soumission rare parmi les lévites ! Ils tirent leur couteau de leur poche, se coupent les cheveux, baisent la *sainte* patêne, et s'en vont contens et tondus. Cet exemple ne fut pas généralement suivi. D'autres prêtres, qui savoient mieux que la morgue et l'opiniâtreté sont les attributs du sacerdoce, viennent à la communion en cheveux longs. L'évêque d'Amiens se fâche ; les prêtres résistent, les dévotes s'en mêlent, et les prêtres, dont les cheveux longs donnoient beau jeu au parti *rasé*, sont passablement battus.

Qu'on juge de l'importance d'une semblable querelle, par le malheur qu'elle causa au pauvre Roi Louis VII. Pierre Lombard, homme *célèbre*, lui montre tous les démons prêts à le rôtir, s'il garde ses cheveux et sa barbe. Louis VII se convertit. Il est rasé ; cette amputation allarme *Léonore* d'Aquitaine, son épouse. Le prince d'*Antioche* profite de l'humeur de cette reine ; il la console : il la dédommage de ses pertes. Quel affront pour un Roi ! hélas ! que ne gardoit-il ses cheveux le bon Roi Louis VII !

La fête des ânes (6) plus gaie vint effacer la teinte sombre que la dispute des longs cheveux avoit étendue sur la cathédrale d'Amiens. Un âne de Vérone (7), en Italie, s'étoit mis dans la tête qu'il étoit l'âne heureux, que jadis, Jesus-Christ avoit monté en entrant à Jérusalem. Il avoit trouvé des *compagnons* assez complaisans pour jurer, qu'il étoit venu de Palestine à pied-sec sur les flots du golphe adriatique, et que l'herbe qu'il broutoit dans les prés de Vérone, lui avoit été affectée par son divin *cavalier*. L'âne saint, mais non pas immortel, mourut de vieillesse sans doute, car il devoit avoir sept à huit cents ans. On recueillit ses cendres, que l'on déposa dans un âne artificiel que l'on promenoit en procession deux ou trois fois par an. La dévotion à l'âne passa les Alpes, et la capitale d'Amiens adopta ce nouveau moyen de salut. Le jour de la fête, on amenoit un baudet à la porte de l'église. Le bas clergé alloit le recevoir : on le revêtoit d'une chappe magnifique. Le baudet chévecier s'avançoit gravement jusqu'au chœur, prenoit place à côté de l'évêque, et la remplissoit fort bien. Alors les prêtres célébroient, en latin, son arrivée, et convenoient de bonne-foi qu'ils devoient leurs richesses aux qualités *asinines*. A la fin de la messe, le célébrant se mettoit à braire, et tous les assistans répondoient sur le même ton, excepté l'âne qui, plus sage que les prêtres imposteurs et le peuple crédule, regardoit et écoutoit tout avec un silence de pitié.

Que les prêtres réfractaires, dont les plaintes s'exhalent aujourd'hui avec tant d'amertume, se rappellent comme nous ces siècles où ils se jouoient avec tant de bassesse de la crédulité du peuple, qu'ils consultent Dieu, la nature et la raison, et nous disent après, comme hommes, ce qu'ils pensent d'eux-mêmes. Vainement diroient-ils, Monsieur, que l'église s'est purgée de toutes ces sottises : ils diroient un mensonge. Tant qu'il existera un corps, dont l'intérêt personnel tiendra à la crédulité d'autrui, ce corps renfermera toujours des imposteurs, et ces imposteurs trouveront toujours des dupes. Or, où les lumières ne peuvent rien sur les imposteurs et leurs dupes, il faut donc éteindre à jamais le foyer de l'imposture. J'ai connu un curé de la (ci-devant) province de Picardie, qui annonça au prône de sa paroisse, que tel jour il diroit la messe, dans un bois qu'il désigna, au pied de tel arbre : que Dieu lui avoit révélé que ceux qui déposeroient, au pied de cet arbre, de l'argent, le trouveroient doublé le lendemain. Le premier jour, la somme fut modique : l'adroit curé n'oublia pas, pendant la nuit, de la décupler : le lendemain tout le village accourut pour s'assurer si Dieu avoit tenu parole. A la vue de la multiplication, tous crièrent au miracle. En suivant les calculs de la crédulité, jugez combien de regrets intérieurs pour ceux qui avoient douté ! Combien de passions éveillées, combien d'illusions de tout genre, dont le concours devoit épaissir l'aveuglement de ces bonnes gens ? Le fripon de curé répéta l'expérience : Qu'arriva-t-il ? La somme, pour cette fois, montoit à 20,000 liv., et le curé décampa avec. Que peuvent les lumières, la philosophie, les raisonnemens du sage contre ce penchant à la crédulité ? Rien : absolument rien. Cette scène se passoit à dix lieues de Jean-Jacques. Cette scène se passoit dans un royaume, où, depuis quarante ans, on répétoit sur cent théâtres,

Nos prêtres ne sont pas ce qu'un vain peuple pense.
Notre crédulité fait toute leur science.

Amiens fut le berceau de cette guerre de succession si désastreuse aux Français, et dont les Anglais ne retirèrent d'autre bénéfice qu'un vain titre pour leurs Rois. L'orgueil d'un homme, et le faste d'un autre, voilà la pitoyable origine d'une querelle, dont deux nations généreuses ont été victimes pendant un siècle. Jamais peut-être on n'a pu mieux sentir qu'aujourd'hui combien les droits de l'homme sont la base de la paix entre les peuples. Depuis la naissance, pour ainsi dire, des deux monarchies, la plus légère rivalité a armé les deux nations l'une contre l'autre : eh bien ! le peuple français recouvre sa souveraineté avec sa liberté ; aux yeux de l'homme qui juge les causes sans remonter aux principes, jamais rivalité ne dut être plus alarmante pour le peuple anglais ! Point du tout : Jamais ils ne furent plus amis, parce que cette rivalité dérive d'un point de vérité ; et que cette vérité est une pour tous les peuples. Les droits de l'homme, et les droits d'un homme sont deux choses bien différentes. Les droits de l'homme n'ont pas besoin d'armée pour vaincre, ils sont écrits au cœur de tous. Les droits d'un homme ont besoin de force et de sang pour s'établir, parce que s'il croit avoir des droits à part, il faut qu'il soit séparé de la masse des droits de tous.

Philippe de Valois, fier d'humilier le plus fier des hommes, Edouard III (8), déploie, dans Amiens, toute la splendeur, tout le faste, tout l'orgueil du trône, pour blesser l'amour-propre superbe d'un Roi, forcé de venir, à ses genoux, lui jurer foi et hommage, comme disoient alors ces hommes, dont le serment étoit le signal du parjure. L'éclat de Philippe étoit pour Edouard, le conseil de la perfidie. Il en profita bien, et les champs de Crecy que nous avons parcourus s'en souviennent encore.

L'indiscipline, ce fléau des armées, ce poison qui tue valeur, courage, audace, adresse, force, nombre; L'indiscipline arracha la victoire à quatre-vingt mille Français combattant, sur leurs foyers, contre quarante mille Anglais. L'armée d'Edouard, reposée, fraîche, avantageusement située, ferme dans l'obéissance, se range et se déploie avec ordre. L'armée de Philippe, exténuée par une marche forcée, arrive en présence des ennemis. *Le Bascle* conseille de remettre au lendemain à combattre, pour laisser reposer les troupes et faire les dispositions de la bataille. Philippe adopte cet avis sensé, et fait ordonner au duc d'Alençon, général de l'avant-garde, d'arrêter. Alte! lui crie-t-on, *au nom de Dieu et de saint Denis!* C'étoit au nom de la patrie et de la sagesse qu'il falloit dire. Mais dans ces tems chevaleresques, patrie et sagesse étoient des mots inconnus. D'Alençon et ses troupes désobéissent et chargent. C'en est fait. De ce moment, l'enthousiasme aveugle pénètre dans toutes les têtes:

l'impétuosité rompt toute ordonnance. Aucunes mesures prises, aucun évènement prévu, aucune manœuvre dessinée, aucune retraite assurée ! La tumultueuse témérité plane sur les rangs. Philippe est soldat : mais c'est un général qu'il falloit. Chaque Français est un héros : mais ce sont des soldats dont on avoit besoin. La défaite commence par un corps de ces troupes étrangères, qu'un grand empire a toujours l'orgueil de soudoyer, et dont la désastreuse expérience devroit corriger la France. Douze mille Génois plient, et l'imprudent Philippe les fait charger : la confusion augmente, la terreur arrive, la fuite se décide, et la bataille est perdue. Philippe, presque seul, arriva la nuit au château de Broye. Quand on lui demanda qui il étoit ? « Ouvrez, répondit-il, c'est la fortune » de la France ». On lui devoit l'impôt sur le sel, l'augmentation de la taille, la falsification des monnoies, la perte des batailles de l'Ecluse et de Crécy. Quelle fortune qu'un tel homme !

Les canons dont l'armée anglaise se servit, pour la première fois, contribuèrent au funeste succès de cette journée. Les Français taxèrent de lâcheté l'emploi de cet arme. Avoient-ils tort ? En effet le courage perd de son lustre, là où diminue le danger des combats. Il est une vérité, monsieur, c'est que l'invention des armes offensives, qui peuvent porter la mort au loin, telles, par exemple, que les armes à feu, annonce toujours qu'une nation ne combat pas pour sa propre cause. Les Romains libres n'avoient que de courtes épées : les esclaves de Darius avoient des éléphans et des chars armés de faux. Les Spartiates

n'avoient

n'avoient que des javelots, et les troupes de Xercès avoient des frondeurs, des balistes et des catapultes. Le peu d'ardeur pour les querelles des rois fait inventer les ressources des armes favorables à cet esprit de tiédeur. Il est naturel que le soldat qu'on paie pour défendre une cause injuste souvent, indifférent sur le succès, adopte, avec plaisir, les armes offensives qui l'éloignent de l'ennemi. Ne vous y trompez pas. Cette différence introduisit insensiblement, en Europe, les arquebuses, les fusils, les mines, etc. Qui combat pour soi, combat corps à corps : qui combat pour les autres, est bien près de combattre en assassin. Le Français est le premier peuple qui ait renoncé aux piques : et les piques sont les premières armes que la liberté lui ait rendues.

Cette bataille de Crécy coûta trente mille hommes à la France. Jean de Luxembourg (9) roi de Bohême, âgé de quatre-vingt ans et aveugle, se trouva à cette bataille. Ce brave homme fit attacher son cheval entre deux chevaux de ses gardes; et suivi de trente de ses amis, se fit conduire dans la mêlée; il y fut tué, et le lendemain, on trouva son corps entouré de ceux de ces trente guerriers, dont nul ne lui avoit survécu.

Si l'indiscipline fait perdre les batailles, la négligence livre les villes aux ennemis. En 1597, un petit vieillard espagnol, brave et rusé, *Hernandès Tello Porto Carrero*, surprend Amiens. Tout le monde vous dira qu'un sac de noix délié sous la porte, amusa la garde, et laissa aux espagnols la facilité de la massacrer, et de pénétrer dans la ville. Le sac de noix est assurément fort bien trouvé; mais au lieu de dire que quatre

B

ou cinq goujats s'occupèrent à les ramasser, il eût été plus instructif pour l'homme de lui faire sentir qu'une momerie de religion perdit Amiens. Les citoyens s'y gardoient eux-mêmes. Que faisoient-ils quand Hernandès étoit à leurs portes ? Ils étoient au sermon. Ce n'est pas au sermon qu'on doit être quand on veut se garder. Claude Rousselot tenant tête, lui huitième, à cent hulans autrichiens, n'entendoit pas le sermon du curé de Marcou, quand on vint l'attaquer ! Mais dans le seizième siècle, il falloit aller au sermon pour avoir l'absolution à Pâques : et quels prêtres n'ont pas toujours prétendu qu'il falloit sacrifier patrie, nature, amour, amitié, devoir, loix, plutôt que de manquer à recevoir l'absolution. Eh ces mêmes Espagnols qui se sont tant moqués de la surprise d'Amiens ! qu'on les attaque pendant la fête du fameux saint Jacques, ces fiers sujets du roi des deux Indes, ne se laisseroient-ils pas égorger comme des moutons ? Que conclure de-là ? C'est que tant qu'on laissera subsister des prêtres pour vendre des mensonges, il y aura toujours des imbéciles pour les acheter, et que le phénomène d'une ville prise avec des noix, se renouvellera plus d'une fois.

Henri IV reprit Amiens. Malgré l'épuisement des finances, l'intelligence de Sully répandit une telle abondance dans l'armée, que ce siége en a retenu le nom de *siége de velours*. Ceux qui, dans ce moment-ci, feignent de trembler pour la France, dans ce moment-ci où la liberté la rend plus puissante, que la fortune de quarante rois comme Louis XIV n'auroit pu le faire, devroient bien se rappeler ce qu'elle a osé, ce qu'elle a tenté, ce qu'elle a fait dans les tems où elle étoit réduite à l'extrêmité. Ce sont pour les patriotes eux-mêmes que je me permets cette réflexion. Ce sont eux que j'engage à lire l'histoire, ou de la France en général, ou des départemens en particulier que nous parcourons. Il faut le dire: les mal-intentionnés en savent bien plus, à cet égard, que les patriotes. Il est une vérité de circonstances que l'on devroit publier sur les toits, c'est que si la France étoit si voisine de sa perte, ses ennemis ne s'amuseroient pas à prouver sa détresse. Ils la perdroient sans se donner la peine d'expliquer sa foiblesse. La meilleure mesure de la formidable puissance de la France, c'est le soin que ses ennemis apportent à la ravaller; foible ils l'écraseroient, redoutable ils la calomnient. C'est sur le front des conjurations que se grave la majesté du colosse qu'elle veut renverser.

Hernandès fut tué en défendant sa conquête contre Henri IV. *Caraffe Montanagro* lui succéda. Le cardinal archiduc vint à son secours. Par le conseil de Mayenne, et contre l'avis du maréchal de Biron, les Français l'attendirent dans leurs lignes. L'archiduc n'osa les y forcer, et se retira. Montanagro rendit la place le 25 septembre, et dit à Henri IV: *ch'egli rendva quella piazza in mano, d'un re soldato, perche non era piacciuto al suo re di far la soccorere da capitani soldati.* Henri avoit eu la même idée que Montanagro; il avoit dit du cardinal archiduc: « Qu'il s'étoit présenté en capitaine, et qu'il s'étoit retiré en prêtre ».

Ce Henri IV qui se permettoit des épigrammes

contre les prêtres n'en étoit pas aimé : le cardinal Pellevé, que la chaire d'amiens avoit possédé, mourut de désespoir, de ce que Paris avoit ouvert ses portes à Henri IV. Malgré tout le *respect* que nous devons à un *cardinal*, et sur-tout à un feu arch*évêque*, il faut dire que ce Pellevé étoit un grand scélérat. Un jour, un bourgeois de Paris passe devant lui sans le saluer. « Maraud ! lui dit le cardinal, si cela t'arrive
» une autre fois, je te fais jeter à la rivière, et
» traîner à la voirie ».

En nous promenant sur la place aux *fleurs*, pendant le séjour que nous avons fait à Amiens, nous causions de la révolution avec un prêtre *anticivique*. Il nous répétoit, avec emphase, ce lieu commun célèbre, arme émoussée que ces messieurs emploient à tous propos, que, — « Les députés constituans de-
» voient s'en tenir aux cahiers des provinces, et ne
» pas les dépasser ». Je me permis de lui répondre :
« que l'archevêque Pellevé avoit été député formelle-
» ment au concile de Trente, pour défendre les li-
» bertés de l'église gallicane : qu'il avoit fait tout
» justement le contraire : qu'un Pape, qui s'appeloit
» *Pie* aussi, l'avoit fait cardinal, pour le récompenser
» de n'avoir pas suivi les instructions de ses commet-
» tans ». La citation lui déplut. Il nous quitta, en nous disant : « que la comparaison ne prouvoit rien :
» que le St. Esprit étoit avec Pellevé ». Il y a quelques centaines d'années, Monsieur, que cette réponse eût été très-convaincante.

Il est vrai aussi qu'il y a quelques centaines d'années, si le St. Esprit étoit plus puissant, l'humanité et la raison l'étoient beaucoup moins, puisqu'elles souffroient qu'on assommât cette pauvre *Jacquerie*, qui prit naissance non loin d'Amiens. Les paysans d'alors ne demandoient au fond que ce dont jouissent ceux d'aujourd'hui. Leur unique malheur fut que le peuple français n'étoit pas mûr encore pour la liberté. On retrouve dans la Jacquerie, les causes de la révolution actuelle, orgueil et oppression de la part des grands, insolence et libertinage de la part du clergé. Il ne manquoit à la Jacquerie que les lumières de la philosophie pour fanale, et la volonté nationale pour base. Ce parti reçut le nom de Jacquerie de la *bienveillante* habitude, où les nobles étoient d'appeler alors les paysans *Jacques bon homme*, à-peu-près comme certains *messieurs* appellent aujourd'hui un certain peuple *sans-culotte*. A force de les appeler *sans-culottes*, j'ai bien peur que ces messieurs ne s'appellent un jour les *sans-chemises*.

Il vaudroit cependant bien mieux que nous portassions tous le nom d'*hommes d'intelligence* (10), et tel est notre vœu le plus cher. Ne croyez pas pourtant que ce nom nous raccommodât avec l'église. Elle ne l'aime pas. Elle a poursuivi jadis avec une rigueur *divine*, une société de ce nom, qui s'étoit formée dans ce pays-ci. Cette société disoit que les jouissances venoient de la nature; elle disoit bien : l'église dit, qu'elle disoit mal. Et comme elle ne dit rien que de surnaturel, elle cria à l'hérésie. Charles V, intitulé *le sage*, ne fit mourir que vingt-mille hommes de la Jacquerie. L'église, intitulée la *sainte*, fit périr plus de quarante mille de ces *hommes d'intelli-*

gence. Dites après cela que la *sainteté* ne va pas plus loin que la *sagesse*. Charles-Quint disoit : « J'ai » vingt montres sur ma table, et je ne puis parvenir » à en mettre deux d'accord Comment réussirois-je » à faire penser tous les hommes également en fait » de religion ». L'église a toujours prétendu faire ce que les montres de Charles-Quint ne faisoient pas.

En sortant d'Amiens, nous avons vu *Péronne*. La gravure vous la représente du côté du fauxbourg de Bretagne. Les destins de cette ville sont bizarres Lorsque les rois étoient despotes, elle a vu Louis XI, esclave dans ses remparts : lorsque les peuples sont devenus libres, elle a eu l'abbé Maury pour représentant On ne peut pas, en apparence, marcher mieux en sens inverse des opinions du tems. Mais cette apparence est trompeuse. Sous les rois, rien n'égala la fidélité de Péronne : sous la liberté, rien n'égale son patriotisme. On l'appela long-tems la *pucelle*. Nous changerons ce titre en celui de vierge, plus chaste, et plus digne de la pureté des mœurs qui vont naître d'un nouvel ordre de choses.

Péronne et Doulens étoient jadis les siéges de la tyrannie des fermes générales. Quand on approchoit de ces villes, à voir cette multitude de commis armés jusqu'aux dents, à mine rébarbative, au teint have, errans sur les chemins, ou couchés dans les fossés, ou se glissant dans les sillons des campagnes, ou embusqués derrière les buissons, on croyoit arriver aux repaires de Mandrin et de Cartouche. Dans le fonds, on ne se trompoit que de nom. Etoit-on pressé dans sa

Péronne

marche ? il falloit acheter, au poids de l'or, la permission de poursuivre sa route. Se soumettoit-on à la visite ? Voitures, malles, porte-manteaux, poches, culottes mêmes n'échappoient pas à la cupide inspection de ces messieurs. Et le bouleversement de toutes vos affaires finissoit toujours par cette antienne : *N'y a-t-il rien pour boire ?* Cela vouloit dire : payez à la bassesse l'insulte qu'elle vient de vous faire au nom de l'avarice.

On nous a fait voir dans ce canton, encore quelques-uns de ces bons et prudens chiens, dont l'adresse fourvoyoit tous les *limiers* des fermes. Lorsque la nuit étoit venue, leurs maîtres chargeoient leurs dos fidèles des marchandises qu'ils vouloient passer en contrebande. Quand chaque individu de la troupe *canine* avoit son petit ballot sur le corps, un seul (et c'étoit le conducteur de la bande) restoit à vide. Le maître donnoit alors un coup de fouet dans l'air : la petite caravane se mettoit en route, et le maître rentroit tranquillement chez lui.

Cependant, bons chiens cheminoient : le conducteur alloit en avant. Flairoit-il quelques commis ? il retournoit vers ses compagnons : et les petits contrebandiers de changer de route ; ou, si le danger étoit pressant, de se glisser dans les fossés, de s'y blottir, et d'y rester *coi*, jusqu'à ce que que la patrouille fut passée. Enfin, à force de haltes, de détours, de fatigues, ils arrivoient à l'asyle du confrère de leur maître. Croyez-vous qu'ils fussent tous se présenter à sa porte ? Point du tout : ils savoient que le hasard peut-être auroit pu conduire chez lui quelques commis. Ils se cachoient aux environs, dans les bleds ou le long des haies. Le conducteur seul se présentoit à l'*huis*. Il y grattoit d'une patte modeste. On lui ouvroit. Appercevoit-il un étranger dans la maison ? il venoit se coucher indifféremment dans l'âtre hospitalier, comme un chien de la famille. Cependant sa présence instruisoit le maître, et s'il étoit libre, il sortoit. Un coup de sifflet étoit le signal ; et bientôt nos aimables avanturiers, gueule béante, ventre et pattes crottées, accouroient, déposoient à ses pieds leur petit trésor, et trouvoient encore de la force pour sauter autour de lui, et le féliciter de leur heureuse arrivée (11).

Cette vexation des fermes répand de l'intérêt sur les petites supercheries qu'on leur faisoit : non pas que nous approuvions les infractions aux loix, mais parce que nous désaprouvons les loix qui sont des infractions aux droits de l'homme. Avant la révolution, de bons esprits le sentoient comme nous. M. de *Blanville*, brave militaire, ami de Frédéric, major du régiment (ci-devant) Bretagne, ramenoit en France ce corps, vainqueur à Oya, pour défendre le Hâvre que la flotte anglaise menaçoit. Il falloit passer à Doulens. Ce chef, ami du soldat, dont il étoit chéri, n'ignoroit pas que, malgré la rigoureuse discipline qu'il faisoit régner dans ce régiment, plusieurs soldats avoient cédé au desir d'introduire quelques misérables livres de tabac. Leur arracher ce produit de leurs douloureuses épargnes, répugnoit à son humanité : les exposer à être pris par les commis, il y alloit des galères pour eux, et l'honneur de ces braves gens, couverts de blessures, lui prescrivoit de les en garantir. Quelques livres de tabac de plus dans le magasin des fermes ne lui parurent pas assez d'importance pour enlever à la patrie de dignes hommes avec qui il venoit de combattre : et il crut qu'une fois dans sa vie une légère ruse pouvoit s'accorder avec son équité. Il arrive aux portes de Doulens. Le régiment est en bataille. Les sacs sont à terre, et ouverts. Cent commis se présentent pour fouiller. M. de Blanville dit à leur chef : « vos » gens peuvent faire leur devoir, mais je ne m'en fie » pas à leur probité. L'honneur de chaque soldat » m'est cher, on peut glisser dans quelque sac de la » contrebande, et ce seroit un homme perdu. Pour » éviter ce malheur, Monsieur, ordonnez à vos gens » de se mettre nuds, alors toute supercherie de part et » d'autre est impossible.——Mais, monsieur, comment » faire ? cela ne se peut. La décence......——La décence » est fort bonne : mais l'honneur, mais la liberté d'un » seul homme valent mieux. Nuds : c'est mon dernier » mot ». Le chef des commis, qui tenoit plus sans doute à la pudeur physique qu'à l'impudeur de son métier, aima mieux laisser passer le régiment sans le fouiller, que de céder aux sollicitations de Blanville.

Les fortifications de Péronne et de Doulens sont en mauvais ordre. La première de ces deux villes n'est forte que par ses marais, qui mettent à l'abri d'un coup de main, mais elle est commandée presque de tous côtés. On n'a pas plus de soin de celles du château d'Ham, ouvrage du malheureux connétable de St. Pol, que Louis XI fit périr sur un échafaud. Il semble avoir empreint son infortune sur cette citadelle : c'étoit un repaire à lettre-de-cachet. Le territoire de ces trois villes est assez aride. Il règne autour de ce département une sorte de zône plus stérile qui le sépare des départemens de l'*Aisne* et du *Nord*. Ce n'est qu'en avançant vers *Roye*, que la fertilité commence à renaître. Les environs de cette petite ville sont charmans. Son intérieur même est gai, quoique la majeure partie de ses bâtimens soient gothiques. Sa maison commune est neuve, petite et jolie. Nos Apicius modernes vénéroient Roye à cause de ses biscuits, et Amiens pour ses pâtés. Combien de villes n'ont été long-tems connues à Paris, que parce qu'elles fournissoient à la sensualité, et non par les hommes qui les habitoient. Le pain-d'épices de Reims et la sainte Ampoule, voilà la notion géographique que l'on mettoit dans la tête de nos merveilleux. J'ai connu un colonel qui savoit à merveille que les *solles* de Toulon étoient renommées, et demandoit si l'on vendoit du drap dans cette ville. Les vertus ne tiroient point un canton de l'obscurité, mais si fait bien ses confitures ou son fanatisme. Mille petits-maîtres de la cour de Louis XV n'auroient jamais su qu'Abbeville existât dans le monde, si un évêque n'avoit fait rouer le pauvre la Barre pour avoir chanté, dans l'ivresse, une chanson polissonne en présence d'un crucifix de bois.

Il périt, ce malheureux ! Ce n'étoit pas le crucifix de bois que l'on vengeoit, c'étoit la préférence que donnoit, à sa jeunesse aimable, une abbesse, dont l'évêque d'Amiens étoit amoureux. Des juges furent les complices du prélat : et le prélat, nuds pieds, la corde au col, une torche à la main, osa bien promener en procession son hypocrite luxure, affublée d'un *rochet* et d'une *chappe*, pour purifier ce *Christ*, voile heureux de son forfait. O tems ! ô mœurs ! que reste-t-il aujourd'hui de tout cela ? Le sang de l'innocent, que le ciel a vengé, en confondant et les juges qui l'épandirent, et les prêtres qui le calomnièrent.

Sans la mélancholie sombre que le souvenir de la Barre fait entrer dans le cœur du sage à l'aspect d'Abbeville, cette cité plairoit à l'ami de la paix ; foiblement peuplée, elle est silentieuse : mais ce silence est aimable : et si l'expression étoit permise, on pourroit dire que c'est une ville champêtre. Des jardins délicieux, des bâtimens jolis, un air pur, des arbres épars sous ses murs, l'urne modeste de la Somme les arrosant de ses paisibles flots, l'herbe solitaire tapissant ses rues rarement foulées, le lierre, enfant des âges, gravissant les parois de ses tours entr'ouvertes, tout semble en faire le séjour de la philosophie. Hélas, Monsieur, ce calme n'étoit pourtant que la solitude des tombeaux. C'étoit jadis une ville de prêtres. La liberté a tout changé, et la philosophie, à son tour, pourra pénétrer dans cet asyle délicieux.

Nous nous sommes dispensés de visiter à Amiens la tête de St. Jean-Baptiste (12) que l'abbé de Marolles se félicitoit d'avoir baisée dans cinq ou six cathédrales de l'Europe, pour aller admirer l'activité du petit port de St.-Valéry, que l'on trouve en sortant d'Abbeville. C'est un diminutif de Dieppe, dont nous avons parlé dans le cahier précédent. C'est la même industrie, le même genre de pêche, à-peu-près les mêmes mœurs, et presque le même caractère de matelots. La vue de ce port est très-pittoresque, sur-tout du côté de la ville, et c'est cela que nous avons essayé de saisir dans la gravure. C'est un débouché pour le commerce, dont ce département, à mon avis, n'use pas assez. Peut-être qu'avec peu de dépense, on pourroit faire de ce port une place plus commerçante, et le rendre susceptible de recevoir des vaisseaux d'une plus grande capacité. Ce bien-être reflueroit dans l'intérieur de ce département, et occuperoit quelques bras inutiles qui s'y trouvent. Au reste, Monsieur, c'est beaucoup que le nouvel ordre de choses ait changé l'esprit public, sans exiger que ses bienfaits s'étendent déjà sur les établissemens. C'est l'affaire du tems. Si l'on s'apperçoit en voyageant des avantages qu'a procuré la révolution, on s'apperçoit bien plus encore de ceux qu'elle peut amener. Bien des gens nous disent, là étoit telle abbaye, tel château, tel bureau des octrois, tel gros décimateur, tel intendant, telle haute-justice; et nous autres nous leur répondons, un jour viendra que l'on dira aussi, là est le peuple, heureux, florissant, tranquille à l'ombre des loix, et là, où gissoit jadis la destructive opulence de quelques-uns, est aujourd'hui la vertu rénumératrice de tous.

Ce département a fourni deux hommes, ou deux fous, dont l'humanité se seroit bien passée, *Pierre l'Hermite*, et *Allegrin*, fameux prédicateur des croisades. Ils prêchoient qu'il falloit donner tout son bien à l'église, et son corps aux Turcs, un peu différens de doctrine avec un certain tambour, appelé *Jean*

St. Valery sur Somme

Bohain, qui se fit un parti dans le quinzième siècle, en prêchant qu'il ne falloit point payer de dixme au clergé, que les forêts et les eaux étoient communes, et que l'homme avoit reçu du ciel la liberté parfaite. Nous autres, bonnes gens, nous croirons que le tambour avoit raison, et que l'Hermite et Allegrin étoient des imbéciles : et bien ! point du tout. Le tambour est un hérétique, et l'Hermite et Allegrin sont presque des saints.

Rohaut, Voiture, Gresset, tous trois d'Amiens, méritent mieux votre attention. Le premier eut trop de génie, pour ne pas fuir la gloire ; le second, trop d'esprit, pour ne pas fuir l'obscurité ; et le troisième, trop de bon sens pour ne pas les aimer l'une après l'autre. De ces trois hommes, Voiture fut le seul sans philosophie ; mais tous trois eurent un cœur encore meilleur que leur esprit. Gresset abandonna tout-à-coup les muses, et donna le reste de sa vie au repos, disent les gens sans *prévention*, ou à la dévotion, disent les gens à *prétexte*. Au nombre des éloges de cet homme célèbre, présentés à l'académie d'Amiens, l'ouvrage de M. Robespierre est peut-être celui où cette époque de la vie de Gresset est traitée avec le plus de sagesse. Il ne fut pas couronné ; il méritoit de l'être.

Deux médecins célèbres ont aussi reçu le jour à Amiens : Riolan et Silvius. Le premier fut médecin de Marie de Médicis, et le second fut plus célèbre encore par son avarice que par son talent.

Fernel, médecin de Henri II, naquit dans ce département. Il étoit de Montdidier. Il dut sa fortune à la cour, pour avoir trouvé le secret de rendre Catherine de Médicis féconde. Cruel et déplorable secret! Charles IX lui dut l'existence.

Hélas! Monsieur, le cœur se serre à ce nom. Oublions-le s'il se peut: ou du moins, si l'histoire nous force à le lire ou à l'écrire, qu'il devienne un signal de réunion pour tous les esprits! Qu'il nous rappelle à la reconnoissance que nous devons à la liberté! et que les hymnes que nous chanterons en chœur à cette divinité de tous les hommes et de tous les tems, consolent au tombeau les ombres gémissantes de nos aïeux, que ce roi barbare égorgea aux autels du fanatisme!

NOTES.

(1) Oëta, montagne de Thessalie, sur les frontières de l'Achaye. Les *Thermopiles* étoient un passage de cette montagne, appelée aujourd'hui *Bunina*. C'est-là que la fable a placé le bûcher d'Hercule.

(2) Léonidas, roi de Lacédémone, de la race des Agides, défendit le passage des Thermopiles avec trois cents Spartiates contre Xercès, roi de Perse. Il y périt avec les trois cents héros qui l'accompagnoient. Un seul survécut, et Sparte le traita comme un traître.

(3) Il est tems que l'on venge le peuple de cette indigne ingratitude. Qu'on ouvre l'histoire, les vies des hommes illustres, les recueils d'anecdotes historiques, etc. par-tout *le duc tel, le maréchal tel a fait telle action, il étoit de tel endroit, il tenoit à telle famille*, etc. Est-il question d'un de ces hommes *obscurs*, que trouve-t-on ? *Un soldat a fait telle chose*. Grand dévouement d'un soldat ? Eh ! cadavreux écrivain ! dont la main glacée semble n'esquisser l'histoire qu'avec des os de mort, nomme-le-donc ce soldat ! Est-ce qu'il n'avoit pas de nom ? Est-ce qu'il n'avoit pas de famille ? Peut-être ai-je passé vingt fois auprès de son père, de sa mère : et par ta faute, moi, citoyen, je n'ai pas baissé mon œil respectueux devant les entrailles qui donnèrent un héros à la patrie. Dix pages de moins pour les titres des généraux de Rosbach et de Crevelt ! Quatre lignes de plus pour le soldat qui succombe avec honneur ! Historiens d'autrefois ! Vous n'y auriez perdu qu'une pension ! Elle ne vaut pas l'estime que vous auriez gagnée.

(32)

Journalistes patriotes ! Recueillez donc avec soin les noms sacrés des héros de la patrie, le lieu de leur naissance, le corps où ils servent. C'est autant de rayons de gloire que vous ferez tomber sur leur village, leurs parens, leurs compagnons. Indiquez leurs tombeaux, l'homme aime à se survivre : il ne déserte jamais la place où sa cendre repose : et c'est de-là qu'il enseigne aux vivans les vertus qui l'animèrent. Vos feuilles seront des matériaux pour l'histoire : n'oubliez pas que nos descendans la voudront intacte, et que ce ne seront plus des *Daniel*, etc. qui l'écriront.

(4) Ce Maximilien fut Empereur. Ce fut lui qui, ligué avec Jules II, perdit encore à la tête de quarante mille hommes, la bataille de Fornoue contre huit mille Français, et Charles VIII.

Ce fut lui qui vouloit à toute force être pape, et dont Jules disoit : « Les cardinaux et les électeurs se sont
» trompés. Ceux-ci eussent dû me nommer empereur :
» et ceux-là eussent dû donner la thiare à Maximilien ;
» nous eussions été tous deux à notre place ».

C'est encore en parlant de lui que du Belloi fait dire à Bayard :

Quant à Maximilien, que pourrois-je en attendre ?
Il ne séduiroit pas un cœur fait pour se vendre.

C'est encore lui qui, quoique empereur, avoit la bassesse de recevoir cent écus de solde par jour de Henri VIII d'Angleterre.

C'est encore lui dont la haine contre les Français ne l'empêchoit pas d'en avoir une telle opinion, qu'il disoit que, s'il étoit Dieu, son fils aîné seroit dieu, et son cadet roi des Français.

C'est

C'est encore lui, dont les historiens, n'osant décéler les défauts et les vices, en accusèrent la douceur de son caractère.

(5) Jusqu'à l'âge de quarante ans, on ne portoit que des moustaches, mais parvenu à cet âge, on laissoit croître la barbe dans son entier, ainsi que les cheveux. Cependant la longue barbe et les longs cheveux furent long-tems l'appanage de la royauté et des princes de la famille royale, sur-tout vers la fin de la première race. Dans les combats ils laissoient passer leur barbe par dessous la visière de leur casque. La guerre que l'église déclara aux longues barbes et aux longs cheveux, en fit cesser l'usage jusqu'à François premier, qui la reprit : sous Henri II, François II, Charles IX, Henri III, Henri IV, on la porta. Sous Louis XIII, ce ne fut plus que des moustaches, et une petite houppe au menton.

(6) Cette fête ridicule se célébroit également à *Paris*, à *Autun*, et dans d'autres cathédrales du royaume.

(7) Quoique l'âne de Vérone soit une fable, ce n'est point une fable inventée par les détracteurs du christianisme, c'est au contraire une fable enfantée par les prêtres chrétiens. On montroit encore dans ce siècle-ci les reliques de cet âne, dans le couvent de *Notre-Dame des Orgues* à Vérone.

(8) Edouard III fut un des célèbres tyrans de l'Angleterre. On le compte au nombre des grands rois. Nous aurons occasion de parler de lui plus d'une fois dans le cours de ce voyage. Il se prétendit des droits à la couronne de France, parce qu'il étoit fils d'*Isabelle de Valois*, sœur de Charles-le-Bel, mort sans enfans. Cette

guerre de famille pensa perdre la France. Ce fut celle qu'on appela la guerre de cent ans.

(9) Jean de Luxembourg fut élu roi de Bohême à l'âge de 14 ans. Depuis, appelé en Pologne par le parti catholique, il y disputa la couronne à Casimir III. Ce fut dans cette expédition qu'il perdit un œil. Un médecin juif ayant voulu le guérir de cette blessure à Montpellier, lui fit perdre l'autre. Il répondit plaisamment à un cartel que Casimir lui envoya pour vider corps à corps leur querelle, qu'il l'acceptoit, pourvu qu'il se fît crever les yeux pour rendre le combat égal.

Ce Casimir aimoit le vin et les femmes. Un évêque de Cracovie l'excommunia; et Casimir fit jeter à la rivière le prêtre qui lui signifia la censure de l'église.

(10) Hommes d'intelligence. Nom d'une secte qui parut en *Picardie* dans le quinzième siècle. Elle eut pour chefs un carme nommé Guillaume de Hildernissen, et un particulier nommé Gilles-le-Chantre. La persécution la dissipa.

(11) L'intelligence de ces chiens ne doit pas surprendre. Les hommes, cent fois plus barbares que les tigres, n'ont-ils pas réussi à associer à leurs fureurs ces chiens que la nature leur donnoit pour leur servir d'exemple de douceur et de fidélité. Le père Charlevoix nous apprend que chaque Espagnol avoit coutume de pendre chaque jour treize Américains en l'honneur de Jésus-Christ et des douze apôtres. Qu'enfin ces vainqueurs du nouveau monde, fatigués, plutôt que rassasiés des meurtres, dressèrent des chiens à poursuivre et dévorer les malheureux Sauvages. Il falloit que le chien eût

terminé sa sanglante expédition dans l'espace de tems que son maître mettoit à répéter l'oraison dominicale. Un de ces chiens, nommé *Bérésillo*, se rendit si fameux dans cette horrible chasse, qu'il commettoit en un jour plus de meurtres que dix espagnols n'en pouvoient commettre en vingt, et que, pour l'en récompenser, on lui accorda la paie et le rang de soldat. *Brésillo* est élevé à l'égal de l'homme pour avoir dépassé sa férocité, et *Lascasas* est disgracié pour avoir gémi sur le sort des victimes du chien.

(12) Ce chef de Jean-Baptiste fut apporté, dit-on, à Amiens, par un nommé Wallon. Un des descendans de ce croisé fut célèbre dans les débauches du régent d'Orléans. Le Wallon de la régence étoit d'une grosseur prodigieuse. Ce fut lui qui, dans une partie de débauche, prêta au *souverain par interim* de la France son énorme ventre, sur lequel on mit à crû une omelette bouillante, que le *souverain* et ses *aimables* courtisans dévorèrent et trouvèrent délicieuse par la nouveauté du plat sur lequel on la leur servoit.

VOYAGE

DANS LES DÉPARTEMENS

DE LA FRANCE,

Enrichi de Tableaux Géographiques
et d'Estampes;

Par les Citoyens J. LA VALLÉE, ancien capitaine au 46ᵉ. régiment, pour la partie du Texte; LOUIS BRION, pour la partie du Dessin; et LOUIS BRION, père, auteur de la Carte raisonnée de la France, pour la partie Géographique.

L'aspect d'un peuple libre est fait pour l'univers.
J. LA VALLÉE. *Centenaire de la Liberté.* Acte Iᵉʳ.

A PARIS,

Chez Brion, dessinateur, rue de Vaugirard, Nº. 98, près le Théâtre François.
Chez Buisson, libraire, rue Hautefeuille, Nº. 20.
Chez Desenne, libraire, galeries du Palais-Royal, numéros 1 et 2.
Chez les Directeurs de l'Imprimerie du Cercle Social, rue du Théâtre-François, Nº. 4.

1792.

L'AN PREMIER DE LA RÉPUBLIQUE FRANÇAISE.

Nota. Depuis l'origine de l'ouvrage, les auteurs et artistes nommés au frontispice l'ont toujours dirigé et exécuté.

Ouvrages du Citoyen JOSEPH LA VALLÉE.

Le Nègre comme il y a peu de Blancs.	3 vol.
Cecile, fille d'Achmet III.	2 vol.
Tableau philosophique du règne de Louis XIV.	1 vol.
Vérité rendue aux Lettres.	1 vol.
Serment civique, comédie en 1 acte.	1 br.
La Gageure du Pélerin, en deux actes.	
Départ des volontaires villageois, comédie en 1 acte.	
Voyage dans les 83 Départemens.	16 n°.

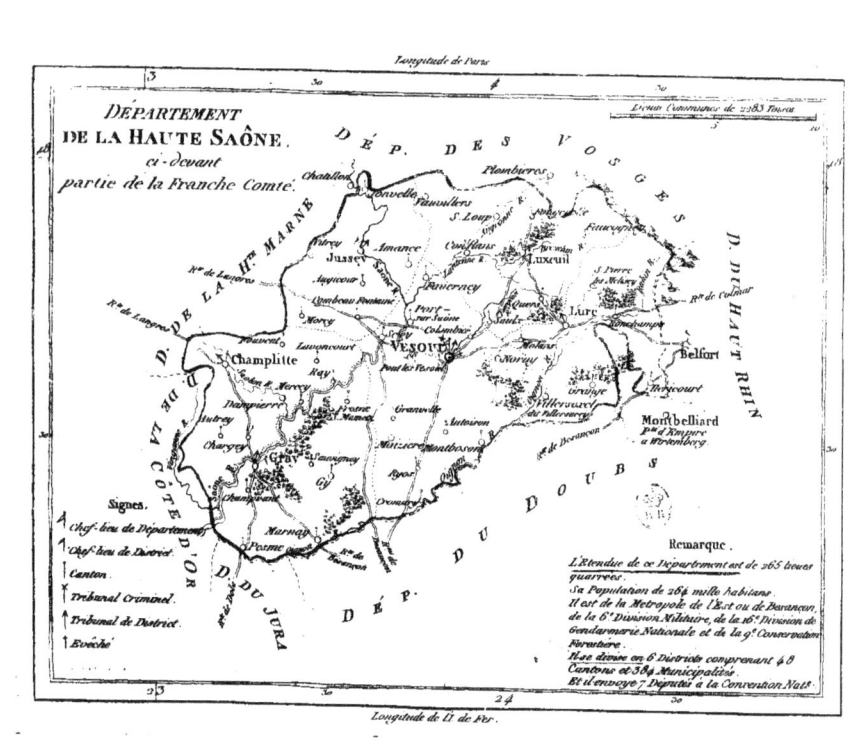

VOYAGE
DANS LES DÉPARTEMENS
DE LA FRANCE,

Enrichi de Tableaux Géographiques et d'Estampes.

DÉPARTEMENT DE LA HAUTE-SAONE.

Nous quittons l'empire d'Austrasie, mon cher Concitoyen, plus fameux dans l'histoire par les crimes de ses rois que par les vertus de ses peuples, toujours si foibles chez les Nations qui cèdent sans courage à la domination des despotes, et nous voici sur une terre connue long-tems sous le nom *de royaume des Bourguignons*. Avant que les Romains fissent la conquête des Gaules, l'obscurité enveloppa l'histoire des peuples maîtres de ces contrées. Lorsque les hordes du Nord inondèrent l'Europe, et que l'empire Romain, dégradé par les vices des cours, succomba sous tant de Nations unies contre son orgueil, les Bourguignons, qui n'étoient qu'une section des Vandales, s'établirent sur la rive droite du Rhin; mais bientôt après s'y trouvant trop resserrés, ils passèrent ce fleuve, et s'étant emparés de tout le pays qui se trouve entre les Alpes et le Rhône, ils jetèrent les fondemens du royaume de Bourgogne.

Alors l'empire Romain commençoit à prononcer assez sa foiblesse pour ne plus imposer de loix : et les Bourguignons, assez redoutables pour n'en recevoir de personne, ne furent long-tems qu'auxiliaires des Romains. Mais lorsque la commotion devint générale, et que cet énorme colosse de puissance, qui pesoit sur la terre depuis tant de siècles, vint à se disjoindre, et à annoncer, par un craquement épouvantable, la dissolution de toutes ses parties, les Bourguignons abandonnèrent des alliés dont le pouvoir tomboit en poussière, et s'érigeant en corps d'état, prirent non-seulement de la consistance, mais marchèrent aux conquêtes, et songèrent, pour s'agrandir, à s'approprier quelques-uns de ces débris, dont la chûte de Rome inondoit l'univers.

Cependant Anthemius (1), fils de Procope, proclamé empereur sous Valens, étoit aux prises avec Ricimer (2), et pour attacher les Bourguignons à sa cause, leur céda la ville de Lyon, dont ils firent leur capitale : et ce fut alors que leur domination s'étendit sur les Gaules appelées Narbonnaise, Viennoise, Sequanoise et Lyonnaise.

Cette puissance inspira de la jalousie aux rois Francs. La jalousie des rois est le brasier où s'allument les torches de la guerre. Après dix ans de combats, le royaume des Bourguignons subit le joug des Francs. *Gondemer*, leur dernier roi, périt, et ce peuple fut incorporé dans le royaume des Francs. Les Bourguignons restèrent en cet état jusqu'au neuvième siècle, qu'une secousse nouvelle les érigea pour une seconde fois en royaume : mais ce titre *suprême* ne dura qu'un instant, et leurs despotes, par une *modestie* peu commune, daignèrent se contenter de celui de ducs et de comtes, et la Bourgogne se vit divisée en duché et en comté. Les ducs, à la longue, plus puissans que les comtes, envahirent les états de ces derniers : et cette habitude de brigandage et de dépouillement est la seule chose où, depuis que le monde existe, les *potentats*, quelle que soit leur dénomination, se soient montrés fidèles.

La *ci-devant Franche-Comté*, où nous venons d'entrer, eut des *comtes* particuliers dès le commencement du onzième siècle. Elle fit partie ensuite du domaine des *ducs* de Bourgogne sous *Philippe-le-Hardi*, dernier duc de la première race. Ces *princes* la possédèrent jusqu'à *Charles-le-Téméraire*, tué devant Nancy en 1477. Après sa mort, sa fille *Marie* porta ce superbe héritage en dot à *Maximilien*, *archiduc* d'Autriche, depuis *empereur* d'Allemagne, et ce fut alors que cet homme, ayant réuni les Pays Bas et la Franche-Comté à l'Allemagne, ces pays prirent le nom de *dixième cercle*. Aujourd'hui que les empereurs ne possèdent pas un pouce de pays en Franche-Comté, leur gothique chancellerie n'a pas renoncé au sot orgueil de nommer le cercle de Bourgogne parmi les titres Impériaux. Le jour n'est pas loin où nous verrons les rois, dans une chaumière, prendre encore pompeusement le nom de vingt peuples, en attelant leurs chevaux à la charrue qu'ils devront conduire pendant le jour.

Ces titres hasardés que prennent les *rois* les exposent quelquefois à des épigrammes sanglantes. Un *chevalier* d'industrie traînoit pompeusement le titre de *marquis* à la *cour* d'un petit *roi* de Piémont. La baroquerie du nom éveilla apparemment l'attention du *monarque*. Où donc est votre *marquisat*, dit-il au faux marquis ? L'intrigant, sans se défaire, lui répondit, Sire, il est dans votre *royaume* de *Chypre* (3).

La Franche-Comté resta unie à l'Empire jusqu'au règne de Charles-Quint, qui la céda avec l'Espagne à son fils Philippe II. Louis XIV, mari d'une Autrichienne, se figura avoir des droits sur cette province, et plaida ce procès à coups de canon : il s'en empara donc en 1668 : mais bientôt après, il rendit la Franche-Comté par le traité d'Aix-la-Chapelle. Un traité, pour les rois, n'étoit que l'art de gagner du tems : en 1674, il la conquit de nouveau, ou, pour mieux dire, il l'acheta de la vénale noblesse dont elle étoit habitée. Tous les grands seigneurs lui étoient vendus, et ils lui livrèrent les portes de Besançon. Voilà l'héroïsme qui inspiroit la verve de Boileau ! On ne sait quel est le plus méprisable, ou du roi corrupteur, ou du poëte flatteur. Et ces deux hommes, pendant un siècle, ont passé pour les deux plus gens de bien du leur. O jugemens humains! on s'étonneroit peut-être que l'Allemagne et l'Espagne n'aient rien fait pour s'opposer à cette usurpation. Ce fut encore l'ouvrage de la corruption. Un million donné aux régences Suisses, et une promesse de six cents mille livres, les détermina à refuser le passage de leurs terres aux armées de l'empereur et du roi d'Espagne : et le traité de Nimègue acheva d'assurer à Louis XIV son usurpation.

Le département où nous nous trouvons, abonde,

ainsi que le reste de la ci-devant *Franche-Comté*, en grains, vins, pâturages, bestiaux, chevaux, carrières de marbre, d'albâtre, mines de fer, de cuivre, de plomb. On y trouve des sources d'eaux salées et d'eaux minérales, dont nous vous parlerons plus en détail à *Luxeuil*. Le sol de ce département est beaucoup plus uni que celui du département du Doubs, où nos pas s'adresseront en sortant de celui-ci.

Le voisinage du Jura, l'une des hautes montagnes de l'Europe, rend les hivers extrêmement rigoureux dans ces cantons, et de même, en été, les chaleurs y sont communément excessives. Le bled, le vin, le fer et les chevaux font la majeure partie de son commerce. Le salpêtre, les bois de charpente et de construction, les planches de sapin, le beurre, le fromage, contribuent aussi à l'accroissement de ses richesses. Il s'y trouve une quantité considérable de forges sur les bords de la *Saône*, du *Doubs* et de l'*Ognon*, où l'on fabrique, entr'autres, des bombes et des boulets pour l'artillerie.

Malgré tant de ressources, cependant, le peuple n'a point l'air riche. Conséquemment il n'est point gai, et les guérets ne retentissent point ici, comme ailleurs, des cris de la gaieté villageoise. Peut-être aussi cela tient-il au caractère national, plus sérieux, plus auguste, même à mesure que l'on s'approche des montagnes. Et cette froideur apparente tient encore peut-être au souvenir des mœurs Espagnoles, et aux traces de la terreur de l'inquisition. C'est de cette inquisition dont ce pays semble encore porter les contusions, que vient peut-être ce caractère de dissimulation que l'on reproche aux *Francs-Comtois*, et cette observation porte ce caractère de vérité que cette teinte de dissimulation ne se remarque que dans les circonstances qui placent le *Franc-Comtois* en évidence : car dans la société, dans les doux épanchemens de l'amitié, dans le cercle étroit enfin de sa famille, nul homme n'est meilleur, n'est plus confiant, n'est plus ouvert que le *Franc-Comtois*. Il est naturellement sobre, laborieux, vigilant, actif, pénétrant et spirituel ; c'est une des contrées de la république la plus fertile en bons soldats : c'est aussi celle où le germe de la liberté s'est le plus vite développé.

Vesoul est le chef-lieu de ce département, et nous vous en envoyons une vue. C'est une ancienne ville de la république des Séquaniens, peu considérable aujourd'hui, souvent ruinée par les désastres de la guerre ; elle est située près de la rivière de Durgeon, et aux pieds d'une montagne, que l'on appelle la *Motte de Vesoul*. Quoique entourée d'un sol fertile, son commerce est de peu d'importance, comme toutes les villes dont les fondateurs n'ont pas su calculer les débouchés. Elle n'a qu'une église, et assez heureusement pour elle, elle n'avoit jadis qu'un couvent de capucins, deux maisons de religieuses, et une maison de jésuites, dont l'avoit délivrée la destruction de cet ordre avant la révolution. Cette montagne, appellée *Motte de Vesoul*, dont elle est abritée, est un pain de sucre, dont la base n'a pas une demi-lieue, et que l'on ne pourroit cependant gravir en une heure. Les flancs de ce pain de sucre sont couverts de vignobles et de pâturages, et les paysages que l'on découvre

de son sommet, font un coup-d'œil vraiment enchanteur.

En quittant le département du Haut-Rhin, la première ville que l'on trouve dans celui de la Haute-Saône est *Lure*, que les Allemands nomment *Ludders*. Une abbaye de bénédictins faisoit jadis le *lustre* de cette ville. Cela n'est pas étonnant. Il étoit facile, lorsque l'on avoit envahi toutes les possessions d'un canton, d'élever des palais dont l'éclat frappât les yeux du voyageur. On auroit pu calculer les revenus d'une abbaye par le nombre de chaumières qui l'entouroient. A coup sûr, plus il y en avoit, plus c'étoit de propriétaires anciens dépouillés. Les environs d'une abbaye ressembloient tous à la Grèce actuelle : elle n'a plus que le triste souvenir de ce qu'elle fut jadis. Cette abbaye de *Lure* étoit unie à celle de *Murbach* en Alsace, et avoit été fondée par un certain *Saint Dié*, ou Déicole, disciple d'un autre *Saint*, appelé *Colomban*, qui, de son côté, fonda l'abbaye de *Luxeuil*, dont nous vous parlerons bientôt. Cette folie d'avoir des Saints pour fondateurs, a fait commettre quelquefois d'assez plaisantes bevues à MM. les moines. Ils choisissoient au hasard le premier nom venu, et quand ils étoient bien établis quelque part, disoient au peuple que c'étoit un grand Saint. Quelques os pris dans un cimetière, enchassés dans un reliquaire d'or ou d'argent que donnoit quelqu'*imbécille*, *roi*, *prince* ou autre, passoient pour les reliques de l'homme de Dieu. Les moines ne connoissoient pas plus le personnage dont ils chaumoient la fête, que celui qui faisoit son panégyrique, et que le peuple qui lui disoit *ora pro nobis*.

N'importe, tout alloit bien, l'argent venoit, c'étoit là le grand point. Quel dommage qu'à la longue le peuple ait appris à lire. Il n'a plus eu le tems d'écouter, et qui perd le tems d'entendre des sottises, renonce à l'habitude d'y croire. Or, le peuple ne croit plus guère à S. Colomban ni à ses consorts, depuis qu'il ne croit plus à l'os du doigt de S. Crystophe, que possédoit, il y a deux ou trois cents ans, un curé Breton, et que l'on montroit encore au commencement de ce siècle.

Un curé des environs de *Ploermel*, dans le seizième siècle, se met en tête d'avoir dans sa paroisse des reliques de la *bonne faiseuse*, c'est-à-dire, de Rome. Il s'adresse à un de ses amis, capucin à *Hennebon*, qui, tous les ans, venoit prêcher le carême chez lui à douze fois six sous par séance. Le capucin s'adresse à son gardien : le gardien au provincial : le provincial au révérend père général de l'ordre séraphique, manant de Rome : le général à l'auditeur de Rote ; l'auditeur au cardinal Camerlingue : le cardinal à sa sainteté. Que d'échelons pour arriver au vicaire du Christ, et que de peines pour avoir de vraies reliques pour un petit village de l'Armorique ! Mais est-il quelques difficultés pour le zèle apostolique. La requête, de bricole en bricole, arrive au pape. On y fait droit. Reliques sont accordées, emballées, mises au coche, ou à la garde de Dieu sous la conduite de quelque roulier, car je crois qu'alors il n'y avoit point de coches. Les reliques arrivent à Nantes. Le messager les apporte chez le bon curé. Il étoit soir. On remet au lendemain leur intronisation à l'église. Cependant, tandis que les cloches sonnent en carillon, pour annoncer l'heureuse arrivée d'un patron squelette à tout le village, le curé dit à sa servante de serrer en lieu sûr le coffre qui renferme les précieux os : et à toutes les questions que lui font ses paroissiens, répond que c'est l'os du doigt d'un saint évêque que notre S. Père lui avoit envoyé pour verser la bénédiction du Très-Haut sur les fidèles de sa paroisse. En attendant, la servante met le coffret sur la motte du four. Paroissiens et curé boivent un coup de plus qu'à l'ordinaire en l'honneur de la bienheureuse arrivée. L'on se couche et l'on s'endort.

A quatre heures du matin, la servante se lève, c'étoit le jour où elle faisoit le pain. Son four s'allume, elle le chauffe, elle oublie les saintes reliques, la chaleur les gagne, les pénètre, et voilà les os du saint en fusion. Personne, cependant ne s'en apperçoit. A l'heure convenue, on porte en cérémonie la boîte à l'église. Le curé, en étole, après maintes génuflexions, procède à l'inspection des reliques. On ouvre ! quelle surprise. C'étoient des os de cire que notre honnête pape avoit envoyés à notre bon curé. La cire, en fondant avoit pris la forme longue et carrée du reliquaire, ensorte qu'elle ne ressembloit pas si mal à une brique mal cuite. Le curé, dupé, vit du premier coup-d'œil la *fourbe* catholique, apostolique et romaine, mais il se garda bien de compromettre la majesté papale. Tous les habitans, ébahis, se disoient l'un à l'autre, qu'est-ce que c'est donc qu'un os comme cela ? Le curé leur dit : glorifions Dieu, mes chers paroissiens. C'est un os du petit doigt de S. Crystophe que le S. père nous a fait passer. S. Crystophe ! priez pour nous ! Tout l'auditoire répondit *amen* : et, de père en fils, toutes les générations ont cru que leur village possédoit le doigt de S. Chrystophe.

Toutes ces facéties sacerdotiques ont eu leur terme, et les moines, entr'autres, ont été un peu honteux, quand ils ont vu le public instruit du peu de sainteté de leurs *Saints* fondateurs. Ce Colomban, père galant des moines de Luxeuil, et maître *libertin* de ce *Saint Dié*, fondateur des oisifs de *Lure*, étoit Irlandais, et mit à profit, en courant le monde, les charmes de sa figure. Toutes les femmes crurent sans peine que c'étoit un envoyé de Dieu, et quand les femmes croient un homme saint, il est rare qu'il ne leur ait prouvé qu'il est un homme *divin*. La réputation de Colomban parvint jusqu'à la *reine Brunehaud*. Elle s'y connoissoit, et voulut en juger. Elle le trouva sans doute au-dessous de sa renommée, car elle le méprisa bientôt, et Thierry II, roi d'Austrasie, grand inquisiteur des amans disgraciés de sa mère, l'exila à Besançon. Les moines, qui ne comptent pas comme nous, disent que S. Colomban fonda une abbaye dans les Vosges, et c'est Luxeuil, et bientôt après un autre en Italie, et c'est celle de *Bobio*, et qu'alors il étoit tellement détaché du monde, qu'il demandoit l'aumône. Il est assez difficile, ce me semble, de fonder des abbayes quand on est mendiant, mais les moines sont comme les auteurs de roman, qui font faire le tour du monde à leurs héros, sans s'arrêter pour manger ni boire. La vérité est, que toutes ces fameuses abbayes n'ont jamais eu de Saints pour fon-

Jonvelle

dateurs : que leur origine, à toutes, n'a été autre chose que le rassemblement de quelques paresseux, ou même, peut-être, de quelques brigands qui, pour se cacher à la justice, se cachoient dans les bois sous quelque costume bizarre, et que l'hypocrisie cimentoit un établissement que le crime avoit nécessité.

Long-tems ce monastère de Lure eut aussi le goût de la noblesse. Il falloit des preuves d'extraction guerrière pour mener une vie de lâche. Attila, nommé le fléau de Dieu, mais qui n'étoit que le fléau des moines, pilla les Saints solitaires. *Hugues*, *comte* d'Alsace, les relova, s'y fit moine avec ses deux enfans, et les anachorètes furent ses héritiers de droit monachal. Il n'est pas difficile de s'enrichir de cette manière ; quand on est riche, il est aisé d'acheter le droit d'être orgueilleux, et l'abbé de *Lure* acheta le titre de *prince* de l'Empire.

Lure est située dans une île que forme un étang près de la petite rivière de l'Oignon. Elle est entourée de bois et de montagnes. Elle a cependant, dans ses environs, quelques terrains cultivés, et qui rapportent, avec assez d'abondance, des blés, des lins et des chanvres ; mais, ce qui répand quelque aisance à *Lure*, ce sont des forges et des verreries.

Cependant, malgré le *respect* que nous portons à ce *Saint* Colomban, dont nous venons de parler, *Luxeuil*, quoi qu'on en dise, ne lui doit point sa fondation, mais bien aux Romains, plus savans encore dans l'art d'édifier des villes et des monumens, que les Saints dans l'art de les détruire. Une inscription, trouvée dans un étang que les bénédictins faisoient dessécher, prouve que *Luxeuil* existoit avant Jules César.

LIXOVII. THERM.
REPAR. LABIENUS
JUSSU. C. JUL. CÆS. IMP.

Les ruines des bains ou thermes de Luxueil attestent encore la magnificence dont cette ville jouissoit dans les beaux jours de Rome. Ces ruines, éloignées maintenant de plus de quatre cents pas de la ville, prouvent que jadis elle étoit infiniment plus grande, puisqu'il est certain que ces bains étoient renfermés dans ses murs. On y a trouvé des pilastres encore entiers dont on s'est servi pour orner la maison commune, des colonnes magnifiques, des vases, des statues, et toutes les richesses enfin que les Romains rassembloient dans ces sortes de palais pour l'agrément et l'utilité publique.

Ces bains chauds de Luxeuil, au nombre de cinq, ont quitté, grace au crasse orgueil monastique, les dénominations augustes qu'ils avoient reçues d'un peuple libre, pour les noms que la bigoterie leur a infligés. On les a nommés le *bain des Bénédictins*, le *bain des Capucins*, le *grand bain* ou le *bain de Saint-Colomban*, le *bain des Dames* : car par-tout où le nom de moine se trouvoit fouré, il étoit rare que l'on ne rencontrât celui des dames, pour rappeller sans doute à ces messieurs le vœu de chasteté : enfin le *bain des pauvres* ou le *petit bain* : rien de mieux ; quand il étoit question des pauvres, il falloit bien toujours quelque désignation humiliante pour flatter la superbe indifférence d'un troupeau de prêtres qui sommeilloient en paix à l'ombre de cent mille livres de rente.

Luxeuil s'écrit également *Luxeu*, et c'est même ainsi qu'on le prononce. Sa situation, au pied des Vosges, rend son prospect assez pittoresque : elle est petite ; mais passablement bâtie, et assez jolie. Une de ces erreurs populaires qui voyagent avec les siècles, et qu'une expérience due au hasard souvent fait naître, a donné de la renommée à une fontaine que l'on voit dans ses environs. On la nomme la fontaine de disette. On prétend que plus sa source est abondante, moins la récolte de l'année est belle. Jusqu'à ce qu'une raison physique ait appuyé la justesse de cette observation, nous classerons ce prétendu phénomène dans le nombre des contes de vieille, dont les campagnes, malheureusement, ne sont encore que trop infectées.

Il n'est pas très-étonnant de retrouver ces symptômes de crédulité dans un pays long-tems habité par les Espagnols, et où les mœurs se ressentent encore un peu de cette espèce de deuil que l'inquisition semble étendre sur les ames, par-tout où les assassins de l'humanité l'ont mise en honneur. Les ci-devant *Franc-Comtois* passant, pour ainsi dire, tout-à-coup du joug d'airain de l'exécrable Philippe II aux chaînes d'argent du superbe Louis XIV, n'ayant connu la société des Français que par la luxurieuse flétrissure de la régence de Philippe d'Orléans, et par le règne désastreux des satrapes avilis de Louis XV, n'avoient nulle idée des douceurs attachées à la qualité d'hommes. Toutes les foiblesses, toutes les puérilités attachées au sort de l'homme esclave, toutes les ineptie soufflées par l'esprit sacerdotal pour abrutir la raison sous les prestiges de l'imagination, tout cet appareil de terreur dont les nobles environnoient les malheureux paysans, pour donner une sorte d'opacité à ce respect naturellement si friable qu'ils en exigeoient, en faisoient un peuple autant appauvri de lumières que de ressources. C'est dans cet état que la liberté les a surpris, et il faut le dire, l'explosion a été terrible. Moins préparés qu'ailleurs à ce bienfait signalé que la philosophie promettoit à la France, et non à la *Franche-Comté*, parce que chez elle, le parlement et le clergé, tout-puissans, lui bouchoient toute avenue, les uns par haine pour la morale, les autres par antipathie pour la justice, ils ont passé tout-à-coup d'un sommeil de mort à une vie d'éternité. Ailleurs, les hommes avoient deviné leurs droits avant d'en exercer la puissance. Ici, au contraire, les hommes ont joui de la plénitude de leurs droits avant de deviner que la nature les leur eût dispensés. Quelques scènes violentes ont été le résultat de cet état de choses, lorsque la liberté, planant sur la France, s'est abattue sur ces cantons, si long-tems témoins des larmes de l'humanité : ils ont joui d'abord de cette liberté sacrée, comme l'Océan, gonflé par les orages, jouit du droit de rouler ses flots écumeux contre les rochers, sans calculer si l'Eternel lui posa des bornes. Quelques scélératesses de leurs despotes expirans sont venues encore irriter cette fermentation première. C'est là, c'est sur cette terre, si long-tems indignée de l'oppression, que l'on vit des hommes renouveller des scènes inconnues à l'astre de la lumière,

depuis

qu'il recula devant le festin des Atrides. Un monstre rassemble de sang-froid chez lui les paysans de ces environs. On le dépouilloit du titre de leur seigneur, il s'appropria celui de leur bourreau. Memée de Quincy fait flotter l'étendart de la liberté sur les gothiques tours de son féodal château. D'une main sacrilége il enceint tous les murs de l'écharpe de la confiance. L'hospitalité au regard caressant; la douce popularité, couchée sur le sein de l'égalité; la joie, au pied léger, couronnant de pampre la chèvre d'Amalthée; tel est le grouppe de divinités que le Néron subalterne fait asseoir sur le seuil de sa porte. On accourt, on s'empresse, le chalumeau champêtre devance les amans naïfs et la bergère modeste ; les vieillards, d'un pas tardif, arrivent appuyés sur le bras des mères vigilantes; l'enfance les entoure en sautant, vient, court, revient, les précède ou les suit en cueillant les fleurs, dont l'éclat plaît à leur innocence. Enfin, l'on se rassemble : trois cents acteurs président à cette fête, le gazon se courbe déja sous les pas cadencés de la jeunesse bruyante ; les tables sont couvertes, le vin coule, et l'infâme Busiris mouille ses lèvres dans le vase de fougère que sa main perfide présente à la pureté sans défiance. Tout-à-coup un craquement affreux se fait entendre, la terre s'ébranle, les murs crevassés s'entr'ouvrent, et leurs pans chancelans se détachent de la cîme des tours. C'est un volcan qui mugit, s'entr'ouvre, éclate, et les acteurs de cette fête, élancés dans les airs, écrasés contre les pierres, que la mine fait jaillir à cent pieds, retombent dispersés sur le sable, que rougit les flots de sang. Ce lieu, naguère le théâtre

B

des plaisirs et des jeux, n'est plus qu'une épouvantable arène où les cadavres épars font sourire la mort. Le détestable Quincy promène son œil avide sur cette scène d'horreur : c'est son ouvrage, c'est lui dont l'haleine envenimée a soufflé sur la mèche, dont l'étincelle a porté la flamme dans les entrailles de la terre, que ce scélérat a bourrée de cette poudre cruelle, que la guerre enfanta. Hélas! le monstre a, dans une minute, massacré des hommes, mais croyoit-il massacrer la liberté? Il ignoroit, le pervers, que ses crimes et ceux de ses semblables forgent en airain les ailes de la liberté. Ils ne le prévoyoient pas, ils l'ont vu, et ils en doutent encore. Le parlement de Besançon, qui existoit encore alors, donna à *Memée de Quincy* l'absolution de cette *pécadille*. Il ne s'agissoit, en effet, que de l'assassinat de trois cents *roturiers* (4). Qu'est-ce que c'étoit qu'une semblable misère aux yeux de ces *Messieurs*! Ils se nommoient *pères du peuple*. Oh! les *bons* pères!

Non loin de *Vesoul*, nous avons vu *Scey-sur-Saône*, fameuse par le magnifique château qu'y possédoit la famille de *Beaufremont*. Nous vous envoyons une vue de l'intérieur. Tout le luxe des rois, tout l'orgueil de la féodalité, tout l'éclat d'une race superbe déshonore ce séjour. Autrefois on auroit écrit, embellit ce séjour : mais nous rappellons à nos lecteurs que nous n'écrivons pas vieux style. Peu de familles furent plus fécondes en hommes insolens et bizarres. Ce fut un Beaufremont qui fut cause de la perte de la bataille navale que *Conflans* livra, dans la guerre de 1756, aux Anglais, sur les côtes de Belle-

Scey

Isle. Ce Beaufremont, qui trouvoit qu'un *homme comme lui* étoit déshonoré de servir sous un maréchal de France, s'enfuit avec son vaisseau au commencement de la bataille ; il fut imité par *Montbazon* et beaucoup d'autres ; et ces Messieurs, par *point d'honneur*, furent s'enfoncer avec leurs vaisseaux dans les glayeuls de la *Villaine*, et laissèrent le pauvre Conflans sur son vaisseau le *Soleil-Royal*, qui fut la proie des flammes sur la côte de *Couëdic*, tout royal qu'il étoit.

Le dernier des Beaufremont, qui a possédé *Scey-sur-Saône*, étoit un abbé, et de plus un original. Celui ci mettoit de la fierté à une négligence de costume et de simplicité extérieure qui tenoit de la folie, et ne l'affectoit que pour goûter le plaisir d'être méconnu, et de dire avec fierté, dans l'occasion : je suis *Beaufremont*, tremblez, profanes ! Au nombre de ces aventures singulières, que cette affectation lui a attirées, nous n'en citerons qu'une, parce que c'est une lutte de l'orgueil contre l'insolence, et que c'est ce qui la rend piquante.

L'*abbé Beaufremont*, quoique toujours suivi de nombreux valets, de chevaux fringans, et de voitures brillantes, aimoit, d'après sa ridicule fantaisie, à se dérober souvent au lustre qui l'entouroit. Un jour, dans un voyage vers la Lorraine, mis à-peu-près comme un vicaire de village, la soutane troussée, de gros bas de laine et d'épais souliers pour chaussure, un grand bâton à la main, il avoit devancé de deux ou trois heures sa suite. Il arrive dans une auberge, entre dans la cuisine, où sa tournure ne fait pas grande sensation. Dans une chambre haute, quatre petits-maîtres officiers au *régiment du roi* attendoient, en persifflant les servantes, leur dîner qui faisoit tourner la tête à l'hôtesse. L'abbé de Beaufremont demande s'il y auroit quelqu'un dans l'auberge avec qui il pourroit dîner. L'hôtesse, en le regardant par-dessus l'épaule, lui répond qu'il n'y a que quatre seigneurs chez elle, mais que s'il veut attendre, des rouliers alloient se mettre à table, et qu'il pourroit dîner avec eux. L'abbé, qui appercevoit une aventure dans son genre, charge une servante de demander aux quatre officiers la permission de leur tenir compagnie. La servante monte : à la peinture qu'elle leur fait du personnage, nos quatre étourdis prévoient une distraction, et acceptent. Beaufremont est introduit. Il est pris pour un curé de campagne, ou tout au-moins pour quelque magister de hameau. Les épigrammes et les faux complimens voltigent. Le malin abbé, que cette méprise amuse, la fait durer par une apparente simplicité. On se met à table, on lui choisit les plus mauvais morceaux, on lui parle de sa nièce, on le persiffle sur sa servante, on lui dit enfin toutes les impertinences dont étoient susceptibles ces jolis Messieurs de l'ancien régime. Sa patience double la hardiesse. Le vin accroît l'audace. Le dessert arrive. Le nez de l'abbé étoit un peu long, et son pauvre nez devient le plastron d'une centaine de chiquenaudes. Tout alloit bien jusques-là. Si la langue de l'abbé étoit muette, son oreille étoit attentive. Il entend quelque rumeur devant la porte de l'hôtellerie. Il devine ce que c'est. Il se lève sous prétexte de quelque besoin. Il descend. Ce sont ses gens qui viennent d'arriver. D'un mot il les instruit, et mon abbé, accompagné de trois paires de maîtres laquais armés chacun d'un gourdin, remonte vers ces aimables convives. Distribuez, dit-il à ses laquais, quelques volées de coups de bâton à ces Messieurs, pour les remercier des chiquenaudes qu'ils ont données à mon nez. Nos merveilleux veulent crier, ils sont houspillés, et l'exécution finie, l'abbé leur dit en riant: descendez, Messieurs, payez votre écot, et vous direz à vos amis que vous avez dîné avec l'*abbé* de Beaufremont.

Ces petites atrocités de *seigneurs* entre *seigneurs* sont plus risibles que l'épouvantable histoire de la malheureuse Gabrielle de Vergi, que la vue d'*Autrey* nous a rappellée. Jamais l'idée de faire manger à sa femme le cœur de son amant n'est venue dans la tête d'un homme du peuple. Quand les *grands* voyoient un cordonnier battre sa femme, ils le traitoient de *rustre*, et ne se rappelloient pas que le forfait de Fayel avoit été commis par un noble, et que, dans des tems plus modernes, le marquis et l'abbé de *Ganges* (5) ont assassiné, l'un sa femme, l'autre sa belle-sœur, par une combinaison de scélératesse que la tête d'un homme du peuple ne concevroit jamais. Il est une remarque à faire. C'est que l'on n'a qu'à ouvrir l'immense recueil des causes célèbres, commencé par Pittaval, l'on n'y trouvera pas un seul procès de crimes atroces qui n'ait pour acteur des *nobles* ou des grands. En approchant d'Autrey, un serrement de cœur nous a pris. Gabrielle de Vergi, la tyrannie des anciens féodaux, la fureur des croisades, l'ignorance et l'infortune de ces siècles de barbarie se sont offerts en foule à notre esprit. Les larmes nous sont venues aux yeux, et nous avons dit : heureuses les générations qui naissent dans un siècle de liberté !

Peu de villes dans ce département, comme vous le voyez, Citoyen, méritent l'attention du voyageur; car on appelle villes ici, ce qu'ailleurs on appelle à peine bourgs; de ce nombre est *Champlitte*, *Jussey*, etc. mais il s'y rencontre souvent des paysages charmans, entr'autres, celui de *Jonvelle*, village sur la Saône, dons l'aspect nous a tellement enchantés, que nous avons cédé au désir de vous en envoyer une vue. Il ne faut pas confondre cependant, dans ces villes du 6e. ordre, *Gray*, ville dont l'origine ne remonte pas beaucoup au-delà du onzième siècle, mais assez grande, passablement bâtie et assez peuplée. Le pont sur lequel on traverse la Saône, devant *Gray*, est d'une belle architecture.

Une Vierge fameuse, en possession de *faire* des *miracles*, ou, pour mieux dire, que des prêtres imposteurs possédoient pour supposer des miracles, a long-tems rapporté des richesses à *Gray*, par la foule de pélerins qui la venoient visiter. De fortunés capucins étoient les saints dépositaires de la *féconde* image, et long-tems le réfectoire se sentit de l'influence de la bonne dame. C'étoit un cadeau de la bienheureuse *Rose de Beaufremont*, morte en *odeur de sainteté*, pour avoir fourni une image aux enfans de S. François. Rose de Beaufremont la tenoit d'un certain Jean *Bonnet*, qui la tenoit de quelque carrière en pierre où il l'avoit fait tailler. Cette Vierge, quoi qu'il en soit, a rapporté beaucoup d'argent aux capucins, beaucoup d'argent aux aubergistes, beaucoup d'argent aux vendeurs de cierges, beaucoup d'argent aux bedeaux d'église, etc. etc. Comment voulez-vous, d'après cela, que la révolution française, qui s'est moquée des Vierges de pierre ou de papier, puisse plaire à tout le monde? En dernière analyse, la superstition n'étoit qu'un calcul d'avarice. Laissez aux esprits le tems de donner un autre cours aux bénéfices pécuniaires, et vous verrez la révolution bénie.

L'université de Besançon fut long-tems à Gray, et ce fut là qu'elle fut fondée par l'empereur *Othon IV*, cet homme, toujours poursuivi par les papes, par Philippe-*Auguste* et par l'infortune, et qui porte pompeusement dans l'histoire le titre de superbe. La vie de cet individu nous offre encore un exemple de ces guerres, fondées sur des puérilités de *souverains*, et que ces malheureux soutiennent si souvent au prix du sang des pauvres peuples, assez aveugles pour ne pas distinguer les intérêts des *rois* d'avec les intérêts des nations. Lorsqu'Othon fut nommé à l'empire, il étoit à Londres auprès de son oncle Richard premier, roi d'Angleterre. Celui-ci lui fit cadeau de cinquante chevaux chargés de cent cinquante mille marcs d'or pour aller prendre possession du trône impérial, et lui conseilla de passer par la France, pour faire ensorte de mettre Philippe-Auguste dans son parti. Philippe, à qui cette élection déplaisoit, reçut assez froidement Othon, et lui dit, qu'il doutoit qu'il pût s'établir sur le trône, et ajouta, avec ironie : si vous voulez me céder celui de vos chevaux qu'il me plaira choisir, je consens, si vous devenez empereur, à vous donner le choix des trois principales villes de *mon* royaume, Paris, Etampes et Orléans. Othon, piqué de cette plaisanterie, accepta la gageure, et lui laissa le plus beau cheval de sa suite. Rendu en Allemagne, les persécutions du pape *Innocent III*, les excommunications, la rivalité de Frédéric, *roi* de Sicile, appuyée par Philippe Auguste, vinrent empoisonner sa vie, et ce ne fut que long-tems après que, par la mort de Frédéric, il se vit tranquille possesseur de l'Empire. Alors il se rappella la fanfaronnade de Philippe-Auguste, et lui fit dire que le pari tenoit, qu'il avoit gagné, et choisissoit Paris. Philippe lui fit répondre que c'étoit lui au contraire qui avoit gagné, puisque, tant que son compétiteur avoit vécu, il n'avoit pu réussir à être empereur. Othon irrité, et peut-être avec raison, de la mauvaise foi de Philippe, qui, dans le fonds, lui avoit volé son cheval, lui déclara la guerre. De là cette haine irréconciliable entre ces deux hommes, la fameuse bataille de Bouvines, la perte de cent mille hommes peut-être de part et d'autre ; et voilà les guerres des *rois*. On dit que cet Othon se fit étouffer par son cuisinier. Si cette anecdote est vraie, cela ne vaut guères la peine de s'appeller le Superbe, quand on n'a pas le courage de se donner la mort. Je crois plutôt que ce mensonge est le fruit de la bassesse des historiens du tems, qui n'auront pas osé dire qu'Othon étoit gourmand, et qu'il est mort d'indigestion. C'est ainsi que son cuisinier l'aura étouffé.

Il ne faut pas confondre cette mort bizarre d'Othon,

Gray

l'empereur de profession, avec celle d'Othon, évêque de son métier, et qui fut archevêque de Mayence. Cet honnête-homme, dans une année de famine, importuné par les larmes des pauvres, qui lui demandoient du pain, les fit tous enfermer dans un château, où il les fit brûler vifs. Soit effet du hasard, soit vraiment justice éternelle, ce monstre fut, quelque tems après, attaqué par des souris, mais attaqué de telle sorte, que son pouvoir épiscopal ne put l'en garantir. Cruellement persécuté par ces animaux, il fit construire une tour au milieu du Rhin pour s'en garantir, et s'y renferma; mais elles l'y poursuivirent, et parvinrent enfin à l'accabler de leur nombre, et à le ronger jusqu'aux os : et la tour, qui subsiste encore, en a retenu le nom de *Mausthurn*. Ce genre de mort, traité de fable avec raison, par quelques savans, et défendu victorieusement par d'autres, prouve au-moins, s'il est romanesque, que, dans tous les tems, les hommes, s'ils n'ont pas eu la force d'accabler les tyrans, ont au-moins senti que leurs crimes méritoient que la nature s'armât pour les punir.

En sortant de Gray, dont nous vous envoyons une vue, nous avons vu une terre qui porte le nom d'un homme fameux dans la faveur des rois par ses talens politiques, et, dans ces cantons, par l'éclat avec lequel il y vécut, quoique dans la disgrace. C'est Granvelle.

Antoine Perrenot, plus connu sous le nom de cardinal Granvelle, étoit de Besançon, fils d'un père qui possédoit cette terre où nous nous sommes arrêtés une minute. Son père avoit été chancelier de l'empereur Charles-Quint, et c'est de lui, qu'à sa mort, Charles écrivoit à Philippe II, son fils : « vous " et moi, nous avons perdu un bon lit de repos. » Propos qui prouve que les *rois*, toujours étrangers aux soins du gouvernement, se trouvent trop heureux de confier à des mains subalternes le sort des peuples, dont ils se prétendent, avec orgueil, seuls dispensateurs, tandis qu'ils s'en déchargent avec tant de plaisir.

Ce cardinal Granvelle étoit doué d'une étonnante sagacité, et justifioit ce que l'histoire attribue à César, en dictant cinq lettres à-la-fois en langues différentes. Devenu premier ministre de Philippe II, la douceur de son caractère n'avouoient point la sombre férocité de son maître : mais la vérité est que cette douceur n'étoit qu'hypocrisie, et qu'il avoit plus d'une ressemblance avec le monstre qu'il *servoit*. Je crois qu'il est impossible d'avoir été honnête-homme, et d'être resté attaché à Philippe II. Devenu archevêque de Malines, la *duchesse* de Parme *Marguerite d'Autriche*, lui donna toute sa faveur. Ce fut alors qu'il développa toute son intolérance contre les protestans, et que l'exil, la flamme et le fer furent les instrumens dont il se servit pour les persécuter. Cette épouvantable oppression souleva tous les esprits contre lui, et, pour mettre sa vie à couvert, il se vit obligé de se retirer, ou, pour mieux dire, de fuir à Besançon. Les bienfaits de Philippe II, trop ami des caractères persécuteurs pour ne pas les récompenser, le suivirent dans sa retraite, et Granvelle devint archevêque de Besançon. Cet homme, dont on a dit tant de bien, parce que ce sont des prêtres qui ont recueilli ses mémoires, et non des philosophes. mourut à Madrid à soixante et dix ans, et passe encore pour un grand homme aux yeux de bien des gens dans ce département. Quoiqu'il soit mort depuis deux cents ans, on n'en parle qu'avec une sorte de vénération. Mais que deviennent aujourd'hui ces grands hommes, dont la fame n'étoit appuyée que sur la faveur *des rois*? Un mot va prouver qu'il n'en a pas coûté beaucoup à Granvelle pour passer pour un grand homme : c'est qu'au concile de Trente il soutint avec chaleur les intérêts de l'empereur. Il n'en falloit pas tant jadis pour être mis de pair avec les héros. Que de gens, dans l'histoire, ont fait parler d'eux, à qui le silence eût été bien plus utile ! Bion, l'un des sages de la Grèce, embarqué par hasard avec des méchans, les entendit, pendant une tempête, invoquer les Dieux, et leur dit : « taisez-vous, qu'ils ne sachent pas, s'il se peut, que vous êtes ici ! »

Ce département, sans être d'un aspect bien riche, est agréable, et coupé d'une manière variée de bois, de plaines et de montagnes. Sans présenter une grande opulence, il paroît dans l'aisance. Elle augmentera sans doute avec le règne de la liberté. Les abbayes et les grands seigneurs obstruoient les canaux qui portent l'abondance dans la cabanne de l'agriculteur. L'égalité des fortunes seroit un désordre dans l'état civil; mais la trop grande disproportion des fortunes est un désordre d'un autre genre, et voilà l'abus que la liberté a réformé, et cette vérité nous a parfaitement paru sentie dans ce département. On s'y réjouit moins, ce me semble, de la suppression de la noblesse, que de la rectitude que l'on a mise dans les biens des riches, c'est à dire, de la juste valeur à laquelle on a réduit les fortunes des gens riches. Peu de ci-devant *provinces* étoient plus vexées par les parlemens, les intendans et les grands, que celle-ci. Ils menoient tout, et Dieu sait comme tout étoit mené. Cela rappelle le propos de Thémistocle, en montrant un enfant à ses amis. Ce petit garçon, leur disoit-il, est l'arbitre de la Grèce : il gouverne sa mère : sa mère me gouverne : je gouverne les Athéniens; et les Athéniens gouvernent les Grecs.

Nous avons remarqué avec plaisir ici, ce que nous n'avons pas encore également trouvé dans nos voyages, c'est un respect marqué pour les vieillards. Il est peu de symptôme plus grand de la disposition aux bonnes mœurs. C'est une leçon qu'un vieillard pour l'homme qui réfléchit un peu. Si son front est paisible, sans parler il invite à bien vivre. Si son sein est agité par les remords, il instruit à se garder du crime. La jeunesse ne fait pas la même impression : agitation ou calme, tout est mis sur le compte des passions : aulieu qu'en considérant la vieillesse, on rapporte tout à l'expression, et c'est de là que doit naître le respect. Par-tout où il est senti pour les vieillards, les peuples ont du penchant à la vertu. Je voudrois que, dans une république, un vieillard et une femme enceinte fussent considérés comme les êtres les plus recommandables : que, dans la rue, chacun fût tenu de leur présenter la main pour les conduire, ou, à leur refus, se rangeât à leur passage. Quelle vénération ne doit-on pas à l'être qui porte dans son sein un défenseur de la patrie, et à celui qui porte dans son cœur le souvenir des services qu'il lui a rendus. Les Spartiates pensoient ainsi : et les Spartiates se connoissoient bien en sentimens républicains. Un vieillard entre au théâtre d'Athènes. Personne ne se range, personne ne le voit. Il s'avance cependant, et pénètre jusqu'à la place où étoient assis les ambassadeurs de Lacédémone. A son approche, ils se lèvent, se rangent, le font asseoir, et se placent debout derrière lui. Nous sommes un peu Athéniens dans notre indifférence pour la vieillesse. Ne frémit-on pas, quand on voit le sexagénaire se traîner en glissant sur le pavé désastreux de nos grandes villes, tandis que le Sybarite insolent, dont deux coursiers font voler la mollesse, frise de son char les membres tremblans de l'homme décrépit, que son bâton soutient à peine. Les rues des grandes cités sont le supplice du philosophe et de l'homme sensible.

NOTES.

(1) *Procopius Anthemius* étoit de Constantinople, et de la famille de *Procope*, qui avoit pris la pourpre sous l'empereur Valens. Il fut gendre de l'empereur Marcien, qui le nomma général des troupes d'Orient, en lui donnant sa fille *Flavia* Euphémia. Après avoir défait les Goths et les Huns, il passa en Italie avec le titre de César, et fut proclamé *Auguste* par le sénat et le peuple. Ce fut alors qu'il connut *Ricimer*, qui dominoit en tyran sur l'Occident. Ces deux hommes, d'un caractère totalement différent, l'un doux, l'autre barbare, ne purent s'accorder, et Anthemius essaya vainement d'adoucir Ricimer. Ce fut dans les Gaules qu'ils se connurent, et qu'Anthemius crut se l'attacher, en lui donnant sa fille pour épouse. Ce bienfait ne put rien sur Ricimer, et l'amour du pillage l'emportant sur la reconnoissance, il vint mettre le siège devant Rome, dont la terreur de son nom lui fit ouvrir les portes. Il fit assassiner Anthemius, son beau-père, qui avoit osé lui résister. Montrer comme les tyrans se traitent entr'eux, est une leçon qui n'est jamais perdue pour les hommes, et qu'on doit leur offrir, toutes les fois qu'elle se présente. Anthemius méritoit moins ce nom que son rival. L'histoire vante sa douceur ; mais il est permis de se méfier de l'histoire des rois jusqu'en 1789. On lui prête un propos que d'autres donnent à Agésilas. Un homme lui demandoit une injustice, et lui disoit qu'il la lui avoit promise. Si la chose n'est pas juste, lui répondit Anthemius, je n'ai pu la promettre.

(2) *Ricimer* est celui dont nous venons de parler dans la note précédente. Peu de tyrans furent plus cruels. Il étoit né en Souabe, et eut vingt fois dans sa vie l'occasion de prendre la pourpre, et la dédaigna, en disant qu'il n'en avoit pas besoin pour se venger de ses ennemis, et faire périr ceux qu'il haïssoit. Qu'en pareil cas, un sabre et un bourreau valoient mieux qu'une toge rouge.

(3) Les *rois* ont porté ce ridicule de titres jusques à l'extravagance. Deux pages ne suffiroient pas pour tous les titres faux, par exemple, que prend l'empereur. Le *roi* Sarde est *roi de Chypre*. Le *roi* d'Angleterre est *roi de France*. Le *roi* de France étoit *roi de Navarre*. Le *roi* d'Espagne est *roi des Indes*, etc. etc. Entre ces messieurs, c'est à qui mentira le mieux. Il n'y a pas jusqu'au *S. Père* de Rome, qui s'intitule *vicaire de Jésus-Christ*.

(4) Ce *Mémée de Quincy* est un des grands scélérats que l'aristocratie ait fournis dans la révolution. Le *très-juste parlement* de Besançon ne l'a pas jugé coupable pour avoir fait périr trois cents personnes. Depuis, il a été arrêté une seconde fois à Paris, et le *très-juste Châtelet*, qui vivoit encore, l'a trouvé blanc comme neige. Comme ils s'entendoient bien, tous ces Messieurs !

(5) Ce crime de la famille *de Ganges* est d'une atrocité peu commune. Ils étoient trois frères, le *Marquis*, l'*Abbé* et le *Chevalier*. La *Marquise de Ganges* étoit une des plus jolies femmes de son tems, et joignoit à la beauté une véritable vertu. Le scélérat abbé ne put résister à ses charmes, et sans respect pour l'épouse de son frère,

lui fit l'aveu de sa flamme. Cette femme malheureuse connoissoit la jalousie de son mari, et n'osa lui découvrir l'affront que son frère lui faisoit. L'abbé désespérant de la vaincre, et voyant que son secret étoit à couvert, médita de se venger : il confia au *Marquis* que sa femme voyoit avec plaisir leur frère le chevalier, et empoisonna leurs actions les plus indifférentes. Le marquis se décida à faire mourir sa femme, et l'abbé se chargea de l'exécution du crime : ces deux scélérats la poignardèrent, et se sauvèrent. L'infame abbé se sauva, et a vécu long-tems dans le fond de l'Allemagne, ignoré. Ce ne fut qu'au bout de vingt ans que voulant se marier avec une fille dont il étoit amoureux, qu'il osa déclarer son nom, et fut chassé avec opprobre de la maison à laquelle il prétendoit s'allier.

A PARIS, de l'Imprimerie du Cercle Social, rue du Théâtre-Français, N°. 4.

www.ingramcontent.com/pod-product-compliance
Lightning Source LLC
Chambersburg PA
CBHW050101230426
43664CB00010B/1395